U0145690

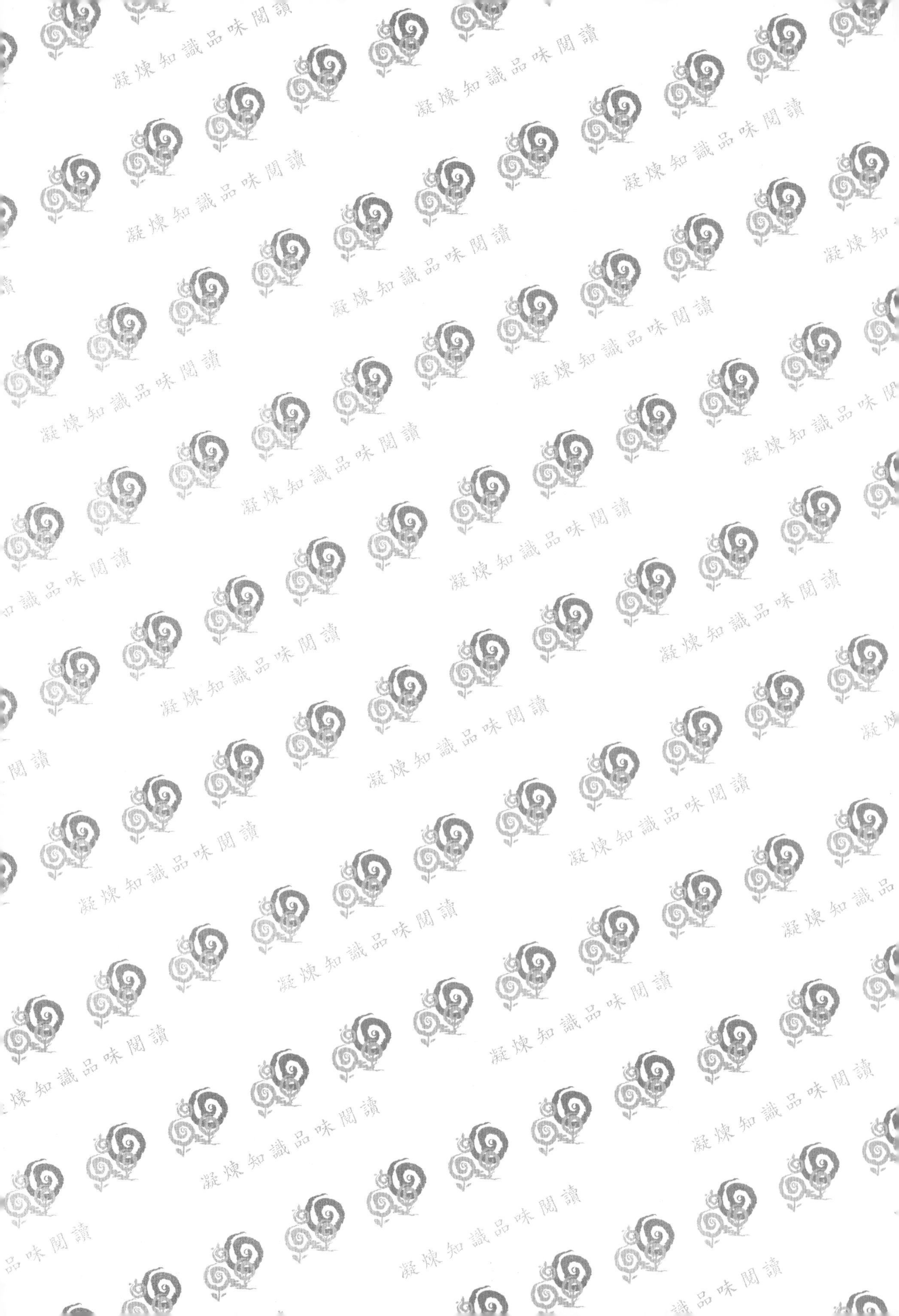
凝煉知識品味閱讀

創業管理

郁義鴻　李志能
Robert D. Hisrich　編著

趙慕芬　校訂

五南圖書出版公司 印行

目　　錄

第一篇

導　論

第一章
創業的性質與地位

本章學習目的

1. 把握創業概念及其發展歷史。
2. 了解創業的決策過程。
3. 評價創業對經濟成長的影響。
4. 把握創業與教育的關聯。
5. 了解創業的一般過程。

走向SONY——井深大和盛田昭夫

在第二次世界大戰的廢墟中，兩個日本青年成立了東京通信工業公司，它就是SONY 的前身。在不到四十年時間，SONY 由日本的小公司變成世界聞名的企業。這兩個滿懷抱負艱辛創業的青年是三十八歲的井深大和二十五歲的盛田昭夫。

盛田昭夫，1921 年出生於日本名古屋。他家是當地的名門望族，以生產清酒、醬油聞名。中學時的盛田昭夫因為喜愛電唱機而迷上電子研究。從那時起，他就有了一個信念，無論做什麼事情都必須要深入了解，不能人云亦云。大學二年級時，盛田昭夫登記終身服役海軍。大學畢業後，他被分發到距名古屋不遠的海軍部隊，接受為期四個月的軍事訓練。訓練結束後，又被派往橫須賀的光學研究室服役。不久即前往鐮倉南方的一個小鎮擔任海軍代表，與一些來自陸軍、民間的專家研究熱力導向和夜間射擊裝備。在那裡，盛田昭夫和井深大這兩個彼此影響、並成為事業夥伴的年輕人相識了。

井深大是應用物理學家，他領導的研究小組設計了一個功能很強的擴大器，可以裝置在飛機上，檢測出水面三十公尺以下的潛水艇。但這種檢測器即將派上用場時，日本已經喪失了制空權，整個天空都是美國巨大的銀色B-29 轟炸機的天下了。

戰爭結束後，井深大因為研究小組解散而回東京去了，盛田昭夫也回到了名古屋。為了能和井深大在一起，盛田昭夫在徵得父母同意後，接受了在東京技術學院物理系任教的工作。在東京，這兩個年輕人常常在一起深談，在談論工業方面議題時，兩人的意見總是不謀而合。

1946 年 3 月，井深大和盛田昭夫決定共同創立一家公司。1946 年 5 月 7 日，他們成立了東京通信工業公司，成立之初的資本總共為五百美元。

在創業階段，井深大擔任總經理，其謹慎的性格形成了公司經營講求穩健的作風。他們的創業綱領是結合日本當時現實情況和公司的優勢而定的，包括：

㈠不生產收音機；

㈡東京通信工業公司的方針以創新發明為主；

㈢把「公司絕不抄襲偽造，而專門製造他人今天甚至未來都不易製造的商品」列進公司宗旨。

東京通信工業公司開發的第一個產品是磁帶錄音機。它是由德國人發明的，在二戰期間曾被用來製作宣傳節目。戰後美國安培公司是最早生產錄音設備的公司之一，3M 公司則是最主要的磁帶製造商。井深大在看到這種錄音機時，眼睛為之一亮，便決定製造這樣的產品。整個研製過程很不順利，但是公司上下幹勁十足。不久，他們就推出了日本製造的第一台磁式錄音機，並成功地研製磁式錄音帶。

1955 年，東京通信工業公司又推出日本第一批小巧玲瓏的半導體收音機。爾後又生產出更小的口袋型半導體收音機。就在此時，盛田昭夫提出，產品的商標和品牌就像人的名字和儀表，好的名字、不凡的儀表，常令人印象深刻。公司的產品凝結了員工的血汗和新技術，擁有一流的品質，但是缺少令人印象深刻的商標和品牌。井深大也十分贊同這個建議，兩人就一起為公司產品起了一個獨一無二的品牌名 SONY，這個詞在《牛津日英辭典》中無法查到，它源於英語 sonnyboy（意為可愛的小傢伙）一詞。同時，他們還把公司名稱由原來沒有什麼特色的東京通信工業公司更改為SONY 公司。後來，公司的兩位創始人，井深大和盛田昭夫，他們的名字也隨著 SONY 而聞名全球。

SONY 公司從創立起就一直遵循兩位創辦人的創業綱領——標新立異，注重技術和產品研究發展。SONY 公司首創的產品包括：

1950 年，手提式磁帶錄音機；

1955 年，半導體收音機；

1960 年，晶體管電視機；

1962 年，微型電視機；

1968 年，單槍三束彩色電視機；

1973 年，世界上最早大角度（122 度，20 英寸）彩色電視機；

1985 年，最早製成新型 V8；

……

另一方面，SONY 公司從二十世紀六〇年代初期就積極開拓海外市場。在創業之初，與通用、西門子、飛利浦這些巨人相比，SONY 公司實在是太渺小了，別說世界，即使在日本國內，也沒有太多人注意到SONY 的存在。但是三十年後，SONY 公司就以家喻戶曉的「SONY」品牌，和上述這些一流大企業在全球市場中並駕齊驅了。

就這樣，在不到四十年的時間裡，井深大和盛田昭夫以五百美元起家，建立起世界一流的電子音視產品巨擘——SONY 公司。

1.1 企業家與創業

誰是企業家？
什麼是創業？

誰是企業家？什麼是創業？什麼是企業家創業的成功道路？企業家的創業又如何影響經濟成長？這些問題近年來愈來愈常被提出討論，創業問題已愈來愈成為經濟學家、政府部門和企業界的熱門論題。

儘管如此，迄今為止，我們對創業仍沒有一個共同接受的嚴格定義。事實上，關於創業的理論有許多是與「企業家」這一概念同步發展起來的。

1.1.1 最早的企業家概念

就詞語的發展而言，「企業家」（Entrepreneur）這一名詞來源於法語中的 entreprendre 一詞，按字面翻譯，其涵義是所謂「中介人」。

因此，或許最早的可以被稱為企業家的人就是馬可・波羅。馬可・波羅試圖建立起西方與遠東之間的通商之路，他與一個有錢人（今天被稱為一個風險投資者）簽訂合約來銷售他的商品。在那些年代裡，貸款給甘願冒險的商人，其利率可高達 22.5%（包括保險費用在內）。事實上，風險投資者只是一個被動的風險承擔者，而商人則是在貿易中主動承擔風險的人，他們需承擔經商貿易所帶來的所有風險。當商人成功完成了他們的冒險旅行，將他們的貨物銷售出去後，風險投資者將獲得大部分利潤（往往高達 75%），而冒險的商人只獲得剩餘的 25%。

1.1.2 中世紀的概念

在中世紀，企業家主要是指那些管理重大生產項目者。此時，所謂「企業家」並不承擔任何風險，他們只是在管理那些通常由政府提供資源的生產項目。一個典型中世紀的「企業家」常在負責掌管那些大型建築工程，如城堡及其防禦工事、公共建築、修道院和大教堂等。

1.1.3 十七世紀的概念

將創業與風險結合起來是十七世紀的事。在十七世紀，所謂企業家是指那些與政府簽訂合約的人，這些合約通常涉及一些勞務或指定產品的供給。由於合約價格是固定的，因而任何利潤或虧損全都由企業家承擔。

法國人約翰・勞是當時著名的企業家。他獲得政府許可，建立皇家銀行——勞氏銀行。這家銀行後來逐漸參與一家美國貿易公司——密西西比公司的業務中。不幸的是，這家公司與法國之間的貿易並不成功，導致公司破產，繼而使勞氏銀行體系崩潰。

十七世紀著名經濟學家理查德・康替龍建立起了一套早期的企業家理論，他是企業家理論的重要奠基者之一。康替龍觀察到那些商人、農民、手工藝者與其他個人業主「按一個確定的價格買入，再按一個不確定的價格賣出，他們的經營充滿風險」，因此把企業家視為「風險承擔者」。

有趣的是，康替龍於1716～1720年間曾在巴黎從事銀行業。他精明地預測到勞氏銀行體系的崩潰，但仍敢於冒險去從中獲取暴利。據另一著名經濟學家傑文斯查閱到的資料，康替龍在幾天內就賺到了幾百萬元。

1.1.4 十八世紀的概念

到了十八世紀，資本持有人與需要資本者終於被明確地區別開來。換言之，企業家與風險投資者有了明確的區分。原因之一是，工業革命發生，出現了許多新發明，當時許多發明者都缺乏足夠財力來支持他們的創新活動，如著名的發明家愛迪生就是如此。愛迪生從私人手中籌集資金以支撐他的研究實驗。愛迪生是資本的使用者，而非風險資本的供給者。

1.1.5 十九世紀與二十世紀

到了十九世紀末和二十世紀初，對企業家概念的探討大多從經濟學觀點出發。如埃利與海斯就曾如此描述企業家：「企業家以現行價格支付原料費用、土地租金、雇員費用、以及所需資本的費用，並貢獻其技能及其在計畫、組織和管理企業方面的才能，承擔因不可預見和不可控制的環境變化所帶來之風

險。將年收益扣除了所有企業營運成本之後的盈餘或虧損留給自己。」❶

二十世紀中期，產生了一個新的企業家概念。企業家被認為是一個創新者。著名經濟學家熊彼特認為，企業家是創新者、經濟變革和發展的行動者。熊彼特甚至認為「企業家」一詞只能用於引進「新結合」的經濟人物。這裡的「新結合」包括新產品、新生產方法、開拓新市場、利用新原料，以及經濟部門的重新組合。因此，為數不多具有天賦的企業家率先開拓新技術、新產品和新市場，從事創新活動，而其他大多數則是模仿者和追隨者。

事實上，對企業家來說，創新是最困難的任務，不僅要具有創新思考的能力，而且要具有把握經濟環境中各種力量的能力，還必須具有建立新組織結構來生產新產品、銷售新產品的能力。組織創新與傳統技術創新一樣相當困難，而組織創新對企業家來說則是一種更為基本的技能。

在人類的歷史中，創新的作用處處可見。

在人類歷史中，我們處處可以看到創新的作用。古埃及金字塔的設計與建築均是偉大的創新。現代的雷射技術與航太技術也都是偉大的創新。創新是人類文明發展至今最基本的推動力。

1.1.6 企業家與創業的定義

經歷了幾個世紀的演變後，特別是經歷了二十世紀社會、經濟的重大發展後，企業家的定義也更豐富了。

我們可比較以下幾個較新的定義。

夏皮羅認為：「在幾乎所有關於創業家的定義中，存在一種共同特質，包括：⑴首創精神；⑵組織或重組社會或經濟機制，將資源轉化為利益；⑶承受風險或失敗。」❷

范思珀指出：「對一個經濟學家來說，企業家是一個將資源、勞力、原料和其他資產組合起來並創造更大價值的人，也是引入變革、創新與新秩序的人。對心理學家來說，企業家是被某種動力所驅使，為了獲得某種利益、進行

---

❶ Richard T. Ely and Ralph H. Hess, *Outline of Economics,* 6th ed. MacMillan, 1937, p.488.

❷ Albert Shapero, *Entrepreneurship and Economic Development,* Project ISEED, LTD., The Center for Venture Management, Summer 1975, p.187.

某種實驗、實現某種目標，或為了避免聽命於他人……對一個生意人來說，企業家的出現是一個威脅，一個敢做敢為的競爭對手，然而對另一個生意人來說，同一個企業家可能是其盟友、資源的供給者、客戶、或某個為其他人創造財富的人、發現更佳資源利用方式與減少浪費的人，是替其他人創造工作機會的人。」❸

榮斯戴特對企業家與創業的定義如下：「創業是一個創造財富的動態過程。企業家承擔資產價值、時間、事業、提供產品或勞務的風險。他們的產品或勞務未必是最新或唯一的，但企業家利用各種技能或資源來提高其價值。」❹在這裡已經可以看到對企業家創業技能的強調。

史蒂文森對企業家的定義，幾乎就是對創業者的定義了。史蒂文森等人強調創業是一個過程：「創業是個人（不管是獨立的還是在一個組織內部）追蹤和捕捉機會的過程，這一過程與其當時控制的資源無關。」❺在此定義中，史蒂文森指出察覺機會、追逐機會的意願及獲得成功的信心❻，對創業是特別重要的。

雖然以上定義從各自不同的角度來檢視企業家，但都共同抓住了企業家的一些基本特性，如創新性、對商業機會的把握、組織、創造、財富與風險承擔，而對企業家的創業者角色也愈來愈受到重視。每一個定義當然都有局限性，因為事實上，企業家可以在所有行業中找到，如教育、醫藥、科研、法律、建築、工程、社會工作和銷售等。為了將所有類型的企業家創業行為包含在內，我們對創業做如下定義，它也是本書所有論述的基礎。

創業是一個發現和捕獲機會並據以創造出新產品或勞務，以及實現其潛在價值的過程。創業必須要貢獻時間和付出努力，承擔相應的財務、精神和社會

---

❸ Karl Vesper, *New Venture Strategies,* Prentice-Hall, 1980, p.2.

❹ Robert C. Ronstadt, *Entrepreneurship*, Lord Publishing Co., 1984, p.28.

❺ H. H. Stevenson, M. J. Roberts and H. I. Grousbeck, *New Business Ventures and the Entrepreneur,* Irwin, 1989.

❻ H. H. Stevenson and J. C. Jarillo, "A Paradigm of Entrepreneurship: Entrepreneurial Management", *Strategic Management Journal*, V. 11, 17-27, 1990.

創業是一個發現和捕獲機會並據以創造出新產品、勞務或實現其潛在價值的過程。

風險，而獲得金錢回報、個人滿足和獨立自主。

上述定義強調了企業家或創業者的四個基本構面：

一、創業包括一個創造的過程——它創造某種有價值的新事物。不僅對企業家本身有價值，對其他相關人員而言也是具有價值。例如：

㈠當企業家從事的是商業方面的創業時，其相關人員就是市場購買者，也就是客戶；

㈡當創造的是一門新課程或甚至是一個新學院時，其相關人員就是學生；

二、創業需要貢獻時間，付出努力。要完成整個創業過程、要創造有價值的新事物，就需要付出大量的時間及努力。

三、承擔必然存在的風險。創業的風險可能有各種不同的形式，但常見的不外乎有財務風險、精神方面的風險和社會風險等幾個。

四、給予企業家創業的報酬。企業家最重要的回報可能是因此而獲得的獨立自主及個人滿足。對於追求利潤的企業家，金錢的回報也是重要的，對許多人來說，貨幣成為衡量成功的一種尺度。

企業家就是創業者。

從上文中的討論及定義來看，現代的定義愈來愈強調企業家的創新性，在此意義上，企業家就是一個創業者。因此，我們在下文中將企業家與創業者視為同義語，事實上，在英語中它就是同一個詞：entrepreneur。

對一個真正開始自己事業的人來說，創業過程將充滿激情、挫折、憂慮和艱難。由於銷售疲軟、競爭激烈、資本匱乏、管理才能不佳等各種原因，創業失敗的比率相當高，財務的和精神上的風險也非常高。那麼，是什麼會使得一個人做出自主創業的困難決策？

1.2 創業：影響一生的決策

對任何人來說，自行創業是一項重大的決策，因為它將對個人的一生產生重大影響。雖然，許多人感到要創立一份自己的事業十分困難。但仍有千千萬萬的人建立起屬於自己的企業。據估計，在近幾年中，美國每年誕生的新公司達一千一百萬到一千九百萬家。

儘管經常出現經濟衰退、通貨膨脹、高利率、基礎設施缺乏、經濟環境的不確定性，以及相當高的失敗率，仍有成千上萬的新企業成立。每個新生企業的創立都有其獨特性，但創業者做出這一重大決策總有著一些共同的性質，總受到一些共同因素的影響。

1.2.1 現行生活方式的改變

要做出離開自己原先職位、改變原先生活方式的決策是相當困難的，需要相當大的勇氣。雖然可能每個人都會選擇自己比較熟悉的領域進行創業，但相對而言，有兩個領域的工作者會比較容易傾向創業，即研究發展和市場行銷。在研發活動中，主要工作與技術有關，當創業者產生某種新產品的創意或發現了某種新的需求，這往往就產生創業空間，特別是這種新想法不能被雇主接受時。同樣地，如果某個人熟悉某個市場，且發現了某些顧客未能滿足的需求時，這也就帶來創業的機會。

在現實中，或許生活中的各種挫折，是創業的更大推動力。事實上，許多新企業是由那些失業者、已經退休的人以及剛剛搬家的人建立起來的。一項研究顯示，在美國的大城市中，有企業大舉裁員後，電話簿上登記的新企業以12%的速度增長。此外，無論在發達國家還是在發展中國家，許多學生畢業後也開始創業。當他們獲得學位但又不能在原公司中施展才能時，往往做出自行創業的決定。

1.2.2 自主創業的意願

自主創業意願的強弱取決於人們的觀念，而人們的觀念又與其文化背景、次文化群、家庭、教師及其接觸的人群有密切的關係。文化背景決定了價值觀，特別是決定了人們對自主創業成功價值的評價。相對而言，在美國，一個人成功地抓住機會創業、成功獲利，就會得到很高的評價，這是美國文化的特性之一。因此，美國新創企業的比率相當高。另一方面，在某些國家，自主創業並沒有受到高度肯定，一旦失敗了還會受人恥笑，在這些國家，自主創業的比率顯然不會太高。因此，對於創業來說，一個有利的文化背景是十分重要的。

當然，沒有任何一種文化是專門為創業準備的，也沒有任何一種文化是專

> 沒有任何一種文化是為創業準備的，也沒有任何一種文化是反對創業的。

門反對創業的。許多次文化群在大文化的背景下形成了具有自己特色之價值體系。在美國，已經出現一群創業的「次文化群」。最著名的如波士頓的128號公路、加利福尼亞的矽谷與北卡羅萊納三角；知名度不高但同樣重要的創業中心還有洛杉磯、丹佛、克利夫蘭以及奧斯汀等。這些「次文化群」支持、促進了創業，許多人積極地計畫在這些具有良好環境的地方中創業。

此外，在這些「次文化群」中也存在著因家庭背景不同而帶來的多樣性。對許多公司進行實證研究的結果顯示，公司創辦者中大多數都有具強烈獨立價值觀的父母。這些父母將獨立性滲透在整個家庭生活中，也就激勵了他們的子女去創業。

創辦公司的行為還會受到教師的激勵，教師往往對學生在選擇畢生事業時會有重大影響。因此，大學院校開設創業學課程，將有助於企業家的產生，也將改善該區域的創業環境。當學生在大學中學習了創業方面的課程後，選擇自主創業的可能性將會提高。麻省理工學院（MIT）與哈佛大學均坐落在 128 號公路附近；史丹福大學位於矽谷；北卡羅萊納大學與杜克大學是北卡羅萊納三角中的亮點；而凱斯西部保留地大學則對克利夫蘭地區的創業起了促進作用。一個強大的教育基地對於地區的創業活動是一個十分有力的支撐因素。當然，台灣的新竹科學園區也是基於同樣的原因發展壯大的。

其他環境因素也對創業產生影響。例如，經常性的創業論壇為企業家或潛在企業家提供討論與交流的場所，這對新企業的創立也是一個有利因素。

1.2.3 創立新企業的可能性

上述種種因素對個人創業意願產生重大影響，但當一個人做出創業決定時，還需要慎重考慮的問題是，創立一個新企業的可能性究竟如何？

對於創業的可能性，有幾項因素十分重要，這幾項因素包括：政府、個人背景、市場銷售、創業標竿與財務條件等。

㈠政府對創業有重要影響。政府對創業的幫助與支持主要表現在為新企業提供基礎設施，如道路、通訊、運輸系統、電力、燃氣、水、穩定的總體經濟環境等等。美國新企業數量遠超過其他國家，完善的基礎設施是一個重要因素。即使是稅收制度，美國也比其他國家如愛爾蘭、英格蘭、德國等對創業更為有利。一個壓制性的稅收制度將抑制新企業的誕生，因為創業者可能無法從創業中獲得足夠的報酬，也就沒有足夠的動力以及財力進一步發展企業。

㈡創業者的個人背景也是主要因素之一。即使政府提供了十分有利的創業環境，創業的財務風險、精神風險和社會風險仍然存在，因此，創業者需要有一定的背景條件。一般來說，正規教育與商務實務經歷使得潛在企業家擁有創立和管理新企業的技能。企業家不是天生的，企業家是後天成長起來的。

㈢市場銷售同樣在新企業的形成中扮演著關鍵角色。除了要有足夠的市場需求之外，將新產品推出時，也要有能將產品、價格、通路和促銷活動有效組合起來的行銷技能是其成功的關鍵。若創業的驅動力來自市場需求，其成功的可能性比那些驅動力來自技術的市場更大。

㈣在市場中是否已經有成功創業的實例，對潛在創業者具有重要的示範作用。一般而言，當人們準備創業時，他人的成功經驗可作為借鏡。具有足夠自信心的人往往會說：「他們能做的，我為什麼不能？」

他們能做的，我為什麼不能？

㈤資金來源對創業具有十分關鍵的影響。儘管大多數新公司的起步資金來自個人儲蓄、信貸、朋友或親屬等，但這些資金的數量往往並不足以創立一個新企業，因此創業者往往仍需要尋找其他資金。對創業來說，創投之風險基金就是一個非常重要的資金來源，風險基金的存在對於創業來說是一個必不可少的外部條件。

在世界各地，新企業形成的比例相差很大，即使在美國不同地區之間也存在許多差異。

1.3 創業對經濟發展的影響

1.3.1 創業與經濟成長

創業對於經濟發展的影響絕不僅僅局限於提高國民平均產值與國民所得，更重要的是，創業還促進新社會結構和經濟結構的形成，讓更多人參與經濟發展及獲得回報。創新不僅可以促進新的產品和勞務以滿足市場需求，還可以刺激新的投資。創業將從需求和供給兩方面來促進經濟成長。在需求方面，新產品或勞務往往會創造出新的市場需求，成為促進經濟成長的需求因素；在供給方面，新資本的形成將擴大整個經濟的供給能力。

創業還改變了人們對小企業的觀點。傳統觀念或經濟學的主流觀點一直認為，大企業創造了整個社會中絕大多數的就業機會、產品和勞務，是經濟發展的主導力量和社會福利之主要來源。但是目前有研究顯示，1980 年以來，在美國和世界其他地區，小企業和創業者每年創造了 70%以上的新就業機會和 70%以上的新產品和勞務。

事實上，在美國新創業者已經被認為「美國的新英雄」。這一代創業者對美國的就業、創新和生產率的貢獻是驚人的。據統計，在五〇年代，美國每年大約產生九萬三千個新企業，到八〇年代，新企業的產生速度上升到每周大約一萬二千個。從 1977 年到 1980 年期間，《財星》雜誌前五百大企業削減了三百萬個員工，但從 1970 年到 1980 年，新企業在美國則提供了大約二千萬個就業機會。根據美國小企業管理局的統計，新公司創造的新產品數比大企業多 250%，而美國國家科學基金會的一項研究認為，新公司每一美元研發費用所獲得的創新大約是大公司的四倍。而且，新公司平均二・二年就可以將創新引入市場，而大公司卻要花三・一年❼。

1.3.2 創業與創新能力

創業常伴隨著新產品或勞務的誕生，這對創業是否成功具有關鍵影響力，而從整個經濟社會的角度來看，這無疑是產品和勞務不斷更新進步的重要推動力。

在大多數情況下，創業常伴隨著新產品或勞務的誕生，這對創業是否成功具有關鍵影響力，而從整個經濟社會的角度來看，這無疑是產品和勞務不斷更新進步的重要推動力。人類的科技進步不僅依賴基礎科學，也依賴科技成果在經濟社會中的應用，而新產品與勞務的生產技術，又會反過來推動基礎科學的發展。創業活動是科技成果孕育與產生新發明、新產品的主要形式之一。

❼ A・戴維・西爾雄，《企業家》，上海譯文出版社，1992 年版，頁四。

值得強調的是，在創業活動中，還有一個重要的領域——企業內創業。企業內創業對大公司的創新活動十分重要。企業內創業並不等於企業的研發。企業內創業要求高階管理者激勵與保護新的創意、改善企業內部環境、改革官僚體制、調整組織結構、以直接的資金支持來加以推動，從一定意義上，它要求公司再造。在當今這樣一個巨變時代，在日趨激烈的競爭環境中，一個企業的創新能力和核心競爭力將決定企業能否繼續生存和發展，能否保持其市場地位。大企業甚至巨型企業在短期內即衰落、崩潰甚至倒閉的例子我們已屢見不鮮，其創新能力不足、核心競爭力孱弱不能不是主要原因之一。而企業內創業正是幫助企業獲得並強化創新能力和核心競爭力的重要途徑。

但是，創業不等於科技創新，大量的新創企業也並不屬於高新技術領域。創業還可以推動新發明、新產品的出現，從而推動經濟的發展，這是其主要作用。除此之外，創業對於市場體系的完善，對於市場競爭主體結構的合理化，對於企業創新能力的提高，對於企業核心競爭力的獲得和強化，從而提高企業乃至整個經濟的國際競爭力都有著非常重要的作用。

1.4 創業與教育

1.4.1 教育與創業者個人事業發展

對於任何人，創業都是一項重大的決策，因為這意味著他從此要承擔財務、精神和社會的巨大風險。對於個人選擇自主創業的動因，在八〇年代中期以前並未引起重視，也缺乏深入的研究。但從 1985 年起，對於個人將創業作為一項事業的決策和教育之間的關聯則愈來愈令人感興趣。之所以會重視的原因是小企業對經濟發展的影響愈來愈大；大眾媒體關於創業報導的增強；大多數大型組織不能提供一個適合個人自我激勵的環境；在就業市場中婦女成為愈來愈重要的力量，許多家庭成為雙薪家庭等等。

儘管發生了這些變化，但許多人，特別是大專院校的學生們，並不把創業作為其畢業後的事業。表 1.1 是一個用來了解創業事業的概念性模型。這一模型強調的是一種動態觀點，將整個人生事業看做是一個個相互聯繫、相互影響的階段。在人們將創業當做一項事業來做時，人生其他階段或目前階段所發生的各種事件都會對其決策產生影響。

表 1.1 創業者事業發展的生命周期模型

	孩童時期	成年早期	成年現期
工作／職位	㈠教育與孩童時期的工作經歷	㈣就業經歷	㈦目前的工作狀況
個性／個人經歷	㈡孩童時期所形成的個性、價值觀和興趣	㈤成年發展歷史	㈧目前的個人觀念
非工作因素／家庭	㈢孩童時期的家庭環境	㈥成年時期的家庭環境與非工作經歷	㈨目前的家庭與非工作狀況

如表 1.1 所示，這種「生命周期模型」將影響創業事業發展的各種因素，劃分為九個相關類別來進行分析。這些類別的劃分出於兩個構面：

㈠個人成長的不同階段，劃分為孩童時期、成年早期和成年現期；

㈡相關因素的不同，劃分為工作或工作經歷與職位、個人的個性與個人經歷、非工作方面的其他因素與家庭因素。

雖然某些研究者認為，創業者的教育水準平均來說低於一般人的教育水準，但此觀點並不符合現狀。研究證實，創業者特別是女性創業者，其平均教育水準比一般大眾要高得多。然而，創業者往往並未從教育中獲得那些創業和管理過程的特定技能。例如，許多女性創業者在這方面並不具有男性創業者那樣的優勢，因為通常她們較少去選修那些屬於管理和工程方面的課程。

一些研究者研究了孩童時期的各種因素對創業事業的影響，特別是個人在孩童時期的經歷和個性所產生的影響。研究得最多的是對成就的欲望、對風險的態度和對個人性別的自我認定等個人特質，但有趣的是，至今為止，對於創業者是否普遍具有某種特殊的特質，並沒有得出什麼結論。對於創業者的個人特質問題，我們將在第十五章中再做討論。另一方面，孩童時期的家庭環境無疑對個人成長具有重要影響，家長的教育、家長個人的特質、家長的興趣與價值觀等等，都對子女今後的道路選擇帶來影響。

工作經歷與成年時期的某些其他因素對於創業事業也具有重大影響，這種影響可能是正向的推動，也可能是負面的激勵。一般而言，如果創業者選擇的行業是其較為熟悉的，是以前工作過的或與目前工作相關，則其工作經歷會提高其創業成功的可能性。事實上，正因為如此，工作經歷往往就成為創業投資者評價一個創業計畫能否成功及是否值得投資的一項指標。另一方面，被解雇的經歷，或對目前的工作環境不滿，或其配偶遠在他方工作等負面的因素，也可能成為其創業的重要動力。

有趣的是，在大專院校中，那些未來的創業者很少有人將未來人生的主要目標界定為自主創業。即使是那些已經具有創業想法的少數人，往往也不是在畢業後就立即開始他們的創業生涯，也很少有人特意地透過取得某個行業中的某份工作，來作為其未來創業的過渡階段。這就意味著大多數創業者在畢業後繼續從各種途徑獲得創業所需的各種知識與技能。這些途徑可包括書籍、雜誌、講座、或進修相關的課程等，而所需知識和技能則包括創造性思考能力、金融知識、控制與組織技能、機會識別的方法和技能、風險評估和談判技能等等。

1.4.2 創業教育在管理教育中的地位

創業是一個艱難複雜的過程，創業過程中所涉及的不僅僅是管理學中的一個領域，甚至也不僅僅能由管理學來覆蓋，因此，創業教育是一種綜合性很強的教育，創業學也是一個綜合交叉的領域。這就要求管理學各個專業的教授，甚至包括非管理學專業的教授一起來從事和推動創業教育。在此意義上，創業教育是管理教育一個嶄新的領域，也是管理教育一個重要的成長點。

事實上，在美國和歐洲的高等學院中，從八〇年代初以來，創業教育就是一個快速成長的領域，而且創業教育也並非是商學院的「專利」。

在美國，至少開出一門創業學課程的商學院數目從 1985 年的 210 個上升到 1991 年的 351 個，上升幅度為 67%。目前美國已有 369 所大學至少開出一門創業學課程。開設創業學課程的不僅有商學院，還有工程學院、經濟學系、醫學院和藝術學院等。一項研究顯示，在被調查的大學中，有 37.6%的大學在本科教育中開設創業學課程；23.7%的大學在研究生教育中開設創業學課程，而有 38.7%的大學同時在本科和研究生教育中開設至少一門創業學課程。有些大學將創業學作為輔修專業，有些大學則已將其作為一個主修專業（1980 年創業學就在美國的三個大學中成為本科主修專業），還有的甚至成立了創業學系。但由於這是一個相當新的領域，因此美國教育部仍未將其作為一個獨立的領域看待，相關的統計資料也還不夠完整和精確。

創業教育在歐洲也同樣呈成長趨勢。許多大學開設了創業學項目，許多大學從事創業學研究，還有少數大學的教師和學生加入創業實踐中，並分享新創企業的經營利潤。

教學方法也隨教學內容的變化而迅速調整，案例教學和經營計畫成為創業教學的中心，而且處理各種創業問題如法律、稅收、智慧財產權、企業評估以及合約管理等的專家也被大量邀請加入課堂的教學。教學內容和方法上的調整使最初的一些課程大受歡迎，因此一些後續的課程在學生的要求下陸續開出。

目前，美國的創業學教育已經形成了一個相當完備的體系，涵蓋了從初中、高中、大學本科直到研究生的正規教育，創業學已經在許多管理學院成為工商管理碩士的主修或輔修專業或者培訓重點，哈佛大學、賓州大學、凱斯西部保留地大學（Case Western Reserve University）等大學的商學院從九○年代中期開始已培養創業學方向的工商管理博士。

創業教育的發展也推動了創業學研究，而創業學研究則成為創業教育的有力支撐。哈佛大學商學院已有十幾位教授從事創業學的研究和教學工作。1980年以後，在美國的大學中，各種來源資金捐助設立的創業學首席教授職位（endowed chairs）的數目已經增加到一百多，在西方大學中，首席教授職位的設立就意味著一個相對完備的教學研究單位的成立。創業活動中心、孵化器等也為一些正在創業的人員提供短期的創業培訓。

1.4.3 創業教育的總體目標

儘管各個大學的創業學課程有著各自不同的特點，但總體上來說仍是大同小異，特別是對較為初步的課程來說更是如此。表 1.2 列舉了創業學課程的總體目標，其核心內容包括創業決策和創業過程；創業者的特性及其對經濟發展的影響（對經濟和國際經濟發展的影響）；創意的激發與創業機會的發現與評估；創業計畫的撰寫與表述；創業資源的獲得；控制與管理企業的成長；以及企業內創業的性質與運作等等。

表 1.2　創業學課程的總體目標

○了解新創企業在經濟中的地位與角色
○了解不同類型企業的優缺點
○了解創業過程的一般性質
○對學生自己的創業技能進行評估
○了解創業過程及產品計畫與開發過程
○了解識別和估價創業機會的不同方法，了解激發或抑制創造性的各種因素
○發展組織團隊並與團隊共同工作的能力
○了解創業成功與失敗的相關因素
○了解新創企業進入市場的一般策略
○了解創業計畫的基本要素
○市場營銷計畫
○組織計畫
○財務計畫
○創業經營計畫
○了解如何獲取新創企業所需資源
○了解如何控制與管理新創企業的成長
○了解新創一個企業對於管理技能的要求與挑戰
○了解在現存組織內部進行創業的性質與運作方式

創業者所需的技能可以大致分為三個方面：技術技能、管理技能和個人創業技能。我們將具體內容列舉在表 1.3 中。

表 1.3　創業所需的各種技能

技術技能	
○寫作	○聆聽
○口頭溝通	○組織能力
○對環境的監測	○網路構建
○技術的管理	○管理模式
○技術	○教練
○人際關係	○作為團隊成員
管理技能	
○計畫與目標設定	○會計
○決策	○控制
○人際關係	○談判
○市場營銷	○開辦新的企業
○財務金融	○成長管理
個人創業技能	
○風險承擔	○堅持個人主見
○創新能力	○願景領導者
○變化導向	○管理變化的能力

在最近五年中創業教育一個有趣的趨勢是，創業者們發現他們愈來愈需要獲得 MBA 學位。以往創業者對於與 MBA 有關的每件事情都感到厭煩，但今日，先進技術的複雜性、電子通訊、電腦使用和激烈的競爭等種種因素改變了這種態度。創業者們已經了解到透過 MBA 教育來提高能力的重要性，因為他們必須面對日趨一致的全球經濟、發展迅速的科技、巨變的環境。在這樣一個環境中創業，其複雜性與難度已經大大提高。

1.5 創業的一般過程

作為創業者，要創建自己的企業，通常要經歷幾個基本步驟，而在創業過程中所涉及的知識與技能，與一般的管理技能並不完全相同。創業者必須能夠發現、評估新的市場機會，並進一步將其發展為一個新創企業。一般地，創業過程包含四個階段：

> 創業過程一般包含四個階段：識別與估價市場機會；準備並撰寫經營計畫；獲取創業所需資源；管理新創企業。

㈠識別與估價市場機會；
㈡準備並撰寫經營計畫；
㈢確定並獲取創業資源；
㈣管理新創企業。

表 1.4 中列出了這四個階段中相關內容，但是，這種劃分並不是絕對的。事實上，儘管這四個階段具有明確次序，但各個階段之間並不是完全隔絕的，也就是說，並不是一定要前一階段全部完成後才進入下一階段。例如，即使在第一階段，也就是當創業者在識別與評估市場機會時，就可能必須考量創立企業的性質，而後者是屬於第四階段的任務。

1.5.1 識別與評估市場機會

識別與評估市場機會是創業過程的起點，也是創業過程中一個具有關鍵意義的階段。許多很好的商業機會並不是突然出現的，而是對於「一個有準備的頭腦」的一種「回報」，當一個識別市場機會的機制建立起來之後才會出現。例如，一個創業者在每一個雞尾酒會上都詢問與會者，是否在使

> 許多很好的商業機會並不是突然出現的，而是對於「一個有準備的頭腦」的一種「回報」。

表 1.4　創業的一般過程

第一階段 識別與評估市場機會	第二階段 準備並撰寫經營計畫	第三階段 確定並獲取創業資源	第四階段 管理新創企業
・創新性與「機會之窗」的長度 ・估計與實際的價值 ・機會的風險與回報 ・機會與個人技能 ・競爭狀態	封面頁 目錄 大致架構： 1. 商務活動描述 2. 產業描述 3. 銷售計畫 4. 財務計畫 5. 生產計畫 6. 組織計畫 7. 營運計畫 8. 總結 附錄或圖表	・創業者的現有資源 ・資源缺口與目前可獲得的資源供給 ・通過一定管道獲得其他所需資源	・管理方式 ・成功的關鍵因素 ・當前問題與潛在問題的辨識 ・控制系統的完備化

用某種產品時發現有什麼不夠令人滿意之處；另一個創業者則時時注意他的外甥和侄女正在玩什麼玩具，他們是否對玩具感到滿意。

雖然大多數情況下並不存在正式的識別市場機會之機制，但透過某些來源往往可以有意外的收穫，這些來源包括消費者、銷售人員、專業協會成員或技術人員等。無論來源是出於何處，都需要經過認真細緻的評估，對於市場機會的評估，或許是整個創業過程的關鍵步驟。

1.5.2　準備並撰寫經營計畫

一個好的經營計畫對於創業者來說是非常重要的。經營計畫不僅是對市場機會做進一步分析，同時還是真正開始創業的基礎，是說服自己，更是說服創業投資者投資的重要文件。經營計畫對於確定創業資源狀況、獲得所需資源和管理新創企業是必不可少的。經營計畫所包括的內容如表 1.4 所列，對於經營計畫及其所包括的行銷計畫、財務計畫和組織計畫等，我們將在本書的第二篇展開討論。

1.5.3　確定並獲取創業資源

這一步驟從確定創業者現有資源開始。事實上，對於資源狀況還需進行分析，特別是，要把對關鍵資源與其他不是那麼重要的資源加以區分。需要注意的是，創業者不應低估其所需創業資源的數量及其多樣性，創業者還應估計缺乏資源或不適合資源所帶來的影響。

緊接著的問題是，如何在適當的時機獲得所需資源，並在整個過程中盡可能地對創業進行控制。一個創業者應盡量保持對所有權的控制，特別在起步階段更是如此。隨著企業的成長，就可能需要更多的新資金。創業者應有效地組織交易，以最低的成本和最少的控制來獲取所需的資源。

1.5.4 管理新創企業

在獲取所需資源之後，創業者就需按照經營計畫建立新創企業，此時就需考慮企業的營運問題。這裡既包括企業管理方式，也包括確定並把握企業成功的關鍵因素，同時創業者還應建立控制系統，對企業運作的各個環節進行有效監控。

從企業發展的生命周期來說，新創企業一般都要經過初創期、早期成長期、快速成長期和成熟期幾個階段。創業者所面臨的管理問題因其發展階段的不同而有所不同，因此，創業者就需要根據每一階段的特點，來考慮和採取不同的管理措施與對策，以有效地控制企業成長的節奏，保持企業的健康發展。

本章小結

創業是一個發現和捕獲機會並據以創造出某些有價值新事物的過程。創業的兩個最核心的概念是「新穎」和「價值」。創業必須要貢獻時間和付出努力，承擔財務、精神和社會風險，而獲得財富、個人滿足和獨立自主。

創業是影響個人一生的決策。大多數創業者的自主創業主要受到現行生活方式的改變、自主創業的意願、創立新企業的可能性等因素影響。

創業對於經濟發展的作用絕不僅僅局限於提高國民平均產值與國民所得。創業對於培養和強化科技創新能力，以及獲得和提高企業核心競爭能力都具有十分重要的意義。

教育對於創業者事業的發展具有重要影響。創業教育在管理教育和整個教育體系中的地位都不斷在提高，創業學已經成為許多世界一流大學的主修專業，創業學研究也成為一個重要的研究領域。

創業過程一般包括四個階段，這四個階段所面臨的管理問題都有所不同，因此，創業者需要適時把握各個階段企業發展中的問題，並採取相對的措施和對策，以保證創業的成功。

討論題

1. 從企業家概念的發展中，如何了解創業的本質？
2. 列舉出影響創業決策的主要因素，你對本章所提及的因素還有什麼補充？
3. 以具體實例說明，創業對經濟發展具有十分重要的影響。
4. 作為一個學生，你對創業教育有什麼要求？有什麼建議？
5. 如果你參加創業培訓，請從你的角度對創業培訓提出要求與建議。
6. 試解釋創業過程的四個階段。這四個階段是截然可分的嗎？設想一下在四個階段中創業者可能面臨的主要問題。

第二章

創造性與企業創意

本章學習目的

1. 確定有關新的風險企業創意（ideas for new ventures）的各種來源。
2. 討論激發創意的各種方法。
3. 討論創造力及解決創造力問題的技巧。
4. 討論產品計畫及開發過程。

華萊士與《讀者文摘》

杜威特・華萊士（De Witt Wallace）被《時代》雜誌譽為不愛出風頭的卓越人物，他創辦了一本改變億萬人們生活方式的雜誌——《讀者文摘》。

年輕的華萊士在馬卡拉斯特學院讀書時，因為經常惡作劇，而被校方勸退。隨後，華萊士到維斯塔山接受他叔叔提供的銀行出納工作。利用閒暇時間，他開始把他的想法記在筆記本、目錄卡和活頁紙上，而且不是偶爾為之，而是積極、大量地做，每次往往花費數小時時間，甚至做到深夜，這種習慣一直維持到他中年。那些長篇、真摯、年輕的備忘錄，充滿了格言、引文、自我提升的條文，以及賺錢的點子，對他來說，就是《讀者文摘》的雛形。

1911 年夏天，他轉而在俄勒岡州鄉間挨家挨戶賣地圖，那次經驗改變了他的一生，使他察覺人們對實用知識的需求，而這種知識與學校所重視的學校知識大相逕庭。

1912 年 6 月，他在韋伯（Webb）出版公司圖書部找到一份撰寫促銷信的工作。後來華萊士對被深埋在公司各類刊物上的雜亂信息感到吃驚，因而向公司建議出版摘錄實用資料的雜誌，因為讀者閱讀的時間並不多。不過他卻因此而被公司開除。華萊士對公司如此在意他的批評感到不解，他決心自已動手創辦農民文摘。他向以前的老闆貸款七百美元，從農業部所發布的數百項報告中挑出最有用的資訊，編輯成一本長達 128 頁，大小如同一般文摘的小冊子，叫做《農業萬用手冊》（Getting the Most out of Farming）。現在看來，《農業萬用手冊》是《讀者文摘》的前身和範本，充分傳達有關農作物的實用資訊，同時留心婦女會和社區服務等生活事項，而且每頁都有插圖和格言點綴。

華萊士以旅行促銷的方式銷售這份處女作，他還說服他的表弟一起加入促銷工作。一個夏天過去，他們雖然沒有獲利，但他們將十萬本《農業萬用手冊》全部售罄，還還清了韋伯公司的貸款。更重要的是，華萊士學到的不只是如何編輯、印刷和促銷一份刊物，而且，他再次證實了他的想法，一般的美國家庭最想從刊物中得到的是——資訊。

1917 年 4 月，美國對德國宣戰，華萊士自願加入軍隊。在戰爭中，他被霰彈片擊中，被送往軍醫院養傷，並在那裡度過了二十九歲的生日。在這段時期，他的心中萌發了創辦一份以摘錄吸引廣大讀者群，且以「雋永」文章為主的雜誌，雜誌的名字就叫《讀者文摘》。

1919年4月，他回到美國，並從軍隊中退伍。他來到聖保羅，花了半年時間埋首於明尼蘇達州公立圖書館，興致勃勃地做出第一本《讀者文摘》樣本。華萊士的目標是發行五千本。他向父親借六百美元，找到聖保羅的史代恩斯（Sterans）印刷公司先印五百本。他父親原本拒借，哥哥班傑明也不肯伸援手，但後來他們還是妥協了。華萊士懷揣著父兄借給他的六百美元和自己辛苦編輯的第一本《讀者文摘》樣本開始了他的創業生涯。

後來，1921年10月15日，他與莉拉·艾奇遜結為連理。他的新婚妻子也投入了他的事業，成為他得力的助手。兩人瘋狂地工作，寄出數萬份訂閱促銷信。在華萊士夫婦結婚兩年後，《讀者文摘》的訂戶已相當踴躍了，業務急劇增加。

六百美元起家的《讀者文摘》從創刊至今近八十年，已成為在二十七個國家擁有雜誌、書籍、行銷和投資營運的王國。以十五種文字出版三十九個版本，每期發行兩千多萬冊，年收入超過二十億美元，成為全球一億多讀者的精神食糧。華萊士的成功告訴我們，一個創業者創建一個企業的起點，是其所提供的基本產品和勞務，而問題在於，基本產品和勞務的選擇也許是最為困難的，它需要具有市場前景的創意，那麼作為創業者所需的新產品或勞務，其創意源於何處呢？華萊士在出版業工作的初期就立志為廣大的讀者提供他們所需要的資訊，美國聯邦快遞公司的弗雷德·史密斯（Fred Smith）在大學課程的論文寫作中就表達了他的原始創意；其他如Final Technology公司的鮑勃·瑞斯（Bob Reis）和Perdue Chickens公司的法蘭克·珀杜（Frank Perdue），他們的創意均來自於工作實務經驗。在許多情況下，創意是透過企業內部的研發活動、創造性解決問題的過程或其他途徑而產生的。為獲得創意，有各種各樣的方法可以加以應用。無論如何，一個適當的新產品或勞務，以及較佳的創意，是創業成功開始的關鍵。

2.1 創意的來源

分析眾多企業的創業案例，我們可以發現，創業的創意可以有多種來源。大致說來，創意常常來自於顧客、現有企業、企業的銷售通路、政府機構、以及企業的研發活動。

2.1.1 顧客

有潛力的創業者應該密切注意有關新產品或勞務創意的最終焦點——潛在顧客。創業者可以採取非正式的方法去追蹤顧客的潛在需求，也可以採取正式的方法安排與顧客座談，使顧客有機會表達意見。值得注意的是，產品創意所針對的市場應足夠大，大到足以支持一個新的風險企業。對於市場容量的判斷是一個十分重要的因素，對於市場問題我們將在下一章做更深入的討論。

> 值得注意的是，產品創意所針對的市場應足夠大，大到足以支持一個新的風險企業。

2.1.2 現有企業

有潛力的創業者應該運用正式的方法，對市場上競爭者的產品和勞務進行追蹤、分析和評價。透過這種分析，能夠發現現有產品存在的缺陷，從而針對性地提出改進方法，並以此開發出有巨大市場潛力的新產品。競爭者之間的產品通常具有很強的替代性，因此，從產品功能分析與替代出發來尋找新產品與新市場，也是創意的一個重要來源。

2.1.3 銷售通路

經銷商也是新產品創意的最佳來源之一，因為他們直接面對市場，對市場的需求瞭如指掌。經銷商不僅能經常對新產品提出建議，而且也能幫助創業者推廣新產品。例如，有一個創業者就從他的銷售代理人那裡了解到，他們的針織品銷售不佳的原因主要在於顏色不合消費者口味。在充分考慮了這個建議後，他們對產品的顏色進行了適當的調整，這家公司最終成為美國地區非品牌針織品供應商中的領先者。

2.1.4 政府機構

在美國，聯邦政府透過兩種方式成為新產品創意的來源。

㈠專利局檔案中蘊含大量的新產品創意。儘管專利本身可能對於引進新產品形成法律限制，但它卻可能對其他更有市場潛力的新產品創意給予啟發。一些政府機構和出版當局對於專利應用的監督具有影響力。美國的國家專利局每周出版《官方公報》（The Official Gazette），對所授予的每項專利都做出概括性總結，並列出所有透過許可證獲得的專利。國家專利局還發表政府所擁有的大量專利摘要。另一個比較好的出版物是《Government-Owned Inventories Available for License》。其他政府機構如技術服務辦公室，也可以幫助創業者獲得特別的產品資訊。

㈡新產品的創意也可能源於政府相關法規。例如，一項旨在消除工業中不安全工作條件的職業安全和健康條例規定，擁有三個以上雇員的企業必須配備急救藥箱，急救藥箱中應該裝有適合本企業或行業的特別物品。這一條例甚至對急救藥箱本身也提出一定的要求，例如一家建築公司的急救藥箱需要具有防風雨功能，這與生產潤膚品或經營零售貿易公司所需要的急救藥箱就有所不同。為因應安全和健康條例，那些已建立和新近成立的企業紛紛推出各種各樣的急救藥箱。一家新成立的公司——R&H安全銷售公司——就成功地開發並銷售了急救藥箱。

在中國大陸，儘管政府在這方面的服務尚待完善，但基本的關於專利的目錄及查詢等均已具備較強的基礎，因而也應是中國大陸的潛在創業者獲得創意的重要來源之一。但遺憾的是，據報導，中國大陸專利目錄的利用還非常不充分，大多數的創業者也完全忽視了這一重要來源。

2.1.5 研究與發展

新創意的最大來源應該是企業本身的研發活動，無論這種研發是透過現有員工的工作努力還是非正式的地下實驗室。一個正式的研發部門通常裝備精良，有能力為企業成功地開發新產品。有一位科學家受雇於一家被列入《財星》雜誌前五百大的企業，並開發出一種新型塑料松香，可以作為一種新產品（塑料模具杯）的模板製作之基本材料，但這家大企業對這項產品創意不感興趣，因此促進了一家新企業——Arnolite Pallet 公司——的誕生。

2.2 激發創意的方法

儘管創意的來源有多方面，但要使創意成為一家新企業的發展基礎卻仍是十分困難的。創業者可以運用多種方法來幫助激發新創意並加以測試。這些方法包括集中小組（focus group）、腦力激盪（brainstorming）和問題編目分析（problem inventory analysis）。

2.2.1 集中小組

集中小組方法即由一群人就某一問題進行討論，並由主持人以直接或間接方式加以集中。

集中小組方法自二十世紀五〇年代以來就被廣泛地使用。具體而言，所謂集中小組方法即由主持人帶領一群人聚在一起進行公開而深入的討論，以不局限於主持人提問之方式來取得與會者的反應，主持人則以直接或間接的方式來集中小組討論。小組由八到十四個參與者組成，每個成員都會接受其他成員的評論，以刺激其創造、產生新產品的創意。例如，有一家美國公司對女用拖鞋的市場感興趣，它就召集了十二位來自波士頓地區、具有各種社會經濟背景的婦女組成一個集中小組，並透過小組討論產生了新產品概念，即「像舊鞋子一樣合腳、溫暖而又舒適的拖鞋」。這個產品概念被開發成為新產品並銷售成功，而且廣告詞也是根據集中小組成員的評論產生的。

除了產生新的產品創意以外，集中小組方法也可以用於篩選產品構思和概念。透過一定的程序，可以得到更加量化的分析結果，因此，集中小組是產生新產品創意的一種有效方法。

2.2.2 腦力激盪與創意

腦力激盪會被用來激發新產品創意，主要是基於即當人們聚在一起參與一個小組時，往往會被刺激而產生更大的創造力。與上述集中小組方法不同的

腦力激盪中的小組討論沒有明確限制的主題，有利於激發新的創意。

是，腦力激盪中的小組討論一般沒有明確限制的集中主題，而是只有一個大致較寬的領域，這將十分有利於參與者發揮想像力。儘管小組產生的大多數創意都不可能

進一步的開發並轉化為市場上的產品，但往往會從海闊天空的想像中產生出好的創意。

腦力激盪的運用一般應遵循以下四個原則：

㈠小組中任何成員都不允許批評——討論中沒有負面評論。

㈡鼓勵隨心所欲——愈放任，構思愈巧。

㈢希望產生大量的構思——構思愈多，好構思出現的機率愈大。

㈣鼓勵組合及改進構思——可以用其他人的創意來促成新創意。

腦力激盪的過程應該充滿樂趣，不存在某個統治局面的人，而且不應禁止討論。

美國一家大型商業銀行曾經成功地運用腦力激盪所產生的創意創辦了一本新雜誌，該雜誌旨在為其顧客提供高品質的資訊。參與腦力激盪的管理人員主要集中於市場的特點、資訊內容、雜誌的期數、以及該雜誌對銀行的宣傳價值。一旦雜誌的形式和期數得以確定，銀行又召集位於三個城市——波士頓、芝加哥和達拉斯的那些列入《財星》雜誌前一千大企業的財務副總裁參加集中小組，針對這個新雜誌的形式、與客戶關聯性及對各企業的價值進行討論。

2.2.3 問題編目分析

問題編目分析運用與集中小組類似的方式產生新產品創意，但不同的是，集中小組由顧客本身產生創意，而問題編目分析則按產品類型為顧客提供一系列問題，要求顧客根據問題對這類產品進行討論。這種方法的好處在於，因為把已知產品與相關問題都一併提出，在此基礎上獲得新產品創意，比產生一個全新產品概念要容易一些。這種方法也經常用來測試新產品創意。

> 問題編目分析按產品類型為顧客提供一系列問題，要求顧客據此對這類產品進行討論。

表 2.1 列舉了該方法在食品業中運用的例子。在這個例子中，最困難的任務之一是盡可能列出詳盡的問題，比如重量、口味、外觀和成本。

問題編目分析產生的結果必須經過仔細評價，因為也許它並不能揭示新的經營機會。例如，通用食品公司曾經開發一種新的麥片盒，以解決現有盒子不能很好地適合貨架這一問題，但結果卻並不成功，因為包裝規格對實現的購買行為影響甚小。為了保證最好的結果，問題編目分析應該用來確定初步產品創意，然後再進行進一步的評價。

表 2.1 問題編目分析用於食品業的例子

心理	感覺	活動	購買用途	心理／社會
A.體重 ・變胖 ・無熱量	A.口味 ・味苦 ・平淡 ・味鹹	A.進餐計畫 ・忘記 ・厭倦	A.可攜帶性 ・在外食用 ・供午餐食用	A.服務於公司 ・不能用來招待客人 ・準備工作太多，不方便
B.飢餓感 ・吃飽 ・吃了以後仍然會餓	B.外觀 ・顏色 ・不誘人 ・形狀	B.儲存 ・用完 ・包裝不合適	B.每包的分量 ・分量不夠 ・分量過多	B.獨自用餐 ・為自己烹調需付出太多 ・準備一份飯令人沮喪
C.口渴感 ・不止渴 ・食後感到口渴	C.密度／質地 ・堅硬 ・乾燥 ・油膩	C.準備 ・太麻煩 ・太多鍋鍋罐罐 ・總是搞不好	C.可獲得性 ・不合時令 ・超市無貨	C.自我形象 ・懶於烹飪 ・不是一個好媽媽
D.健康 ・消化不良 ・對牙齒不好 ・使人難以入睡 ・酸性食品		D.烹飪 ・燒焦 ・黏底	D.腐壞變質 ・發霉 ・變酸	
		E.清潔 ・把爐灶弄髒 ・使冰箱產生異味	E.成本 ・太貴 ・所需調料太貴	

2.3 創造力與問題解決方法

> 創造力是創業者所應具備的特質。不幸的是，創造力通常會隨著年齡的增長、教育程度的提高以及缺乏使用而降低。

創造力是創業者所應具備的特質，不幸的是，創造力通常會隨著年齡的增長、教育程度的提高以及缺乏使用而降低。創造力呈階段性地降低——在學齡時期的創造力可能是最強的，因為此時的想像力不受任何束縛；然後是青少年時期，接著是三十歲、四十歲、五十歲，愈是年齡增大，創造力就愈弱；而且，一個人潛在的創造力也可能會因為感性、文化、情感、以及組織等各種因素的影響而被抑制。表 2.2 列示了一些解決創造問題的方法，心理學家認為，通過運用這些方法中的任何一種，都可以激發人們的創造力，產生創造性的創意和創新。

以下我們對這些方法做簡要討論。

表 2.2　創造力與問題解決技術

創造力與問題解決技術
・腦力激盪（Brainstorming）
・反向腦力激盪（Reverse brainstorming）
・綜合法（Synectics）
・戈登法（Gordon method）
・列舉清單法（Checklist method）
・自由聯想法（Free association）
・強迫關係法（Forced relationships）
・集合筆記本法（Collective notebook method）
・啟發法（Heuristics）
・科學法（Scientific method）
・價值分析法（Value analysis）
・屬性列舉法（Attribute listing method）
・矩陣圖表法（Matrix charting）
・靈感激發（夢想）法（Inspired [big-dream] approach）
・參數分析法（Parameter analysis）

2.3.1 腦力激盪

腦力激盪為一種高知名度的技術，被廣泛運用於新構思的產生以及創造性問題的解決。這是一個非結構化的過程，在一個有限的時間內，透過小組成員的自發參與，針對某個問題產生幾乎所有可能的創意。腦力激盪過程通常開始於對問題的陳述，而問題陳述的範圍應該適當，不能太寬也不能太窄，太寬可能導致產生的創意過於多樣化，難以產生特別的創意，太窄了又會限制創意的產生。問題陳述準備好後，接著就挑選六至十二名具有不同知識背景的小組成員。為了避免抑制小組成員的意見，小組成員不應是該領域內公認的專家。所有的創意，無論多麼不合邏輯，都應該記錄下來，討論過程中不允許批評。

> 所有的創意，無論多麼不合邏輯，都應該記錄下來。

2.3.2 反向腦力激盪

由於著眼於負面意見，因此需注意提出問題與分析問題的態度，注意保持小組成員的士氣。

反向腦力激盪與腦力激盪類似，唯一不同的是，在反向腦力激盪的過程中允許提出批評。實際上，在這一過程中往往提出這樣的問題：「哪些方式會使得這個構思失敗？」透過對這個問題就可能發現創意中的錯誤或缺陷。由於這種方法是著眼於負面意見，因此需注意提出問題與分析問題的態度，注意保持小組成員的士氣。一般認為，反向腦力激盪可以在其他刺激創業的技術前運用。整個過程應該包括確定某個創意的所有錯誤，然後討論解決這些問題的辦法。

2.3.3 綜合法

它迫使人們運用四種類比：即個人的、直接的、象徵的、幻想的類比方法來解決問題。

綜合法是一個創造性的過程，它迫使人們運用四種類比：即個人的、直接的、象徵的、幻想的類比方法來解決問題。小組工作過程分為兩個階段，如圖 2.1 所示。第一階段的任務是把陌生變熟悉，這主要透過一般化或模型，有意地改變事情順序，把問題擺在容易接受或熟悉的角度，以消除陌生感。一旦陌生感被消除，參與者進入第二階段，即透過個人、直接或象徵類比，把熟悉的事物再變得陌生，以產生唯一的解決辦法。

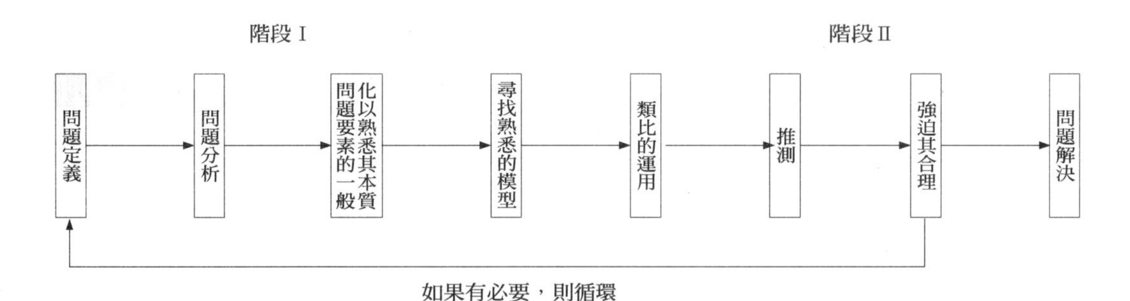

圖 2.1　綜合過程舉例

2.3.4 戈登法

> 一開始，小組成員並不知道實際問題，這樣可以保證問題的解決不受先入之見和固有行為模式的影響。

戈登法與其他創造性解決問題的方法不同，一開始，小組成員並不知道問題的實質，這樣可以保證問題的解決不受先入之見和固有行為模式的影響。戈登法的運用一般按照以下程序：一開始由創業者提出與問題有關的一般概念，小組成員對此提出一些創意；接著在創業者的指導下，原先的概念被進一步發展並提出其他的相關概念，使得實際問題被揭示出來；最後，小組成員對問題的解決提出各自的建議，並對最終方案進行改進。

2.3.5 列舉清單法

> 創業者可以透過一系列問題或陳述清單來指導新創意的方向，以保證創意集中某特定領域。

在列舉清單法中，新創意是透過列舉一系列相關問題或建議而被開發出來的。創業者可以透過一系列問題或陳述清單來指導新創意的方向，以確保創意集中於某特定領域。清單的形式和長度不受限制。例如，問題清單可能列舉如下：

- 可用於其他用途嗎？新的使用方式？修改後的其他用途？
- 適合嗎？有其他相似的嗎？還建議其他創意嗎？過去有類似的事嗎？可以模仿什麼？可以仿效誰？
- 需要修改嗎？有什麼新花樣？改變涵義、顏色、狀態、氣味、形式、形狀？還有其他變化嗎？
- 擴大嗎？增加什麼？更多的時間？增加頻率？更強壯？更大？更厚？額外價值？增加成分？複製？放大？誇大？
- 縮小嗎？替代什麼？小一點？壓縮？小型化？低一些？短一些？輕一些？省略？精簡？拆分？克制？
- 替代嗎？替代誰？替代什麼？其他成分？其他材料？其他過程？其他能源？其他地方？其他方法？其他聲調？
- 重新安排嗎？交換組件？其他類型？其他布局？其他順序？變換因果？變化條件？變化進度？

- 翻轉？正面與負面交換？另一面怎麼樣？向後轉？上面朝下？角色相反？改變境遇？轉變形式？轉到另一面？
- 組合嗎？混合、融合、聚合還是集合？單位的組合？目的的組合？要求的組合？創意的組合？

2.3.6 自由聯想法

自由聯想法是一種最簡單有效的產生新創意的方法。這種技術有助於對某一問題產生新觀點。首先，寫下與問題有關的一個詞或詞組，然後由這個詞或詞組聯想寫出下一個新的詞或詞組，依次類推，每個詞或詞組都會增加一些新的東西，這樣就產生了一個創意鏈，最後就可能出現一個新的產品創意。

2.3.7 強迫關係法

顧名思義，強迫關係法是指強迫在一些產品組合之間建立聯繫。這種方法針對目標或創意提出問題，試圖開發一個新的創意。這種方法通常採用以下五個步驟：

㈠把問題相關要素孤立起來；

㈡在這些要素之間尋找關係；

㈢以一定的順序記錄這些關係；

㈣對找到的關係進行分析以發現創意或類型；

㈤從這些類型中開發出新的創意。

表 2.3 列舉了如何運用這一技術強迫在紙張與肥皂之間建立聯繫。

表 2.3 強迫關係法舉例

元素：紙張和肥皂		
形 式	關係／組合	構思／類型
形容詞	像紙的肥皂	薄片
	像肥皂的紙	有助於旅行中的清洗和乾燥
名詞	紙肥皂	硬紙用肥皂浸漬，用來清洗外表
副詞	上過肥皂的紙	訂製成書冊的肥皂
	肥皂濕紙	在塗抹和浸漬過程中
	肥皂清潔紙	壁紙清潔物

2.3.8 集合筆記本法

運用集合筆記本法時，參與者需要準備一個能夠放進口袋裡的袖珍筆記本，在筆記本上寫下對問題的陳述，及有關的背景數據。參與者對問題及可能的解決方案進行考慮，每天至少記錄一次創意，最好一天記錄三次，月底匯總，進而產生一系列好的創意。這個方法可以由小組成員一起運用，每個人分別記錄他們的創意，然後把各自的筆記本交到一個中心協調人手中，由他對所有資料進行匯總。匯總結果將作為由這些成員參加的集中小組討論之主題。

2.3.9 啟發法

啟發法依賴創業者透過思考、洞察和學習來發現問題的能力。這項技術的應用遠超出人們想像，因為創業者往往需要對不確定而非確定的問題做出決策。其中有一種叫做啟發式創意法（Heuristic ideation technique, HIT），這種方法用來找到所有與某種產品相關的概念，並產生可能的創意組合。

2.3.10 科學法

科學法乃是依照一些原則和過程，透過觀察和實驗來驗證假設。這種方法包括定義問題、分析問題、收集和分析數據、開發和測試潛在的解決方案、選擇最優解決方案等步驟。

2.3.11 價值分析法

價值分析是用來尋找使創業者和風險企業價值極大的方式。創業者為了使價值極大，通常提出這樣的問題：「這部分的品質是否能夠降低一些，因為這不是問題的關鍵部分？」在價值分析過程中，需要安排一定的時間對創意進行開發、評價和改進。

2.3.12 屬性列舉法

屬性列舉法要求創業者列舉出問題屬性，然後從各個角度觀察每個屬性，透過這個過程，原先不相關的事物被聯繫在一起，從而形成一個新的組合或產生新的用途。

2.3.13 矩陣圖表法

矩陣圖表是一種用來尋找新機會的系統方法。具體做法是，沿產品圖表的兩軸列舉重要元素，然後針對每個要素提出問題，並將問題的答案記錄在矩陣的相應空格中。能夠引出新產品創意的問題包括：該產品能用來做什麼？在哪裡被使用？誰能使用它？什麼時候使用？如何使用？等等。

2.3.14 靈感激發（夢想）法

> 創意應該進一步開發而不必考慮任何約束條件，直到創意被開發成切實可行的形式。

所謂「日有所思，夜有所夢」，夢想法即因創業者經常的苦思冥想，以致在做夢的時候出現「靈感」，來發現問題及解決辦法。但這種靈感往往是稍縱即逝的，因此，對每個靈感都應立即記錄下來，並做進一步的調查研究。對「夢來之筆」，不必考慮所有負面因素或對資源的要求。換句話說，創意應該進一步開發而不必考慮任何約束條件，直到創意被開發成切實可行的形式。

2.3.15 參數分析法

參數分析包含兩方面：參數確定和創造性綜合，如圖 2.2 所示。第一步為參數確定，包括分析有關變數並確定它們的相對重要性。這些變數應成為調查研究的焦點。初步問題被確定後，再觀察描述潛在問題的參數間之關係，透過對這些參數及其相互關係的評估，找出解決問題的方法，這個過程即為創造性的綜合。

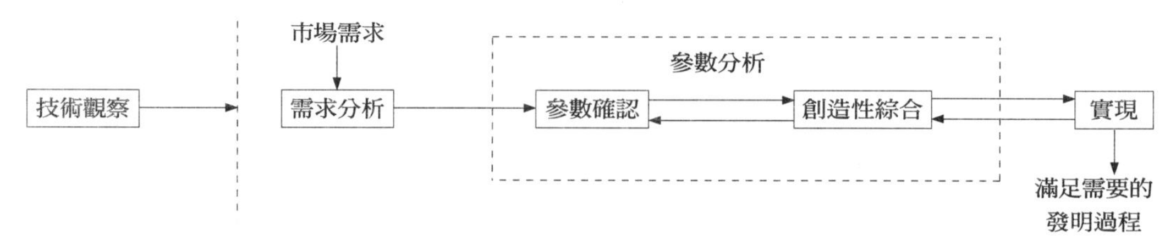

圖 2.2　參數分析法舉例

在具體的實施過程中，究竟選擇何種方法應根據創業者的需要、條件等各種因素。在大多數情況下，可以同時選擇幾種方法加以應用，或在一種方法效果不太理想時，選擇另一種方法使用。

2.4 產品計畫及開發過程

一旦產生了創意，就需要進一步對創意進行開發及精煉（refinement），進而得到最終產品或勞務。這個精煉過程即產品計畫及開發過程，它被分為五個主要階段：構思階段、概念階段、產品開發階段、市場測試階段及商品化階段。進入最終的商品化階段，也就意味著產品生命周期的開始。如圖 2.3 所示。

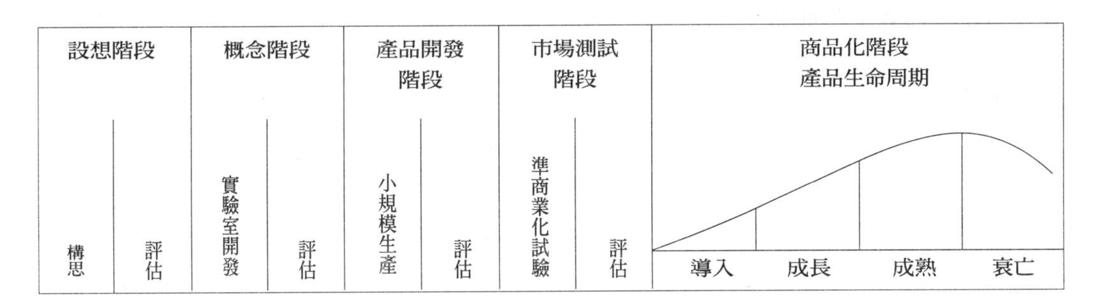

圖 2.3　產品計畫與開發過程

2.4.1 建立評價準則

在產品計畫和開發過程的每個階段都需要建立相對的評價準則。這些準則應該覆蓋面廣且盡可能量化，以便在開發時能對產品進行仔細的篩選。這些評價準則應包括市場機會、競爭、銷售系統、財務因素和生產因素等幾方面。

對於一個產品創意來說，必須存在市場機會，即市場對該產品創意存在現有或潛在的需求。確定市場需求是評價產品創意的最重要準則。對市場機會及其規模的評估需要考慮一些因素，諸如消費者或購買該產品的行業特點及屬性、潛在市場的規模（以銷售額及產品單位來計）、市場特點及其在生命周期中的階段（處於上升階段還是下降階段）、產品可能的市場占有率等。

> 對於一個產品創意來說，必須存在市場機會，亦即市場上對該產品創意存在現有或潛在需求。

對產品創意的評價還應包括對現有的競爭廠商、價格、銷售策略的評估，特別是這些因素對產品的市場占有的影響。透過現有競爭者所不具備的產品特性，新產品應該能夠成功地與市場上現有產品競爭。根據對滿足顧客同一需求的所有競爭產品的評估，新產品應該具有獨特差異性的優勢。

新產品應該與公司現有的管理能力和市場策略一致。公司應該能夠把自身的營銷經驗和其他專長運用到新產品的開發中。例如，通用電器如果要在產品線上增加廚房小家電，這比寶僑公司（Procter & Gamble）做類似的事情要容易得多。為了考慮新產品與企業現有能力匹配的程度，需要考慮一些因素：公司現有銷售團隊轉而銷售新產品的能力及時間、公司透過已建立的銷售通路銷售新產品的能力、利用公司現有廣告及促銷手段引進新產品的能力。

新產品應該能獲得公司足夠的財務支持，並能對公司的財務有所貢獻。財務評估應包括每單位產品的製造成本、每單位產品的銷售和廣告成本、所需資本和存貨量。另外，還需確定產品的損益兩平點，並估計產品的長期利潤。

對財務進行評估後，應該確定新產品對生產要素的需求以及與現有工廠、機器及人力的配合程度。如果新產品不能配合現有生產過程，則需要確定製造新產品所需要的新工廠和生產成本，及所需要的工廠空間。產品生產過程中的所有物料需求都應準備充足。

創業者需要在產品開發的過程中評估產品構思，創業者應該考慮並確信該產品可以作為新創企業的基礎。從銷售的角度考慮，我們需要對產品開發過程中銷售測試前的三個階段，即構思階段、概念階段和產品開發階段加以描述。

2.4.2 構思階段

在構思階段，應要確定有希望的新產品創意，剔除不切實際的創意，盡可能運用公司現有資源下做出評估決策。在這個階段，一個有效的評估方法是：系統化的市場價值清單（systematic market evaluation checklist），運用這種方法，每個新產品創意都根據其主要價值、優點來決定。消費者面對一組新產品價值需確定哪種新產品創意值得開發，哪種應該遺棄。公司可以運用這種評價方法測試多種新產品創意，有希望的創意可以得到進一步開發，而與市場價值不一致的產品創意則剔除。

確定新產品的市場需求及新產品對企業之價值也很重要。如果新產品沒有市場需求，則開發不應繼續；同樣，如果新產品對企業沒有任何好處及價值，也不應繼續開發。為了有效地確定新產品的需求，有必要根據時機、滿意程度、選擇、利益和風險、未來的期望、產品價格與性能特徵比、市場結構和規模以及經濟條件來確定市場潛在需求。一種有助於確定需求的表格形式如表 2.4 所示。應根據潛在新產品特徵及其競爭優勢，對表格中的因素進行評估。這種與競爭者產品的比較分析將有助於了解新產品的優勢與劣勢。

為了有效地確定新產品的需求，有必要根據時機、滿意程度、選擇、利益和風險、將來的期望、產品價格與性能特徵比、市場結構和規模以及經濟條件來確定市場潛在需求。

需求的確定應著眼於需求之類型、需求時機、試用產品的用戶、總體市場結構以及市場特性。對每個因素的評估都應該根據新創意之特性、現有方法滿足特殊需求的能力。這種分析將表明市場機會的範圍。

在確定新產品對企業的價值時，應該根據一些財務指標，諸如現金流出、現金流入、毛利率、投資報酬率等進行評價。運用如表 2.5 的表格，應盡可能評估與新產品創意有關每個財務指標，藉此做出量化的評估。隨著產品進一步開發，當獲得了更充分的資訊，這些數字可以適度地修改。

2.4.3 概念階段

當一個新產品創意在產品構思階段被認為具有潛力，就會被進一步開發。在概念階段，需要進一步測試產品創意，在製造有形產品前，要先確定消費者是否接受。從潛在顧客和經銷商那裡可以獲得對產品概念最初的反應。一種檢視消費者接受程度的方法是面談，參加面談者聽取有關產品創意及具體產品屬性的陳述，若有競爭產品，這些陳述也對現有產品的主要特質進行對比。透過對消費者反應的分析，可以發現被市場接受和排斥的產品特質，而被接受特質則被設計到產品中。

在概念階段，經過開發的產品創意需要被測試，從而在製造有形產品之前，確定消費者是否接受。

對於新產品概念與主要競爭對手的產品概念，應該分別評估它們的特質、價格和促銷方式。透過確定產品概念中存在的主要問題，可以指導研發活動去開發更加市場化的產品，或者，乾脆放棄產品概念，不做進一步的開發。

表 2.4 對新產品構思需求的確定

因 素	方 面	競爭者的能力	新產品創意的能力
需求的類型			
連續的需求			
減少的需求			
新興的需求			
未來的需求			
需求的時機			
需求持續時間			
需求的頻率			
需求周期			
在生命周期中的位置			
滿足需求的競爭方式			
不用現有的方式運作			
對現有的方式進行修改			
可察覺到的收益／風險			
對顧客的效用			
具吸引力的特性			
顧客的品味和偏好			
購買動機			
消費習慣			
價格與性能特徵比			
價格一數量關係			
需求彈性			
價格的穩定性			
市場的穩定性			
市場規模與潛力			
市場成長			
市場趨向			
市場開發要求			
對市場的威脅			
消費者資金的可獲得性			
一般經濟條件			
經濟趨向			
顧客收入			
融資機會			

表 2.5　確定新產品構思的價值

價值考慮因素	成本（比貨幣為單位）
現金流出	
R&D 成本	
銷售成本	
資本設備成本	
其他成本	
現金流入	
新產品的銷售	
對現有產品銷售增加的影響	
殘值	
淨現金流量	
最大流量金額（Maximum exposure）❶	
最大流入產生之時點（Time to maximum exposure）❷	
流入的存續期間（Duration of exposure）	
總投資	
一年中的最大淨現金流量（Maximum net cash in a single year）	
利潤	
新產品中的利潤	
對現有產品銷售利潤的影響	
占公司總利潤的比例	
相對報酬	
股東權益報酬率（ROE, Return on shareholder's equity）	
投資報酬率（Return on investment）	
資本成本（Cost of capital）	
現值（PV, Present value）	
折現現金流量（DCF, Discounted cash flow）	
資產報酬率（Return on assets employed）	
銷售收益率（Return on sales）	
與其他投資相比	
與其他產品機會相比	
與其他投資機會相比	

新產品與競爭產品比較而言的相對優勢可以透過下述問題來確定：新產品相對競爭產品在品質和可靠性方面如何？該產品概念與市場上現有產品相比是超過還是不足？對企業而言，這是一個好的市場機會嗎？對產品的其他方面，如價格、促銷和通路等，都應做相似的評估。

2.4.4 產品開發階段

在產品開發階段，需確定消費者對有形產品的反應。在這個階段經常使用的方法是向消費者徵求意見（consumer panel），即把產品樣品發給一組潛在的消費者，讓他們對產品使用情況及其優缺點加以評論。

向這些潛在消費者徵求意見時，也可以把一個或多個競爭產品的樣品同時發給參與者，可以用下列方法之一，如多品牌對比、風險分析、重複購買率、偏好強度分析等，來確定消費者偏好。

2.4.5 市場測試階段

產品開發階段的結果提供了銷售計畫的基礎，市場測試可以增加商業化成功的可能性。這個評估過程中的最後一步——市場測試階段——可以提供實際銷售結果，表明消費者對產品的接受程度。肯定的測試結果顯示產品成功上市及創業的可能性。

本章小結

一個成功新企業的起點是提供基本的產品或勞務，而產品或勞務的創意可以透過各種技術從內部或外部獲得。

新創意的來源可能來自於消費者的評論、競爭者提供的新產品、專利文件中的創意、積極參與研發，這些都是尋找產品創意的方法。另外，創業者還可以運用一些特別的技術來構思產品。比如，透過運用集中小組可以更加了解消費者的真實意見。另一個方法是問題編目分析，透過這種方法消費者把特別的問題與特定產品聯繫起來，然後開發出新產品。

腦力激盪是一個在激發創意及解決問題上都可以使用的技術，透過一組人在一個開放、非結構化的環境下一起工作來刺激小組成員的創造力。其他提高創造力的技術還有列出相關問題清單的清單列舉法、自由聯想法、集合筆記本法以及夢想法。有些技術非常結構化，而有些則十分自由化。每個創業者都應了解這些技術。

一旦一個或一組創意產生後，計畫和開發過程就開始了。所產生的創意必須經過篩選和評估以確定是否適合進一步開發。最有潛力的創意才能進入概念階段、產品開發階段、市場測試階段，最後進入商業化。創業者應該在這個過程中對產品創意不斷地進行評估，以使風險企業能夠成功開創。

討論題

1. 你如何對現有公司所提供的產品進行監督和評估？這是一個能夠產生新創意的可行的技術嗎？為什麼是或為什麼不是？
2. 準備一系列與快餐行業有關的問題，用來進行問題編目分析。分析的結果將如何用於創立一個快餐企業？
3. 選擇三個問題解決技術，並解釋每項技術如何克服思考障礙？

---

❶ "Maximum exposure" 是指現金流出或凍結的最大數額，例如因為應收帳款過多，而出現現金枯竭或資金周轉不靈，流動資金不足。

❷ "Time to maximum exposure" 是指一旦出現現金流入延後或流失，公司能夠得到多長的緩衝期，以準備因應，避免「現金缺口」突然出現；"Duration of exposure" 是指當現金流入延後或流失真的出現後，公司能支持多長時間。

第三章

市場機會與需求識別

本章學習目的

1. 了解創意與市場機會的差別。
2. 了解什麼是「機會窗口」，以及「機會窗口」對創業的重要性。
3. 了解市場研究對於創業的重要性。
4. 把握資訊收集的基本步驟和注意事項。
5. 把握環境分析的主要構面和基本指標。
6. 把握市場機會評估的各項準則和主要指標。

荒年餓不死手藝人

1804年，約翰·迪爾出生在美國佛蒙特州的一個小城鎮。誰也不會想到，他成為美國農機業最大的公司——迪爾公司的創始人。美國的歷史不過兩百年，而迪爾公司經營發展歷程也已經長達一百五十年。

約翰·迪爾的父母像許多佛蒙特州人一樣，是從歐洲來的移民。他父母原籍為英國的威爾斯，1790年經加拿大來到美國佛蒙特的路特蘭。父親是個裁縫，母親則是父親的幫手。出身在這樣一個平凡家庭的約翰·迪爾，日後竟成為風靡一時的世界級企業家，甚至被美國人當做民族英雄來崇拜。

約翰·迪爾在青年時代並沒有讀過什麼書，但他的母親具有看書寫字的能力。約翰·迪爾的知識多數是從母親那裡學來的。一直到而立之年，約翰·迪爾仍然是一個平凡得不能再平凡的人。1836年，約翰·迪爾離開了佛蒙特州，來到美國中西部地區的伊利諾州闖天下，隨身只帶了一百美元。他父親崇尚「荒年餓不死手藝人」的信念，因此約翰·迪爾從少年時代起就開始學習一門手藝，並在十七歲時便開始以自己的手藝謀生，不久就成為遠近聞名的鐵匠。約翰·迪爾曾在佛特爾等地謀生。這當中他開過自己的鐵匠鋪，也曾受雇於他人，從中累積了大量的實務經驗，同時也使他體認到，儘管鐵器製造業很有前途，但在佛蒙特州，他最多只能是維持生計而已。

1825年開通的伊利諾運河對美國經濟發展十分重要，因為它將密西西比河與世界上最大的淡水湖群連通起來，從而促進了美國的西進移民潮。順應著移民潮，約翰·迪爾來到伊利諾州的格蘭德特，並於1937年在格蘭德特開設了以自己名字命名的鐵匠鋪。

伊利諾的土地充滿著誘惑，由於溫度、風、濕度、降水和地形樣樣適宜，最終形成了肥沃十足的黑色黏土。

但是，黏性腐殖質土的這種特性對早期的農民來說也是一種災難。因草根密布，這種土壤極難穿透，而只要土壤中含有一點水分，它就變得黏性十足，簡直可以黏附在任何東西上——特別是黏附在犁上。而犁地是耕種工作的重要一環。對於中西部的黏土地來說，犁地尤其顯得重要。但是，在東部沙質土地中很好用的犁，到了西部的黏土中卻不靈了，許多農民打起了退堂鼓。約翰·迪爾就是在這個時候出現在美國農業歷史中的。

約翰．迪爾很可能以前在佛蒙特州就聽說過一些關於犁無法擦淨、會帶起黏土的事情。來到伊利諾州，與農民們交談的那一刻起，他就強烈地意識到這個問題，因為格蘭德特周圍到處都是這種黏性很強的土壤。1837 年，約翰．迪爾來格蘭德特不久，一天，他來到曾經修理過脫接軸的鋸木廠，看到地上一個破裂的鋼鋸。他索討了那個斷裂的鋸段，並把它帶回鐵匠鋪裡，因為他由此聯想到如何製作一種「可以擦淨的犁」。

約翰．迪爾想出了一個絕妙的主意——使用光滑的鋸刃鋼來造犁，並改變犁的形狀。犁做好了，樣子很粗，但內行人一眼就可看出這是一把不錯的犁。

約翰．迪爾的犁，厚度約 0.228～0.238 英寸，長度約在 10～12 英寸之間，犁頭和犁稜是鋼的，犁壁本身是鍛鐵的。這種犁壁結構違反常規，基本上是一個平行四邊形，向下變成凹面。可以肯定地說，約翰．迪爾在犁壁特殊的形狀上花費了很多心思，因為這種形狀將決定犁頭劃過的土壤被翻起的程度範圍及深度。平行四邊形的結構設計，一個角銳利無比地可用來插入任何土壤，一邊受力後可以使犁向正前方運動，並把土翻動；一邊受力後直接影響到犁與土壤的接觸面，並產生向上的作用力，使犁插入到土壤中的適當深度。這兩股分力在受到犁柄的牽引下產生出向前的合力，直插土壤，在犁壁劃過黏土時，曲面的形狀足以翻起黏土，光滑的犁和巧妙的設計，徹底解決了黏土黏犁的時代性難題。

對於沒有讀過幾天書的約翰．迪爾而言，這個犁的誕生足以說明他藉由日常經驗，已經掌握了機械的基本原理。當然，力學理論是與他無緣的。

據說，約翰．迪爾在製好鋼犁後，曾親自到羅克河谷的田中，駕著牲口犁出了第一條壟溝。他在田裡向前走著，所有人都跟在後邊。啊！奇蹟中的奇蹟——一條整整齊齊的壟溝，一條由黑土堆出整整齊齊的壟溝出現了，不可能做到的事，他竟做到了。

十九世紀六〇年代中期，約翰．迪爾已經是莫林鎮的製犁專業商了，莫林也成為優質鋼犁的同義詞。當時的約翰．迪爾是鎮上最大的製造商，他替他的犁起了「莫林犁」這個名字。

約翰．迪爾就是這麼一個「弄潮兒」。當然，他用每根神經去感受的是社會趨勢。當他感受到趨勢大潮來臨時，他就適時地「揚帆起航」。

追根究柢，「洞察力」是約翰．迪爾成功創業的原因。

3.1 從創意到市場機會

對於企業創業來說，最基本也是最重要的恐怕是其產品或勞務的市場需求。只有當市場即消費者或客戶認可創業者產品或勞務時，新創企業才可能生存並獲得發展。在上一章中我們已討論了激發創意的方法，但即使有了十分吸引人的創意，也還只是一個初步設想。可以說，一個好的創意只是創業者手中的一個工具，只是創新企業的一個火花，而要實現創業，決定於創意是不是值得投資，要把一個有前景的創意進一步轉化為市場機會，還有許多工作要做。

據估計，1999 年，在美國有三百五十萬到四百萬家新企業誕生，平均每月約三十萬家，每天一萬家，但其中大概只有 10%～15%可以抓住好的市場機會，其基本目標是能夠達成一百萬美元的銷售收入。

因此，我們首先要強調，市場機會並不等於創意，有一個好的創意也並不意味著就一定有市場機會。一般說來，在有了創意之後，創業者仍需要進行市場研究，對市場機會進行辨識和篩選。

3.1.1 創意≠市場機會

如上一章所討論的，一個創意可以透過多種方法產生，甚至產生於半夜做夢時的靈感，可以是異想天開、漫無邊際的，可以不十分注重其可行性。創意遠比好的經營機會要多，這是因為一個創意未必就是一個經營機會。儘管創意處於機會中心，但並不是所有的創意都是機會。機會必須是可落實的，能夠用來作為新創企業的基礎。

對於新的或者改進的產品與勞務必定存在著創意。企業家、發明人、革新家、大學生的新主意往往層出不窮。但創業是一個市場推動的過程，能落實於市場是成功的必要條件。所謂市場機會或商業機會，是指有吸引力、較為持久和適時的一種商務活動空間，最終表現在能夠為客戶創造價值和增加價值的產品或勞務中。

> 所謂市場機會或商業機會，是指有吸引力、較為持久和適時的一種商務活動空間，並最終表現在能夠為客戶創造價值或增加價值的產品或勞務中。

機會的出現往往是因為環境的變化、市場的不協調或混亂、資訊的延遲、領先或者缺口，以及市場中其他因素的影響。對創業者來說，機會的有效利用則依賴於能否識別和利用這些變化與不完善。

市場愈不完善，相關知識和資訊的缺口、不對稱或不協調就愈大，機會也就愈充裕。在此意義上，開發中國家的創業機會應該遠比發達國家要多，因為發達國家的市場已經相當完善，市場已經幾乎沒有「縫隙」。對於創業者來說，其所面對的挑戰就是能否識別隱藏於經常自相矛盾的數據、信號和市場的嘈雜與混亂中的機會。有經驗的企業家可以在其他人很少或沒有看到的地方、其他人太早或太晚看到的地方辨識並進一步創造機會。畢竟，如果識別和抓住一個機會僅僅是利用一些已知的技巧、表格和其他篩選與評估方法這樣簡單，我們可能有遠遠高於現實的創業成功比率，也可能會有更多的企業在市場上常盛不衰。

對創業者來說，一個好的創意只不過是一個工具。在把企業家的創造力轉化為創業機會的艱巨過程中，發現好的創意只是第一步。創意的重要性經常被高估，結果常常就忽略了對創業更為關鍵的市場需求。此外，一夜發跡的新企業是十分罕見的。在一種尚未成熟、但有前景的產品或勞務成為顧客願意花錢購買的對象之前，通常需要經過一系列的反覆試驗和不斷的摸索。例如，霍華德．黑德在試驗了四十種不同的金屬滑雪板之後，最終才生產出一副用起來很堅實的金屬滑雪板。

事實上，由於各種令人意想不到的情況，由於環境和技術的變化等各種因素，很多企業最終生產的產品完全不同於最初所設想的。例如，大多數人可能並不知道，以立即顯現攝影而聞名於世的拍立得公司（Polaroid）成立時，銷售的是汽車前燈。二十世紀三〇年代，埃德溫．H．蘭德博士開發並取得了偏振片的專利權，偏振片是透過使光發生偏振來減弱耀眼強光的一種塑料物質。因此，具有偏振特色的汽車前燈使人相信其較為安全，能減少駕駛在夜間受迎面光直射而看不清楚的狀況。然而，拍立得公司發展到目前的二十多億美元的規模，與汽車前燈已經是完全不相干了。

此外，第一個獲得最好的創意也並不能保證成功。第一台攜帶式個人計算機是由亞當．奧斯本推出的，但他不是真正的成功者。毫無疑問，第一個獲得最好的創

> 第一個獲得最好的創意也並不能保證成功。

意是一件好事，但除非你能夠迅速占有很大的市場或建立進入市場的障礙，而搶先競爭對手，否則第一個出現只不過意味著開拓了供競爭對手謀取的市場。

3.1.2 避免捕鼠器誤謬

「捕鼠器誤謬」即「酒香不怕巷子深」，這是一個誤謬。

在企業界，拉爾夫・沃爾多・埃默森的一句話經常被引用：「如果一個人能比他的上司製作出更好的捕鼠器，那麼即使他把他的房子建在林子裡，全世界也會踏出一條通往他房門的路來。」由此產生了所謂的「捕鼠器誤謬」。這句話的意思與我們中國人經常說的「酒香不怕巷子深」應是大同而小異。

的確，企業家們常常以為，只要他們能夠想到新的創意，成功就已經有了把握。在如今這樣一個迅速變化的世界中，如果創意和技術有關，成功或許就是肯定的，或者至少看起來是這樣。但事實上，創意是中性的，無法保證會獲得成功。例如，在八〇年代投資高潮時期，風險資本投資者每個月收到多達一百到二百項投資建議和經營計畫，但其中僅有1%到3%會獲得資金。

由於幾個原因，捕鼠器誤謬長久地延續下來。一個原因是，對於像全錄（Xerox）、IBM、拍立得等著名企業的報導過分簡化，似乎這些創業者的成功是相當悠閒輕鬆。

另一個原因是，發明者似乎特別容易罹患「捕鼠器近視」。他們（像埃默森那樣）大多缺乏商業社會嚴峻、競爭的現實觀念與經驗。結果是，他們低估了為使一個企業取得成功所需付出的艱巨努力及其重要性。

對發明及隨之而來的新產品的心理占有感亦助長了這種捕鼠器誤謬。這種感情與對一個企業的感情是不同的。對一項發明或一個新玩意兒極其強烈的個人認同感與責任感，往往會削弱或排除對企業其他重要領域的全面、現實的評估。雖然創辦一個新企業必須以心理上的強烈占有與介入作為先決條件，對於發明與產品的感情的一個致命弱點則是焦點的狹隘性。焦點應當是企業的創辦，而不僅僅是它的一個方面——創意。

「捕鼠器近視」的另一個原因在於一種科學傾向，即一種「把它做得更好」的欲望。例如，加拿大的一位企業家和弟弟一起創辦了一家製造卡車座位的公司，弟弟發明了一種改進的新卡車座位，這個企業家知道他們出售這種座位可以賺錢，他們就這樣做了。當他們需要擴大生產時，弟弟對製造這種座位已經興趣不大，但對如何進一步改進座位的幾種想法卻興趣盎然。哥哥說：「如果我聽了他的話，我們今天大概只會成為一家小店鋪，或者關門打烊了。相反的，我們專心於製造能賺錢的座位，而不只是製造不斷改進的座位。今天，我們的公司已經有幾百萬美元的銷售額並且獲利不錯。」

另一方面，創意是一種工具，要創辦一個成功的企業，缺少這些工具也是不行的。經驗對於評估新的風險投資創意來說是極其重要的。富有經驗的企業家們一次又一次地顯示出迅速識別機會的能力，儘管機會尚在形成之中。因此，可以將篩選創意和識別機會的過程看成是拼圖的過程，必須要看到那些看起來互不關聯部分之間的關係，並且能夠把它們裝配起來。識別可以成為創業機會的創意的能力，源於能看到別人看不到的東西的能力——讓一加一等於三，或者更多的能力。

對於機會的篩選和識別將在下文中討論，這裡我們只是再強調一點，即一個創業者必須做一個「有心人」，在某種意義上，這是發現機會的必要條件。從以下例子中可以體會到這一點。

一家大公司的中階主管參觀了一家小型機械製造廠，後者是他們的客戶。一位工人在一次操作表演中用機械切割金屬，不幸意外地被切割機削去了兩根手指。那位主管立即意識到，新型的雷射技術將有可能消除這種可怕的意外事故。他隨後建立了一家投資額達數百萬美元的公司。在這裡，把關於雷射性能的知識與陳舊危險的金屬切割技術聯繫在一起，而創造了一個機會。

克雷特和巴雷爾公司（Crate & Barrel）的創辦者們在歐洲各地旅遊時，看到了在美國還買不到的時髦而新穎的家庭廚房用品。回國後，他們決定生產這些產品。

霍華德·黑德是一位航空設計工程師，在第二次世界大戰期間從事利用新型輕金屬合金材料製作效率更高的機翼。黑德把有關金屬壓焊技術從飛機製造轉移到金屬滑雪橇上，然後又轉移到網球拍上。儘管他的滑雪經驗有限，然而他斷定，由於木製雪橇的局限性，若能製造出金屬滑雪橇，它將會獲得重要的市場。他的公司多年來控制著滑雪橇產業。所謂「觸類旁通」，如黑德所說：「你能夠取得不同的技術和訣竅，並把它應用於解決一個新領域中的問題。」

他又詳細地學習網球拍的物理特性和它的外觀，並且開發出了特大號球拍。

德克薩斯州一位年輕的企業家在二十世紀七〇年代末開辦了一家組合式房屋銷售公司。首先，他把在紐約花旗銀行裡擔任信貸員之經歷成功地運用到這家公司的工作中。他在三年的時間內學習了相關業務並且懂得了什麼是市場機會，然後他在離新興大城市約二十五英里的一個發展中郊區開設了一個銷售點。透過分析，他發現了顧客購買新的組合式房屋的模式特徵，並認為此為一種機會。他發現，顧客在做出購買決定之前，通常要跑三個不同的商店，在那兒他們比較不同的樣式和價格。他的市場分析顯示，在這個城裡還可容納三到四家這類企業，因此他又開辦了另外兩家並取不同的名稱，擁有不同但卻互補的商品品項。結果在不到兩年的時間裡，公司年銷售額增加了幾乎三倍，達到一千七百萬美元。而他僅有的競爭對手正計畫退出市場。

3.1.3 創業時機與「機會窗口」

最近的研究進一步支持了這種假設，即機會要視情況而定，取決於這個機會有多大的前景和可能性，以及在管理人員的力量、優勢和缺點既定的情況下，主要經營管理人員的組合與匹配。因此，對創業者來說，把握時機對於創業的成功具有非常重要之意義。

另一個重要的問題是，如果真的有一個經營機會（而不僅僅是一兩種產品），是否有抓住這個機會的足夠時間呢？如果機會確實存在，企業家是否能夠及時抓住，取決於技術的動作和競爭對手的動向等因素。因此，機會通常是一個不斷移動的目標，而存在著一個「機會窗口」。

> 機會窗口，就是指市場中存在的有一定時間長度的發展空間，它使創業者能夠在這一時段中創業並獲得利潤和投資回報。

機會存在於或產生於現實的時間之中。一個好的機會是誘人、持久，且適時，它存在於一種產品或者勞務中，這種產品或勞務為其買主或最終用戶創造或添加了價值。因此，所謂機會窗口，就是指市場存在的發展空間有一定之時間長度，使得創業者能夠在這一時段中創業，並獲得相應的利潤與投資回報。一個創業者要抓住一個機會，「窗口」必須是敞開而不是關閉的，並且它必須保持敞開足夠長的時間以便被加以利用。

圖 3.1 則描述了一個機會窗口。一般市場隨著時間而以不同的速度增長，並且隨著市場的迅速擴大，出現愈來愈多的機會。但是當市場變得更大並穩定下來時，市場條件就不那麼有利了。因而，當一個市場開始變得足夠大，並顯示出強勁成長（即圖 3.1 中的第五年）時，機會窗口就打開了；而當市場趨於成熟時，即如圖中所示的第十五年時，機會窗口就開始關閉了。

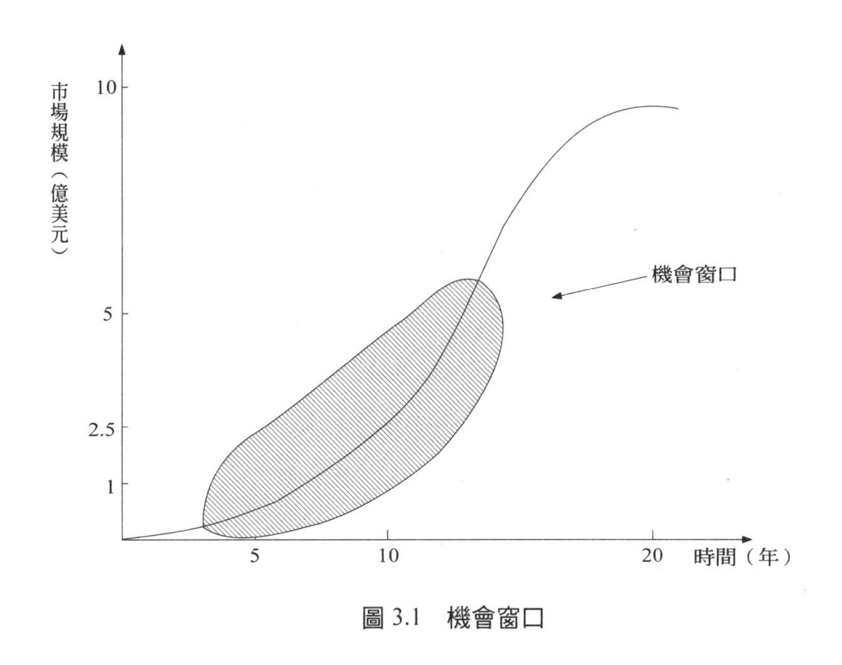

圖 3.1　**機會窗口**

圖 3.1 的曲線是一條典型的生命周期曲線，可以用來描述許多產業的成長模式，像個人電腦和軟體、行動電話、快速換油器和生化工程等新興產業的成長均呈現這種變化趨勢。譬如，在行動汽車電話產業方面，大多數美國的大城市最早是在 1983 年到 1984 年之間開始這項服務的，到 1989 年，在美國已有兩百萬以上的電話用戶，而行動汽車電話產業繼續經歷著相當快的成長。在其他接近成熟期的產業內，成長沒有這麼快，曲線的斜度不那麼陡，機會也就比較少。

由於機會窗口的存在，創業時機的把握就變得非常重要。在市場體系中，機會是在一個由變化、無序、混亂、自相矛盾、延滯或者領先、知識和資訊缺口，以及一個產業或市場中的種種其他「縫隙」所產生的。因此，企業環境的變化和對這些變化的預期，對於企業家來說是極為重要的，一個有創造力的果斷企業家能夠在別人還在研究機會時就抓住它。如果等到機會窗口接近關閉時再來創業，新創企業將很難獲利。

值得強調的是，機會窗口敞開的時間長短對於創業是否成功十分重要。一般而言，確定一個新創企業是成功還是失敗需要相當長的時間，這不是在一夜之間就可以做出判斷的。有一種說法是，在風險資本產業中檸檬（指輸家）大概兩年半成熟，而珍珠（指贏家）則需要七年或八年才會成熟。一個例子可能可以用來說明這一點：一家矽谷風險資本公司於 1966 年投資於一家新企業，最後直到 1984 年初才獲得資本收益。

3.2 市場資訊的收集與研究

市場研究包括市場資訊的收集、定價策略的考慮、銷售通路的考慮、促銷策略的設想等。

創業者必須要做市場研究。市場研究的涵義是比較廣泛的，它包括市場資訊的收集，以便確定諸如誰將購買該產品或勞務，潛在市場的規模怎樣等，要考慮之因素還包括定價策略、合適的銷售通路，以及最有效的促銷策略等。在本章中，我們僅討論市場資訊的收集及其初步研究，其他內容我們將在市場營銷計畫那一章中再做分析。

由於市場研究的成本往往差別很大，創業者需要對可獲得的資源及所需要的資訊進行評估。市場研究可以由創業者進行，也可以由外部供應商或顧問進行。創業者也可以尋找機會與大專院校接觸，以確定哪些教授市場銷售課程的教師，願意接受以這種針對顧客的市場研究讓學生研究學習。

在企業創業的早期階段，資訊對創業者來說非常重要。有研究顯示市場資訊的使用會影響企業績效，因此，創業者有必要考慮進行一定層次的市場研究。

市場研究開始於定義研究目的或目標，這常常是最困難的一步，因為許多創業者缺乏市場銷售的知識和經驗，甚至不知道他們希望從研究得到什麼樣的結果。然而，這正說明了市場研究對創業者來說意義非常重大。

3.2.1 第一步：定義研究目的或目標

對創業者來說，開始市場研究的最有效方式是，坐下來並列出一個準備市場銷售計畫所需要的資訊清單。例如，創業者可能會認為他們的產品或勞務存在一個市場，但他們不能確信誰將是顧客。這樣，目標便是向人們詢問他們如何看待該產品或勞務，他們是否願意購買，並了解有關人口統計的背景資料和消費者個人的態度。這是創業者需要研究的第一個目標，其他目標則可能是要確定如下問題：

- 有多少潛在的顧客願意購買該產品或勞務；
- 潛在的消費者願意在哪裡購買該產品或勞務；
- 消費者預期會在哪裡聽說或了解該產品或勞務。

3.2.2 第二步：從已有資料中收集資訊

對創業者來說，最明顯的資訊來源是已有數據的第二手資料。這些資訊可以來自於商貿雜誌、圖書館、政府機構、大學或專門的諮詢機構。在圖書館裡可以查找到已經發表的關於產業、競爭者、顧客偏好、產品創新等信息，甚至也可以獲得有關競爭者策略的資訊。網際網路也可以提供有關競爭者和產業的深層資訊，甚至可以透過潛在消費者在「聊天室」（chat groups）中對某些問題的反應，而獲得必要的資訊。現在，創業者可能從很多方面獲得關於網際網路的資訊，並可以將其作為收集第一手資料以及購買第二手商業資料的一種方式。一些商業資料也是可以購買的，但對創業者來說可能成本較高。此外，可以向一些商業服務機構訂閱有關的商業服務資訊，如在美國有尼爾森指數（Nielsen Indexes）、中國大陸市場審計和調查指數（Audits and Survey's National Market Indexes）、Selling Areas Marketing Inc.（SAMI）以及 Information Resources 等。

在考慮第一手資料和商業資訊之前，創業者應該盡可能地獲取所有免費的第二手資料。在美國的聯邦政府，資訊可能來源為美國調查局和商業部所公布之較廣範圍的調查報告，在州及地方政府，資訊來源可能是州商業部、商會、地方銀行、勞動和工業部以及地方媒體。此外還有私人資訊來源，如Predicasts, Simmons Reports, Dun and Brad Street's Million Dollar Directory, Gale's Encyclopedia of Small Business Opportunities, the Business Index 以及 the SBA's Directory of Business Development Publications 等等。

建議創業者花一些時間到地方的商業圖書館，瀏覽電腦連線之目錄（on-line catelogs）及參考文獻（reference sources），查閱一些有關競爭者及產業的文章。這些文章儘管是第二手資料，但透過它們可以知道文章中被訪問以及被提及的個人。這些人就是可以直接接觸的資訊源。如果他們的所屬單位、電話號碼以及地址在文章中沒有提及，創業者可以與作者聯繫，看是否能夠提供這些相關資訊，或甚至對某些重要的市場問題提出作者個人的看法。總之，創業者在開始需要花費更多成本的第一手資料研究之前，應先盡一切努力從第二手資料中收集資訊。

3.2.3 第三步：從第一手資料中收集資訊

新的資訊就是第一手資料。收集第一手資料的方式包括觀察（observation）、上網（networking）、訪談（interviewing）、集中小組（focus group）或試驗（experimentation）以及問卷等。

觀察是最簡單的一種方法。創業者可以透過對潛在顧客的觀察，記錄下他們購買行為的一些特點。上網是一種從該領域專家那裡獲得第一手資料的非正式方法，也是了解市場的一種有價值且低成本之方法。最近有關新創企業的研究發現，最成功的新創企業（以成長率來衡量）往往能夠有效地利用網路、商貿協會以及最新的出版物來獲取有關競爭者、顧客以及產業的資訊。那些不太成功的新創企業往往只是收集一般經濟和人口統計趨勢的資訊，因此他們對特定目標市場上所發生的事情往往不夠敏感。

那些不太成功的新創企業往往只是收集一般經濟和人口統計趨勢的資訊，因此他們對特定目標市場上所發生的事情往往不夠敏感。

訪談或調查是收集市場資訊最常用的方法，這種方法比觀察的花費要多，但卻能夠獲得更有意義的資訊。訪談可以透過面談、電話、或信件等不同途徑。這些方法有各自的優缺點，創業者在使用時應該對它們做相應的評價。表 3.1 對這三種收集數據的方法做了比較。

表 3.1 調查方法的比較

方法	方法的特點				
	成本	靈活性	反應率	速度	深度
電話	費用不貴，取決於通話的距離和時間長短。對於本地研究可能是最便宜的	具有靈活性，能夠清楚地說明並解釋問題	反應率較好，（大約 80%）取決於是否在家或拒絕與否	獲得信息的速度最快，可以在較短時間內與許多人聯繫	不夠細緻，因為有八至十分鐘的時間限制，所提問題也受限制
信件	費用很便宜，取決於郵寄信件的數量和重量	不具靈活性，問卷具有自我管理性，需要自我解釋，數據有可能失效	反應率最低，因為信件收到者可以選擇是否完成問卷	最慢，因為問卷的郵寄及回答問卷都需要時間	有一定深度，因為回答問題者依興趣而答卷
面談	非常貴，需要面對面的接觸，費時	最具靈活性，可以記錄面部表情或情緒	能夠獲得最有效的反應	比較慢，因為需要花費時間在交通上	最詳細，因為所談的問題可不受限制

創業者使用問卷來收集資料時，應該針對研究目標來設計問題。問題應該清楚而具體，並且要容易回答，不應對回答者造成誤導。表 3.2 列舉了一個問卷樣本，該問卷試圖對個人跑腿服務需求進行調查（如 Gopher It 公司，其企業經營計畫參見第四章）。問卷設計主要為滿足創業者的目標，即確定需求、地點、所應該提供的最重要服務及服務價格。問卷的設計可以向外尋求幫助，在美國可設法獲得如小企業發展中心（Small Business Development Centers）這樣機構的幫助，也可尋求大專院校中學過行銷研究課程學生的幫助。由於問卷設計對研究過程非常重要，如果創業者在這方面沒有經驗，建議尋求有關機構的幫助。

集中小組是一種收集深層資訊的非正式化方法。一個集中小組由十至十二名潛在顧客組成，他們被邀請來參加有關創業者研究目標的討論。討論以一種非正式、公開的方式進行，這樣可以保證創業者獲得某些資訊。例如，一個創業者最近感興趣的問題是，消費者是否願意坐在位於購物中心的電腦前設計自己的賀年卡。由來自不同部門的人組成了一個集中小組，創業者透過這個小組可以了解有關賀年卡的購買、定價、大眾對自己設計賀年卡及卡內留言的興趣等資訊。透過這個小組發現，人們對於坐在購物中心的電腦前感到不舒服，因此不願意嘗試。這個資訊對這家新企業制定行銷計畫時非常重要。集中小組應該由一個有經驗的監管者或創業者以外的其他人主持。這可以作為大專院校市場行銷課程學生的一個實習項目。

表 3.2 個人跑腿服務問卷樣本

1. 在下面選擇中列出三種你平時最可能需要跑腿的事：

____洗衣店 ____郵局

____藥店 ____銀行

____購買衣物 ____購買非衣物或非雜貨物品

____購買禮品 ____汽車服務或修理

____其他

（請列出）

2. 在下面選擇中，請列出哪些項目你願意付費請人代做：

____洗衣店 ____郵局

____藥店 ____銀行

____購買衣物 ____購買非衣物或非雜貨物品

____購買禮品 ____汽車服務或修理

____其他

（請列出）

3. 你認為請其他人代為跑腿的兩個最為重要的原因是什麼？（只選兩個）

____排隊

____地點不方便

____占用了我的休閒時間

____工作安排很緊，難抽出時間

____交通

____其他____（請列出）

4. 如果你能夠很方便地選擇一項跑腿服務，對於標準服務如洗衣店接送、去郵局、去醫院取處方等，你願意付多少費用？

____3 美元 ____4 美元 ____5 美元

____6 美元 ____7 美元 ____8 美元

____9 美元 ____10 美元 ____10 美元以上

5. 你認為個人跑腿服務最方便的地點應設在哪裡？請按喜愛程度排序（1 表排名最前，2 次之，等等）。

____在我的辦公大樓裡

____靠近我的辦公室

____靠近車站

____把物品直接送到我的辦公室

6. 下列資訊主要用於對調查結果進行分類。請在適當空格中打勾。

性別：____男____女

婚姻／家庭狀況：____單身

____單親

____已婚，配偶都在工作

____已婚，配偶一方在工作

年齡：____二十五歲以下

____二十五歲至三十四歲

____三十五歲至四十四歲

____四十五歲至五十四歲

____五十五歲以上

家庭收入：____40,000 美元以下

____40,000-54,000 美元

____55,000-69,000 美元

____70,000-84,000 美元

____85,000-99,000 美元

____100,000 美元以上

試驗可以對特別變數加以控制。這個過程需要設計實驗室，使實驗者能夠控制及調查特定變數的影響。對於大多數新的風險企業來說，這種方法並不很適合。

3.2.4 第四步：結果的分析和解釋

創業者可以把所收集的資料加以列表顯示或輸入電腦。根據研究目的對結果進行評估和解釋。一般，單純的總結可以獲得一些初步結果，接著對這些數據進行交叉分析可以獲得更加有意義的結果。例如，創業者可能希望對不同年齡、性別、職業、地點等進行分析，再透過各種分析結果的比較而獲得一些有價值的看法。

環境（外部和內部）在開發市場計畫的過程中，扮演著非常重要的角色，因此，創業者準備市場銷售計畫前，首先有必要對這些變數進行研究。這些分析開始於從第二手資料中獲得資訊。這些環境變數將在下文中討論。從這個討論中我們可以較為容易地確定從何處尋找這些資訊。

3.3 市場環境分析

在獲取了足夠的資料後，創業者就可以著手進行有關的分析研究。當然，如果在分析研究中發現資料仍不充分時，就有必要進一步收集所需的相關數據資料。這裡討論的順序並不是絕對的，而是要視具體情況而定。

> 對一個剛剛誕生的企業來說，外部環境往往是其沒有力量去影響和改變的，因此，創業者首先應對市場環境進行分析。

對一個剛剛誕生的企業來說，外部環境往往是其沒有力量去影響和改變的，因此，創業者首先應對市場環境進行分析。環境分析的目的，是試圖使創業者更了解現有的市場條件、創業者所不能控制的外部環境因素之影響。這些分析扮演著重要的角色，它們將使潛在的投資者確信，創業者不僅意識到這些因素所帶來的影響，而且在預測銷售時也把這些因素列入考慮。這些可能會影響新企業、產業或市場條件的環境變數主要包括經濟、文化、技術、產業需求和法律等各個方面。

3.3.1 經濟環境

在經濟方面，創業者應該考慮的主要變數包括所在市場的國民生產總額（GNP）和國民平均所得、失業狀況、消費者的可支配收入等等。這些數據很容易從政府機構獲得。

國民生產總額反映一個經濟的規模，通常在不考慮人口因素時，GNP 愈高，市場規模當然就愈大。但是，市場的需求主要是由人們的購買能力所決定，因此，國民平均所得基本上決定了居民的購買力，這是決定市場需求的基本因素。同樣地，就業狀況、可支配收入等都是影響市場需求的主要因素。

3.3.2 文化環境

對文化變遷的評估也包括幾方面。

人口變化趨勢是一個重要因素，例如嬰兒潮或人口老年化會對創業者的市場計畫帶來影響。

人們生活態度的變化，人們對安全、健康、營養及對環境的關心，也都會對創業者的市場需求產生影響，特別是當創業者準備生產的產品與健康或環境品質等有密切關係時更是如此。有關的資訊可以在雜誌、報紙及各種商貿刊物中收集到。

3.3.3 技術環境

技術的進步難以預測，從某種意義上說，技術是變化最為劇烈的環境因素。然而，創業者應該了解及把握產業相關的技術變化趨勢，應該考慮或許因政府的投入所可能帶來的技術發展。由於技術發展會使市場快速變化，所以創業者不但要謹慎地做出短期銷售決策，而且要針對可能產生影響的新技術發展準備應急計畫。通常，商貿協會甚至在商貿會議上，會有發言人針對這個技術變數進行討論。

3.3.4 產業需求

某產業的需求資訊通常可以從各種來源中獲得。對於市場是成長還是衰退、新競爭者的數量、以及消費者需求可能的變化等重要問題，創業者都必須加以認真考慮，以便確定新企業所能獲得的潛在市場之規模。要了解顧客對創業者的產品或勞務需求，一般需要進行專門的市場調查和市場分析。

3.3.5 法律環境

新企業的創辦過程會遇到許多法律問題，我們將在本書的最後第十八章來分析這個問題，這裡僅做簡單討論。

創業者應該準備面對將來有可能出現且會影響產品或勞務、銷售通路、價格以及促銷策略等的法律和法規問題。新的法規，如對媒體廣告的約束法規（例如，禁止香菸廣告）、影響產品及包裝的安全條例等等，這些法規都將對企業的產品開發和市場銷售等產生影響。有關的資訊可以從產業刊物或商貿協會獲得。

政府對市場的管制也很值得創業者重視。例如，美國政府在八〇年代對電信和航空業放寬進入限制，就導致了大量新公司的組建。如果政府對進入某個產業的市場加以嚴格限制，那麼新企業就很難以這樣的市場為目標。

3.3.6 競爭

大多數創業者都會面臨大公司的潛在威脅。創業者應該時刻準備面對這些威脅，而且應該意識到誰是競爭者，他們的優勢與劣勢是什麼，以便制定可行且有效的銷售計畫。一般情況下，依靠經驗，透過商貿雜誌上的文章、廣告、甚至電話簿等，可以比較容易地識別大多數的競爭者。

3.3.7 原物料供應商

在原物料有限、或接近供應商較為困難的情況下，有必要對原物料的可獲得性進行評估。有關原物料短缺的趨勢預測資訊也可以從商貿刊物上獲得。

所有上述外部因素都是不可控制的。然而，如上所述，運用資訊資源，對這些要素進行了解及評估，將會對新創企業的運作及其成功提供強有力的支持。

3.4 市場機會的識別與篩選

對於風險投資者來說，識別市場機會類似於評估投資項目，這對投資能否取得收益是十分重要的。另一方面，這也幫助創業者從另一角度來分析，其創意是否具有繼續發展成為一個企業的實際價值。事實上，大約有 60%～70%的創業計畫在其最初階段就被否決，就是因為這些計畫不能滿足風險投資者的評估準則。根據這些準則可評判一個創意其市場前景是否具有較大的潛力。

3.4.1 篩選的準則

多年來，一些在企業和特定市場中有經驗者使用經驗法則對市場機會進行篩選。例如，八〇年代中期，有一家銷售額約十億美元的公司分析了美國從 1975 年到 1984 年間與六十家新創電腦公司有關之經營數據，並得出結論。他們認為，可以用一個主要指標來衡量新公司經營是否良好，以及其創業起步是否成功，這一指標就是員工平均每人銷售額。他們還指出，這一指標的臨界值應為七．五萬美元，低於這一數值則代表公司經營不良，如果每人平均年銷售額少於五萬美元，則表示公司出現了嚴重問題。使用單一經驗指標存在著過分簡單化的風險，因此一般需使用綜合指標。

> 風險投資者和精明老練的企業家們在篩選創業機會時，往往都利用一系列的評估準則。

風險投資者和精明老練的企業家們在篩選創業機會時，往往都利用一系列的評估準則。表 3.3 顯示了一組創業機會的評估準則。這些準則是以成功的企業家、私人投資者和風險資本家們認同者為基礎的。

表 3.3 顯示的評估準則主要分為產業和市場、資本與獲利、競爭優勢、管理團隊和致命缺陷等方面，,共十八項指標，並對一些主要指標界定了定量標準。一般，好的經營機會將在大部分準則中表現出巨大潛力，或者在一個或幾個準則中擁有競爭者望塵莫及的壓倒性優勢。

以下我們對上述各項準則做一簡要討論。

表 3.3　創業機會的評估準則

準則	吸引力	
	較高潛力	較低潛力
一、產業和市場		
1. 市場：		
需求	確　定	不被注意
消費者	可接受	不易接受
對用戶回報	不到一年	三年以上
增加或創造的價值	高	低
產品生命	持久；超過投資加利潤回收期	不能持久；比回收投資期短
2. 市場結構	不完善競爭或新興產業	完全競爭或高度集中；成熟產業或衰退產業
3. 市場規模	一億美元銷售額	不明確或少於一千萬美元或幾十億美元銷售額
4. 市場成長率	以 30%到 50%或更高速度成長	很低或少於 10%
5. 可達到的市場占有率	20%或更多	不到 5%
6.（五年內）成本結構	低成本提供	成本下降
二、資本和獲利能力		
7. 毛利	40%到 50%或更高；持久	不到 20%；而且很脆弱
8. 稅後淨利	10%到 15%或更高；持久	不到 5%；脆弱
9. 所需要的時間：		
損益兩平點	二年以下	三年以上
現金流入	二年以下	三年以上
10. 預期投資報酬率	25%或更高／年	15%～20%或更低／年
11. 價值	高策略價值	低策略價值
12. 資本需求	低到中等；有資助	非常高；無融資
13. 退出機制	現時或可望獲利的其他選擇	不確定；投資難以流動
三、競爭優勢		
14. 固定和變動成本：		
生產成本	最低	最高
銷售成本	最低	最高
通路成本	最低	最高
15. 控制程度：		
價格	中到強	弱
成本	中到強	弱
供應商	中到強	弱
銷貨通路	中到強	弱
16. 進入市場的障礙：		
財產保障／法規中的有利因素	已獲得或可以獲得	無
策略領先期	具有彈性和相應對策	無
技術、產品、市場創新、人員、位置、資源或生產能力的優勢	已有或能有	
法律、合約優勢	專利或獨占的	無
合約關係與網路	已實現、高質量、易進入	粗糙、有限、不易進入
競爭者的傾向和策略	競爭性的；有一些；非自毀性的	麻木不仁
四、管理團隊		
17. 管理團隊	現存，有很強運作能力	弱或僅創辦者一人
五、致命缺陷		
18. 致命缺陷	沒有	一個或幾個

3.4.2 產業和市場

（一）市場

一個具有潛力的企業應能生產出滿足客戶需求的產品，這種產品應能使客戶感到有較大的價值。也就是說，對客戶來說，他們應該能夠從產品的購買中得到利益，或可降低成本，或可獲得較明顯、可衡量和確定的價值。

> 用戶或客戶在得到產品或勞務後，有可能在一年、甚至不到一年時間內透過降低成本、獲得附加價值或增值而得到回報。這種回報是可以識別和證實的。

因此，有潛力的企業應能確定產品或勞務之市場定位，其產品或勞務能夠滿足消費者的需求，能夠為客戶提供高附加價值和高增值的收益。用戶或客戶在得到產品或勞務後，有可能在一年、甚至不到一年時間內透過降低成本、獲得附加價值或增值而得到回報。這種回報是可以識別和證實的。同時，在未來的發展中，公司也有能力在單一產品之外進一步擴展業務。

反之，較低潛力的機會往往忽視顧客的需求，它們常常得不到客戶的青睞。對用戶來說，回報時間如果超過三年，而且又是低附加價值和低增值的話，這樣的產品或勞務是缺乏吸引力的。一個公司如果無力在單一產品之外擴展業務也會導致低潛力。

（二）市場結構

每一市場都有一定的市場結構，市場結構的特徵主要由以下因素所決定：

- 銷售者的數目
- 銷售者的規模結構
- 產品的差別化
- 進入和退出市場的障礙
- 購買者的數目
- 成本條件
- 市場需求對價格變化的敏感程度

這些要素都具有重要意義。銷售者數目決定了市場供給者壟斷勢力的強弱，購買者數目決定需求者壟斷勢力的強弱。銷售者的規模，顯示市場中大、小企業或中型企業的結構狀況，如果生產的規模經濟較大，將會影響生產成本，同時也會影響進入和退出市場的障礙。進入或退出市場的障礙對於市場競爭性和企業競爭優勢都是一個重要因素，對此在下文中還將涉及。成本條件和市場需求對價格變化的敏感程度都是企業定價的主要依據。總之，市場結構主要是反映了企業在市場競爭中的地位和企業市場勢力的強弱。因此，對新創企業來說，將要進入的市場具有怎樣的市場結構，市場競爭是否十分激烈，對於創業的成功與否也就具有重要意義。

一個分裂的、不完善的市場或正在形成的產業，常常會產生未滿足的市場空缺，這對於市場機會的潛力也具有重大影響。例如，在可以獲得像資源所有權、成本優勢這類市場上，即使存在競爭，其獲利的可能性還會是相當大的。

一個存在資訊缺口的市場也可能帶來巨大的獲利機會。波士頓一位企業家得知紐約一家大公司準備賣掉位於波士頓商業區的一小幢舊辦公樓，這幢建築的帳面價值大約為二十萬美元，財務公司對其評估後認為它屬於「低價值資產」。這位企業家比那些非當地之財務評估者做了更充分的研究，以二十萬美元買下了這幢建築，爾後不到六個月就以八百多萬美元重新賣掉了這幢建築。

一般來說，無吸引力的產業通常具有這樣的特徵：

- 高度集中，一個或幾個企業壟斷市場
- 完全競爭，使得企業無法獲取足夠利潤
- 已經成熟甚至進入衰退期的

（三）市場規模

如果新創企業進入的是一個規模巨大而且還在發展中的市場，那麼在這個市場中占有率不必很大就可以擁有相當大的銷售量。一般來說，一個總銷售額超過一億美元的市場是有吸引力的，在這樣一個市場上，大約 5%甚至更少的占有率就可取得很大的銷售額，並且對競爭對手不構成威脅。

例如，在一個有一億美元銷售額的市場上，要取得一百萬美元的銷售量只需要占有市場 1%就夠了。因此，一個娛樂設備製造商進入了有六千萬美元銷售額的市場，該市場預期以每年 20%的速度成長，三年後將超過一億美元。創辦者在沒有很大市場占有率的情況下就能夠建立起一家較小且殷實的公司，並且不容易招致現存競爭對手的注意。

然而，如果市場非常龐大，就可能面臨另一種性質的挑戰。一個幾十億美元的市場可能太成熟和太穩定了，在這種市場中，可能將面對來自《財星》雜誌前五百大公司的競爭。反之，如果市場是高度競爭，就可能意味著較低的毛利和獲利能力。此外，一個不為人所知或銷售額不足一千萬美元的市場也是沒有吸引力的。為了了解進入大型成熟市場的不利之處，不妨比較一下蘋果電腦公司 1975 年進入個人電腦市場和今天一家公司進入該市場的情況。

（四）成長率

一個有吸引力的市場應該是既有較大規模且又不斷成長的。在這樣的市場上，即使新創企業市場占有率高也不會對競爭對手構成很大威脅，而且即使占有率小，只要能夠保持，就意味著能不斷增加銷售額。一個年成長率達 30%～50%的市場為新進入者創造新的位置。這不是每一個競爭者都在爭奪同一個位置的成熟或衰退市場，而是一個興旺繁榮和不斷擴展的市場。設想一下，如果一個一億多美元的市場以每年 50%的速度成長，那麼在幾年內，它就可能發展為一個十億美元的產業。進一步，如果一個新企業在第一年能夠占有 2%的銷售額，它就能在當年獲得兩百萬美元的銷售額，而在隨後的幾年裡，只要維持它的市場占有率，銷售額就會按同樣 50%的速度大幅成長。

今天中國大陸的個人電腦產業就是這樣一種市場，對於以數億元銷售額為目標市場進入者來說，這一市場有廣闊的施展餘地。幾年前美國市場上，康柏筆記型電腦公司在開業第一年就取得了一・一億美元的銷售額，到 1988 年，其銷售額達到將近二十億美元。昇陽系統公司（Sun Microsystems）是在 1983 年開辦的，經營電腦輔助設計與電腦輔助製造（CAD/CAM）工作站，到 1988 年其銷量額則已成長到十二億美元。

反之，一個以不到 10%成長率的市場是沒有吸引力的。

（五）市場占有率

如果一個新創企業在未來能夠占有 20%的市場，表示這個企業十分具有潛力，因為較高的市場占有率將為公司創造非常高的價值，否則該公司的價值可能在其帳面價值高不了多少。

對於大多數尋求一家具有較高潛力公司的投資者來說，只占有市場不到5%的企業是沒有吸引力的。

（六）成本結構

能夠成為低成本供應商的公司是有一定吸引力的，而一家持續面臨成本惡化的公司則缺乏吸引力。低成本可能源於產業中存在的規模經濟，對於剛剛創業的企業來說，要在起步階段就利用規模經濟性來實現低成本恐怕是困難的，但低成本也可以源於技術和管理，這大概是新創企業的希望所在。對於風險投資者來說，如果創業計畫顯示市場中只有產品成交量少且產品單位成本都很高時，那麼成本較低的公司就較具吸引力。

3.4.3 資本和獲利能力

（七）毛利

單位產品的毛利是單位銷售價格減去所有直接的單位成本。對於創業機會來說，高額和持久的獲取毛利是十分重要的。一般來說，超過40%到50%的毛利率將提供一個極大的內在緩衝器，比20%或更低的毛利率更容許企業有較多錯誤和從錯誤中學習的餘地。高額和持久的毛利還意味著企業可以較早達到損益兩平，這種情況發生在開始兩年內對企業是十分有利的。例如，如果毛利只有20%，固定成本每增加一元，銷售額就要增加五元才能夠保持收支平衡；如果毛利率為75%，那麼固定成本每增加一元就只需要銷售額增加一・三三元。

一位年僅二十五歲的企業家使一家新興軟體公司之國際部短短五年內達到一千七百萬美元的高獲利銷售額，他強調，沒有什麼能代替驚人的毛利率。他說：「它（高額毛利率）允許你犯各種錯誤，而這些錯誤將會扼殺一家普通公司。我們就犯了所有這些錯誤，但是我們的高毛利彌補了所有的學費，而且剩下的利潤仍相當可觀。」

低於20%的毛利率，特別是在它們並不牢靠的情況下，是沒有吸引力的。

（八）稅後利潤

高而持久的毛利常轉化為持久的稅後淨利。有吸引力的機會具有潛力能取得至少 10～15%，通常為 15～20%或更高報酬率的持久利潤。那些產生不到 5%稅後淨利的企業是十分脆弱的。

（九）取得損益兩平和現金流入的時間

有吸引力的公司有可能在兩年內達到損益兩平和產生現金流入量。一旦時間超過三年，機會的吸引力相應地就減少了。

（十）投資收益潛力

創業投資的最重要目標必然是取得收益。如果能夠每年產生 25%或更高的投資收益，這樣的投資機會無疑是非常有吸引力的。高而持久的毛利率和稅後淨利通常產生高額的每股盈餘和股東權益報酬，從而使得這家公司有較高的市場價格。

假定以一般風險程度衡量，每年低於 15%到 20%的投資報酬是沒有吸引力的。

（十一）價值

以策略價值為基礎的新企業是具有吸引力的，而那些只有較低或根本沒有策略價值的企業就沒有太大的吸引力。某些技術具有重大的策略價值，它們往往是一家公司的核心技術。例如，對於施樂公司具有極大策略價值的一項產品技術，在八〇年代中期是由一家銷售額僅一千萬美元且前一年剛剛虧損一百五十萬美元的小公司所擁有，而為了這項策略性技術，施樂公司以五千六百萬美元購買了這家公司。

（十二）資本需要量

資本需要量較少或中等程度的投資機會是有吸引力的。實際上，多數有較大潛力的企業需要相當大的資金，幾十萬美元或更多的錢。只要少量資金或沒有資本就可以啟動的企業是罕見的，但是它們的確存在。有這樣一個企業，1971 年其創始人以七千五百美元在波士頓開辦，到 1989 年銷售額已超過三千萬美元。在目前的風險資本市場上，一個新辦企業的第一手融資一般為一百萬到兩百萬美元或更多。而一些具較高潛力的企業，例如服務性企業，比那些不斷需要大額研發資金的高科技公司之資本需要量要少。

如果創業需要太多資金，這樣的機會就較缺乏吸引力。一個極端的例子是一群學生最近建議成立的一家衛星修理企業。學生們認為這家企業需要的啟動資本在五千萬到兩億美元之間。如此巨大的投資項目通常只有政府和特大型公司才會考慮，而非企業家和風險資本家所能涉足。

（十三）退出機制

作為風險投資者，通常還要考慮在一定的時候將資金抽回，因此退出機制對於創業機會的評估也相當重要。資金的退出主要有企業被收購或出售、公開發行股票等各種途徑。有吸引力的機會應該能夠擁有一種獲利和退出的機制，而沒有退出機制的機會就沒有太大的吸引力。本書的第十章和第十四章將討論有關的問題。

> 資金的退出主要有企業被收購或出售、公開發行股票等各種途徑。

3.4.4 競爭優勢

（十四）變動成本和固定成本

成本優勢是競爭優勢的主要來源之一。成本可分為固定成本和變動成本，從另一角度，又可分為生產成本、管理成本和銷售成本等。較低成本帶來較大的競爭優勢，從而使投資機會較有吸引力。譬如，鮑馬爾公司（Bowmar）是大規模集成電路的生產商，但當德州儀器公司進入這個產業後，鮑馬爾就無法在市場上保持電子計算機生產和銷售的競爭優勢了。一個新企業如果不能取得和維持低成本生產，它的預期壽命就會大大縮短。

（十五）控制程度

如果能夠對價格、成本和銷售通路等實施較強的控制，創業投資機會就較有吸引力。這種控制與市場勢力有關，如果市場不存在像IBM那樣擁有較強勢力的競爭對手，控制的強度就可能較大。例如，一個對其產品原料來源或銷售通路擁有獨占性控制的新企業，即使它在其他領域較為薄弱，也仍能夠取得較大的市場優勢。

如果對於像產品開發和零件價格這類因素失去控制，就可能使一個機會變得沒有吸引力。例如，由於供應商不能以低價生產幾種半導體零件，維亞特龍公司（Viatron）最終也無法製造它曾廣泛宣傳的一種廉價電腦終端機。

占有市場 40%、50%甚至 60%的競爭者通常對供應商、客戶和價格的制定都擁有足夠的控制力，能夠對一個新企業形成重大的障礙。在這樣一個市場上創辦一家企業將沒有什麼自由。然而，如果主要競爭者已經全力進行生產，而市場又是一個容量很大且正在成長的市場，特別是，如果這個競爭者在革新和擴大生產都十分遲緩，或者總是怠慢或傷害客戶（記住「貝爾大媽」——美國貝爾電話公司的諢稱），那麼這樣的市場就可能有進入機會。當然在現實中，企業家難得在充滿機會、不斷發展和新興的產業中發現這樣懶散的競爭對手。

（十六）進入障礙

如果不能把其他競爭者阻擋在市場之外，新創企業的歡樂就可能迅速消逝。這樣的例子可以在硬碟驅動器製造業中發現。在八○年代早期到中期的美國，該產業未能建立起進入障礙，到了 1983 年底，就有約九十家驅動器公司成立，激烈的價格競爭導致該產業出現劇烈震盪。因此，如果一家企業不能阻止其他公司進入市場，或者它面臨著現有的進入障礙，就沒有吸引力。

一個很容易被忽略的問題是企業擴大產品銷售的能力。這聽起來可能很簡單，但甚至以風險資本作為後盾的公司也成為這個市場問題的犧牲品。例如，佛羅里達航空公司（Air Florida）雖然已經擁有一些必備條件，包括大量資金，但卻不能夠保證它的飛機有充足的航道，甚至即使售出了座位，也沒有地方讓乘客上下飛機。這就對公司經營產生重大的障礙，而這也可以視為一種進入障礙。

資本需要量和在市場上銷售與通路成本可能使人望而卻步，從而成為市場進入障礙。此外，削價行為和在高度集中市場上的競爭策略也可能成為進入市場的重大障礙（最突出的例子就是，有組織的犯罪集團在其地盤遭到侵犯時採取的威脅生命行動）。

政府對市場的管制可以是一種進入障礙。當市場因政府因素而無法進入時，其障礙是無法克服的；而當市場的進入完全不受限制時，對市場競爭也未必是一件好事。例如，自從美國解除了進入管制，航空業已成為一個幾乎是完全競爭市場，在這個市場中許多新加入者沒能生存下去。這種產業無吸引力的情況，反映在波士頓著名風險資本家威廉．伊根所作的評論之中，他說：「我希望處於一個非拍賣的市場中。」

當市場因政府因素而無法進入時，其障礙是無法克服的；而當市場的進入完全不受限制時，對市場競爭也未必是一件好事。

3.4.5 管理團隊問題

（十七）企業管理團隊

一支強大的、擁有一些產業「超級明星」的管理團隊，對於創業是非常重要的。這支團隊應該具有互補性和一致性的技能，以及在同樣的技術、市場和專業領域裡具有賺錢和賠錢的經驗。

如果沒有一個稱職的管理團隊，或者根本就沒有管理團隊，這種機會就是缺乏吸引力的。

3.4.6 致命缺陷問題

（十八）致命缺陷

有吸引力的企業不應該有致命缺陷；一個或更多的致命缺陷使機會變得沒有吸引力。通常，這些缺陷涉及到上述種種準則中的一個或數個。在許多例子中，市場太小、市場競爭激烈、進入市場的成本太高、或競爭者能以低價進行生產等等，都可以是致命缺陷。有一個例子屬於市場進入障礙方面的，就是佛羅里達航空公司未能使它的航班時間表列於機票預訂電腦上，這一障礙就是一個致命缺陷。

本章小結

把握市場機會對創業成功與否具有關鍵意義。市場機會並不等於創意，儘管開發創意是創業的基本工具之一，但將創意轉變為具有前景的市場機會還要做許多工作——甚至是艱苦的工作。

創業者必須進行市場研究，而市場研究的基礎工作是資訊的收集和獲取。資訊的收集可以有許多管道，按資訊的性質可大致分為第一手資料和第二手資料。從獲取成本考慮，創業者應盡量收集第二手資料。在獲取足夠資訊後，應對資料進行分析。本章所介紹的主要是對市場環境的分析。

風險投資者採用一系列的準則來篩選創業計畫，這些準則和指標對創業機會的評估具有重要意義。本章所討論的十八項指標涉及機會篩選，一個機會應該至少在其中幾個方面具有明顯優勢而且不存在致命缺陷，才可能吸引風險投資者進行投資。

創業者不應把激發創意和篩選機會的過程看得太簡單，應該說，機會篩選和需求識別的能力對於創業成功是必要的。另一方面，這種能力可能更多來自經驗。卡內基—梅隆大學心理學系的諾貝爾獎得主赫伯特．西蒙把識別類型形容為一種創造性的過程。按西蒙所說，這種過程不單單是邏輯、線性和累積的，而且常常是直覺和歸納性的，涉及到兩種或兩種以上的經驗、技術訣竅，以及對「精華」地交叉結合創意。西蒙稱之為精華的東西，包括各種各樣的經驗、專有技術、與各種不同的任務、思想和境況的接觸等。他認為人們需要十年或更多時間才能積累起這些精華，從而使他們能夠具有高度創意並能夠識別機會的類型。甚至史蒂文．喬布斯，蘋果電腦公司的共同創辦人，在他二十五歲時就已經積累了這些精華。但很少有人知道，他從十歲起就開始自己製作電腦元件了。

當然，這絕不意味著較少經驗的青年人就不能成功地創業了。

討論題

1. 儘管外部環境是不可控制的，創業者可以透過環境分析因應。若有製造商要進入嬰兒用品市場（例如尿布、衣服、圍兜），請說明如何進行環境分析。
2. 市場研究數據可能從第一手資料獲得，也可以從第二手資料獲得。運用例子解釋這兩個資料來源有什麼不同。
3. 選擇一個創意，將其具體化為粗略的創業計畫並對其進行市場機會評估。
4. 收集一些失敗的創業案例，使用本章中的十八個指標進行評估，分析這些創業者失敗的主要原因，分析是否存在致命缺陷。

案例一

界 龍 集 團

時針已指向夜間十一點，總裁費鈞德和三位副總仍在會議室中熱烈地討論著。只見費鈞德一會兒用手不停比劃著，一會兒又站起來在白板上畫圖。技術創新的速度愈來愈快、全球化競爭的趨勢愈來愈明顯，在東南亞金融危機之後，又面臨中國大陸內通貨緊縮的環境，界龍的優勢是什麼？如何確立自己的核心能力和競爭策略？如何有效地實施企業策略？

1. 公司歷史

印刷是中國古代的四大發明之一，它和中國古文明有著密不可分的關係。十四世紀以後，中國逐漸走向衰落。西方國家發生的工業革命，使中國在許多技術上遠遠落後於這些國家，曾一度被中國人引以為榮的印刷也不例外。

1.1 艱難的起步

界龍坐落在上海黃浦江畔的一個小村鎮，三十年以前這裡一直是在貧窮落後的漩渦裡掙扎著。當時，生產極為落後，農民們仍然延續著幾千年來的生產方式。

1966 年，文化大革命開始，不僅使中國經濟出現巨大倒退，同時，使中國人剛剛開放的思想重新被禁錮。國有企業沿用大鍋飯的生產方式，盈利不是企業目的，企業服從國家計畫生產。在當時的社會和文化背景下，很少有人敢創辦自己的工廠。

1967 年，貧困的村民們拼湊了五百元人民幣，讓一個名叫費鈞德的青年負責，買來兩台簡易小車床，用幾塊木板拼成台面，用磚頭砌成一套車床加工設備，就這樣辦起了一個小五金廠。這也就成為界龍集團的開端。次年，小五金廠開始加工螺絲，每只螺絲收取加工費一分，工廠每天可取得一百六十元的收入。工廠達到年產值五萬多人民幣，利潤一萬多，這使村民們初步看到了擺脫貧困的希望（當時，中國員工的平均月工資為三十多人民幣）。到1971年，工廠產值達到了二十萬人民幣。

1973年春節，村裡召開在外地工作人員的茶會，他們發現參加茶會的人大多在國營單位從事印刷工作。受此啟發，界龍村萌發了辦小印刷廠的念頭。由村裡出資一千元人民幣，費鈞德與其他五個同伴，買來兩台中古的印刷機，在小平房裡開設了印刷廠——更為確切地說，是一個小小的印刷工作坊。

文化大革命還沒有結束，當時提出的口號是：「寧要社會主義的草，不要資本主義的苗。」對於這個由農民開辦的小印刷廠，要取得營業執照是一件非常不容易的事。經過半年多的奔波後，營業執照終於領到了手。

一批年輕人四處奔波，小印刷廠逐漸接到訂單，並開始運轉起來。當時這個印刷廠的產品範圍只限於信封、信紙、飯票之類的一般印刷品。

1978 年，中國大陸開始實行改革開放政策。這時的界龍開始擴大經營規模，並創立上海界龍彩印廠的名號。透過市場調查發現，外貿產品的品項多、業務量小、品質要求高、交貨期短，是大型國營印刷企業不願意介入的小市場。

改革開放使中國大陸的對外貿易迅速發展，同時，西方國家的外商開始進入大陸。當時，上海是大陸最大的輕工業生產基地，上海許多輕工業產品有較高的品質。但是由於長期處於計畫經濟下，企業的產量都是透過國家計畫來分配的，企業只注重生產而不考慮銷售。大部分企業的市場意識非常淡薄，他們很少能了解到市場的重要性，對於產品包裝、形象、銷售之間的關係也很少進行分析。

1978年，一位德國外商阿道夫看中了上海一家廠商生產的棉織手帕，但在大陸卻找不到可以配套的高級包裝盒。這種情況不僅是企業不注重包裝的結果，更重要的是，由於當時技術落後，無法生產出這樣的產品。

對於一個小小的界龍印刷廠，承接這筆業務無疑存在技術上的巨大困難。然而費鈞德看到的是一個難得的機會，他果斷地承攬下了這筆業務，這也是界龍第一次承接出口包裝業務。

為解決技術問題，費鈞德等人進行了分工：一部分人到上海去請教印刷業的專家；一部分人根據外商要求進行具體設計；一部分人準備生產包裝盒的原料。經過兩個多月艱苦的技術攻關後，他們解決了PVC的壓痕和黏合這個技術上的難題，摸索出用雙層 PVC 的複合黏壓技術，解決了 PVC 的脆裂問題。高級包裝盒得到了阿道夫的認可，界龍印刷廠接下了一筆十萬套包裝盒的訂單。此舉為界龍打開了邁向國際市場的道路。此後，國外客戶紛至沓來，不到半年，界龍彩印廠外國客戶業務就高達二十二萬美元。

1.2 騰飛

1984 年，員工一致推選費鈞德擔任彩印廠廠長。費鈞德出任廠長後，集思廣益提出了三大措施：

㈠調整經營目標和策略；以包裝印刷為主要業務，主攻外貿加工包裝市場。

㈡引進國外先進技術設備，改進技術；工廠搬遷到交通方便之處，擴建新廠房。

㈢招聘在國營企業工作的專業人才。

在計畫經濟體制下，印刷機械是只能分配給國營企業的。為承接日益增加的業務，也為了解決技術水準低的障礙，費鈞德力排眾議，決定大規模引進技術設備。1984 年，工廠投資六十萬元引進德國海德堡膠凸兩用四開膠印機和日本的壓光機。新設備投入生產後，效果良好。1985 年，界龍彩印廠產值達五百十二萬元，利潤一百零八萬元，產值和利潤比 1984 年增加了一倍以上。

1984 年的技術改造成功，鼓舞了創業者的決心。1986 年，企業再次進行重大技術改造，共投資四百萬元，先後引進一台日本全能高速商標機和四台對開雙色膠印機，大幅提高企業生產力。1987 年，企業產值 1,244 萬元，利潤兩百五十萬元。

隨著界龍的業務方向轉向外貿產品包裝印刷加工，界龍的市場日益與外商企業緊密相連。上海包裝進出口公司和中國包裝進出口總公司分別於 1987 年、1988 年入股界龍。1988 年 5 月，界龍彩印廠更名為上海外貿界龍彩印廠。界龍彩印廠和兩個包裝進出口公司的股權比例為 60：20：20。

以前界龍彩印廠的主要優勢在於低工資成本和靈活的經營機制，包裝進出口公司的加盟使新成立的外貿界龍彩印廠可以利用這兩個公司的無形資產和社會資源，另外，還可以利用中國包裝進出口公司的外匯額度，進口國外的先進設備。

1987 年，彩印廠投資一百多萬美元，引進日本的製版設備，進一步增強了公司技術領先程度，業務不斷擴大。

八〇年代後期，費鈞德預見與電腦相關或配套的產業可能會迅速發展。1987 年，界龍與新加坡協茂公司合資成立「上海現代印刷紙品有限公司」，主要生產電腦列印紙及商業表格用紙。1991 年，界龍又和日本池昌包裝株式會社合資成立上海龍櫻製版有限公司。

界龍的名聲愈來愈響，市場愈做愈大。1990 年和 1992 年，上海外貿界龍彩印廠又分別投入九百五十萬元和九百七十萬元進行第四、第五次技術改造，先後引進國際上最先進的海德堡五色膠印機和日本三菱六色膠印機及其配套設備。

除了提高企業的設備技術水準，界龍非常注重引進和培養人才。

七〇年代，當時印刷方面的高級技術人員都在國營企業，缺乏印刷專業人才的界龍只能請「星期天工程師」來廠指導，繼而聘請退休的技術人員。八〇年代，界龍開始引進上海等地國有企業的工程師。1989 年，費鈞德得知江蘇無錫印刷廠有位年輕有為的工程師名叫龔忠德，費鈞德以誠懇的態度將他請到了界龍。十年來，龔忠德為界龍的技術管理有重要貢獻。現在，他是集團的總工程師，擔任上海龍櫻製版、上海界龍印刷器材和上海界龍印刷裝訂三個企業的總經理。

八〇年代的浦東還沒有很好開發，當時界龍的交通很不方便，路是土路，水是河濱水，生活條件非常艱苦。很少有上海人願意到浦東工作、生活，但界龍以艱苦創業和求才若渴的精神，以靈活的機制和較先進的內部管理，以誠意和魄力，感召了一批富有才華的工程師、經濟專業人士和印刷專業人才投入界龍麾下。

技術設備和人才的有效組合使界龍的產品品質迅速提高，產品常在國際商展中得獎。界龍的包裝印刷品銷售中國大陸二十多個省、市、自治區的市場，並遠銷歐美、東南亞等四十多個國家和地區。

1993 年，經過二十年的艱苦創業，界龍的員工人數從 1973 年的三十二人，發展到一千兩百多人，銷售額從 1973 年的二十多萬元增加到 1993 年的二．一二億人民幣。

1.3 二次創業

1992年鄧小平發表南巡講話，中國大陸的改革力度驟然加大，在政府鼓勵投資的政策下，中國大陸掀起一股投資熱潮。當時的經濟成長速度達到兩位數。個體經濟、私營經濟快速成長，國外的大企業、跨國公司也開始紛紛湧入中國市場。

在市場競爭壓力增大的同時，界龍的發展空間也隨之加大。界龍的管理階層意識到要進行新的定位，實施新的策略以順應環境變化。1992年界龍開始籌畫上市，費鈞德在一次會議上提到，我們要開拓創新，大膽突破，爭取上市，從社會上公開融資，從社會上引進人才，使界龍常盛不衰，立於不敗之地。1994年2月24日，界龍實業在上海證券交易所正式掛牌上市。公司發行股票五千萬股，其中發起人上海界龍工貿實業公司持股62.82%。公開上市成為界龍二次創業的新起點。

公開上市使界龍發生了巨大變化，即融資增資管道更為寬廣，界龍的上市使其信譽大幅上升，容易獲得銀行貸款。另外，公司還可以在證券市場上籌措資金。

同時，界龍考察了一些世界一流的印刷企業：每年銷售額一百多億美元的美國唐納利公司、大日本印刷公司、加拿大摩亞公司等集團公司。吸取這些成功企業的經驗，界龍更確定了自己的發展策略。

1993年以後，界龍透過上市募集和自己籌集的兩億多元資金新辦了六家印刷企業。

1993年，投資四千二百萬元，從義大利引進CERUTTI七色凹印機等大量生產的設備，創辦了界龍永發凹印公司。主要生產菸盒、酒盒等紙類和塑料印刷包裝品。

1993年，與中國包裝進出口上海公司、洋涇工業公司共同投資九千五百萬元，組建浦東最大的包裝印刷企業——上海界龍浦東彩印公司（界龍持有55%的股權），該公司主要生產大全張大面積燙金印刷品。

1994年，界龍投資3,675萬元，與台灣芬瑟貿易公司和中國印刷科學技術研究所三方合作成立上海界龍印刷器材公司（其中界龍占51%的股份），生產製版材料 PS 版。目前，該公司生產的 PS 版品質已經和富士 PS 版相當。

1995 年，投資創辦上海界龍印鐵製罐公司，印製鐵皮盒罐。創辦上海界龍捷達凹印廠，印製口香糖包裝盒。

1995 年 6 月，與加拿大著名跨國公司——摩亞公司共同投資三千萬美元，（加拿大方控股 60%）成立了上海界龍摩亞商業表格和系統有限公司，主要生產各種商業表格和無碳塗布紙。

1996 年 10 月 22 日，界龍實業出資 1,810 萬元，買入中國包裝進出口總公司及其上海分公司在上海外貿界龍彩印廠 40%股權，彩印廠成為界龍的全資子公司；同時，買入 26%的上海龍櫻彩色製版公司股權，擁有 61%的股權；出資收購上海捷達凹印廠。

上海界龍集團旗下彩印六家企業，集創意設計、電腦製版、印刷器材生產、包裝彩印、印後加工等功能於一體，使界龍具備了現代印刷城的雛型。

在上市後快速發展的同時，界龍也遇到了一般企業快速成長易於出現的問題。

當時的上市公司透過募集而來的資金較為充足，它既構成了機會，同時也對公司形成發展壓力。而在投資機會比以前任何時代都要多的情況下，多角化對當時許多上市公司是非常有誘惑力的。界龍 1993 年上市後，在發展印刷主業的同時，也依據界龍的具體情況、地理位置、鄉鎮企業的農村環境，做出了進軍房地產和食品業的決定，並對海運和貿易進行一定的投資。界龍集團的規模迅速得到了擴大。

但是，在 1993、1994 年的投資熱潮之後出現了通貨膨脹，中國大陸採取了宏觀調控、貨幣緊縮的政策。宏觀政策導致企業原有投資預算縮水、銀行貸款額度減少，企業出現了資金嚴重匱乏的情況。而導致的結果是：

㈠公司新投資建設周期拉長，尤其是投產期延長。同時，隨著經濟改革的深化、競爭日趨激烈，新企業在市場開拓等方面步履維艱、加上貸款的利率較高，公司虧損額逐步增大。

㈡從印刷產業環境來看，中國大陸個體、私營經濟迅速增加，印刷業進入障礙不高的行業。到 1998 年，僅浦東新區大大小小的印刷企業就有六百多家。脫序、混亂的市場環境，使企業間出現了惡性競爭。更具威脅的是，外國大企業、跨國公司也搶灘上海，界龍面臨更多更強的競爭對手。東南亞金融危機給界龍帶來了相當大的衝擊，使得界龍提供出口產品包裝的業務雪上加霜。

㈢從公司內部來說，二次創業的「軟體」準備相對不足。新的企業制度是一個新生事物，公司雖然經過改制並上市發行，但管理體制在起步階段仍然不夠完善。新的管理制度難以貫徹，遇到傳統勢力的挑戰；職能部門職責劃分不明確，相互協調不夠；技術人才和管理人才相對的缺乏，警剔要提高企業技術水準和產品品質；本地職工的親和性不強，不利於人才充分發揮作用；最嚴重的問題是有些管理者觀念老化，有些管理者素質低，比如，有的子公司高階主管嚴重違反公司制度，擅自對外擔保並造成公司一度陷入困境。

由於以上各原因，1997 年到 1998 年，公司在總產值與銷售方面的成長減弱，利潤大幅下降，流動資金捉襟見肘，界龍遇到了前所未有的困難。

表 3.4 為公司上市以後歷年的主要財務指標。

表 3.4　上市後主要財務指標

（單位：萬元人民幣）

年　份	銷售額	總資產	淨資產	淨　利
1994	21,539	29,330	14,431	2,146
1995	26,147	44,841	20,304	1,944
1996	28,289	63,455	26,649	2,137
1997	36,640	70,288	27,622	1,071
1998	36,996	67,098	24,681	-2,240

1. 4 新的起點

在經過了上市後急速成長的幾年坎坷波折，從 1998 年初開始，界龍集團主管認真總結這幾年的經驗、客觀分析界龍自創業以來的成功經驗和經歷過的教訓，針對目前情況，從多方面著手，採取一系列果斷、有效的措施。

㈠對近幾年來投資的企業進行個別分析，從樹立集團整體優勢、突出印刷業的角度，清除不良資產，鞏固與充實優質資產，強化公司資產結構。經過耗時一年的艱苦談判，公司解散了連續虧損的上海界龍摩亞商業表格和系統公司，收購了中國和上海包裝進出口公司在上海外貿界龍彩印廠 40%的股權。

㈡公司進一步引進人才，借助外力，增強企業決策能力。公司聘請了管理諮詢專家作為顧問，組成「智囊團」。這些人為界龍分析形勢，協助企業決策。

㈢加強內部管理，強化各功能部門的作用，為發揮各子公司部門在工作上的領導、協調、培訓功能，總公司建立了《界龍集團企業經營者及管理人員工作考核細則》等一系列管理制度。

㈣在市場開拓方面，集團對不同子公司在資金、人力、物力上的支持進行調節，一些產品品質高、技術水準領先、市場潛力大的子公司得到更多總公司支持。同時，總公司積極扶持新企業盡速正常營運量產，轉虧為盈。

經過以上重組調整及全體員工的不懈努力，1998年，界龍集團營業收入上升。1999年上半年界龍集團恢復了勃勃生機，一月至八月每個月的銷售額都比去年同期平均成長了30%以上，最高一個月增長了42%。

2. 社區文化與企業文化

界龍集團剛成立時的員工主要是界龍村民，集團所要求的技術操作、管理水準和當時村民的素質並不是很協調。比如，在創業初期，剛剛進入工廠的農民，有員工將廠裡的紙張拿回家，有的帶著孩子上班。如何將農民轉變為現代企業工人，當時的界龍管理高層都意識到必須將企業文化和社區文化結合起來。

費鈞德一方面以村黨支部書記的身分教育全村人，發展社區活動，另一方面以廠長的身分在企業內部加強內部管理，加強制度建設，培養現代企業職工的文明意識。

3. 設備、技術、產品

在計畫經濟時代，國營企業的機器設備不賣給鄉鎮企業。為此，界龍曾私下用高出三倍的價格買下「黑市」切紙機。後來，界龍透過從國外引進設備才解決了技術設備問題。

現在，界龍的電腦製版和包裝印刷設備80%以上是從國外引進。這些設備具有國際先進水準，採用電腦控制，技術水準在中國大陸印刷業中處於領先地位。

界龍集團從事包裝印刷的企業有九家，為客戶進行全方位服務，從創意設計、電腦製版、印刷到印後加工，形成了完整的配套。公司能承接膠印、凹印和經網印刷各類產品。產品的印後加工配套齊全，包括UV過油、上光、壓光、覆膜、燙金、分切、模壓、自動糊盒成型等。

在技術改造方面：自 1984 年到 1997 年，界龍的龍頭企業彩印廠先後進行了七次大的技術改造，使工廠的生產力大幅提高，同時使業務量激增，產值、銷售直線上升。1984 年該廠用六十萬元引進德國膠印機和日本壓光機後，1985 年的銷售收入達五百十二萬元，利潤一百零八萬元，分別是 1983 年的二・九倍和四・三倍。1986 年第二次技術改造後，1987 年銷售收入 1,244 萬元，利潤兩百五十萬元，分別比 1985 年多了一倍多。1989 年，產值兩千六百萬元，利稅四百二十一萬元。到 1997 年，銷售額已經達一・一億元，利稅一千五百萬元。

4. 前景和問題

從目前界龍集團發展的趨勢來看，一切良好。到了 2001 年底公司已達到營收七億人民幣。但這是否真正意味著界龍已經走出低谷，走上良性循環軌道呢？

毫無疑問，界龍要達到國外大型印刷企業的規模，還有一段路要走。費鈞德總裁已經確定了「穩定－發展－突破」的發展策略。但問題是，現在公司對成長率應該有什麼樣的要求？公司在研發方面應該投入多少？公司是否應從印刷業以外的專業中撤退，還是繼續經營目前效益尚可的一些企業？公司是否應該發展或尋找其他領域的高科技，以作為公司未來利潤成長點？

案例二

海倫德瓷器製造有限公司
（Herend Porcelain Manufacturing Ltd.）

商務經理拉茨羅・賽茨泰與生產副經理塔梅斯・撻奈正在進行深度會談。事實上，他們的公司海倫德瓷器透過員工持股計畫已經成功地變為民營，而且在匈牙利從計畫經濟轉向市場經濟的激變過程中，公司銷售與利潤仍然持續成長，但是公司前景顯然存在一些問題。海倫德是匈牙利的一個小鄉村，公司以此地名來命名。對該村的居民來說，公司是唯一雇主，因此兩位主管都了解公司銷售及利潤的成長對該村的居民來說都是十分重要的。他們目前所要考慮的問題是：如果公司勞工成本增加、公司面對更激烈的競爭，公司如何繼續保持銷售與利潤的不斷成長？

1. 公司歷史

海倫德公司的發展，與匈牙利所有其他瓷器製造企業一樣，開始於 1699 年，在此之前，匈牙利被土耳其人統治長達一百五十年。瓷器製造在十七與十八世紀發展為一個重要的鄉村工業。瓷器匠在匈牙利西部村莊，包括海倫德，銷售瓷器。這種鄉間瓷器生產能夠維持是因為那時工廠還沒有形成。直至十九世紀末，工廠開始生產更為便宜的大眾產品時，鄉間瓷器才走向衰落。

十七世紀以前，匈牙利的瓷器都是由海路從中國進口的。在 1705 年約翰・弗里德里奇・伯特格實驗製造瓷器成功之前，歐洲人已經花了幾世紀的時間來研究如何製造瓷器。不久，麥森（Meissen）廠和其他瓷器工廠都建立起來了。彩陶是製造瓷器實驗過程的副產品。彩陶在英語中被稱為 faience ware，名字取自義大利名為 Faenza 的城市。彩陶與瓷器很相似，但在外觀與物理特性上有些區別。彩陶製品被傳到匈牙利，而在 Holics、Tata Papa 和 Hollohaza 等地的彩陶生產廠則成了匈牙利瓷器生產的先驅。這些工廠生產出瓷器的初級實驗品，並培養了一大批手藝者，這些手藝者後來有很多在瓷器廠工作。

匈牙利瓷器工業的發起人是一個創業者，這點不同於歐洲其他許多國家，這些國家中瓷器生產的發起人通常是王儲或王室中人。在維也納，1718 年就有一家王室瓷器工廠，這家工廠使競爭變得非常激烈。當時，一個名叫泰瓦達·巴特亞尼的普通市民提出申請建立瓷器廠，但申請被駁回，理由是他所擁有的資本太少。根據維也納法庭的判決，他所生產的瓷器全部被砸碎。製造瓷器的實驗在特爾克班雅（Telkibanya）與海倫德繼續進行著。這兩個城市也是最早擁有瓷器工廠的城市。

在特爾克班雅的瓷器廠受到當地地主費第納德·布茨海姆王子的支持，海倫德是由一位名叫斯汀格的平民於 1826 年創建。1848 年革命後的這些年，隨著王室影響力的逐漸消退，兩家工廠的相對影響力也發生了變化，海倫德成為匈牙利瓷器業的代表。

海倫德的影響力也不能完全以歷史因素解釋。在至少十年中，該廠所進行的實驗都不能產生令人滿意的瓷器來。所產出的瓷器不是帶有黃色就是灰色。1840 年，該公司被茂爾·費雪收購，產生了轉折點。

作為海倫德的創始人，斯汀格是一個懂得創造瓷器藝術的瓷器匠，但他沒有足夠資金來購買生產大量瓷器所需要的設備，最終他不得不賣掉企業。費雪喜歡在店鋪工作，具有創業者天賦。雖然雇員人數很少，海倫德公司在十八世紀四〇年代還是有相當大的發展，成為了一個頗具規模的工廠。1841 年，該廠的員工人數達到五十多人。費雪購買了各種設備，並新建了一些燒製陶瓷的窯孔。費雪繼續雇用斯汀格和他的班底，因為這些人的經驗是非常寶貴的資產。費雪很快獲得了成功。1842 年初，當地政府核准註冊了海倫德的名稱，並使它可以使用匈牙利盾形徽章且享有皇家特權。在同年稍後時的工業品展示會上，該廠展示產品已具有維也納瓷器的品質，並得到大眾的高度評價。

不幸的是，1843 年一場大火毀掉了工廠的一切。但費雪並未氣餒，他繼續生產並進入了下一年度的產品展示會。工廠使用了與伯海明（Bohemian）瓷器廠相同的高品質原料（來自 Zettlitz 並透過沈澱而得到的陶土），並且，從國外和當地其他瓷器廠招聘而組成的一批人馬，巧妙地解決了對國外式樣進行仿製的問題。

工廠開始仿製麥森的產品，隨後是仿製如 Sevres、Vienna、Capo di Monte 等其他一些歐洲著名生產廠家的產品，尤其是那些已經退出產業廠商的產品。

早期麥森、Sevres與Vienna的產品曾經非常成功。而在當時沒有設計專利的年代，海倫德可以仿造麥森等產品，並加上自己的商標。這些仿製品供不應求並且定價很高，一時，匈牙利的貴族家庭紛紛購買海倫德的產品來更換家中瓷器。在這段時間內，許多歐洲瓷器生產者轉而注重中產階級市場，而海倫德則在此時偏向王室瓷器工廠的風格，運用精巧方式來生產華麗的瓷器。正如費雪自己所說：「工廠堅持嚴格按照古典藝術風格或所謂的原薩克遜風格來進行生產，這種風格已經捲土重來，大受歡迎。」

對海倫德產品的最大影響來自後來的巴洛克－洛可可－麥森風格，這種風格的茶具與咖啡用具上以花、草、鳥等圖案點綴。麥森瓷器還常常在它的盤子邊緣與碗沿上使用一種布紋樣式。海倫德首次將注意力集中到餐桌用具上，後來，在這方面也生產了一些小的雕刻與容器。

海倫德參加了1851年倫敦大博覽會，當時的匈牙利哈布斯堡王朝有十九家瓷器廠，而海倫德是其中唯一贏得一等獎的一家。海倫德贏得這一獎項用的是一件點綴有蝴蝶與花的瓷器。當時的維多利亞女王訂購了一件這種瓷器，而以此聞名於世。

1848年的革命使匈牙利出現了一個中產階級國家政府，但這一政府在1849年結束。經過十八世紀五〇年代與六〇年代，匈牙利的封建社會走向土崩瓦解。

1851至1873年間，是海倫德工廠的黃金時期。自大博覽會取得成功開始，它在十五年內一直生意興隆。陳放在水晶宮的瓷器全都被賣光，公司還接到許多大訂單。那時的海倫德大約有六十名員工，雖然瓷器窯經過了改良，也安裝了用來混合原料的機器，但生產中仍然使用手工方式。不僅繪畫與拉坯都靠手工，許多前期準備工作也靠手工。

海倫德在十八世紀六〇年代達到了輝煌的頂峰。同時，由摩里斯（Morris）與路斯金（Ruskin）領導的藝術與手工業（Arts and Crafts）運動正向大規模生產工業宣戰。費雪嚴格按照標準生產瓷器的方式正為適時，海倫德完全不需要做任何改變，因為這家工廠之古典風格正是蔚為時尚呢！

關於工廠當時的藝術方式，費雪留下了一段陳述：

「幾十年來，瓷器在造型與繪畫方面失去了早先的藝術風格。藝術創造被忽視了，一部分原因是樣式的不斷推出，還有一部分則是人們口味的改變。這種情況同樣見於瓷器生產始祖的麥森與Sevres瓷器廠。所以，我從一開始就注重要超越那些曾十分走紅廠家的藝術樣式。同時，我向來十分自豪地在自己的產品上突出展示帶有MF這兩個字母的盾形徽章，以及海倫德的名字。」

海倫德在1862年倫敦的另一次世界博覽會，又一次取得成功。第二年，費雪獲頒一枚騎士勳章，1864年，他被允許使用已關閉王室瓷器廠的一些專利設計。1867年的巴黎世界博覽會上，海倫德再次取得成功。相比前一年在巴黎的一千法郎年銷售額，僅這一次參展的銷售額就達到83,030法郎。此後不久，維也納授予費雪這個市民最高榮譽：貴族頭銜。此時，在工廠工作的人數多達八十三人，其中包括二十二名畫家。

1849年，哈布斯堡王朝轉為奧匈帝國君主制。匈牙利不僅獲得了較高度的獨立，經濟發展也達到歷史上前所未有的速度，一個接一個的工廠不斷建立起來。但與此同時，海倫德出現了危機。在經濟發展的背後，實際上是機械化生產和工廠化生產趨勢的出現。海倫德的古典風格與高度人力密集生產導致它陷入混亂之中。1874年的一次世界性經濟衰退，加上費雪年事漸高以及兒子們的紛爭吵鬧，工廠走向了衰退。由於工廠未能獲取繼續發展所需的貸款，使得處境雪上加霜。同時，由於費雪之前將精力集中於藝術品上，而不是商業開發，也就未能建立可以產生穩定訂單的各種商業管道，但是，顯然只有穩定訂單才能使生產延續及穩定擴張。1874年，工廠宣布破產。費雪的兒子們從父親那裡接過了沈重的擔子，但同樣未能成功。最終，工廠為政府所收購。這時，將彩陶作為副產品的做法也沒有成功。海倫德的客戶基礎愈來愈差，而且工廠的國外市場也淪入伯海明工廠的手中，因為伯海明的瓷器更便宜，而且漂亮而具有藝術性。失敗的真正問題在於，海倫德的管理階層未能洞察匈牙利應用藝術中，已經形成的某種發展趨勢，這種發展趨勢在當時提供了大量的市場機會。

第一次世界大戰後匈牙利君主制度瓦解，這對匈牙利來說是一場大災難。匈牙利失去了三分之二以上的領土，重建經濟面臨著原物料嚴重不足與市場不振。雖然瓷器生產屬於間接受影響的產業，海倫德還是感受到來自整體經濟衰退的影響。1923年，公司員工減少到只有二十三名，此時銀行收購了公司大部分股權，並對公司進行重組。由於對高級瓷器的需求下降，公司管理階層開始定位於中收入與中低收入階層這個新興市場。這些人對相對較小的裝飾品有一定需求。在經濟蕭條之後的十九世紀三〇年代，公司引進並開發了小雕刻品的生產線：

㈠開發了大約一百五十隻小鳥與二百個動物形象；

㈡開發了用於瓷器櫥櫃的許多名人肖像；

㈢開發了一些體育運動的場景。

1929 年，公司雇用埃第・台耳思瓦（Ede Telscwas）作為藝術指導。埃第對以前藝術品的複製與新藝術設計進行監督和指導。這些產品在商業上獲得了成功。1934 年，公司的員工人數達到一百四十人，1940 年初則達到四百五十人。在 1935 年布魯塞爾世界博覽會上，公司產品獲得了金獎，1937 年在巴黎再次獲得大獎。公司產品獲得了專業人士的認可。

第二次世界大戰切斷了公司與市場的聯繫，再次導致企業巨大倒退。1945 年戰爭結束，但這也並未使公司立即恢復元氣。隨後的好幾年中，海倫德不能取得以前進口的瓷土，並且只能在本土進行銷售。直到 1948 年國有化之後，海倫德才得以恢復正常。公司從里摩日（現法國中西部的一個城市）進口了大批原料，並且也得到出口許可。新工廠建於二十世紀五〇年代，同時也建了用於燒製裝飾品的電氣窯。在這一階段公司的造型與繪圖仍然沿用手工方式，並且燒製瓷器用的窯孔也仍然還是用木頭作為燃料。雖然有機器設備被用來輔助清理與準備混合原料，但除了一些繁重的手工操作被機器取代之外，產品生產仍然沿用的是手工方式。

就在匈牙利經濟與外部世界隔離時，一些政府官員用瓷器作為政治贈品而產生新的需求。公司不僅生產了許多史達林小雕像，而且仿造王室餐具生產了一些用於勞工餐桌上的瓷器。

在二十世紀六〇年代，隨著國家文化政策的變化，應用藝術不必再承擔表達意識形態的責任，海倫德重新獲得相當程序的商業和藝術自由。1949 年時，公司的管理階層由一個工程師和一個技師組成，而到了 1963 年，管理階層則擁有五名工程師、十名技師和七名設計師。海倫德開始創建「新的」古典造型以豐富原來的產品設計。安果斯頓・布蘭德與愛華・霍法斯這兩名設計師領導仿古主義的潮流。

1976 年，公司開設了一門關於藝術之古典風格方面的碩士課程，以培訓那些特別有天賦的畫家。

2. 公司產品

海倫德設有自己的瓷器繪畫培訓學校。在經過三年的培訓後，年輕的畫家首先將承擔比較簡單的裝飾工作。然後，他們逐漸開始進行一些較難的工作，在這個過程中，有些人將達到能繪製最為複雜裝飾的水準。那些繪畫技巧堪與天才藝術家相比的畫家最後將獲得「大畫家」頭銜，這些人可在他們所繪製的產品上簽名。而在歐洲，只有很少的幾個瓷器廠採用這種「大畫家」制度。而海倫德的瓷器繪畫傳承靠的正是這種方式。

海倫德瓷器最關鍵的特點在於繪畫完全是由手工完成的。這種傳統在當今完全使用自動化生產的時代是極為罕見的，而它卻是海倫德自開創以來的典型特點。只消看一眼海倫德產品就知道它顯示了這種手工繪畫傳統的高超技法。畫室中的氛圍以及畫家們富有藝術的筆觸，使得每一件海倫德產品看上去都與眾不同。

海倫德也開始生產繪製畫飾。畫飾是裝飾的一種通稱，從佛萊芒的風格到波斯的風格，他們現在開始繪製各種不同風格的畫飾。這些畫飾需要極富經驗和技巧的能工巧匠。

海倫德對中國式裝飾風格的繪製很早就開始了，所繪製的中國風格樣式在1867年巴黎世界博覽會上曾得過金獎。由那些在歐洲傳統下生長的畫家們來繪製中國風格樣式，使海倫德瓷器更添特別韻味。其中一種最難的、也是最耗費成本的瓷器繪畫技巧，就是用一些小花進行花環狀裝飾，這種技法透過其簡練的風格而使人們留下深刻印象。

手工繪製的鱗狀底色是海倫德瓷器的拿手好戲。這些鱗狀圖形變化多樣，從魚鱗到各種幾何形狀都有。它們共有的特點就是完全由手工繪製，現在只有極少的幾個瓷器廠還在採用這種裝飾方法。

第二篇

創業計畫

第四章

創業經營計畫

本章學習目的

1. 定義什麼是創業經營計畫（business plan），由誰來準備計畫，由誰來閱讀計畫，如何評估計畫。
2. 理解創業經營計畫的範圍及其對投資者、貸款者、員工、供應商以及顧客的價值。
3. 確定資訊需求及創業經營計畫的資料來源。
4. 提高對網際網路作為資訊來源和市場營銷工具的認識。
5. 舉出實例，分步驟解釋創業經營計畫。
6. 在計畫過程的每個階段為創業者提出有幫助的問題。
7. 了解如何監督創業經營計畫。

閃光的夢想與現實的計畫

儘管人們常常將創業經營計畫稱為「閃光的夢想」，但對創業者來說，創業經營計畫確實是企業創業階段最為重要的文件。潛在投資者只有在看到一個較為完善的創業經營計畫後，才可能考慮投資一個新的風險企業。此外，企業經營計畫還可提高創業者創業的把握，並查核已完成和將要完成的任務。約瑟夫．威爾遜，一家醫療廢棄物處理設備製造企業——Ecomed 公司的創始人，對此有深刻的體會。

約瑟夫．威爾遜（Joseph Wilson）有著十三年從事科技發明的經驗，是醫療安全技術公司的共同創建者和產品的主要發明者，該公司專為醫院及實驗室開發機械設備以處理化學傳染性廢棄物。威爾遜是一個勤奮工作、具有強烈成就動機的人，因而決定創辦自己的公司。在生物安全市場上，威爾遜發現了一個未被發掘的市場機會。由於人們對愛滋病愈來愈恐懼，而且有愈來愈多的有毒廢棄物不斷拍打海岸，導致美國東岸的許多海灘被迫關閉。安全處置這些廢棄物成為重要問題，威爾遜決定尋找一個解決辦法。

1990 年，威爾遜設計了一個立式、重一百五十磅的廢棄物粉碎器，它可以用來粉碎和潔淨受污染的針頭、注射器、玻璃器皿、試管、小藥水瓶、標本和繃帶等。這個機器大小如洗碗機，零售價預計為四千美元。帶著這個創新產品，威爾遜於 1990 年創辦了 Ecomed 公司。為了避免與那些專門為醫院及健康機構製造大型貴重設備的大公司競爭，威爾遜著眼於小用戶，如醫師、生物醫學研究室、小型實驗室以及罪犯教養所等。這些潛在顧客與醫院有相同需要，但他們不想花大錢，或者購買需要大空間的笨重設備。

威爾遜認為自己是一個設計並製造新產品的工程師，但卻沒有很強的經營背景，因此在企業運營的計畫和管理上需要支持。他覺得需要讓一些有經營經驗的人來對公司及市場進行評估，然後一起規畫公司未來發展方向。威爾遜請大衛．海伯利（David Haeberle）來協助撰寫企業發展及運營計畫。威爾遜和海伯利花了幾個月的時間準備這個創業經營計畫，以及如何完成這個計畫的具體營運計畫。這個創業經營計畫最終成為這家風險企業獲得足夠資本的重要因素。

Ecomed 公司於 1990 年成立，其資金來源為四萬五千美元的銀行貸款、七千美元的個人存款、以及二十五萬五千美元的種子基金。其中種子基金來源於一個十二人的投資團體。這些資金主要用來建造九個原型設備、取得專利、支持市場營運、促銷以及薪酬。創業經營計畫不僅幫助公司獲取必要資本，而且可以作為創業早期企業管理的重要指導。透過經營計畫，創業者能夠集中發展自己的優勢而避免偏離經營目標和目標市場。因此，創業經營計畫是制定管理決策的一個重要控制工具。

1992 年，公司生產了五百六十七台機器，銷售收入達一百四十萬美元，但仍然損失二十五萬美元。儘管這在創業經營計畫中已經預計到，但顯然公司需要更多的資源去開拓更大的潛在市場。1993 年，Ecomed 公司與 Steris 公司合資開發一個新產品，把 Ecomed 公司專有的碾碎技術與 Steris 公司的抗菌生化技術結合起來。透過兩家公司的合資，他們開發出了被稱為 Ecocycle 10 的新產品。這個新產品可以使得廢棄物不僅被粉碎，且使得所產生的物質無害。與此相關的新計畫使得 Steris 公司能夠獨占北美銷售通路並獲得了商品註冊權。

1995 年，這個產品獲得了 EPA 的批准，並被准許在四十個州銷售。1996 年，威爾遜又向前邁進了一步，把合資公司的股權賣給 Steris 公司。威爾遜確信，這個決策使得 Ecomed 公司獲得自主，並提供所需的資源，以便他能夠繼續達成發展目標，進行新的創業努力。

從威爾遜的例子中，我們可以看到企業如何利用創業經營計畫來開創企業並進入市場。特別是，當企業意識到需要更多的資源時，就有必要修改計畫，確定選擇性策略，使得 Ecocycle 10 能夠成功進入潛在市場。這種針對國內市場或全球市場的拓展機會，只有在 Steris 公司的支持下才能成功。同時這也給了威爾遜機會去發揮他的創業技能，在一個具有競爭力和獲利能力的企業裡繼續開發新產品。

4.1 創業經營計畫概要

在討論創業經營計畫之前，讀者有必要了解，事實上有各種不同類型的計畫，它們都是企業營運的組成部分。在任何一個組織中，都可能有財務計畫、市場營銷計畫、人力資源計畫、生產計畫和銷售計畫等。計畫可以是短期，也可以是長期的，可以是策略性，也可以是作業性的。根據企業類型或預計初始規模的不同，計畫的範圍也會有所不同。儘管不同的計畫負責不同的功能，但所有的計畫都有一個重要目的，即在快速變化的市場環境下，為管理階層提供指導準則和管理架構。

4.1.1 什麼是創業經營計畫？

創業經營計畫是由創業者準備的一份書面計畫，用以描述創辦一個新風險企業時所有相關的外部及內部要素。

創業經營計畫是由創業者準備的一份書面計畫，用以描述創辦一個新風險企業時所有相關的外部及內部要素。創業經營計畫通常是各項功能計畫，如市場銷售、財務、製造、人力資源計畫的組合，同時它也提出創業經營的頭三年內所有短期和長期的決策方針。創業經營計畫——有時也叫行動計畫（game plan）或路徑圖（roadmap）——回答這樣的問題：我們現在在哪裡？我們將去哪裡？我們如何到達那裡？潛在的投資者、供應商、甚至顧客都會對創業經營計畫提出他們的要求。

如果把創業經營計畫當做路徑圖，我們就能夠更加了解它的意義。假設我們試圖決策如何開車從波士頓到洛杉磯，一路住汽車旅館。這裡有許多可能的路線，每條路線要求不同的時間和成本。像創業者一樣，旅行者必須做出一些重要的決策，並在準備計畫之前收集足夠的資訊。

這個旅行計畫必須要考慮一些外部因素，如緊急狀況下的汽車修理、氣候條件、路況、風景、旅館或露營地等等。這些因素是旅行者所不可控制的，就像創業者必須考慮外部因素如新的法規、市場競爭、社會變化、消費者需求變化或新技術等。

另一方面，旅行者還要考慮手頭有多少錢，有多少時間，以及對高速公路、道路、營地、風景等的選擇。類似的，創業者擁有對新創企業的製造、市場銷售、人事等控制權。

旅行者在確定如下這些問題時應該考慮所有這些因素，如：走什麼路，在什麼營地紮營，在所選擇的地方待多長時間，車輛維護允許花多少錢和時間，誰來駕駛等等。這樣，旅行計畫將反映三個問題：我現在在哪兒？將去哪兒？如何到那兒？這樣，這個例子中的旅行者，或者本書中的創業者，將能確定需要多少錢來實現這個計畫。

在本章開頭我們就看到，威爾遜是如何運用創業經營計畫來提出這些問題的。這裡討論了創業經營計畫的功能要素，它們還將在本書的不同章節中進一步介紹。

4.1.2 誰來撰寫計畫？

創業經營計畫應該由創業者準備，然而，在準備過程中，可能向其他人員諮詢。律師、會計師、銷售顧問、工程師在計畫的準備過程中都有相當的影響力。我們看到威爾遜雇用一個助手，不僅讓他擔任經理，而且他也在企業經營計畫中提供一些專家建議。在尋找上述人員時，可以利用一些相關機構，如美國的小企業管理協會（Small Business Administration, SBA）、退休主管服務中心（Service-Core of Retired Executives, SCORE）、小企業發展中心（Small Business Development Centers, SBDC）、大學等提供的服務，或透過親友介紹。當存在疑問時，創業者應該與有關人員協商以確定這些人員的可獲得性、專業知識的範圍以及所需費用。在 Ecomed 公司的例子中，威爾遜這個新企業的創始者決定聘用某人，要求他不僅能夠協助準備創業經營計畫，也要成為營運管理小組中的一員。

為了確定是聘用顧問還是利用其他資源，創業者需要對自己的技能做一個客觀評估。表 4.1 說明如何評估各項技能，以確定缺少什麼技能以及缺乏程度。例如，一個銷售工程師近來設計了一種新機器，允許用戶在賀年卡內加入十秒鐘的個人留言。一個主要的問題就是如何銷售這種機器。這個創業者在評估了自己的各項技能後認為，自己在產品設計和銷售方面可以很出色，在組織方面也不錯，但其他方面則技能平平或不足。透過這個評估，創業者就可以確定什麼技能是他所需要的以及如何獲得幫助。

表 4.1 技能評估

技能	出色	好	一般	較差
會計與稅收				
規畫				
預測				
行銷研究				
銷售				
人事管理				
產品設計				
法律事務				
組織				

4.1.3 計畫的範圍和價值——誰來閱讀計畫？

> 創業經營計畫必須試圖滿足每一個讀者的需要；而較為現實的情況是，創業者的產品是要滿足目標顧客群的需要。

創業經營計畫的讀者對象可能是員工、投資者、銀行家、風險資本家、供應商、顧客以及顧問。讀者是誰常常會影響到計畫的實際內容和計畫的焦點問題，因為不同的讀者閱讀計畫的目的不同，創業者必須準備他們所考慮的各種問題。在某種情況下，創業經營計畫必須試圖滿足每一個讀者的需要；而較為現實的情況是，創業者的產品是要滿足目標顧客群的需要。

在準備計畫時，主要應從三個角度考慮：

㈠創業者的角度。創業者比其他任何人都更加了解新企業中的創意和技術，創業者必須能夠清楚地表達出新創企業的經營方向。

㈡市場的角度。常見的是，創業者僅僅考慮產品和技術本身，而不考慮產品是否會有人買。創業者必須以購買者的眼光來考慮創業經營。這一顧客導向問題將在第六章——市場行銷計畫中加以討論。

㈢投資者的角度。創業者應該試著用投資者的眼光來看，這需要有一個好的財務預測。如果創業者無法準備這些資訊，可以尋求外部人員的協助。

創業經營計畫的深度和細緻程度有賴於規畫中新企業的規模和範圍。如果一個創業者計畫生產一種新的筆記型電腦，這就需要一個綜合性的創業經營計畫，大多要包含產品和市場特點。另一方面，如果創業者只是計畫開一個電器零售店，就不需要像電腦製造商那樣制定綜合複雜的計畫。因此，創業經營計畫所涉及範圍的大小取決於這家新創企業是服務業還是製造業，是生產消費品還是工業品。而市場規模、競爭狀況和潛在成長性的強弱也會影響計畫範圍。

創業經營計畫對創業者、潛在投資者、甚至新員工的招聘都很有價值，他們透過企業計畫來熟悉風險企業，了解它的目標。創業經營計畫對這些人之所以重要有以下原因：

- 它可以幫助確定該新創企業在目標市場的生命力；
- 它可以為創業者的組織和計畫活動提供指導；
- 它是籌集資金的重要工具。

潛在投資者對創業經營計畫內容非常重視。撰寫計畫所需要的思考過程對創業者來說也是一個很有價值的經歷，因為這個過程強迫創業者評估現金流量及現金需求。除此以外，這個過程也把創業者帶到將來，引導創業者去考慮那些阻礙成功之路的重要問題。

這個過程也為創業者提供了自我評估的機會。通常，創業者對創業的成功滿懷信心。然而，計畫過程強迫創業者把他的想法帶到客觀現實去考慮各種問題，諸如：這個想法有意義嗎？可行嗎？顧客是誰？產品或勞務是否能滿足顧客的需要？我能得到什麼樣的保護以防止競爭者模仿？我能管理這樣的企業嗎？我將與誰競爭等等。這些自我評估類似預演，要求創業者仔細考慮各種情景並考慮所有可能的障礙。這個過程允許創業者計畫以各種方式來克服這些障礙。甚至可能有創業者在完成了創業經營計畫的撰寫後，意識到企業將要面臨的障礙是不能避免、不能克服的，因此，新創企業還在紙上的時候就終止了。儘管這當然不是最可能出現的結果，但在這種情況下，最好還是在進一步投入時間和金錢之前就終止任何努力。

創業者在完成了企業經營計畫的撰寫後，意識到企業將要面臨的障礙是不能避免、不能克服的，因此，新創企業還在紙上的時候就終止了。

4.1.4 如何評估計畫？

有大量的參考書及電腦軟體可以用來協助創業者準備創業經營計畫。然而，這些只能用來協助計畫的準備，因為創業經營計畫應該能夠面對所有潛在讀者和評估者的需要。正如上文所說，這些要求可能會有相當大的區別，但如果不能在創業經營計畫中提出，創業者的要求就會遭到拒絕。

創業者可以先以自己的觀點來準備初步之創業經營計畫，而不考慮那些閱讀並評估計畫可行性的顧客或資助者，當創業者意識到誰將閱讀該計畫時，再對計畫做必要的修改。例如，有一個供應商，在與創業者簽署有關提供配件物料的合約之前，他可能會想先看一下創業者的創業經營計畫。顧客在購買那些需要長期承諾的產品，如高技術通訊產品時，也會想瀏覽一下企業的計畫。面對這兩種情況，創業經營計畫應該考慮到這些相關組織的需要，這些組織或個人會對創業者的經驗及其對市場的預測格外關注。

其他會對計畫進行評估的團體是潛在的資本供應者。這些貸款者或投資者對創業經營計畫的要求是不同的。例如，貸款者主要對這家新創企業在約定時間內償還債務的能力感興趣。銀行需要對該新創企業的經營機會及所有潛在風險都做出客觀評估。貸款者主要著眼於借款人的四個「C」，即資格（character）、現金流量（cash flow）、附屬擔保品（collateral）及權益貢獻（equity contribution）。實際上，這是貸款者希望企業計畫能夠反映出創業者的信用歷史，反映出創業者償還債務及支付利息的能力，並有附屬擔保品或有形資產可以向貸方做抵押，而且創業者本人有一定數量的投資或有個人權益。

投資者，特別是風險資本家，則有不同的需要，他們為獲得權益提供了大量資本，並希望在五到七年之內能夠兌現。投資者往往比貸款者更加重視創業者的資格，常常花大量時間來調查創業者的背景。投資者不僅在財務上，而且在實際的企業管理中也扮演非常重要的角色。因此，他們想確信創業者願意接受他們的加入。這些投資者也需要高的報酬率，因此在這關鍵的五到七年當中，他們會注重市場預測和財務預測。

在準備創業經營計畫時，考慮這些外部相關團體的需要，對創業者來說非常重要。這樣可以避免計畫成為一個內部文件，只重視技術優勢或市場優勢，而不考慮滿足市場目標和長期財務預測的可行性。

創業者所關心的一個重要問題是如何保護他們的創業構思。

值得重視的是，創業者所關心的一個重要問題是如何保護他們的創業構思。當然，大多數被請求對創業經營計畫進行評論及評估的人士，包括外部顧問與潛在的投資者等都受職業道德規範的限制，創業者不應該因此而阻礙其尋求外部建議。

然而，確實也有許多這樣的情況，即某個家庭成員、朋友或有關人士竊取了企業構思。因此，對創業者來說，應注意防範這種情況的發生。最好的辦法是，除了尋求律師的建議以外，讓所有代表個人的讀者（如風險資本家）簽署一份非競爭或不公開協議。有關這種協議的例子可以在第十八章中找到。那些代表專業組織（如銀行或創業投資基金等）的讀者則不需要簽署不公開協議，因為這樣他們會感覺不被信任，有可能在閱讀計畫之前就拒絕這項創業投資。

4.2 創業經營計畫的資訊需求

在花費時間和精力準備創業經營計畫之前，創業者應該對企業經營概念做一個快速的可行性研究，看是否存在可能的障礙。儘管可以獲得的資訊來源有許多，但這些資訊應該主要集中於市場、財務和生產。在現代，網路可以為創業者提供有價值的資訊資源。在可行性研究開始之前，創業者應該清楚定義企業的目標。這些目標可以幫助確定什麼是需要做的以及如何實現。這些目標也為創業經營計畫、市場銷售計畫以及財務計畫提供一個架構。目標如果訂得太一般化或不可行，創業經營計畫就難以控制和實施。有一個例子可以說明這一點。

> 在可行性研究開始之前，創業者應該清楚定義企業的目標。

吉姆．麥柯瑞（Jim McCurry）和蓋瑞．庫辛（Gary Kusin）有一個極好的想法：經營一個零售店，向家庭而不是企業銷售電腦和遊戲軟體。在腦力激盪過程中，他們發現還沒有零售商可滿足這個目標市場的需求。這樣，他們所界定的是一個幾乎未被發掘的市場。

在實現他們的目標方面，他們所準備的計畫顯得單薄而過於樂觀。幸運的是，蓋瑞有一個老朋友羅斯．佩羅特（Ross Perot），可以向他們提供關於創業經營計畫的建議。羅斯在他們薄弱的書面計畫中找出一些漏洞，並教授他們一些新的知識，告知他們什麼是好的計畫。例如，他們計畫在第一個月內就開十二家店，而且年內還準備開更多的店。但他們並不知道如何開業或在什麼地方開店。這樣的計畫顯然難以實現，因為起步階段的規模過大。但羅斯．佩羅特也很喜歡這個經營計畫，並在一家銀行為他們做了三百萬美元的信用擔保，同時擁有三分之一的權益。在這個支持者和合作者的幫助下，這兩個創業者重新改善了計畫，開始追求更加合理的目標。他們的第一家店於 1983 年在達拉斯開業。他們把公司命名為巴比奇（Babbage's），即以十九世紀的數學家、第一台計算機的設計者查爾斯．巴比奇（Charles Babbage）的名字命名。今天，這家公司已經擁有二百五十九家連鎖店，銷售額達二．〇九億美元，在消費者軟體銷售商中排名領先。

在上述例子中，兩位創業者開始時缺少可行的經營目標以及不知道如何實現這些目標。這兩個創業者是幸運的，得到了朋友的指導，但不是所有的創業者都這麼幸運。重要的教訓是，創業經營計畫不能隨心所欲地制定，必須有一個合理的目標。

我們可以把上面這個例子與威爾遜的Ecomed公司加以對比。在創業初始，威爾遜有一個明確定義的目標，並把它轉變為特定成功的市場銷售策略。例如，威爾遜的目標，即用所投入的資本生產五百六十七台機器，使得他能夠集中於他的目標市場並控制企業的成長和費用支出。根據這個計畫，早期的損失被減到最小。當公司的資本需要發生變化時，計畫也隨之改變，最終導致一個重大決策，把合資企業賣給一個合適的對象——與 Ecomed 聯合開發並銷售新產品的Steris公司。

4.2.1 市場資訊

對創業者來說，首要的資訊就是潛在市場資訊。為了判斷市場規模，創業者需要明確地定義市場。例如，該產品最可能被男性還是女性購買？產品目標為高收入還是低收入顧客？是城市還是農村居住者？是高教育還是低教育水準者？明確定義目標市場將會使新創企業的市場規模及市場目標較為容易確定。例如，有個創業者開發了一個獨特的高爾夫球訓練輔助器，該產品可以使用戶在地下室或車庫裡進行訓練，可以確定擊球的距離、右曲球或左曲球。該產品所定義的市場為：立志提高得分的狂熱高爾夫球手。

該產品所定義的市場為：立志提高得分的狂熱高爾夫球手。

為了評估市場潛力，創業者應該考慮從貿易協會、政府報告以及已發表的有關研究成果中收集資訊。在某些情況下，這些資訊是比較容易得到的。在高爾夫的例子中，創業者應該能夠從第二手資料中估計出市場規模。一般來說，高爾夫雜誌及高爾夫協會將會按區域提供有關高爾夫市場的資訊。另外，關於這個市場的人口統計資訊也可以獲得，而來自高爾夫商店的有關訓練輔助器之資訊也會有所幫助。透過與這些商店接觸並與之討論這種產品，可以為創業經營計畫提供一些有價值的看法。由此，創業者就可以確定該市場的大概規模。

4.2.2 運營資訊需求

製造營運的可行性研究有賴企業特點。所需要的大多數營運資訊可以由直接接觸適當的資訊源而獲得。創業者可能需要資訊包括以下各個方面：

㈠地點。需要確定公司坐落的地點，地點的確定主要須考慮顧客、供應商以及通路商的容易接近性。

㈡製造營運。需要確定企業運作所需的基本機器和裝配營運，也要確定是否這些營運需要外包以及由誰來承包。

㈢原材料。需要確定所需要的原物料以及供應商的姓名、地址以及成本。

㈣設備。應該列舉出所需要的設備，以及這些設備是要購買還是租賃。

㈤勞動力技能。確定所需的技能、每項技能所要求的人數、工資，並估計這些技能可以從哪裡獲得、如何獲得。

㈥空間。確定企業運作所需的空間總數，包括這些空間是否需要自有或租賃。

㈦間接費用。確定支持製造的每項費用，如工具、倉儲、水電、薪水等等。

上述大多數資訊都應直接列入創業經營計畫。對每一項都要做一些相應的研究，這對那些依據評估計畫進而考慮資助者來說很有必要。

4.2.3 財務資訊需求

在準備創業經營計畫之前，創業者必須能完整評估企業的獲利能力。這個評估主要是要告訴潛在的投資者，這家企業是否將會獲利，創辦企業並滿足短期財務需求需要多少錢，以及這些錢將如何獲得（例如，發行股票或債券）。

要判斷創立一個新企業的可行性，一般需要三方面的財務資訊：

㈠在起步階段至少三年中的預計銷售額及支出費用；

㈡起步階段三年中的現金流量數據；

㈢現在的資產負債表和起步頭三年的資產負債預估表（pro forma balance sheets）。

在確定前一年內每個月及以後幾年的預計銷售額和支出費用時，要根據前面所討論的市場資訊，每一項支出都應該以月為基礎來確定。現金流量的估計要考慮到企業在所選定時間內支付費用的能力。現金流量的預測應該在整年中以月為基礎，確定初始現金、預計可收帳款和其他收據、以及所有的支出。

現在的資產負債表提供了企業在特定時間的財務狀況，它可以確定企業的資產、債務以及業主及其合夥人的投資。

4.2.4 利用網際網路獲得資訊

技術的變革為創業者提供了新機會，以便其有效、便利、低成本地獲取有關企業經營活動的資訊。網際網路是準備創業經營計畫的一個重要之資訊源，它可以為產業分析、競爭者分析、潛在市場評估等提供必要資訊。同時，網際網路還可以成為企業後期計畫和決策制定的資訊源。網路除了可以為企業提供資訊外，還可以透過製作網頁和設定網址為企業銷售提供機會。建議創業者可以向圖書館諮詢，或者在大學中選修相關課程，以獲得必要的知識來運用網路。

網址或網頁主要用來描述一個企業的歷史、現有產品或勞務、創業者或管理團隊的背景、以及其他會令網路瀏覽者產生深刻印象的資訊。因此，網址可以作為廣告媒介，甚至可以直接銷售產品或勞務，即發展電子商務。顧客訂單可以透過電子郵件（E-mail）或連線（on-line）服務來處理。電話號碼和地址也可以留給那些對銷售或更多資訊感興趣的顧客。許多新創企業正在運用網路來增加銷售通路，以提高接觸潛在顧客的機會。

創業者也可以進入競爭者的網頁，以獲得更多有關競爭者的經營和市場銷售策略等方面的資訊。運用瀏覽器或相關軟體，創業者可以選擇特定詞組進入相關網址。一旦到達某個網址，可以搜尋其他關鍵詞來獲得更深入的資訊。例如，搜尋「產品」一詞，便可能獲得有關競爭者產品更多資訊。美國目前的瀏覽軟體價格一般在一百美元以下，每月連線服務費為二十至三十美元，這些服務十分方便創業者獲取豐富的資訊。

除了連結相關網址以外，創業者也可以透過「討論室」，從那些匿名專家和客戶那裡收集有關競爭者和市場需求的資訊。網上有成千上萬個討論室，涉及的主題非常廣泛。每個人均圍繞一個共同感興趣的主題（例如，美味食品）進行討論。創業者可以用關鍵詞來識別最合適的討論室。潛在顧客還可以在討論室中提出一些特別的問題，這些問題可以是針對他們的需求、競爭者的產品以及他們對新企業產品的潛在興趣，而其他成員可以回應這些問題，從而為創業者提供有價值的資訊。

在現代社會中，我們已經擁有各種先進甚至完美的通訊工具，除了網路，還有電傳會議、視訊會議、語音信箱、傳真等等，但並未充分運用這些通訊工具。特別最應重視的是與實際和潛在的顧客交談，而現代通訊工具十分方便我們直接與顧客溝通。儘管我們沒有直接與顧客溝通也可能了解市場，各類專家也都願意提供建議，但第三方的商務情報可能會產生錯誤，而錯誤的資訊會導致錯誤的決策。有專家認為，第三方資訊往往可能增加失敗的可能性，特別是當它用來創辦新企業時。

> 我們最應重視的是與實際和潛在的顧客交談，而現代通訊工具使我們十分方便直接與顧客溝通。

一位電訊產業的專家反思了近年發生在行動電話業的一個現象。幾年前，專家預測該產業的用戶將會快速成長，除非改進系統，否則系統容量將會無法承受而面臨崩潰。在專家建議下，該產業開始開發一種新的數位技術。在投資了成千上萬的資金開發出這個新技術並及時安裝後，業內人士宣布將向顧客提供新的服務。但結果是，很少有人選擇這個服務。顧客不明白為什麼要採用這種新技術，這對他們沒有任何好處，他們對現在的電話已經很滿意。所以，該產業的專家必須開發出新功能特徵使得這種數據服務更具有吸引力，而且他們還必須降低成本，以吸引顧客使用新系統。這位專家說，要是在一開始就詢問顧客就好了。

相對於其他資訊來源，創業者只需要以較少的錢投資於軟體和硬體，就可以使用這些連線服務。隨著網路的不斷改進和完善，它將為創業者的創業及企業的發展提供無可估計的機會。

4.3 創業經營計畫的制定

制定一個創業經營計畫可能需花費兩百小時以上的時間，但一般來說，所花時間依創業者的經驗、知識及目的之不同而有所不同。無論花費多少時間，創業經營計畫都應盡可能充實，以便為潛在投資者描繪一個完整的企業藍圖，使他們能了解新風險企業，並幫助創業者進一步思考企業經營。

表 4.2 創業經營計畫大綱

創業經營計畫大綱
Ⅰ.導言
A.企業的名稱和地址
B.負責人的姓名和地址
C.企業的性質
D.對所需籌措資金的陳述
E.報告機密等級之陳述
Ⅱ.計畫執行概述——用三至四頁的篇幅對企業經營計畫做全面概述
Ⅲ.產業分析
A.未來展望和發展趨勢
B.競爭者分析
C.市場劃分
D.產業預測
Ⅳ.新創企業描述
A.產品
B.勞務
C.企業規模
D.辦公設備和人員
E.創業者背景
Ⅴ.生產計畫
A.製造過程（外包數量）
B.廠房
C.機器和設備
D.原物料供應商的姓名
Ⅵ.行銷計畫
A.定價
B.通路
C.促銷
D.產品預測
E.控制
Ⅶ.組織計畫
A.所有權的形式
B.合夥人或主要股東的身分
C.負責人的權力
D.管理團隊的背景
E.組織成員的角色和責任
Ⅷ.風險估計
A.企業弱點的評估
B.新技術
C.應急計畫
Ⅸ.財務計畫
A.損益預估表（Pro forma income statement）
B.現金流量預測
C.資產負債預估表（Pro forma balance sheet）
D.損益兩平分析
E.資金的來源和運用
Ⅹ.附錄（包括補充材料）
A.信件
B.市場研究數據
C.租約或合約
D.供應商的報價單

表 4.2 所示是一個創業經營計畫的大綱。大綱中每一項細節在本章的下面幾段將具體說明，每一部分的關鍵問題也將加以說明。

4.3.1 導言

導言部分一般包括如下內容：

- 公司名稱和地址。
- 創業者姓名及電話號碼。
- 公司及其經營特點的描述。
- 所需籌措資金的數量。創業者可以提供一個一籃子證券方案，如股票、債券等等。然而，許多風險資本家喜歡以自己的方式來建構這個一籃子方案。
- 有關報告保密等級的陳述。這是為安全起見，對創業者來說很重要。

導言陳述了創業者試圖開發的基本概念。投資者往往認為這一部分很重要，因為他們不必讀整個計畫就可以確定所需要的投資數量。在表 4.3 中，我們列出了有關這一部分的一個例子。

表 4.3　導言部分舉例

KC　清潔服務 OAK KNOLL 路 波士頓，MA 02167 (617)969-0100
合夥者：Kimberly Peters, Christa Peters
經營範圍描述：
公司將在合約的基礎上，向中、小企業提供清潔服務。具體的服務內容包括：清潔樓梯、地毯、帷幕、窗戶，以及一般的清掃、除塵、清洗。合約期將為一年，並指明特別的服務及完成服務的日程安排。
資金籌集：
初始資金來源於十萬元的貸款，分六年償還。這筆貸款將支付辦公場所、辦公設備和供應商的費用，另外還包括兩輛貨運車的租賃費用、廣告費用和銷售成本。
這份報告為屬於上述合夥者的財產。該報告僅供被傳閱者使用，未經公司同意，報告中任何內容不得複製和洩漏。

4.3.2 計畫執行概述

計畫執行概述部分應在整個具體的經營計畫制定後再來撰寫。這部分內容一般有三至四頁的長度，目的在於激起潛在投資者的興趣。投資者閱讀這部分概述來確定整個經營計畫是否值得全部閱讀。因此，這部分內容應該以簡潔和可信的方式強調創業經營計畫之要點，即該新創企業的特點、所需要籌集的資金、市場潛力以及該新創企業將會成功的理由。

4.3.3 產業分析

潛在投資者往往需要根據多項指標來評估這個新創企業，這就需要進行產業分析，以便了解創業者在什麼產業內競爭。產業分析應包括對該產業的展望，即過往的歷史成就和未來發展趨勢。創業者也應該提供關於該產業新產品開發的情況。競爭分析也是這一節的重要內容，創業者應該找出主要的競爭對手，分析他們的優勢與劣勢，特別是分析競爭對手將如何影響該新創企業。

任何由產業或政府部門所做的預測都值得注意。一個高成長的市場可能會被潛在投資者認為是非常有利的。

顧客是誰？應該對市場進行細分並界定目標市場。大多數新創企業只能在一個或幾個細分的市場中進行競爭。

任何由產業或政府部門所做的預測都值得注意。一個高成長的市場可能會被潛在投資者認為是非常有利的。一些值得創業者考慮的關鍵問題如表 4.4 所示。

表 4.4 產業分析中的關鍵問題

產業分析中的關鍵問題
1. 在過去五年中，該產業的銷售總額是多少？
2. 該產業預計的成長率如何？
3. 在過去三年中，該產業有多少新公司？
4. 該產業最近有什麼新產品上市？
5. 最接近的競爭者是誰？
6. 企業經營如何才能超過該競爭者？
7. 每個主要競爭者的銷售額是在成長、減少還是保持穩定？
8. 每個競爭者的優勢和劣勢是什麼？
9. 公司客戶的特點是什麼？
10. 公司客戶與競爭者的客戶有什麼區別？

4.3.4 新創企業的描述

這一節將對風險企業進行具體描述。這種描述將使得投資者明瞭企業經營的規模和範圍。關鍵要素應包括產品和服務、企業的地點和規模、所需人員和辦公設備、創業者的背景以及該新創企業的歷史。

表 4.5 總結了在這部分計畫中創業者需要回答的一些重要問題。

表 4.5　新創企業描述

1. 你的產品或勞務是什麼？
2. 產品或勞務的具體描述，包括專利、版權、商標等情況。
3. 公司將位於何處？
4. 公司建築是新的還是舊的？需要整修嗎？如果需要整修，列出成本。
5. 該建築物是租賃的還是自己的？陳述有關條款。
6. 為什該建築物或地點適合新公司？
7. 企業的營運需要什麼額外的技能和人員？
8. 需要什麼辦公設備？
9. 這些設備將購買還是租賃？
10. 創辦人商務背景是什麼？
11. 創辦人具有什麼管理經驗？
12. 敘述個人資料如教育程度、年齡、特長以及興趣。
13. 創辦人參與這個企業的原因是什麼？
14. 為什麼創辦人會在這個新創企業中獲得成功？
15. 新創到目前為止有什麼開發工作已經完成？

在考察企業將占用的建築和空間時，創業者需要對一些因素進行評估，如停車場、由公路到相關設施的路徑、公司到客戶、供應商、通路商的路徑、送貨率、各地城鎮的法規。

對於任何一個企業，其所處的地理區位可能是其成功關鍵，特別是當企業從事零售業和服務業時。因此，創業經營計畫中企業地點的選擇與企業類型有關。在考量企業將占用的建築和空間時，創業者需要對一些因素進行評估，如停車場、由公路到相關設施的路徑、公司到客戶、供應商、通路商的路徑、送貨率、各地城鎮的法規。一個放大的地方地圖可以為創業者提供相關參考資料。

一個創業者考慮開一家新的甜甜圈店，商店位置選擇在一條繁忙道路上的一家小型購物中心（shopping mall）之斜對面。較高的交通流量表示有大量的潛在顧客，因為人們可能會在上班的路上停下來喝杯咖啡等等。但在把這個地區的地圖放大後，創業者注意到，道路狀況要求司機穿過一條開往外地的單行車道、繼而左轉才能進入這家甜甜圈店。不幸的是，道路不允許左轉。這樣，進入這家店的唯一可能的方法是要沿著那條路開過四百碼之後再做U型迴轉。同樣，顧客要從商店再返回到原路上也很困難。創業者不得不取消了這個選址。

這個對於選址、市場等因素的簡單評估，可以避免創業者陷入潛在災難，而一張標有顧客、競爭者、及備選地點位置的地圖在評估過程中十分重要。創業者有可能需要提出以下一些重要的問題：

- 需要多大的空間？
- 應該購買還是租賃建築物？
- 每平方公尺的成本是多少？
- 這個位置處在商用區嗎？
- 該城鎮對招牌、停車等有什麼限制嗎？
- 該建築物有翻修的必要嗎？
- 該地點交通出入方便嗎？
- 有足夠的停車場地嗎？
- 現有的場地還有擴展的空間嗎？
- 該地區有經濟發展和人口統計方面的特點嗎？
- 有足夠的勞動力供給嗎？
- 稅務制度怎樣？
- 有充足的排污、電力及管道設施嗎？

如果該建築物的選擇或選址決策包含法律問題，諸如租約或需要城鎮的特殊許可等，創業者需聘用一個律師。要迴避與法規或租約有關的問題還是較為容易的，但是如果沒有好的法律建議，創業者就不易與政府相關部門或房東進行談判。

4.3.5 生產計畫

如果新創企業是屬於製造業，則有必要制定生產計畫。這個計畫應該描述完整的製造過程。產品的製作過程可能包括許多程序，有的企業自己完成所有的製造程序，但也有的企業可能會將一些程序外包給其他企業，視何種方式的成本較低而定。如果新創企業準備將某些甚至所有製造程序外包，則應該在生產計畫中對外包商加以說明，包括地點、選擇該外包商的原因、成本，以及該外包商之合約情況等。對於創業者自己負責的製造程序，也需要描述廠房的布局、所需要的機器設備、所需原物料及供應商的姓名、地址、供貨條件、製造成本以及任何資本設備的未來需求等。製造營運中的這些條款，對於潛在投資者評估資金的需求很重要。

如果新創企業不是製造業，而是零售或服務業，則計畫可以命名為「經商計畫」，其內容應包括對貨物購買、存貨控制系統以及庫存需求等具體描述。

表 4.6 針對創業經營計畫的這部分總結了一些關鍵問題。

表 4.6　生產計畫

1. 公司將負責全部還是部分製造程序？
2. 如果某些製造程序外包，誰將成為外包者？（列出外包者的姓名和地址）
3. 為什麼選擇這些外包者？
4. 外包製造的成本怎樣？（包括幾份書面合約）
5. 生產過程的布局怎樣？（如果可能，應列出步驟）
6. 產品的製造需要什麼設備？
7. 產品的製造需要什麼原物料？
8. 原物料的供應商是誰？相應的成本怎樣？
9. 產品製造的成本是多少？
10. 該新創企業未來資本設備需求怎樣？
如果是零售或服務業：
1. 貨物將從哪裡購買？
2. 存貨控制系統如何營運？
3. 存貨需求怎樣？如何促銷存貨？

4.3.6 市場行銷計畫

市場行銷計畫（將在第五章具體討論）是創業經營計畫中的一個重要部分，它主要描述產品或勞務將如何經由通路銷售、定價以及促銷。而為了評估新創企業的獲利能力，需要對產品或勞務進行預測。行銷策略決策過程中所需要的預算及控制也將在第五章中討論。

潛在投資者通常認為行銷計畫是新創企業成功的關鍵。因此，創業者應該盡可能把計畫準備得全面而具體，以便投資者弄清新創企業的目標是什麼，以潛在投資者通常認為行銷計畫是新創企業成功的關鍵。

及為了達成目標應實施什麼策略。行銷計畫應該每年制定（在密切監控下可按周或月做修正），並把它當做制定短期決策的路徑圖。

4.3.7 組織計畫

作為創業經營計畫的一部分，組織計畫主要描述新創企業的所有經營權，即新創企業將是獨資（proprietorship）、合夥（partnership），還是公司制（corporation）。如果是合夥企業，計畫中就應該加上合夥的有關條款。如果新創企業是一個公司，就應該具體寫明被核准的股票額度、優先認股權、公司高階管理者的姓名、地址及簡歷。除此以外，還應提供組織結構圖，用以表明組織內成員的職權及職責關係。第六章將進一步討論有關組織結構的選擇及組織的各種層級關係。

表 4.7 總結了在準備這部分計畫時，需要創業者回答的一些關鍵問題。這些資訊能夠使潛在投資者清楚地了解誰在控制該組織，以及組織內其他成員如何透過相互影響來執行各自的工作。

表 4.7 組織計畫

組織計畫
1. 組織的所有權形式是什麼？
2. 如果是合夥企業，誰是合夥者以及合夥條款是什麼？
3. 如果是股份公司，誰是主要的股東以及他們擁有多少股票？
4. 發行什麼類型的股票？
5. 誰是董事會成員？（列出姓名、地址及簡歷）
6. 誰有支票簽字權和控制權？
7. 誰是管理小組的成員？他背景怎樣？
8. 管理小組每個成員的角色和責任是什麼？
9. 管理小組每個成員的薪水、紅利或其他形式的工資怎樣？

4.3.8 風險估計

在某一特定的產業和競爭環境下，每個新創企業都將面臨一些潛在危險。創業者有必要進行風險估計以便制定有效的策略來對付這些威脅。新創企業主要風險可能來自於競爭者的反應、自身在市場銷售、生產或管理方面的弱勢，或產品的過時。即使這些因素對新創企業不構成威脅，創業經營計畫中也應討論為什麼不存在這種風險。

創業者也有必要提供預備策略以因應上述風險因素的發生。這些應急計畫和預備策略向潛在投資者表明，創業者對經營中存在的風險十分重視，而且對這些可能發生的風險已有充分準備。

4.3.9 財務計畫

有關財務計畫在第七章將做進一步討論。正如銷售計畫、生產計畫及組織計畫一樣，財務計畫也是創業經營計畫的一個重要部分。它確定新創企業所需要的潛在投資承諾（investment commitment），並顯示創業經營計畫在財務上是否可行。

通常，有三個財務項目需要在這部分討論。

㈠創業者至少應該給新創企業頭三年中的預計銷售額及相應的支出，其中第一年的有關預測還應按月提供。這些資訊的顯示方式將在第七章舉例說明。它包括預測的銷售額、商品銷售成本以及一般費用和管理費用。透過所得稅的估計可以預測出稅後淨利。

㈡需要預測頭三年的現金流量，其中第一年的預測也要按月提供。因為現金是在每年的不同時間支付的，因此按月來確定現金需求就顯得重要，特別對第一年來說更是如此。要知道銷售額可能是不規則的，而顧客的付款也可能會延長，因此有必要借入短期資本以備穩定的支出，如工資、公用事業費等的需要。第七章將會介紹一種表格用來預測十二個月內所需的現金流量。

㈢需要預估資產負債表。資產負債表顯示企業在特定時間的財務狀況，它列出企業的資產、負債、創業者和其他合夥人的投資以及保留盈餘等重要財務指標。第七章將有一個資產負債表的表格，並針對每一項進行解釋。有關資產負債表的任何假設或其他條款都應列出，以供潛在投資者參考。

4.3.10 附錄

創業經營計畫一般應有附錄，附錄中包含一些在正文中不是必須的補充材料。

來自顧客、通路商、或外包商的信函應作為佐證資訊而列在附錄中；任何資料文件，即用來支持計畫有關決策的第二手資料或主要研究數據也應包含在附錄中；租約、合約或已經發生的其他協議也應包括；最後，來自供應商和競爭者的報價單也應加在後面。

4.4 創業經營計畫的運用與實施

創業經營計畫指導創業者順利創建新創企業，特別是用於指導企業第一年的營運。企業策略及控制手段可以促使企業發展，並在必要時啟動應急計畫。

> 實施企業策略及控制手段可以保證企業發展，並在必要時啟動應急計畫。

對製造、銷售、財務及組織的必要控制將在以後幾章討論。對創業者來說最重要的是，創業經營計畫不能只是放在抽屜裡。當籌集的資金到手，企業運作已經啟動後，創業者更應注重按照計畫開展業務。許多創業者都有迴避計畫的傾向，主要原因是他們認為計畫沈悶而又單調，只有在大公司裡才會用得到。或許還有其他各種原因，但計畫是企業營運的一個重要部分，沒有好的計畫，創業者很可能要付出巨大的代價。而且創業者需要仔細考慮由供應商、顧客、競爭者和銀行制定的計畫，充分了解計畫的重要性。創業者也應該知道沒有好的計畫，員工就無法完全清楚公司目標以及公司對他們工作的期望。

銀行家們的一種重要認知是，新創企業的失敗很少是因為缺少資金，而是創業者們缺乏有效制定計畫的能力。對於沒有經驗的創業者來說，制定好的計畫並不是非常困難而不可行的。透過適當的投入，並借助外界資源的支持，創業者能夠準備一個有效的創業經營計畫。

表 4.8 列出的是美國主要各種外界資源之來源。

表 4.8 美國企業外界資源的主要來源

‧小企業管理協會（Small Business Administration）
‧商務部
‧聯邦資訊中心
‧調查局（Bureau of Census）
‧州和市政府
‧銀行
‧商會
‧貿易協會
‧貿易雜誌
‧圖書館
‧大學及社區學院

除此之外，創業者還可以制定甘特圖（計畫進度監控時間表），以及在必要時實行應急計畫，來有效地實施創業經營計畫。

4.4.1 監控計畫實施進度

在創業的初始階段，創業者應該確定一些重要的決策點，並透過這些決策點來考察企業的計畫目標是否按時達成。特別是，創業經營計畫應該預先制定一個以一年為基礎的進度安排。然而，創業者不能等一年過後才來看計畫是否已經成功實現，相反，在每個月初，創業者都應檢查上個月的損益表、現金流量、庫存、生產、銷售、應收帳款的回收、應付帳款等情況。這些資訊回饋應該簡單而且及時，以便能夠及時糾正與計畫目標之間的重大偏差。這些控制要素簡要描述如下：

㈠庫存控制。公司對原物料及最終產品的投資回收愈快，資本再投資以滿足增加的顧客需求之速度就愈快。

㈡生產控制。把創業經營計畫中的估計成本與每一實際的營運成本比較，這有助於控制機器設定時間、工時、生產流程時間、延誤時間及生產準備成本。

㈢品質控制。依據生產系統的類型而設計有效的品管系統，用來保證產品的品質令顧客滿意。

㈣銷售控制。及時獲取有關資訊如銷售數量、銷售額、特別產品的銷售、銷售價格、交貨期是否滿足以及信用條款等，所有這些資訊都有助於監控銷售計畫執行的情況，並能用以預測未來的銷售。除此以外，還應建立應收帳款的有效回收系統，以避免拖欠以及壞帳。

㈤應付帳款。新風險企業還應該控制應付帳款的數量。所有的款項都應檢查以確定該支付多少，以及以什麼名目支付。

4.4.2 計畫的更新

如果條件發生變化，即使是最有效的創業經營計畫也會變得過時。環境因素如經濟、顧客、新技術、競爭，以及內部因素，如企業關鍵員工的減少或增加，都可以改變創業經營計畫的方向。這樣，保持對公司、產業及市場的敏感性很重要。如果這些變化可能影響到創業經營計畫，創業者應該確定如何修改計畫。透過這種方式，創業者可以促使目標實現，並使創業在成功的道路上前進。

4.5 創業經營計畫失敗的原因

創業經營計畫也可能失敗。通常，一個準備不足的創業經營計畫是由下述一個或多個因素造成的：

- 創業者所制定的目標不合理；
- 目標不可衡量；
- 創業者沒有投入全部精力於企業；
- 創業者在企業經營方面沒有經驗；
- 創業者對創業所面臨的威脅及弱勢沒有感覺；
- 所設想的產品或勞務沒有顧客需求。

目標應該具體、確定，而不應該太一般化以致缺乏控制基礎。

企業目標的確定，要求創業者對創業類型及競爭環境要有相當充分的了解。目標應該具體、確定，而不應該太一般化以致缺乏控制基礎。例如，創業者可以以一個特定的市場占有率、銷售數量或收益為目標。這些目標是可以衡量，而且是可以控制的。

除此以外，創業者及其家族必須全力以赴投注精神在新創企業。例如，創業者在擁有一個全職職位的同時，再兼職經營一個新風險企業就很難。沒有家庭成員的支持以及必要的時間和資源之投入，也很難營運一個企業。沒有全職的投入，貸款者及投資者就不會傾向對這家新創企業注入資金。而且，貸款者及投資者還期望創業者自己對新創企業能有一定的資本投入，即使是二胎抵押（a second mortgage）或存款折耗（a depletion of savings）也可以。

通常，缺乏經驗將導致失敗，除非創業者能夠獲得必要的知識，或與其他擁有知識、經驗者合作。例如，一個沒有任何飯店經營知識和經驗的創業者試圖開一家新飯店，勢必造成災難性的結果。

創業者在準備計畫之前也有必要了解顧客需求。顧客需求的確定可以透過直接接觸、顧客信函或市場研究來獲得。清楚地了解這些顧客需求，並知道企業如何有效地滿足這些需求，這對新創企業的成功非常關鍵。

本章小結

本章討論了創業經營計畫的範圍和價值，並列出了準備創業經營計畫的步驟。創業經營計畫的閱讀對象可能是內部員工、投資者、貸款者、供應商、顧客和顧問。計畫範圍將依閱讀對象、企業規模以及企業所處產業的不同而不同。

創業經營計畫對於創建一個新創企業非常重要。經過長時間的準備，創業經營計畫應該內容充實、結構嚴謹、文字流暢，它可以作為創業者的指導，並作為籌措資金的手段。

在計畫開始制定之前，創業者需要市場、製造、營運及財務等方面的資訊。網路可以提供低成本的資訊服務，它能夠提供關於市場、顧客及其需求以及競爭者等有價值的資訊，對這些資訊應該以新創企業的目標來加以評估。這些目標同時也提供了一個建立創業經營計畫控制機制的架構。

本章進行了綜合討論，並討論了計畫的每個關鍵要素，還舉例予以說明，控制決策應用來保證創業經營計畫的有效實施。除此以外，還討論了為什麼創業經營計畫會失敗。

討論題

1. 為什麼創業經營計畫對創業者、投資者、顧客、供應商來說如此重要？
2. 如何運用網路來收集制定創業經營計畫所需要的市場資訊？
3. 在創業經營計畫的產業分析中應提供什麼樣的資訊？創業者從何處可獲得某一特別產業的資訊？
4. 舉例說明，在創業經營計畫的風險評估部分應該對哪些潛在危害進行評估？對於服務業、製造業以及零售商，風險評估有何不同？
5. 財務計畫對潛在投資者用處何在？對潛在貸款者的用處何在？對投資者或貸款者來說，他們需要什麼樣的財務資訊？為什麼？
6. 為什麼有必要更新創業經營計畫？有什麼特別因素增加了更新計畫的必要性？
7. 為什麼有些創業經營計畫會失敗？

附 錄

創業經營計畫舉例——Gopher It 公司

首先說明，下述創業經營計畫由於篇幅所限，已經過縮減和編輯。被編輯的部分可以清楚地識別，而且這並不含有任何貶低這個例子的意義。創業經營計畫的長度一般隨產業、計畫附錄的長短以及所列舉數據的多寡而不同。創業經營計畫的正文部分一般長度為十五至二十五頁。

1. 新創企業描述

Gopher It 公司是位於美國波士頓市中心商業區的一家個人購物服務公司。這家公司的創立主要基於下列信念，即當今人們的時間安排得愈來愈緊，個人休閒時間的價值有增加趨勢。九○年代，雙薪家庭愈來愈多，於是，個人便利服務無疑是一個高成長的市場機會。在中心城區工作的白領職員，有較高的可支配收入以及強烈的增加休閒時間之願望，這正是 Gopher It 行銷努力的主要目標。

上班族在上班前、午飯期間或下班後購物常常要花去不少時間，而且常常得排隊等候。如果遇到交通堵塞，或耽誤午餐，或失去擺脫辦公室壓力得以安靜休息的機會，這些都十分令人煩惱。Gopher It 公司在波士頓市中心商業區為專業人士提供跑腿服務。公司將位於______街，設在一樓。公司員工可以借助公共交通工具方便進出，顧客可以順道停車，並能夠方便地要求任何服務。公司員工主要是大學院校學生，他們靠步行、使用公共交通工具或自行車為顧客提供高效率的服務。辦公室將備有貯藏空間，以便安放需要接、送的物品，也備有冰箱以便特殊食品的存放。大廳進門處將裝修為服務台以接受顧客的服務訂單，並安排經過專門培訓的職員來回答顧客問題。員工人數將根據辦公室的繁忙時間（清晨、午餐時間、一天生意結束時）而變化。

公司所提供的服務將分為標準服務和為顧客定做的服務。標準服務包括接送送洗衣物、乾洗、郵寄、購票（如機票或戲票）、代為購買雜貨或禮品、代為辦理銀行存款等。另外，還可以根據所需時間提供未經特別列出的定做服務，例如代取送修汽車。這些特別服務將以小時計費，而代取汽車的費用中也包括停車費。

2. 產業分析

在美國，這種服務正在持續成長。創業者們已經創辦了許多這種類型的新創企業，以因應目前對休閒時間需求的增加、雙薪家庭數量以及可支配收入增加等趨勢。

2.1 人口統計趨勢

這部分計畫將提供統計數據，討論一些顯著的人口統計趨勢，以支持該企業對需求成長趨勢的判斷。

2.2 競爭者分析

儘管Gopher It有很多非直接的競爭者，但在波士頓能夠提供如此廣泛服務的公司目前還沒有。快遞服務已經存在了許多年，但是其他服務業只提供接、送服務，對顧客的需求反應很慢。如今，超市、乾洗店、飯店、汽車修理店為顧客提供接、送服務很平常。然而，隨著這些服務趨向特別化，真正能夠按顧客需求來組織服務的公司還不多。

儘管在其他州有許多小企業提供接、送服務，但在所提供的服務範圍上沒有一家能與Gopher It相比。幾乎在每個主要市場上都有為專業顧客提供購物的服務，但Gopher It並不提供這類服務，因為它需要受過專門培訓且有專業知識的職員。也有一些企業為顧客提供乾洗衣物的接送，其他則提供日用雜貨的購物服務。大多數這樣的企業都也在經營零售業，因此他們提供接送服務的目的是刺激顧客購買商品。

3. 市場行銷計畫

在與波士頓城區的企業主及專業人士面談後，制定了市場行銷策略。面談顯示，這些人希望能有人代他們承擔自己需要做、且花費時間的跑腿雜事。這些人中的大多數認為，他們的休閒時間比過去少了，因此比過去更加珍視這些自由時間。他們表示對Gopher It所提供的這些服務有需求，他們願意支付相關的服務費用。

這個跑腿服務的市場是一個還未發掘的市場，有廣闊的顧客基礎。我們所服務的目標市場定在「嬰兒潮」（baby boomers）期間出生、受過高等教育、有專業工作的白領，以及雙薪家庭。公司的辦公地點位於市中心商業城區，靠近主要的交通樞紐，那裡有很多屬於我們目標市場的顧客。最近的交通統計顯示，每天有超過一萬三千人通勤上班時都會經過我們辦公地點，這個地點方便我們提供服務。

3.1 市場行銷目的

- 滿足目標市場不斷成長的需求，這一目標市場是根據地理、人口統計、生活風格、購買意圖所確定的；
- 對競爭環境進行評估，並持續建立自己的差異性優勢；
- 建立一個有效的、並且能夠獲利的市場銷售組合：服務、地點、價格、促銷。

3.2 市場行銷目標

- 第一年，顧客要達到目標市場的10%；
- 第一年的銷售額達到十五萬美元；
- 第三年底至少拓展兩個新的辦公地點。

3.3 市場規模

根據我們的研究，在波士頓中心商業城區大約有二十五萬人，其中大約有一萬零三百到一萬三千兩百人每天路過我們的辦公室。根據我們的研究以及波士頓市政府所進行的人口統計研究，這些人中大約有75%與我們的目標市場吻合，這包括年齡在二十八到六十五歲的男性或女性，有較高的可支配收入，是專業人士或白領階級。

我們還具有潛力接觸另外一萬名顧客，這些顧客在這一帶的邊緣工作，一般情況下不會直接路過我們的辦公地點。但對於這個第二市場可以透過廣告、口頭傳播以及傳單分發等方式進行滲透。

基於上述資訊，我們估計，潛在的市場人數在一萬七千到兩萬人。我們的目標是達到主要市場的 10%以及第二市場的 5%，這樣，在第一年市場容量大約為 1,275 個顧客。

3.4 服務

Gopher It 的服務宗旨是為顧客提供方便並節省時間。儘管服務項目很廣，但主要提供的仍是標準服務。標準服務包括：送午餐、衣物的乾洗並接送、雜物購買（最多為十項）以及在市中心地區的禮品購買。除此以外，還為顧客提供按時間收費的、各種形式的定做服務，例如汽車接送、取戲票、供應貨物的提取、代跑郵局、銀行存款。接送服務主要透過步行、騎自行車和借助公共交通工具。針對每種情況選擇最為有效和經濟的解決辦法。

3.5 定價

定價策略是根據每件業務收費。這一策略是透過對Errands Unlimited（一個位於威斯康辛州 Milwaukee 市一家類似企業）的評估，以及對目標市場的市場研究來確定的。對於定做服務，價格將由完成服務所需要的時間（包括中轉時間）來制定。對一個花費少於五分鐘的快遞服務，最低收費為五美元，而超過五分鐘的服務，其價格將相對增加。具體如附表 1、附表 2。

個人服務種類：

- 為劇院演出取票；
- 為體育比賽取票；
- 排隊為書簽名；

- 到汽車修理店取汽車；
- 代跑郵局；
- 購買辦公用品；
- 代辦銀行存款；
- 其他個人跑腿業務。

附表 1

花費時間（分鐘）	價　格
0—5	5 美元
6—10	10 美元
11—15	15 美元
16—20	20 美元
21—25	25 美元
26+	30 美元

附表 2

一般或標準服務	價　格
・午餐快送	5 美元
・送去乾洗	5 美元
・取回乾洗	5 美元
・購雜貨（最多 10 件）	10 美元
・在市中心購買禮品	15 美元

3.6 促銷

Gopher It 將較為依賴口頭傳播廣告。使目標市場了解我們服務很重要。為了吸引顧客的注意力，並認識我們的服務，公司將樹起一些招牌以顯示公司名稱及服務範圍，公司也將向位於目標市場上的辦公大樓分發一些小冊子。

4. 設施計畫（Facilities Plan）

Gopher It 的地點將選擇在位於波士頓中心城區______街的大樓門廳。這個地點較為理想，因為它方便廣大潛在顧客的進出，顧客從工作地點到交通轉乘站時都將路過該辦公地點，顧客在午餐時也可散步經過這裡。路過這個辦公大樓的每天流量估計為：尖峰時間每小時四千到五千人，每天可達八千到一萬人。也有一千人在這幢大樓裡工作，另外，非尖峰時間路過的客流量也有一千三百到兩千兩百人。這樣，每天有一萬零三百到一萬三千兩百的潛在顧客路過這個辦公地點。如果我們把鄰街的波士頓銀行和 Shawmut 大樓也包括在內，則我們的潛在市場可以擴展到兩萬人。這麼大的潛在消費群是我們最佳目標市場。我們所處位置及門前地帶是重要的促銷場所，透過宣傳可以提高顧客對 Gopher It 公司服務的認識。

最初，公司將租賃這一地點。租金為每月每平方公尺四十美元，加上電力供應及其他費用，租金將為每平方公尺五十美元或每月一萬美元。

為了有效地經營，還需要一些設備——一個多線路的電話系統、電腦和列印機、傳真機、熱或冷凍食品的存放處、以及服裝、禮品和雜物存放處。在辦公室前方的一個小區域將用來安放櫃台接待顧客。服務人員需要較少的空間，其主要作用是接受顧客訂單或回應電話訂單。存放空間內靠牆的一面是食品存放，另一面是服裝及禮品存放。

5. 組織計畫

Gopher It公司將為一合夥型企業。有三個合夥人：克里斯・本特利（Chris Bentley）、保羅・穆西（Paul Mucci）和勞拉・尚利（Laura Shanley）。每個人對企業擁有相同的所有權。三個合夥人的背景和角色將在下文中描述，合作協議則附在附錄中。

5.1 管理小組背景

克里斯・本特利出生於加利福尼亞的聖地牙哥，畢業於Swarthmore學院，主修會計，曾服務於幾家飯店、零售店和一家大型銀行（共同基金）。他在人員管理和培訓以及財務管理方面很有經驗。

保羅・穆西生於麻薩諸塞州的 Billerica，在麻薩諸塞大學獲食品科學學位並在波士頓學院獲 MBA。他在食品零售方面很有經驗，近來在一家大型消費食品生產商那裡從事銷售和市場營運。

勞拉・尚利生於麻薩諸塞州的 Jamaica Plain，在波士頓學院獲得市場營運學位。她在一家家庭企業以及一家小型零售禮品連鎖店裡工作過，禮品店的經歷包括拓展新的連鎖店、採購、促銷以及顧客關係。由於這家企業被購併，勞拉在尋求新的創業機會。

5.2 合作夥伴的職責

勞拉・尚利——行政總監和總經理

勞拉將對企業的日常營運進行監管，這包括聘用及辭退員工，以及對員工的培訓及監督。行政總監和總經理將定期對雇員進行評估，她也將負責辦公用品的購買以及每天開關辦公室。

保羅・穆西——營運和銷售經理

保羅將負責公司的促銷活動、監督銷售以及為提高企業的知名度而制定有效的策略。他將負責所有直接的市場銷售資料的設計和分發。

克里斯・本特利——財務經理

克里斯將負責財務、會計、工資發放、發票、支票、稅務以及與銷售和收入預算有關的事務。

6. 財務計畫

有關財務報表將在下面幾頁展示，同時解釋所有財務資訊。企業希望在第二年的早期達到損益平衡，在第二年的八月開始獲利。總起動支出為兩萬美元。我們正在尋求四萬美元的貸款，貸款利率為12%，五年內償還。

7. 風險估計

Gopher It 儘管不面對直接的競爭者，但它為競爭者設置的進入障礙也很低。開辦費用低而流動性高對競爭者將有很大的吸引力，因此，競爭者有可能滲入 Gopher It 的市場。Gopher It 需要依賴高服務品質以及第一個進入市場來確保市場占有率。公司便利的位置以及提供廣泛且靈活的服務能力，將支持Gopher It 在這一市場的長期成功。

8. 附錄

- 合夥者的簡歷；
- 合夥協議；
- 租賃協議；

- 設施布局；
- 市場研究調查結果；
- 帶有定價單的宣傳冊。

附錄中的實際資訊由於版面原因沒有包括在內。然而，學生從這個例子中應該能夠推斷出一個完整的創業經營計畫之範圍和內容。

第五章

市場行銷計畫

本章學習目的

1. 了解市場行銷計畫及其主要特徵。
2. 了解市場研究在確定行銷策略時的作用。
3. 列舉創業者從事市場研究時所應遵循的有效和可行程序。
4. 確定制定市場行銷計畫的步驟。
5. 解釋行銷系統及其關鍵的組成部分。
6. 舉例說明不同的創造性策略，這些策略用來形成新創企業之產品或勞務的差異性並定位。

化「腐朽」為神奇——品質和服務至上

一些專家可能認為，組建及創辦一個企業是創業中最容易的部分，而維持一個企業卻是最難而且最富有挑戰性的。正如我們在前文中所提，創業失敗的比率非常高，而且人們常常以為創業失敗只是由於缺乏資金和管理薄弱。然而，當我們做深入探究就會發現，真正的問題往往與市場行銷有關，如確定顧客、定義真正能滿足顧客需求的產品及勞務、產品定價、通路及促銷。

因為創業者必須對這些問題進行短期和長期預測，因此對創業者來說，市場行銷計畫就顯得非常重要。計畫範圍廣泛，它對企業的各項活動、策略、責任、預算、控制進行具體計畫以滿足企業目標。

大概沒有人比邁可・S・戴爾更能理解這一點了。邁可・戴爾在他三十多歲時崛起於競爭非常激烈的個人電腦市場，在這個市場中，許多現有的企業已經面臨困難，也有企業已經失敗。邁可・戴爾被認為是過去十年中電腦市場上最具創新和創造力的人，甚至與比爾・蓋茲一起被並稱為美國個人電腦史上的兩個「科技金童」，因為他們都是在不到二十歲的時候就開始創業，所創立的公司如今的市值都高達上千億美元。只是他們的領域並不相同，比爾・蓋茲在軟體界，邁可・戴爾則在硬體界。

戴爾似乎天生就具有創業精神。在十二歲時，他就經營一個名叫「戴爾的郵票」的郵票交換仲介生意，幾個月不到就淨賺了兩千美元。這個經驗使他深刻體會到仲介商的報酬有多高。十六歲時，他又去賣雜誌，一年不到又賺了一萬八千美元。儘管他父母希望他成為一名醫生，以致於他在德州大學奧斯汀校區（University of Texas at Austin）讀的也是醫科，但戴爾自己知道——特別是當他學了一些電腦課程之後——總有一天他將創辦自己的電腦公司。

有感於電子商店的銷售人員缺乏專業知識，戴爾在1984年他十九歲時就輟學，帶著一千美元的存款創辦了個人電腦有限公司（PCs Limited），並在四年後更名為戴爾電腦公司（Dell Computer Corporation）。戴爾的創意是利用郵購行銷方式來直接貼近顧客。戴爾面臨的第一個難關是：機器來自何處。戴爾最初只能在灰市（gray market）上購買IBM的電腦，然而，這樣並不能充分滿足顧客需求，於是戴爾再一次憑藉他的創造力開拓業務。他注意到許多經銷商往往備了大量的硬體而賣不出去，戴爾登門拜訪要求這些經銷商把他們的庫存以成本價賣給他，然後經他用圖卡和硬碟對機器進行改裝，再直接賣到市場上。

到 1985 年，公司在四十名員工的幫助下，開始購買零配件來組裝他們自己的電腦。1986 年，戴爾聘用了李・沃克（E. Lee Walker）並任命他為總裁和 CEO。與邁可・戴爾害羞內向的性格不同，沃克是一個有進取心的風險資本家，有著豐富的財務及管理經驗。沃克成為戴爾的良師益友，幫他建立起經營企業所必須的自信。除此以外，戴爾還聘用了莫頓・H・邁耶森（Morton H. Meyerson），原電子數據系統公司（Electronic DATA System Corporation）的總裁，邁耶森幫助戴爾公司從快速發展的中型企業一舉跨越為成熟的大企業。

1988 年，即戴爾電腦公司正式命名的那一年，公司公開上市，籌集了 3,110 多萬美元的資金。然而，戴爾仍保持了公司 75%的所有權。1991 年，公司贏得了 J. D. Power & Associates 的顧客滿意排名第一。1993 年，戴爾公司取得了 126%的成長，獲利達二十億美元，使得戴爾公司成為美國繼 IBM、蘋果（Apple）和康柏（Compaq）之後的第四大電腦製造商。

近年來，戴爾公司的經營模式並沒有改變，但以更迅速的銷售方式透過網路進行「個人化」電腦「直銷」。網上銷售使得戴爾的「按單生產」（Built to Order）更為有效，客戶不管是個人還是企業，都可以按照自己所需要的規格訂購電腦，這是符合消費需求個性化趨勢的有利武器。戴爾公司取得了驚人的業績，1996 年，透過公司在 B2B 市場上（business-to-business market）的努力，不僅為股東帶來了非常高的收益，而且使公司在《財星》雜誌（Fortune Magazine）的排名中從第三百五十名一躍而為第兩百五十名。由於公司採取了銷售、製造和技術一體化的市場行銷計畫，公司在歐洲市場上獲得了 55%的顯著成長。1997 年和 1998 年，戴爾公司的銷售額進一步快速成長到七十八億美元和一百二十三億美元。戴爾公司 1999 年 1 月 15 日的股票市值已達一千零五億美元。目前，戴爾公司每天從網上接到的訂單已經超過一千萬美元，而據估計，到 2000 年，從網上下單的交易額可望占戴爾公司總營收的一半以上。

上面這個故事向我們展示了一個很有吸引力但卻簡單的市場行銷方法：去掉經銷商和通路商，同時透過高品質的服務來滿足顧客的需求。戴爾公司的行銷計畫很簡單但十分有效，它把公司定位於一個低價位、按訂單來裝配、對顧客直接反應的企業。這種行銷計畫的效果可以透過戴爾公司針對主要競爭者康柏公司的比較廣告（comparative ads）來加以證實。後來康柏公司提起訴訟，聲稱這些比較不是在同一種型號之間加以比較，這一訴訟案在 1991 年得以解決。我們還可以看到戴爾公司是如何繼續以新的計畫進入新的市場，如 B2B 市場及國際市場。

當其他公司開始模仿戴爾的直接行銷策略時，戴爾公司勢必將面臨一個又一個的挑戰，尤其是愈來愈多面臨國際競爭者的挑戰以及愈演愈烈的價格競爭，戴爾公司有必要制定反行銷（countermarketing）策略以保持公司的穩定成功。邁可・戴爾認為，儘管競爭者已經模仿它的經營方式，但以它直接行銷的經驗，公司仍會持續成長。

5.1 了解行銷計畫

戴爾電腦公司的故事告訴我們，當你試圖將產品或勞務銷售出去時，可以在各種創造性的方法中進行選擇並加以運用。對一個創業者來說，必須評估目標市場的需求，估計市場規模，然後實施有效的策略，以便在競爭激烈的環境中適當地定位其產品或勞務。定位策略是確定所需資源以創立企業的關鍵。

行銷計畫應該以年度為基礎，著眼於與行銷組合（產品、價格、通路及促銷）有關的決策，並考慮如何實施計畫。

對於企業的創建來說，行銷計畫是其經營計畫中一個十分重要的部分。一般而言，行銷計畫應該以年度為基礎，著眼於與行銷組合（產品、價格、通路及促銷）有關的決策，並考慮如何實施計畫。如年度預算一樣，行銷計畫也需要每年加以制定。進一步來說，無論創建的企業屬於何種類型，具有多大的規模，每一個創業者都需要編製行銷計畫。

在市場行銷計畫的實施過程中，必須經常檢查與監督計畫執行結果，以確定企業是否按計畫經營。特別是在創業的早期階段，這種檢查和監督更為重要。如果沒有好好實施計畫，就必須對原因進行分析，並根據不同情況做不同的調整。在許多情況下，原先的行銷組合策略可能需要進行調整，在某些情況下，甚至連企業的經營目標都需要做一定的改變。

行銷計畫一般著眼於新創企業前三年。計畫的詳略程度因年度的遠近而不同。第一年的目標和策略應該最為充實，並按月加以制定；到了第二年和第三年，創業者就需要根據新創企業的長期策略目標來預計市場銷售結果。每年，創業者應該在做出任何其他有關生產或製造、人員變動以及所需財務資源的決策之前制定市場行銷計畫。這個過程也常被視為是營運計畫過程，因為它包含了短期特定目標和策略，也是企業其他計畫的基礎。

表 5.1 列出行銷計畫的大綱，第一部分「市場分析」我們已經在第三章做了討論。市場分析是創業行銷計畫制定的前提，在行銷計畫中，可以將已完成的市場分析做一簡要論述，作為基本的背景資料。

另一方面，值得注意的是，行銷計畫大綱並不是千篇一律的，特別是，許多具體內容應視市場和產品特徵以及企業總目標而定。本章著重點在於短期的行銷計畫，但這並不表示長期計畫就不重要。一般而言，創業者還需要預測未來二到三年甚至五年的市場需求與銷售，並將其作為企業經營計畫的一部分。

表 5.1　行銷計畫大綱

市場分析
新創企業的背景
市場機會和威脅
競爭分析
新創企業的優勢和劣勢
行銷目標
行銷策略和行動計畫
預　算
控　制

一旦創業者已經收集了所有必要的資訊，便可以坐下來開始準備行銷計畫。亦如其他類型的計畫一樣，行銷計畫就像用以指導方向的路徑圖。行銷計畫的制定主要需回答下面三個問題：

㈠我們去過哪裡？如果這是一個單獨使用的文件（如營運計畫），應該包括一些公司的背景資料，公司的優勢與劣勢，競爭者的背景資料，所面臨的市場機會與威脅。當行銷計畫成為企業經營計畫的一部分時，這部分主要著眼於市場歷史、公司行銷的優勢與劣勢以及市場機會與威脅。

㈡我們想去哪裡（在短期內）？這個問題主要是提出新創企業在今後的一年內市場的行銷目標。在最初的企業經營計畫裡，所確定的目標主要著眼於前三年之利潤和現金預測。

㈢我們如何到達那裡？這個問題主要討論特定的行銷策略，它何時實施，由誰來負責監督？這些問題的答案通常在做市場研究時就已經決定。此外，還要確定預算，並在預測收入與現金流量時也將預算列入考慮。

經理人應該了解，行銷計畫主要是用來指導市場行銷決策，並不是一個一般化且表面的文件。如果創業者不願花時間來制定行銷計畫，就無法了解行銷計畫所能做與不能做的。表 5.2 列舉了一些行銷計畫所能做與不能做的事項。

表 5.2　市場行銷計畫能做什麼與不能做什麼

能做的	不能做的
・能夠整合公司所有行銷活動，以便實現公司的目標。	・不能使經理人對未來做出極精確的預測。
・可以減少因環境突變所帶來的負面影響。	・不能避免經理人犯錯誤。
・為組織所有層級建立比較基準。	・不能為每個重要的決策提供指導，經理人的適時判斷仍然是最關鍵的。
・提高經理人的管理能力，因為有關市場期望及行銷準則已被清楚地設計出來，而且成為組織中所有行銷人員的共識。	・當環境發生變化時，計畫若不做相對的修改，就不能發揮效用。

制定市場行銷計畫時的思考過程對創業者很有幫助，因為制定時必須要盡可能地收集並思考與市場有關的資訊，而這些資訊將成為下一年度決策基礎的一部分。這個過程不但使創業者能夠了解關鍵問題，並為環境變化所可能帶來的突發事件做準備。

5.2　市場行銷計畫的特徵

行銷計畫應該符合一些準則。一個有效的行銷計畫所具備的主要特徵為：

㈠應該為實現公司目標提供策略。

㈡應該立足於一些事實和有效的假設，表 5.3 列舉了一些所需要的事實。

㈢必須提供現有資源的使用計畫，所有設備、財務資源以及人力資源的分配都必須詳細描述。

㈣必須有組織來實施行銷計畫。

㈤應該具備連續性，以便每年的行銷計畫都能在此基礎上制定，進而實現公司的長期目標。

㈥應該是簡潔的，一個冗長的計畫有可能被束之高閣；另一方面，計畫也不應該太短，以至於連目標如何具體實現都不清楚。

㈦應具有靈活性，透過「如果……就會……」的情景假設來預測某些變化的發生，並制定因應策略。

㈧應該特別指明績效準則。創業者可以建立年績效準則，例如在所選區域市場占有率達到10%。為了實現這個目標，應該確定在特定時間內的具體期望指標，例如，三個月後實現 5%的市場占有率。如果沒有達到，就應該制定新策略或績效標準。

表 5.3　制定市場行銷計畫所需要的事實

・用戶是誰，住在什麼地方，他們購買多少，從誰那裡購買，為什麼？
・採用了怎樣的促銷和廣告手段，哪種手段有效？
・市場上定價的變化怎樣，誰引起了這些變化，為什麼？
・市場對競爭產品的態度是怎樣的？
・銷售通路怎樣，他們有什麼影響？
・競爭者是誰？他們分布於什麼地方？他們有什麼優勢與劣勢？
・最成功的競爭者運用何種行銷技術？最不成功的競爭者又採取什麼行銷技術？
・公司明年及今後五年的總體目標是什麼？
・公司的優勢是什麼？劣勢是什麼？
・製造產品的生產能力怎樣？

從前面的討論中可以看出，市場行銷計畫不應該是那種寫好之後就擱置一邊的文件，它應該是一種有價值、經常被參考的文件，能夠為創業者指導下一階段業務活動。因為「行銷計畫」特別強調「行銷系統」（marketing system）很重要。所謂行銷系統是指公司內部和外部的主要組成部分及其相互影響構成的系統，這一系統能使公司成功地向市場提供產品和勞務。

> 行銷系統是指公司內部和外部的主要組成部分及其相互影響構成的系統，這一系統能使公司成功地向市場提供產品和勞務。

如圖 5.1 行銷系統的架構所示，環境（外部和內部）在市場行銷計畫的制定中扮演著非常重要的角色，因此，創業者在制定市場計畫之前有必要對環境進行分析研究。這些分析開始從第二手資料中獲得資訊。對於外部環境分析已在第三章討論過，這裡進一步進行企業內部環境分析。

對企業來說，除了外部環境，還存在一些內部環境因素，這些因素雖然可控性強，但對行銷計畫的制定以及實施也會產生影響，其中包括：

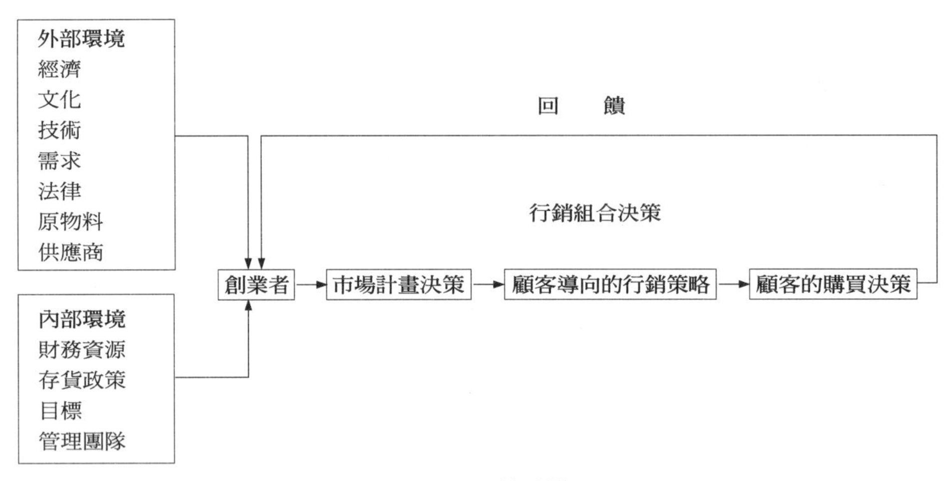

圖 5.1　行銷系統

㈠財務資源。財務計畫（將在下一章討論）應該概括出新創企業的財務需求。任何行銷計畫或策略都應考慮為了實現目標，財務資源的可獲得性以及所需資金的數量。

㈡管理團隊。對一個組織來說，最重要的就是要分配適當的人以落實市場行銷計畫。在有些情況下，專業人士是否能夠獲得是不確定的（如某種類型的技術人員可能短缺）。在任何情況下，創業者都應建立一個有效的管理團隊並分配責任以實施行銷計畫。

㈢存貨政策。與存貨有關的決策因素有：價格、交貨期、品質、管理輔助等。在有些情況下，如原物料短缺或某種原物料掌握在少數供應商手中，創業者對決策的控制權就很小。由於供應的價格、交貨期等等可能會對很多行銷決策產生影響，因此在制定行銷計畫時應列入考慮。

㈣公司目標。如第四章所述，每個新創企業都應該定義企業的特徵，公司目標陳述應該描述企業的經營特徵以及創業者希望企業實現什麼。目標陳述及企業經營的定義將指導公司長期決策的制定。

5.3 行銷計畫的準備步驟

圖 5.2 描述了準備行銷計畫的各個階段。每個階段都將為計畫提供必要的資訊。下面對每一步驟進行討論，希望讀者充分了解準備行銷計畫過程中所需要的資訊和程序。

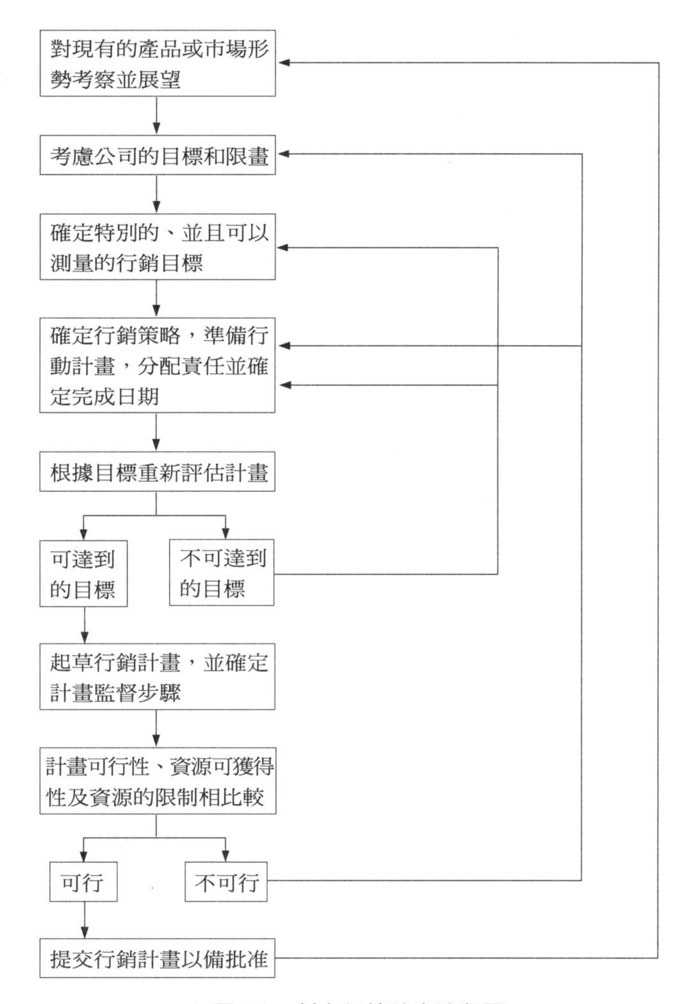

圖 5.2　制定行銷計畫流程圖

5.3.1 確定企業經營形勢

經營形勢分析是回答前面所提出三個問題中的第一個問題，就是回顧公司歷史及優劣勢，同時也對上文環境部分進行分析。

為了充分地回答這一問題，創業者需要回顧公司及產品過去的績效。如果這是一個新創企業，企業背景就是非常個人化的，主要描述產品或勞務是如何被開發的和為什麼被開發（如為了滿足顧客的需求）。

如果計畫是在新創企業創辦後制定的，則計畫中的經營形勢分析，應該包含現有市場情況，以及公司現有產品或勞務績效的資訊。而任何有關未來的機會以及展望都應包含在這一部分中。

進行產業分析首先應該對所收集的第二手資料進行總結回顧。商貿雜誌、政府出版物以及發表的文章有助於確定該產業對創業投資者有多大的吸引力。有關資訊如市場規模、成長率、供應商的來源和可獲得性、創新或新技術的威脅、法律規定、新的企業進入以及總體經濟的影響等，這些資訊都應該在確定行銷策略之前收集。例如，如果一個新創企業希望以有競爭力的價格經營錄影帶，那麼，行銷計畫這一部分就應對錄影帶產業及其發展趨勢進行分析。

在行銷計畫這一部分，創業者還應評估競爭環境。對每個主要競爭者都加以識別，包括地理位置、規模、市場占有率、銷售、利潤、優勢以及劣勢。對於新產品開發能力、管理能力、製造能力和財務能力等方面，創業者亦應將競爭者按優秀的、好的、一般的、差的來進行評定。這些分析都將為創業者制定行銷策略提供有效依據。

5.3.2 定義目標市場／機會或威脅

> 目標市場通常代表整個市場中一個或多個細分市場。

從前面所做的市場研究中，創業者應該清楚了解誰是顧客或目標市場是什麼。

所定義的目標市場通常代表整個市場中一個或多個細分市場。因此，在確定適當的目標市場前有必要了解如何細分市場。

> 市場細分就是根據消費者明顯不同的特徵，把整個市場劃分為兩個以上的子市場。

市場是由消費者組成的。所謂市場細分就是根據消費者明顯不同的特徵，把整個市場劃分為兩個以上的消費群，每個消費群就是一個細分的子市場，每個細分子市場內的消費者應具有相似的需要與欲望。市場細分使得創業者能夠更有效地滿足同類顧客的需求，否則創業者就得確定一種能夠滿足市場所有顧客需求的產品或勞務。

例如，亨利·福特的願望是為一個大規模汽車市場製造一種唯一的產品（一種顏色、一種風格、一種尺寸）。福特公司早期的T型車就是在裝配線上大量生產，使得公司能夠透過勞動力和物料的專業化來降低成本。儘管福特的行銷策略是獨一無二的，但在現今時代，任何以一種產品（包括型號、色彩、功能、包裝等等都完全一樣的產品）來滿足大規模市場需求的策略都不可能成功。

1986年，Reebok 的保羅·費爾斯通（Paul Firestone）發現許多購買跑鞋的顧客並不是運動員，他們為了追求舒適和跑鞋的風格而購買鞋子。於是費爾斯通制定了一個行銷計畫，直接以這個細分市場為目標，並獲得了成功。

創業者對市場進行細分及確定目標顧客一般按照如下過程進行：

Ⅰ.確定你希望追求什麼產業和市場。

Ⅱ.根據顧客特徵及購買情況把市場加以劃分。

A.顧客特徵

- 地理的（例如：州、國家、城市、地區）；
- 人口統計的（例如：年齡、性別、職業、教育、收入和種族）；
- 心理的（例如：個性和生活方式）。

B.購買情況

- 期望利益（例如：產品特徵）；
- 使用（例如：使用率）；
- 購買條件（例如：時間的可獲得性和產品目的）；
- 購買動機意識（例如：產品的熟悉程度及購買意願）。

Ⅲ.選擇細分的市場。

Ⅳ.制定一個整合產品、價格、通路和促銷的行銷計畫。

例如：一個創業者開發了一種液體清潔劑，這種清潔劑可以在工作溫度下清潔餐館的烤架，除去家庭用具上的油脂，清潔白色牆面、汽車避震器及室內裝潢，並且可以清洗輪船。那麼，從它的用途中至少可以確定四個市場：飯店、家庭、汽車、輪船，對每個市場又可以根據以上討論的變數進行細分。創業者發現清潔產品在飯店市場上競爭很弱，該產品明顯優於其他現有產品，進入該市場並不需要大量的行銷資源。在此基礎上，創業者選擇了飯店市場。又根據飯店的地理位置、飯店的類型（例如：快餐、家庭餐廳），以及飯店是否屬於醫院、學校以及公司內部而對這個市場進行細分，然後對每個細分的市場進行評估，最終創業者選擇了位於四個州交界地帶的獨立家庭餐廳為目標市場。

這個市場具有極大的機會，因為還沒有其他產品能夠在工作溫度下對烤架進行清潔而又不會損壞烤架。但這個市場的威脅在於進入容易，易被主要競爭者模仿——實際上，有許多大公司如Colgate Palmolive和寶僑公司（P&G）也可能對這個市場感興趣。儘管存在這種威脅，但面對巨大的市場機會，公司還是決定把這個家庭餐廳烤架清潔市場定為它的目標市場。

5.3.3 考慮優勢與劣勢

對創業者來說，分析其在目標市場的優勢與劣勢很重要。例如，上述這種烤架液體清潔劑，在目標市場上的主要優勢顯然是獨一無二的：它可以用在熱的、處於工作狀態的烤架上，而不會釋放異味。其他優勢在於公司有飯店經營的經驗，因此能夠了解顧客。

劣勢在於，公司的場所和設備限制了其產量。另外，公司缺少針對該產品強大的銷貨通路，不得不依賴製造商銷售代表。除此以外，公司還缺乏現金以支持強勁的促銷。

5.3.4 確立目標

在制定行銷策略以前，創業者必須確立實際和特定的目標。行銷目標是在回答問題，即：我們想去哪裡？應該特別指明，諸如市場占有率、利潤、銷售額、市場滲透、通路商的數量、新產品的上市、定價策略、促銷以及廣告支持等。

> 並不是所有的目標都應該量化。一個企業也可能建立這樣的目標，例如研究顧客對產品的態度、改進包裝、產品更名或尋找新的通路商。

上述目標都是可以量化的，並且可以控制和測量的，然而，並不是所有目標都應該量化。一個企業也可能建立這樣的目標，例如研究顧客對產品的態度、改進包裝、產品更名或尋找新的通路商。把目標數目限制在六到七個比較好，因為太多目標將使控制和監管過於困難。顯然，這些目標都應具有使市場行銷成功的關鍵影響力。

5.3.5 確定行銷策略和行動計畫

一旦行銷目標已經確立，創業者就可開始制定實現目標的行銷策略和行動計畫。這些策略和行動計畫是在回答這個問題：我們如何到達那裡？相關內容可從行銷組合決策中找到。每個行銷組合變數的相關決策將在下文討論。

5.4 行銷組合

環境分析將提供很多重要的資訊，以決定什麼是最有效的行銷策略。在行銷計畫中，實際的短期行銷決策將包含四個重要行銷變數：產品或勞務、定價、通路和促銷。這四個要素的總和被稱為行銷組合（marketing mix）。以下我們具體來闡述每個變數。儘管應顧及靈活性，但創業者仍然需要一個較強的決策基礎以便指導每天的行銷決策。每個行銷組合變數涉及之關鍵決策列於表 5.4 中。

行銷組合即產品或勞務、定價、通路和促銷這四個要素。

表 5.4　行銷組合的關鍵決策

行銷組合變數	關　　鍵　　決　　策
產品或勞務	組件或材料的質量、風格、特徵、買賣的特許權、品牌、包裝、規格、服務的可獲得性、產品保證
定　價	品質形象、定價單、數量、折扣、快速支付限額、信用條款、支付期
通　路	批發商或零售商的使用、批發商或零售商的類型、銷售通路的數量、銷售通路的長度、地理覆蓋區域、存貨、交通
促　銷	媒體的選擇、資訊、媒體預算、個人銷售的角色、銷售促銷（展示、贈券等）、公眾對媒體的興趣

5.4.1 產品或勞務

這個要素是描述新風險企業即將上市的產品或勞務。對該產品或勞務的定義不僅要考慮它的有形特徵，還必須考慮其無形特徵。例如，戴爾電腦公司的產品是電腦，從外形上與其他現有競爭者所提供的產品沒有太多不同，所不同的是它是由積壓的零組件組裝而成，依靠直銷技術交易，交貨快而且成本低。

此要素包含包裝、品牌、價格、售後保證、形象、服務、交貨時間、特徵和風格。在考慮市場策略時，創業者需要考慮產品的所有特質，並牢記滿足顧客需要這個目標。

5.4.2 定價

在行銷計畫中最難的就是為產品或勞務確定適當的價格，一個品質好而且零件較貴的產品需要以較高價格來維護產品形象。但創業者還應該考慮其他很多因素，諸如成本、折扣、運輸以及毛利。估價的問題常與成本估計聯結，因為它們常常反映在需求中，而需求本身又是難以預計的。這時，透過市場研究就能幫助創業者確定一個顧客願意接受的合理價格。

5.4.3 通路

通路為顧客提供效用，也就是說，它使得產品在需要時方便顧客購買。這個變數必須與其他市場行銷組合變數整合。例如，一個高品質產品不僅價格較高，而且應該在形象較好的商店銷售。

創業者在考慮銷售產品時有許多選擇，如通路類型、中間人的數量以及銷貨通路成員所處的位置等。由於創業的高成本，一個新風險企業也許比較適合採用直接郵購或電子行銷（telemarketing）的方式來銷售產品或服務。

最近，直銷技術的成功可以歸因於美國家庭的變化。雙薪家庭增加、節約時間觀念增強、對這個行銷方式的接受等，都導致了直銷技術的成功。事實上，家有未成年孩子而母親也在工作的家庭比率，已由 1950 年的 33%上升到 1991 年的 58%，到了 2000 年以後亦有日益提升的趨勢。

單身男性和女性成為直銷的重要顧客。年輕人結婚趨晚，而單身族在職場中也愈來愈成功，他們有高收入，喜歡節省時間購買商品，如衣物、家具、家庭用品、電器、禮品和休閒用品等。在過去幾年中，郵購已成為成長最快的零售方式之一，並由此產生了許多成功的郵購企業，如 L. L. Bean、The Sharper Image、J Crew、Victoria's Secret、Lillian Vernon 和 Harriet Carter 等。每個郵購公司面對獨特的細分市場，都試圖以最快的方式、良好的價格以及高品質的商品來滿足顧客需求。

直接郵購的行銷方式對創業者來說是一種最簡單且成本最低的進入市場方式，所需要的就是一個好的郵寄名單（mailing list）、好的產品目錄或小冊子和一個免付費的電話號碼。隨著電腦技術的發展，郵購不僅費用低廉，而且可以直接面對一個特定目標市場。而郵寄名單很容易可從市場中購買到。

當然，直銷技術並不能保證一定成功。創業者在制定行銷計畫並制定決策之前，有必要評估所有可能的銷售方式。市場研究以及與企業協會和朋友之間的聯繫，經常可為決策提供有益的見解。

5.4.4 促銷

創業者有必要設法告知潛在顧客有關產品的可獲得性，或運用廣告媒體，如平面資料、廣播或電視等教育消費者。通常，電視太貴，除非創業者認為有線電視是一個可行的媒體。地方服務或零售店，如寵物店，可能會發現運用社區有線電視接近顧客，既有效果成本也低。較大的市場可以透過直接郵寄、商貿雜誌或報紙來接近顧客。創業者應該仔細評估每個可選擇的媒體，不僅考慮成本，也要考慮媒體的效果。

將產品引入市場也可運用宣傳手段。獨特或有創意的行銷手法常會引起媒體的特別興趣。地方報紙或貿易雜誌常會刊登有關新辦企業的文章。透過公共關係策略向媒體發布消息，往往會有免費廣告的效果。創業者應該考慮把這些宣傳方式與其他促銷手段結合起來。

所有這些行銷組合變數，都將在行銷計畫的行銷策略或行動計畫中詳細描述。如前所述，行銷策略和行動計畫應該確定且詳細，以便指導創業者順利地度過下一年度。我們可以比較一下好的和差的行銷策略之例子：

㈠差的策略——降低產品價格來增加銷售。

㈡好的策略——增加產品銷售六到八個百分比，透過以下方式：

1. 價格降低 10%；

2. 參加紐約一個重要商展；

3. 對全美五千個潛在顧客採取郵寄方式。

在行銷活動中，還得經常面對倫理道德問題，這涉及到某些並不違法但卻可能存在的欺騙做法。事實上，一些行銷活動已受到社會批評，原因包括對產品錯誤的宣傳、製造劣質產品、向顧客索取超過產品價值的費用、運用欺騙的廣告以及使用不負責任的銷售技術等。在行銷中道德觀變得非常複雜，包含一些十分棘手的問題，往往難以簡單地判別孰是孰非。例如，馬修．戈德沃姆（Matthew Goldworm）披露了他是如何運用欺騙手段使競爭者遠離他所在的特定市場（maket niche）。他把公司描繪成一個小的實體，只有一種產品，沒有成長潛力，而事實上卻相反。這種欺騙策略給了戈德沃姆的 Terralogics 公司大約五年的時間，使得他不受競爭者干涉，進而建立強大的顧客基礎及良好的收益系統。最後，他把公司賣給了一家受他策略愚弄的公司。這是不道德的行為嗎？爭論仍在繼續，因為這並未違反法律，何況創業者這類行為是對還是錯，或許都有不同的觀點。

5.5 計畫過程的協調與計畫的實施

5.5.1 協調計畫過程

對於一個新創企業，管理團隊必須協調整個計畫過程。由於團隊中一些成員可能缺少制定行銷計畫的專業知識，這樣，要有效地制定計畫往往會出現問題。而且，創業者可能是唯一制定行銷計畫的人選，特別這是一家新創企業時。在這種情況下，協調不成問題。然而，創業者也可能缺乏對制定行銷計畫的知識和經驗，這時，創業者應該向有關機構和其他資源尋求幫助，如SBA、小企業發展中心、大學、行銷顧問，甚至教科書。

創業者可能是唯一制定行銷計畫的人選，特別這是一家新創企業時。

5.5.2 確定計畫實施的責任

制定行銷計畫僅僅是行銷過程的開始。為了實現已確立的所有目標，必須有效地實施計畫，必須有人負責行銷計畫中每個策略和行動計畫。特別要強調的是，創業者將承擔這個責任，因為他控制和監督這個新創企業具有最強烈的動機和興趣。

5.5.3 制定行銷策略預算

有效的計畫決策必須考慮實施成本。如果創業者遵循行銷策略或行動計畫之具體過程，成本應該是合理而清楚的。如果有必要的假設，應該清楚陳述這些假設，以便其他評估行銷計畫的相關機構和個人（如風險資本公司）能夠了解這些實施計畫。

行銷策略和行動計畫的預算對於準備財務計畫也很有用。對於如何制定財務計畫，將在第七章加以討論。

5.5.4 實施市場行銷計畫

行銷計畫意味著創業者對某一特定策略的承諾。這並不是一種拘泥於形式用來應付外界投資者的表面文件。它是以一種正式的方式回答本章前面所提出的三個問題，並應在實施過程中針對市場變化做出調整。

5.5.5 監督行銷行動

通常，計畫的監督是指對行銷努力的特定結果進行監測，產品銷售、產品推銷區域、銷售代表、批發商店等就是需要監督的某些特定結果。而監督則有賴於行銷計畫中所列出的特定目標。監督過程中發現的任何不良信號將為創業者提供一個機會，來調整和改進現有的行銷活動以實現公司初始目標。

5.6 應急計畫

通常，如果初始計畫失敗了，創業者將沒有時間考慮其他可供選擇的行動方案。然而，重要的是，創業者要具有靈活性，時刻準備在必要時做出調整。行銷計畫都完全按照所計畫的那樣進行並獲得成功是不可能的。

5.7 失敗計畫的一些教訓

行銷計畫未能實現目標而失敗的原因各有不同。事實上，失敗的程度也各有不同，因為有些目標可能實現了，而其他目標則可能沒實現。計畫是否失敗由管理人員判斷，失敗能否挽回則有賴於組織解決問題的能力。如果創業者認真準備行銷計畫，有些失敗是可以避免的。一些可以控制的失敗原因如下：

㈠缺少真實的計畫——行銷計畫是表面的，缺少具體內容，特別是缺少具體目標。

㈡缺少充分的形勢分析——在決定目標之前，最重要的是，要了解現況及歷史演進軌跡。對環境的詳細分析可以得到合理的目標。

㈢不可行的目標——這常常是因為對形勢缺乏了解。

㈣不可預測的競爭者行動、產品缺陷以及「上帝的行為」——有了好的形勢分析，也具備了有效的監督過程，競爭者的決策在某種程度上可以被正確地評估和預測。產品的缺陷往往是由於產品匆忙推向市場所造成的。對於「上帝的行為」，諸如石油洩漏、水災、颶風或戰爭，當然都不是創業者所能控制的。

本章小結

行銷計畫是使創業者的努力能得到長期成功的關鍵因素。市場行銷計畫的制定是在回答三個問題：我們曾經到過哪裡？我們將到哪裡？我們如何到那裡？為了能夠有效地回答這些問題，創業者有必要進行市場研究。這些研究包括收集第二手及第一手資料。研究中所獲得的資訊對於確定行銷策略及行銷組合非常重要。

行銷計畫的制定有一些關鍵步驟。首先，有必要進行形勢分析，即回答問題：我們曾經到過哪裡？對市場進行細分並確定市場機會，有助於創業者確定顧客特徵，並有利於建立創業目標。目標必須是實際和具體的（如果可能，應該量化）。接著，制定行銷策略和行動計畫。行銷策略和行動計畫也應具體，以便創業者能夠清楚地了解新創企業如何達到目標。

行銷策略和行動計畫描述如何實現已經確立的目標。要實現已經確立的目標有一些備選的行銷方式。使用有創意的行銷策略，如直接銷售，可能為創業者提供最有效的進入市場方式。

行動計畫應具體落實到個人身上，以促使其實施。如果計畫已十分具體，創業者應該能夠為實施這個計畫分配一些成本和預算。在計畫實施的當年，應監督行銷計畫以確定行動計畫得以成功。任何不良信號都將為創業者提供機會來修正計畫或開發應急計畫。

對行銷計畫進行仔細研究可以提高成功率。然而，許多計畫失敗，不是由於管理或產品薄弱，而是由於計畫不夠具體，沒有充分的形勢分析，目標不實際，或沒有預計到競爭者的行動、產品的缺陷以及「上帝的行為」。

討論題

1. 有效的行銷計畫之主要特徵是什麼？
2. 行銷計畫中的一個要素是目標。列出一些行銷計畫中目標的例子。如何對這些目標進行監督？
3. 如何對市場進行細分？設想某種產品或勞務，並對其進行市場細分。
4. 行銷組合包括哪些要素？選擇一個熟悉的公司，分析該公司的行銷組合策略，分析其合理且有效的做法與不夠完善的地方。
5. 為什麼有些市場行銷計畫會失敗？

附 錄

行銷計畫大綱

1. 一家消費品公司的行銷計畫
2. 一家 B2B（Business-to-Business Company）的行銷計畫
3. 一家金融服務業公司的行銷計畫

1. 一家消費品公司的行銷計畫

1.1 分析並確定企業經營形勢——過去、現在和將來

分析我們在哪裡，我們是如何到那裡的。有關數據及趨勢發展的分析，應該以過去三到五年的事實為基礎。

所建議的分析項目包括：

㈠市場範圍（交易種類）。

㈡銷售歷史，按產品、交易種類、區域進行考察。

㈢市場潛力，主要預測趨勢。

㈣銷售通路：

- 主要通路的識別（分銷商或交易種類），每種銷售通路的銷售歷史；
- 購買習慣和這些通路的態度；
- 銷售政策和銷售實務。

㈤顧客或最終用戶：

- 識別做出購買決策的顧客，按年齡、收入水準、職業、地理位置等分類；
- 顧客對產品或勞務、品質、價格等態度，購買或使用習慣對態度的影響；
- 廣告歷史、費用、媒體、效果的衡量；
- 宣傳和其他教育的影響。

㈥產品或勞務：

- 產品線、品質開發、交貨和勞務的情況；

• 與滿足顧客需求的其他方法比較；
• 產品研究，產品改進。

1.2 發現問題和機會

㈠根據上述 1.1 中所陳述的事實，什麼是限制或阻礙我們發展的主要問題？
㈡我們有怎樣的機會，為了：
——克服上述問題？
——修正、改進生產線，或增加新產品？
——滿足更多的顧客需求，或開發新市場？
——改進我們的營運效率？

1.3 確定特定和現實的經營目標

㈠假設未來各種條件：
• 經濟發展水準；
• 產業發展水準；
• 顧客需求的改變；
• 銷售通路的改變；
• 無法控制的變化，增加的成本等等。

㈡主要的行銷目標（目標的建立）。考慮你將去哪裡以及你如何到那裡。目標是任何計畫所必須的基礎，因為計畫必須有確切的方向。

㈢為實現主要目標而設計的總體策略。總體策略由各部分策略組成，如銷售重點、產品或交易類型的改變，銷售目標市場的改變等等。

㈣功能目標。在這一部分，把主要目標分解為子目標或每個功能部門的目標。根據下面的目標安排時間進度：
• 廣告和促銷目標；
• 顧客服務目標；
• 產品改進目標；
• 新產品目標；
• 費用控制目標；

- 勞動力目標；
- 人力培訓目標；
- 市場研究目標。

1.4 定義行銷策略和行動計畫——去實現目標

㈠細分與每個功能目標有關的行動步驟，安排優先級別和進度。例如，如果目標之一是「將產品X的銷售從一萬單位增加到兩萬單位」，接著就該界定目標顧客。為了說明誰必須在什麼時候做什麼，可以分析上述所列功能部門之間的相互作用，以及各自的目標如何服務於滿足這一增加需求的目標。

㈡如果目標之一是在某個日期之前引進一個新產品，現在就要針對這一目標定出最後期限、生產進度安排、市場引入計畫、廣告、銷售及服務培訓需要等等。確定每一步驟的責任和日期。

㈢選擇——在某個項目或計畫被延誤的情況下，有什麼備選計畫？

1.5 控制和評估過程

如有監督計畫的實施？

㈠需要何種回饋資訊？

㈡何時和如何來評估（按部門、區域等）？

㈢對計畫或進度進行全面評估的日期。

2. 一家B2B公司的行銷計畫

行銷計畫大綱

針對每種主要產品或產品分類：時間期限——一年、三年、五年以上。

2.1 管理概要

簡要地說，我們產品的市場行銷計畫是什麼？

在計畫期限內，訂出產品行銷的基本要素以及實施計畫所期望的結果。這是未來管理工作的簡要指導。

2.2 經濟展望

在總體經濟和產業背景下，哪些因素將影響計畫期限內的產品行銷，如何影響？這部分將對計畫期限內影響產品行銷的特定經濟和產業因素做一個整理。

2.3 市場——定性的

產品將面對怎樣的細分市場？

這部分將界定我們所面臨的細分市場之定性特徵，包括對主要分銷商、用戶或產品消費者特徵的確定性描述。

2.4 市場——定量的

產品的潛在市場是什麼？

這部分將就該產品做特定的定量分析。應該包括潛在顧客的數量、業務數量（以元計）、目前的市場占有率等——任何可以測量我們總體目標以及我們目前競爭地位的指標。

2.5 趨勢分析

依據產品的歷史數據，分析我們將被領往何處。

這部分是有關產品歷史的回顧，應該包括最近五年的年度數據（以元計），如開發的客戶、流失的客戶、市場占有率以及其他可運用的歷史數據。

2.6 競爭

誰是我們的競爭者，我們如何面對競爭？

這部分在確定我們現在所面臨的競爭形勢。應該充分分析誰是我們的競爭者，他們成功的程度如何，他們為什麼成功（或不成功），未來他們將採取什麼樣的行動。

2.7 問題和機會

在內部或外部，是否存在阻礙產品行銷的問題，是否存在我們未利用的機會？

這一部分將對形成阻礙的問題，和未被找出的機會進行討論。討論我們所能控制的內部和外部問題，例如，政策和營運計畫的改變。也應該找出我們所未探索且可能存在的機會。

2.8 目標

對於這個產品，我們希望「去哪裡」？

這一部分界定產品的短期和長期目標。短期目標應該是特定明年就應該實現的，中期和長期目標應該是針對以後三到五年或更長期的。目標應該以兩種形式陳述：

1. 定性的——提供該產品的原因，並期望做出何種改進或其他改變。
2. 定量的——財務預測、營收、市場占有率、利潤目標等。

2.9 行動計畫

在分析了過去的歷史、經濟、市場、競爭等情況後，如何才能夠實現我們所設定的目標？

這部分是描述計畫期限內所應採取的特定行動計畫，以實現為該產品或勞務所設定的目標。這將包括行銷組合中的所有要素。行動計畫包含將做什麼、完成計畫的進度安排、評估的方法、分配實施計畫和評估結果的責任等內容。

3. 一家金融服務業公司的行銷計畫

行銷計畫大綱

針對所提供之每個主要的銀行服務：

3.1 管理概要

簡要地說，我們這項服務的市場行銷計畫是什麼？

描述明年該項服務行銷的基本要素，以及實施計畫所期望的結果。這是管理工作的簡要指導原則。

3.2 經濟展望

在總體經濟背景下，哪些因素將影響明年的行銷，如何影響？

這部分將描述明年影響該服務行銷的特定經濟要素，這可能包括就業、個人收入、業務預測、通貨膨脹或通貨緊縮的壓力等。

3.3 市場——定性的

什麼樣的組織希望接受這種服務？

這部分將界定我們目標市場的定性特徵，包括這項服務有可能面對的顧客之人口統計資訊、產業特徵、企業特徵等描述。

3.4 市場——定量的

該項服務的潛在市場是什麼？

這部分將就該項銀行服務做特定的定量分析，包括潛在顧客的數量、業務數量（以元計）、目前的市場占有率——任何可以測量我們總體目標以及目前競爭地位的指標。

3.5 趨勢分析

依據該項服務的歷史數據，分析我們將被領往何處。

這部分是有關該項服務的歷史回顧，包括最近五年的季度數據（以元計），如開立的帳目、關閉的帳目、市場占有率以及其他可運用的歷史數據。

3.6 競爭

對於該項服務，誰是我們的競爭者，我們如何面對競爭？

這部分在於確定我們現在所面臨的競爭形勢，對手是銀行業或非銀行業。它應該是一個充分的分析，包括誰是我們的競爭者，他們成功的程度如何，他們為什麼成功（或不成功），未來關於該項服務他們將採取什麼樣的行動。

3.7 問題和機會

在內部或外部，是否存在問題阻礙該服務的行銷，是否存在我們未利用的機會？

這一部分將討論形成阻礙的問題和未被找出的機會，包括對我們所能控制的內部和外部問題進行討論，例如，政策和營運程序的改變。它也應該指出我們所未經探索且可能存在的機會。

3.8 目標

對於這項服務，我們希望「去哪裡」？

這一部分將界定該項服務的短期和長期目標。短期目標應該是特定且明年就應該實現的。長期目標應該是針對以後五年的。目標應該以兩種形式陳述：

㈠定性的——提供該項服務的原因，我們期望做出什麼樣的改進或改變。

㈡定量的——財務預測、收入金額、市場占有率、利潤目標等。

3.9 行動計畫

在分析了過去的歷史、經濟、市場、競爭等情況後，如何才能夠實現我們所設定的目標？

這部分是描述明年所應採取的特定行動計畫，以實現所設定的目標，它將包括廣告和促銷、直接郵寄以及印發小冊子。行動計畫應包含將做什麼、完成計畫的進度安排、評估的方法、分配實施計畫和評估結果的責任。

第六章

組織計畫

本章學習目的

1. 了解管理團隊對於創建企業的重要性。
2. 了解生產導向、銷售導向以及市場行銷導向組織的差異。
3. 學會如何準備工作分析、工作描述和工作說明書。
4. 論述董事會或顧問委員會如何支持新企業的管理。
5. 了解獨資、合夥、有限責任公司和股份有限公司在法律和稅收上的優缺點。

眾人一心，點石成金

建立一個強大、持久的組織需要仔細的計畫與策略設計，或許沒有人比台灣宏碁電腦公司的創始人之一施振榮更清楚這一點了。施振榮在學生時代就不認為「中國人是一盤散沙」，因此，在創業之後就努力把宏碁建立成一個同仁共同擁有的企業，用實際行動打破這個偏見。

施振榮在台灣榮泰電子公司工作時就有一個體認，那就是企業必須善待員工，並且建立讓每個員工都可以發表自己看法的溝通管道。榮泰的員工對工作都很投入，但由於公司高階領導經營決策失誤，導致企業陷入危機，使員工必須另謀出路。施振榮認為這對員工來說是不公平的。一家企業的成敗，不僅關係到老闆的收益，更關係到眾多員工的辛勤耕耘和未來前途。所以，施振榮和其他四位創業夥伴（其中一位是其夫人）一起創立宏碁後的第三年，便在公司內推行員工認股計畫，這在當時的台灣是非常少見的。這一制度旨在建立一個共存共榮的企業氣氛，同時也能保證每個員工都有發言的機會，因為股東既然出錢投資，就有發言權，公司也就不至於產生偏執的決策。另一方面，企業要善待員工，不但不應將不合理的企業風險加諸在員工身上，更要積極地建立保證員工權益的制度。因此宏碁建立了多種保護員工的制度，而且還不斷向員工灌輸自我保護的意識。

施振榮認為，宏碁能夠快速成長，從有形資產來看，是靠員工投資籌集大多數資金（創業的前七年裡全部由公司創業者投資，1988年股票上市仍有70%的股份是由公司員工持有）；從無形資產來看，則歸功於企業員工的高度向心力。宏碁的員工之所以願意和公司同甘共苦，最重要的原因是許多志同道合的年輕人在一起，非常容易激發起共同的願景，而正是這種共同的願景把企業員工緊緊地團結在企業內，不斷為企業創造價值，並實現他們自己的夢想。

另外，施振榮從創業的那一刻起就強烈地意識到，不管從資金或管理的角度來看，公司都絕不是他一個人的。基於這樣的信念，宏碁始終堅定實行授權管理，在多年授權的基礎上，發展出現在的分權組織架構。

事實上，台灣許多中小企業的通病就是，企業主把企業資源視為一人己有，大權獨攬，資金私用，最終因為個人的偏見而導致公司無法繼續發展。因此，企業的經營者應從積極面來看，企業要追求長期發展，要分散風險，必須累積人才，需要借重外力；從消極面來看，萬一公司遭遇困境，希望企業員工能同讎敵愾，力挽狂瀾，讓公司得以永續經營，就必須在平時充分授權給員工，讓他們經歷風雨，鍛鍊成長。

6.1 培養管理團隊

從宏碁的例子中，我們看到企業的員工，以及他們對組織的忠誠和責任心是非常重要的。對潛在投資者來說，同樣重要的是管理團隊，以及管理團隊的能力和他們對新企業的責任心。從這個例子中可以明顯地體會到，如果沒有施振榮的創造力和遠見，這家企業可能就會無法成長茁壯。

投資者常常會要求管理團隊不要把新創企業的管理當做副業或兼職，管理團隊總是被要求全職從事新創企業的管理，而且報酬不應太高。如果創業者千方百計從新創企業中拿走大筆薪水，那麼投資者很可能會認為創業者對自己的企業缺乏發自內心的責任感，這可能導致不良結果。

> 創業者自認為能做所有的事，而不願把責任和權力交給其他人，包括管理團隊。在這種情況下，絕大多數的創業者很難把新生企業轉變為不斷成長、管理良好的企業，也就很難保證企業的長期發展。

一般人認為，設計初始的組織是件相對容易的事。實際上，最常見的是，創業者一個人在做組織中的所有事。這是一個十分普遍的現象，也是許多新創企業失敗的重要原因。創業者自認為能做所有的事，而不願把責任和權力交給其他人，包括管理團隊。在這種情況下，絕大多數的創業者很難把新生企業轉變為不斷成長、管理良好的企業，也就很難保證企業的長期發展。事實上，不管新生企業中只有一人還是多人，一旦工作負荷增大，組織規模就必須擴大，組織結構可能也就需要擴大，以便容納新員工。新員工進入組織，就應該有明確的分工。對於新員工，一般都要執行有效的面試和聘用程序，以確保新員工與新創企業能一同成長，走向成熟。這方面的有關問題將在第十二章做更詳細的討論（討論在組織生命的早期階段一些重要的管理決策）。

許多新創企業主要聘用兼職人員，通常會產生雇員的責任心不足，和對企業是否忠誠的問題。對這些問題，施振榮透過建立組織中有效的激勵機制成功地加以解決。這種激勵機制的設計對企業的運作是十分重要的，也是現代組織理論十分注重的問題。對於創業者來說，可以根據企業各自的特點做出不同的選擇。

對小企業來說，一種相當有效但又不花費預算的激勵方法是：對出色員工及時給予誠懇的稱讚。研究顯示，管理者的稱讚是員工最希望得到的激勵之一。

一些創業者十分注意運用稱讚來激勵員工。他們運用一些簡單的技巧，例如，把被稱讚者列入計畫表。當看到員工的某件事達到績效目標時，就將名字列入計畫表。或者，可以在一天結束時做個紀錄，即在一天工作結束時，花幾分鐘時間簡單記下當天比較突出的員工名字和情況。此外，還可以利用語音信箱或電話留言，不僅可以利用這些工具分派任務給員工，還可用來讚揚他們。管理者可在下班後回家時，用電話來發，說出一天中對公司特別有幫助的事件或人。還有一家公司在它的電子郵件系統中加上了「掌聲」公布欄，在版上，任何員工可以寫感謝信給公司的其他人。採取集體表揚也是一種常用的方法。例如，在員工開會之前讀一封顧客感謝信，或建一個「光榮榜」，向業績最好的人表達感謝。

為了新創企業的有效運作，創業者必須進行組織設計。組織設計將有助於企業的有效運作。此外，藉由組織計畫，創業者還可向組織成員們正式而明確說明他們所關心的重要事項。一般來說，組織成員所關心的重要事項主要包括五方面：

> 組織結構表現為組織中所設置的各個層級與各個不同的崗位，釐清每個崗位上的成員所承擔的責任和所擁有的權力，以及各崗位之間、組織成員之間的資訊溝通和相互關係。

(一)組織結構。明確界定組織中所設置的各個層級與各個不同的崗位，釐清每個崗位上的成員所承擔的責任和所擁有的權力，以及各崗位之間、組織成員之間的資訊溝通和相互關係。一般可以用一張組織圖來描述一個組織的結構。

(二)計畫、衡量和評估制度。組織的所有活動都應替組織達成目標，並建立生存基礎。同時，在不同的組織層級上，還會有一些具體的目標。創業者必須清楚地說明這些目標如何達到（計畫），如何衡量和如何評估。

(三)獎勵。組織成員對組織的忠誠和責任心，以及對工作的積極性，都與獎勵有關。有效的獎勵手段包括升遷、配股、誇獎等。創業者或其他關鍵的管理人員應該按照組織成員的工作績效進行獎勵。這是激勵機制的最主要內容。

㈣任人標準。創業者需要針對組織的各個崗位制定出不同的任人標準。

㈤訓練。訓練的形式既有正式教育，也有技術培訓。

組織的設計也許會很簡單——那就是創業者包攬所有工作，但也許會很複雜。一般當組織規模擴大，組織結構就會變得更複雜，上述幾個事項就變得更加重要。

組織發展一般大致劃分為兩個階段，相對地，組織設計也根據組織發展的狀況而分為兩個階段。圖 6.1 對此做了簡單的描述。

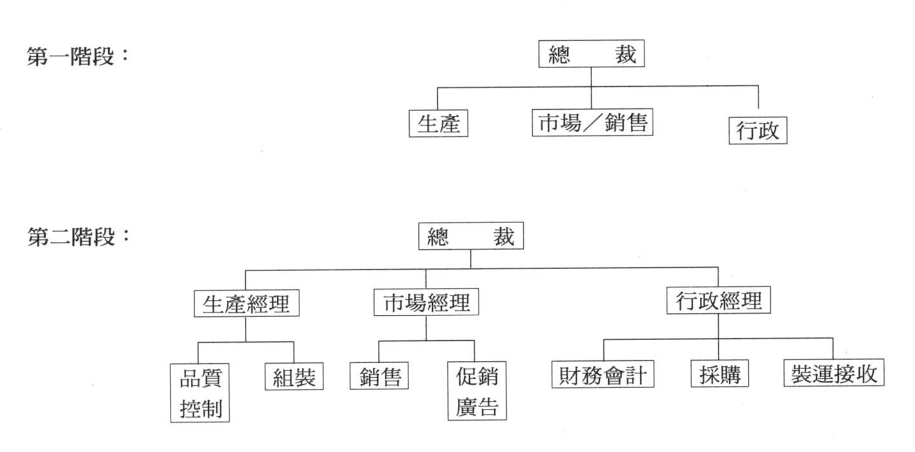

圖 6.1　組織發展和組織設計的兩個階段

在第一階段，新創企業基本上由一個人經營，這個人就是創業者本人。這張組織圖反映了企業在生產、市場／銷售和管理中的活動。剛開始，創業者可能會管理所有部門，一般沒有必要再下設管理人員；創業者與企業中的每一個人都直接參與經營活動。在這個例子中，總裁要管生產（可能會外包給別人），市場和銷售（可能會採用代理商）和所有行政事務如記帳、採購和裝運等。在這一階段中，計畫、衡量和評估、獎勵、任人標準和培訓等事項，對組織來說還不是非常重要的。

當經營業務擴大以後，用第二階段的組織圖來描述組織會更適當些。此時，中階管理人員被雇來協調、組織和控制業務的不同方面。在圖 6.1 的例子中，生產經理負責品質控制、組裝各外包商的成品；市場經理制訂促銷和廣告的策略，協調處於成長中的各代理機構；行政經理則負責企業經營中的所有行政事務。於是，衡量、評估、獎勵、選任和培訓等各項因素的重要性都逐漸凸顯出來了。

當企業到達更大規模（如一千人以上），就發展到第三階段。此時，第二階段經理的職責將進一步分解，由第三層管理者（如品質控制經理）具體負責。圖 6.1 省略了第三階段的組織圖，它與第二階段的組織圖類似，只是增加了一個層次。

隨著組織發展，管理階層的決策對企業運作變得愈來愈關鍵。在第一階段，創業者可能是唯一的管理者，此時所關心的主要是適應環境變化和尋找新點子。新點子找到後，創業者必須推動企業發展，此時幾乎所有主要的企業活動都在直接監控之下。等到企業發展到第二階段，管理階層就將不僅包括創業者，還包括屬於第二層級的管理者。此時創業者必須把許多責任和權力委託給其他人。管理者除了身兼改革者之外，還需要能因應壓力，如不滿的顧客、違約的供應商或關鍵雇員的辭職要挾等。

創業者的另一個主要職責是分配資源，必須決定誰能得到什麼，這涉及到預算分配與責任委派。對創業者來說，資源分配將是個十分複雜和困難的過程。管理者的最後一個決策職責是進行談判，關於銷售合約、薪水、原物料價格等等各項談判是工作中不可分割的一部分。在第一階段，所有的談判需要創業者親力親為，因為只有他才有適當的權威；到了第二階段，許多談判就可以委託第二層的經理人員進行，但最高管理者必須掌握大局。

6.2 市場行銷導向的組織

許多創業者對市場行銷缺乏了解，因為知道得不夠，所以常常忽視市場行銷，只注重生產和銷售。許多創業者可能認為，市場行銷不過就是賣東西，而企業的關鍵目標應該是為了獲利和滿足現金流量的需要而盡量地賣出產品。他們還認為，顧客能自己選擇最能滿足需要的產品。在一個激烈競爭的市場上，這種觀念會導致嚴重問題。

企業演變為市場行銷導向的組織時通常會經歷三個階段：

㈠生產導向。管理者只是盡可能地關切生產，認為只要自己的產品比競爭對手的好，就能賣出所有產品。

㈡銷售導向。創業者關注於能勸說消費者購買產品的銷售技術和「硬賣」的方法。

㈢市場行銷導向。市場行銷導向是一種理論，同時指引實務做法。這個理論強調，企業應該關注消費者的需要。管理階層的目標是界定消費者的需求，並開發運送能滿足消費者實際需要的產品。

創業者常常把市場行銷和銷售混為一談。事實上，銷售注重的是賣者的需求，即生產者想要賣掉什麼，而市場行銷則注重買者的需求，即消費者或客戶想要什麼。圖 6.2 揭示了生產導向組織、銷售導向組織和市場行銷導向組織在結構上的不同。在生產導向的組織中，沒有出現具體的市場行銷功能；在銷售導向的組織中，市場行銷與銷售混為一談，所有市場研究或促銷活動都由銷售經理來執行；當企業變為市場行銷導向時，所有的市場行銷的功能部門，包括銷售，都向更高階層的市場經理或副總裁報告。

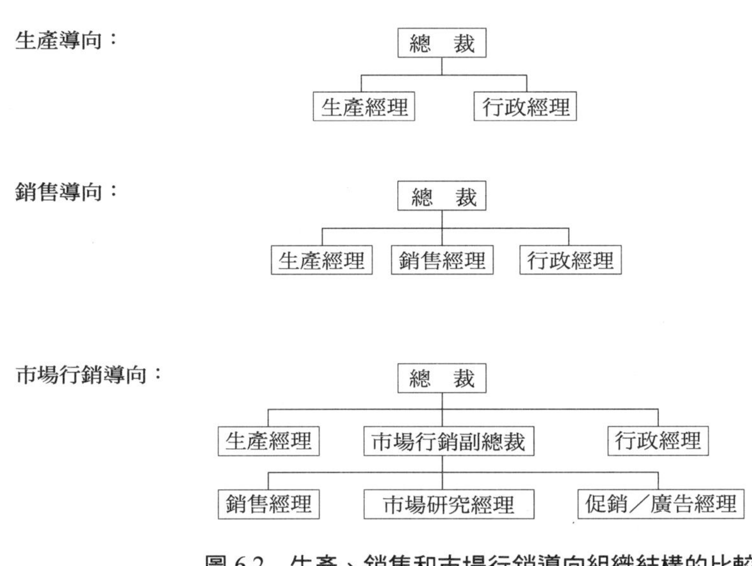

圖 6.2　生產、銷售和市場行銷導向組織結構的比較

6.3 建立成功的組織

為了建立一個成功的組織，創業者在撰寫組織計畫之前必須進行工作分析，還必須對所設立的各個工作進行描述，並具體說明工作。同時，創業者還須考慮企業董事會和顧問委員會的設立及其作用。

6.3.1 工作分析

工作分析是創業者在確定雇用程序、培訓、績效評估、薪金計畫、工作描述和工作說明書的指南。

在撰寫組織計畫前進行工作分析對創業者很有幫助。工作分析是創業者確定雇用程序、培訓、績效評估、薪金計畫、工作描述和工作說明書的指南。在一家很小的企業中，這一過程比較簡單；但當企業的規模和複雜度增加了，這一過程就複雜了。

工作分析最好的著手點，是那些企業生存所必須要做的事。創業者應準備好一張表格，上面列有必要的事務和技能。表格列好以後，創業者應確定完成這些事務所必需的職位為多少，什麼樣的人是最理想的。在組織計畫早期的一些決策，例如到哪兒登徵才廣告，如何培訓新員工，誰來培訓，如何評估，如何給薪等，對新企業來說也都是很重要的。

6.3.2 工作說明書

也許組織計畫中最重要的事情是工作說明書和工作規範。許多其他決策如雇用程序、培訓、績效評估、福利等等，都能概括列入員工指南，員工指南雖然不必包含在企業規畫中，但創業者應該考慮這些事情。在某些情況下有必要聘請顧問來幫助創業者準備這樣一本指南。這些問題將在第十一章做更詳細的闡述。

工作說明書應指明所做工作的細節和所需的特別條件或技能。

工作說明書幫助創業者弄清員工的職責。工作說明書應指明所做工作的細節和所需的特別條件或技能。它應該是很細節還是泛泛即可？在這個問題上常常有一些爭論。特別是在新創企業中，因為有時一個人在必要情況下必須身兼數職，這就難以將每一種工作說明清楚。不管創業者選擇哪種程度的工作說明，它必須包含有關要完成什麼任務，每個任務的重要性和所需時間等方面的資訊。工作說明書能告知應聘者，未來所負責執行的工作內容。它應用清楚、直接、簡單的語言寫出。表 6.1 所舉的例子就是一個銷售經理的工作說明書。

表 6.1　工作說明書的一個例子

銷售經理：負責招聘、培訓、協調和監控公司內、外部所有的銷售代表。監控在四個州的市場銷售。每兩周一次對市場關鍵事項進行考察，以有效展開促銷活動或為銷售人員提供支持。擬訂公司的年度銷售計畫，包括以地域劃分的銷售預測及銷售目標。

創業者還需要在工作說明書中列出行為特徵。大衛・威南德（Dave Weignand）是一家通訊公司——尖端網路設計（Advanced Network Design）公司的總裁，也是它的創建人。他在剛開始著手工作說明書時，把工作中的必要活動逐條列明，但到後來改為描述執行那些活動所必需的態度。這些態度可出現在面試過程中所提出的問題上。例如，銷售經理的職位就要求其能夠為銷售人員建立信心。確認某人是否符合這個要求的唯一途徑就是在面試時仔細提問。

沒有經驗的創業者會發現撰寫工作說明書很困難。前面已說了，當沒有直接經驗時，最有效的辦法就是，先概括新企業的需要和目標，然後回過頭來確定為達到這些需要和目標所必需的具體行政管理工作等等，這時工作說明書就完成了。當企業成長了，為了適應公司新目標，就對這些工作說明書加以升級和修改。

6.3.3　工作規範

一般，工作規範中必須概括工作所需的技術和能力，包括對工作經驗和教育程度的要求等。例如，表 6.1 中的銷售經理一職需要有三至五年的銷售經驗、商學專業學士學位或碩士學位、銷售培訓的經歷、管理經驗、寫作能力和溝通能力等。

> 工作規範中必須概括工作所需的技術和能力，包括對工作經驗和教育程度的要求等。

對創業者同樣重要的是，對於一些職位說明其大致需要多少次出差，投入多少的精力，有關報告的義務或制度也應加以說明。在新企業中，銷售經理是否應向副總裁、最高執行長或其他某個指定的人匯報？每個月或每季還是每半年匯報一次？這類資訊有助於防止組織中的衝突、誤會和溝通不暢。從長期來看，招聘之前在明確說明和規範上花些時間，能使創業者在日常運作中節省更多時間。

6.3.4 董事會的作用

創業者會發現有必要在組織計畫中對於設立董事會或顧問委員會（後者將在下文討論）進行闡述。董事會的職責一般包括：

- 評估經營和資金預算；
- 制訂成長和擴張的長期策略計畫；
- 支持企業的日常經營活動；
- 解決股東內部的矛盾；
- 確保資產得到合理使用；
- 為創業者建立資訊資源網路。

如果根據新企業的需要把責任分派給董事們，負有這些職責的董事會將成為組織中一個正式組成部分。

儘管在新企業成立後再任命董事會是相當常見的做法，但把董事會列入初始的創業組織計畫中仍是明智的。事實上，在創業者為新創企業尋找資金時，董事會就可以成為管理團隊和組織計畫中的重要組成部分。董事會能幫助創業者核算財務，更有可能在股票或所有權方面做出決策。當企業成長後，董事會的功能也會改變。董事會的存在應該只會有益於創業者，而不會有害。

董事會的成員可以具有不同的背景和專長，可以邀請企業外部人士擔任，這對界定新創企業合理目標和企業運作都十分有利。理想狀況下，董事會應有七至十二名成員。董事會成員的挑選應考慮他們的服務意願、特長和對創業者的支持態度。

創業者要定期考核董事會的績效，由董事長負責評估每個董事會成員。為了能有效地評估，董事長（或創始人）要有一份關於每個成員的責任及對其期望的概要說明書。

給董事會成員的薪金可以是股份、認股權，也可以是現金。支付薪金能夠強化董事會成員的責任和義務。

給董事會成員的薪金可以是股份、認股權，也可以是現金。支付薪金能夠強化董事會成員的責任和義務。

如果董事會成員只是志願者而沒有報酬，他們會把責任看得很輕，就不會提供創業者有價值的東西。

一個有意義的例子是，1992 年，一家家族公司威猛哥（Wemco, Inc.），賣出了約八千五百萬美元的領帶，而這部分要歸功於它的董事會。兩兄弟之間的衝突和口角致使公司失去了兩個最大的客戶——五月百貨商店（May Department Stores）和富人百貨商店（Rich's Department Stores）。兩兄弟協商後同意任命一個董事會，不僅要幫助管理企業，還要幫助解決家族糾紛。十二名董事中，有八名非家族成員。結果，董事會幫助公司解決了長期策略中的問題，成功地為組織理清了具體的管理功能。

6.3.5 顧問委員會

相對而言，顧客委員會與組織的聯繫更鬆散，一般只為新創企業就前面所提到的功能和活動提供諮詢。顧問委員會不同於董事會，它不具法律地位，因此涉及許多董事的法律官司對它不會有任何壓力。顧問委員會開會次數更少，或只在必須討論企業重大決策時開會。顧問委員會對家族企業十分有用，因為家族企業中的董事會很可能完全由家族成員組成。

創業者通常需要外界顧問，如會計師、銀行家、律師、廣告代理商和市場研究者。這些顧問將成為組織的重要組成部分，因此需要對它進行管理，就像管理組織其他永久性部分一樣。

找到最好的顧問，讓他們在創業早期就全面參與，能改善創業者和顧問之間的關係。要對顧問進行評估和面試，就好像雇用他們從事一個永久性職務一樣。要檢驗他們的資格，向他們提些問題以確認他們將提供的服務品質和他們對管理團隊的適應性。

如果把顧問當做建議的「供應商」，那麼就能有效地雇用和管理外界專家。就像沒有哪個經理會在不知道品質、價格和進貨成本就購買原物料一樣，對顧問也應進行同樣的程序。創業者應在聘用顧問前詢問關於費用、文憑、證明等方面的問題。

> 如果把顧問當做建議的「供應商」，那麼就能有效地雇用和管理外界專家。

即使已聘用了顧問，創業者也應對他們的建議多想想，為什麼會給這個建議？這樣能使你更加了解這個建議和其中含意。有很多地方能找到好顧問，如官方之中小企業管理單位、其他小企業、商會、大學、朋友和親戚等。仔細評估自己的需要和顧問的能力，可以使顧問成為新創企業之寶貴財富。

有一個例子可以說明運用外界顧問委員會對於家族企業成功的影響。一家家族式的海洋食品公司在律師建議下，成立了由五個人組成的顧問委員會，成員包括一名商學院的系主任，一名律師，一名化學工程師，一名風險資本家，和一家連鎖超市的老闆。顧問委員會每幾周開一次會，而且隨叫隨到。家族董事會發現，顧問委員會常常能提供一些與家族成員十分不同的遠見卓識，因為他們沒有被拴在日常業務上。

6.4 企業的法律制度

6.4.1 企業的法律形式

企業組成有三種基本的法律形式：㈠個人獨資企業；㈡合夥企業；㈢公司。各種企業組織在形式上有不同的情況。

表 6.2 描述了上述不同企業形式的法律要素。表中從下列構面來比較三種企業形式：所有權、責任、開業成本、連續性、權益的可轉讓性、資金要求、管理控制、利潤分配和對資金的吸引力等，但其中對公司這種形式僅比較股份有限公司。在完成了這些基本法律形式的比較之後，將對有限責任公司（LLC）做單獨討論。

創業者應仔細評估各種形式的優缺點，這對新創企業的組織非常重要。只有決定企業形式之後，才能提交企業計畫，申請投資資金。

在評估中，創業者應該確定表 6.2 中所提到的各項因素的重要性，以及本章稍後討論的稅收因素。對於不同類型的企業來說，這些因素的重要性有很大的差別。

除上述各項因素之外，創業者還必須考慮無形因素。事實上，不同類型的企業在供應商、現有代理商和潛在顧客面前會有不同的形象。例如，供應商較願與有獲利的組織往來，而不願與無獲利的公司做生意。之所以有這種態度，可能也反映了這些公司常會拖欠款項。消費者有時較願購買股份有限公司的產品，因為股份有限公司在連續性和所有權上的特點，而被視為更穩定的企業形式。作為顧客，他們很希望公司能長期經營。

表 6.2　三種企業法律形式的要素

比較構面	獨資企業	合夥企業	股份有限公司
所有權	個人。	兩個以上的合夥人。	人數不限的股東。
所有者責任	個人擔負企業的所有責任。	每個合夥人都對公司負無限責任。	股東的責任以所持股份為限。
開業成本	只有註冊費。	合夥人協議，法律成本和較少的註冊費。	由法規引起。公司章程、註冊費和稅等。
公司連續性	業主一旦死亡，企業生命就完結。	一個合夥人死亡或退出將結束合夥企業，除非協議另有規定。	有最大的連續性。一個或多個所有者的死亡或退出不會影響公司的合法存在。
權益的可轉讓性	可完全自由地變賣或轉讓企業的任何部分。	普通合夥企業的合夥人只有在其他合夥人都同意時才能轉讓其權益。	最靈活，股東可隨意買賣股票。一些股份的轉讓可能會受協議的限制。
資金要求	只能依靠貸款或業主追加投資來增加資金。	貸款或合夥人追加投資需要修改合夥企業的協議。	新資金的增加可通過賣股票、債券或以公司名義借錢（債）。
管理控制	業主做所有的決策，行動迅速。	每個合夥人都有平等的控制權和大部分的治理權。	從法律角度看，大部分股東擁有最大的控制權。日常控制權掌握在管理者手中，他們也可能不是大股東。
利潤與損失的分配	業主負責，他獲得全部利潤也承受所有損失。	取決於合夥企業的協議和合夥人的投資。	股東透過分紅共享利潤。
對資金的吸引力	取決於所有者的能力和生意上的成功。	取決於合夥人的能力和生意上的成功。	所有者負有限責任，因此更吸引他們的是這種投資機會。

以下對上述構面的比較做具體闡述。

6.4.2 所有權

公司的具體形式一般有五種，各種形式在所有權方面有重要的差別。

㈠無限責任公司。這種公司形式的股東不論其出資多少，均對公司債務承擔無限責任。

> 有限責任公司的所有股東均以其出資額為限，對公司債務承擔責任。

㈡有限責任公司。所有股東均以其出資額為限，對公司債務承擔責任。

㈢兩合公司。由無限責任股東和有限責任股東共同組成的公司。

㈣股份有限公司。公司全部資本分為金額相等的股份，所有股東均以其所持股份為限，對公司債務承擔責任。

股份有限公司的公司全部資本分為金額相等的股份，所有股東均以其所持股份為限，對公司債務承擔責任。

㈤股份兩合公司。由承擔無限責任股東與股份有限責任股東共同組成的公司。

在獨資企業中，所有者是企業的發起人，所有者對企業的經營負完全責任。在合夥企業中，大多數只是普通合夥人，但在兩合公司中也可能會有有限責任合夥人。合夥企業應有兩個以上具有完全民事行為能力的合夥人組成。

6.4.3 所有者的責任

之所以建立股份有限公司而不是其他形式的企業，關鍵因素之一就是責任制度不同。簡單地說，獨資企業和合夥企業屬於無限責任制度，而股份有限公司則為有限責任制度。

獨資企業的業主和合夥企業的合夥人要對企業債務承擔無限責任，合夥人之間還要承擔連帶責任。

獨資企業的業主和合夥企業的合夥人要對企業的所有經營後果承擔責任。特別是對合夥企業來說，其無限責任制度較獨資企業具有更重要的含意，因為合夥人承擔的是無限連帶責任，即以自己所有的全部財產（不限於投入合夥企業的財產）對合夥企業的債務承擔責任，並且合夥人之間還要承擔連帶責任；也就是說，為了索回未還之債，債權人可以拿走所有者在企業之外的任何財產，直到所有者傾家蕩產。

在合夥企業裡，普通合夥人通常平分責任而不管他們所出的資金是多少，除非由協議另行規定。合夥人唯一的保護辦法就是對責任投保，並且把財產登記在別人名下。但如果政府感到後一種行為損害了債權人的利益，就不會允許這種行為發生。

由於股份有限公司本身就是一個人，要納稅和承擔責任，因此所有者只承擔與其投資額相當的責任。

6.4.4 創辦企業的成本

愈複雜的組織，創辦費用也愈昂貴。最便宜的是獨資企業，只有註冊企業名或商品名的成本。在合夥企業中，除註冊外，還要訂立合夥協議。

由於訂立合夥協議具有一定的複雜性，創業者最好尋求法律諮詢。

股份有限公司是由法規造就的。這句話意味著在股份有限公司依法成立前，需要履行許多由法律所規定的程序，達到所規定的一系列要求。其中最基本的是公司章程，在公司章程中要明確界定下列事項：公司股份總數、每股金額和註冊資本；發起人的姓名或者名稱、認購的股份數；股東的權利和義務；董事會的組成、職權、任期和議事規則；公司法定代表人；監事會的組成、職權、任期和議事規則；公司的通知和公告辦法；以及股東大會認為需要規定的其他事項。

在美國，股份有限公司的成立還要達到州法規要求，而各州的法律並不完全一樣。這些要求都會使股份有限公司產生註冊費、相關稅負和為做生意而付給州的費用。為達到這些法律要求，法律諮詢也是必不可少的。

6.4.5 企業的連續性

如果創業者之一（或只有一個創業者）死亡或從企業中退出，將會出現什麼情況？連續性在各種企業形式之間差別相當大。在獨資企業裡，業主的死亡直接導致企業的結束，因此獨資企業不可能永遠存在，但也沒有存在多長時間的限制。

在合夥企業裡，合夥人的死亡或退出會直接導致企業結束。但合夥協議能超越這一規定。如果有新合夥人入夥，當然是有利企業運作，但新合夥人入夥時，必須經全體合夥人同意，並訂立書面協議，以約定新合夥人的權利和義務；入夥協議沒有特別規定的，新合夥人就與原合夥人享有同等權益並承擔同等責任。

股份有限公司在各種企業形式中擁有最好的連續性。股東的死亡或退出對企業延續毫無影響。股份有限公司可以分成上市和未上市公司兩類，未上市的股份有限公司中可能會有難以找到股份購買者的問題。未上市的股份有限公司之股份由少數人持有。有時，公司章程會要求公司或現有的股東買下股份。當然在上市的股份有限公司中不會出現這樣的問題。

6.4.6 權益可轉讓性

所有者對於企業權益是否容易轉讓，往往抱有模稜兩可的感覺。在一些情況下，創業者總要先對新加入的所有人評估再三，才會把一部分企業股份轉讓給他。在另一些情況下，能夠隨時出售權益也很不錯。每種企業形式在權益可轉讓方面有不同的優缺點。

在獨資企業裡，創業者有權出售或轉讓企業的任何資產。在合夥企業中，合夥人不能出售企業的任何權益，除非合夥協議有允許這麼做的條款。通常，留下來的合夥人有權拒絕任何一個新合夥人，即使合夥協議允許轉讓。

在股份有限公司裡，股東在出售企業權益方面有著最大的自由。股東可以在任何時間不經其他股東同意就轉讓自己的股份。股份自由轉讓的缺點就是，董事會選舉會影響創業者對股份公司的控制，但股東協議可以對權益轉讓做出一些限制，通常是給公司或其餘股東一項特權，使其能以特別價格或協商價格購買股票。

6.4.7 資金需求

新創企業在最初的幾個月中之資金需求可能成為此企業保持蓬勃生機的最關鍵因素。一般而言，新創企業增加資金的機會和能力會依企業形式而不同。

對獨資企業來說，新資金來自於一些貸款和創業者個人追加的投資。為了從銀行借到錢，這類企業的創業者需要有附屬擔保品。創業者常常把房子二次抵押作為資金來源。無論錢從哪來，還款的責任都在創業者的身上。一旦還不了款，企業就要倒閉，抵押的物品也收不回來。但即使有一些風險，獨資企業仍不大會需要大筆資金，這與合夥企業和股份有限公司的情況不同。

合夥企業可以從銀行貸款，但需要對合夥協議做些變動。每個合夥人追加投資也需要改動合夥協議。此外，如果有新的投資者願意入夥，也可以為合夥企業帶來新增的資本。與獨資企業一樣，合夥企業的創業者也要對任何一筆銀行貸款負償還責任。

在股份有限公司裡，有許多途徑可以增加資金，要比其他法律形式的企業有更多選擇。在公司發起的時候，各國規定股份有限公司資本的最低限額各不相同。股份有限公司可以發行股票和債券，不過後者對新創企業來說要更困難些，高負債率通常只有在長期保持成功的企業中才可能出現。此外，股份有限公司還可以以公司名義借錢，如前面所說的，這可以保護創業者個人所負的責任。

6.4.8 管理控制

在許多新創企業中，創業者希望盡可能保留對公司的控制權。每種企業形式都給管理控制和決策責任帶來不同的機會和問題。

在獨資企業裡，創業者有最大的控制權，可以靈活制定企業決策。當然創業者就得對所有的企業決策負責，同時在決策時有獨一無二的權威。

如果合夥協議對這種問題沒有明確界定的話，合夥企業將在控制公司決策上產生問題。在合夥企業裡，通常是由大多數人共同管理，合夥人之間要有配合默契和充分協調，並把那些細微敏感的決策範圍寫在合夥協議上。

股份有限公司的日常業務控制權掌握在管理階層手中，這些管理者可能是也可能不是大股東。但較重要的長期決策控制權，則須由大股東們投票決定。這樣，控制權就可根據決策的重要性而加以區別。在新創企業裡，很有可能身為主要股東的創業者們會管理企業的日常業務。當公司規模擴大了，管理和控制分離的可能性也變得更大了。

把反映股東經營觀念的人送入董事會，能夠使股份有限公司的股東間接影響企業經營。這些董事會成員可以透過對最高管理階層的任命而控制企業。

6.4.9 利潤與損失的分配

獨資企業的業主獨享所有利潤，同時他們也為所有損失負無限責任，因此必須要付給創業者報酬，作為業主投入企業經營的回報。

在合夥企業裡，利潤與損失的分配取決於合夥協議。按理說似乎應該按合夥人出資比例來分配利潤和損失，但也可以約定由合夥人平均承擔。如果協議有特別規定，那就應按協議實行。此外，合夥協議通常不會約定將全部的利潤分配給部分合夥人或由部分合夥人承擔全部虧損。與獨資企業中的業主一樣，合夥人也承擔無限責任。

股份有限公司透過股利來分配利潤。通常所分配的並非全部利潤，因為部分利潤必須留下以支應公司未來投資或經營所需。若公司虧損了，則不分紅。損失將透過保留盈餘或前面討論過的其他財務手段來加以彌補。

6.4.10 對籌資的吸引力

無論在獨資還是合夥企業中，創業者籌資能力都取決於生意上的成功和創業者個人的能量。這兩種企業形式對資金的吸引力最小，主要原因是投資者必須要對企業的債務承擔無限責任。這兩種企業，如果要引入任何一筆大資金，都應該經過深思熟慮才行。

股份有限公司因只負有限責任，對資金具有最大的吸引力。股東對債券或其他債務都是只負有限責任。此時，公司愈有吸引力，籌資愈容易。

6.5 不同形式的企業在稅收方面的特點

在美國，各種形式的企業在稅收上的優缺點相差很大，下面討論的是一些主要的差別。還有許多較小的差別，對創業者也相當重要。如果創業者對這些問題有任何疑問，就應去向專門的機構或律師諮詢。表 6.3 概括美國這些企業形式在稅收方面以及一些相關問題的主要特點。

6.5.1 獨資企業的稅收問題

美國把獨資企業與其所有者視為一體，所有企業收益納入業主所得上，因此，美國並不把獨資企業當做獨立的納稅實體。而稅收上的適用稅率、所有者利潤分配、組織設立成本、資本收益、資本虧損和醫療福利等，似乎都被當做業主個人的事。

獨資企業與股份有限公司相比有稅收上的優點。首先，當利潤分配給所有者時不用徵雙重稅；另一個優點是沒有資本利得稅或對企業保留盈餘課稅。再強調一遍，這些優點之所以存在，是因為獨資企業並不被當做一個獨立的納稅實體，所有利潤和虧損都是業主個人應稅所得的一部分。

表 6.3　不同形式企業在稅收方面的特點

特　　徵	獨資企業	合夥企業	股份有限公司
應稅年	通常是公曆年。	通常是公曆年，但其他日期也行。	開始時可以是任一年的年終。
所有者的利潤分配	所有的收益都表現為業主的收入。	合夥協議對收益做具體分配。即使收益沒有立刻被分配，但合夥人都按預定比例以個人所得名義納稅。	收益可不分配給股東。
組織設立成本	不可攤提。	可攤提。	可攤提
資本虧損	無限結轉。	資本虧損可沖銷其他收入，無限結轉。	可回轉三年，結轉五年，短期資本虧損只能沖銷資本所得。
初始組織	企業開設不再對個人徵稅。	對合夥企業的資產捐贈不用納稅。	以現金收購股票不用立即繳稅。用財產轉讓方式來換取股票，若股票價值超過出讓的財產，則應納稅。
對所有者損失的減免優惠的限制	風險損失可減免，房地產業務除外。	合夥企業的投資和負連帶責任的份額（如果有的話），可運用風險條款，房地產合夥企業除外。	除了出售公司股票或清算的損失外，其他虧損都沒有減免。
醫療福利	對醫療福利的減免比例超過調整後毛收益與個人收入之比。保險金不可減免。	合夥人福利的成本不能作為費用而減免。	雇員持股人的福利成本，如果是為雇員福利而設置的話，可以減免稅收。
退休福利	對此的限制基本上與一般股份有限公司同。	同股份有限公司。	對福利計畫中福利的限制——少於九萬美元或100%的工資；對捐贈計畫裡的限制——少於三萬美元或25%的工資（利潤分享計畫總額的15%）。

6.5.2 合夥企業的稅收問題

合夥企業在稅收上的優缺點與獨資企業類似，尤其是在收入分配、紅利和資本收益與虧損這些方面。兩合公司又具有獨特的稅收優點，因為有限責任合夥人能夠分享利潤而所承擔的責任不超過投資額。

對合夥企業特別重要的是帳面收入，因為這是決定每位合夥人該納稅多少的基礎。收入分配依照合夥協議，然後合夥人把所得的收入以個人所得的名義申報，並按這個金額納稅。

6.5.3 股份有限公司的稅收問題

由於股份有限公司被美國認定為一個獨立的納稅實體，因此它有獨資企業和合夥企業所不具備的優點，既能獲得許多減免，又可計算費用。其缺點是要對股利分配徵兩次稅：一次是作為公司收益；另一次是作為股東收益。如果把公司收益以工資形式發給創業者，則可避免二次徵稅。因此，只要能對各人所提供的服務都有回報而且報酬合理，那麼紅利、獎金、利潤提成等等都可以是分配公司收益的可行途徑。

股份有限公司的所得稅率要比個人所得稅率低，創業者要仔細考慮稅收上的利弊再做決定。為確定哪個形式的稅負好處最多，創業者都應該按計畫中之預估情況計算每種企業形式的適用稅負。記住，要權衡各個企業形式中的稅負優點與債務責任。創業者在涉及具體稅負事務的時候，需要向有關部門諮詢，而在選擇企業的法律制度的時候，也應向律師尋求幫助。

6.6 有限責任公司

在美國，長期以來公認的企業組織形式一直是獨資企業、合夥企業（包括普通的或兩合的）和股份有限公司，但近年來有限責任公司（LLC）成為另一種流行的實體形式。美國的有限責任公司享有更開明的稅法條例，這是它的一大優點。這種企業形式兼有合夥企業與股份有限公司的特點，具有下列特徵：

㈠股份有限公司的出資者是股東，合夥企業為合夥人，而有限責任公司則為成員。

㈡不存在股票持份的問題。每個成員擁有的企業權益由組織章程指定。

㈢成員所承擔的責任以出資額為限，因此不承擔無限責任。而無限責任恰恰是獨資企業和合夥企業中的缺點。

㈣成員要轉讓權益，須經過其餘成員的一致書面同意。

㈤有限責任公司標準的可接受期限為三十年。當成員之一死亡、企業破產或所有成員選擇解散企業時，企業將解散。在美國的一些州，如果企業成員大多數都同意，企業繼續下去也是允許的。

基於以上特徵，有限責任公司看上去類似於股份有限公司，但在某些方面更靈活。有限責任公司的一個主要問題就是在國際企業中，哪些情況下是否該負無限責任還不明朗。創業者應在最後決策前向律師諮詢一下。與兩合公司的區別主要是，兩合公司必須至少有一名普通合夥人，他要對合夥企業的債務承擔無限責任。在有限責任公司中，每個成員都只承擔有限責任。

專家預言，隨著美國各州法規的明確和國際條例的建立，有限責任公司可能會愈來愈被大家接受。

除了有限責任制之外，有限責任公司的另一個優點是其設立程序相對簡單。有限責任公司基本上實行的是登記制，除了從事特殊行業的公司外，只要符合法律規定的條件，政府均給予登記，沒有繁瑣的審查批准程序。從管理控制角度來說，有限責任公司與合夥企業比較相似，公司的決策權掌握在股東手裡。股東會權限遠比股份有限公司的要大，股東也往往都是公司董事會的成員。由於股東人數較少，規模一般也較小，公司的生存與發展與股東個人利益休戚相關，因而股東們往往對公司的經營管理十分投入。

出資形式比較靈活也是有限責任公司的一大優點。按公司法規定，股東既可以以貨幣出資，也可以用實物、物業產權、非專利技術或者土地使用權作價出資。

有限責任公司股份的轉讓受到公司性質的限制。一般而言，為了維持公司的穩定，股東如果要轉讓出資，應首先考慮在現有股東間進行。股東之間應可以相互轉讓其全部或部分出資。如果向現有股東以外的人轉讓出資，必須經其他股東同意。可要求不同意轉讓的股東購買該轉讓出資，如果不購買，即視為同意轉讓。

當公司要擴大經營規模、拓展業務或提高公司信用程度的時候，有限責任公司可以增資。增資前首先應該由股東會對增資做出特別決議。其次，應當依法修改公司章程中有關登記資本和股東認繳出資的條款，在增資後還應向公司登記機關辦理變更登記。

反之，當公司資本過剩，或者公司虧損嚴重，根據具體的經營情況，有限責任公司也可以減資。公司減資必須由股東會依法做出特別決議，在法律上則是對此從嚴控制。

本章小結

制定組織計畫需要做出一些將會影響企業長期運作和獲利的重要決策。創建一個新企業時，很重要的一點是，要有一支全心奉獻於企業目標且強有力的管理團隊，管理團隊必須一致努力和擁有相當工作能力以達成目標。在競爭壓力下，要明確地將職責功能和工作描述有效地組織起來。在雇用程序、培訓、監控、報酬、業績評估等等方面都需要做出決策。

董事會或顧問委員會能為創業者提供重要的管理支持。為了提高創業者的信用和得到有價值的專長，在初始的組織計畫中加入委員會是很恰當的。應仔細地選任委員，刻意地選擇一些忠於職守和在設立早期的關鍵階段能提供必需支持的成員。顧問對新創企業也很有必要，外界顧問應被當做組織的永久性成員那樣來評估，相關費用和文件證明等資訊將有助於選擇。

一旦界定了組織結構和組織成員職責、功能後，創業者必須決定企業的法律形式，三個主要的形式分別為獨資企業、合夥企業和股份有限公司。不同形式有著相當大的差別，創業者在決策前應慎重地評估。為幫助創業者決策，本章對這三種形式做了相當深入的比較。

有限責任公司是一種愈來愈流行的企業形式，這種形式讓創業者保留了股份有限公司的有限責任制度和合夥企業的一些優點。這種形式具有對創業者很重要的優點，但也有缺點，因此創業者應仔細權衡再做決定。

討論題

1. 在潛在投資者評估新創企業時，管理團隊具有什麼作用？投資者以什麼標準評估新創企業？
2. 經過一段時間，新創企業有可能發展為更大的組織，將使組織結構產生變化，請描述這些變化。與銷售導向和生產導向相比，市場行銷導向對新創企業的組織有什麼影響？
3. 創業者死亡或出售權益對三種企業形式的影響是什麼？
4. 比較有限責任公司和股份有限公司作為新創企業形式之優、缺點。

第七章

財務計畫

本章學習目的

1. 了解為什麼企業獲利卻仍可能帶來虧損的現金流量。
2. 界定預算在製作預估財務報表中的作用。
3. 學習製作經營第一年的現金流量、收益預估表、資產負債、資金來源和使用情況等的月度預估表。
4. 說明新創企業的損益兩平點的計算與應用。
5. 展示可幫助製作財務報表的電腦軟體。

未雨綢繆——錢在哪？

成功創業者的重要特徵之一，就是能夠洞察及捉住機會，並透過有效的市場行銷和財務計畫，將市場機會變成財務成就。史考特・貝克，一位稍顯靦腆而又早慧的創業者，曾經不止一次而是兩次獲得了這樣的成功，早先是在百視達（Blockbuster Video），新近則是波士頓雞連鎖經營公司（Boston Chicken）的發展。史考特對創業的駕馭能力出自家庭的薰陶，他父親也是一位成功的創業者，曾與幾位合夥人一起於一九六〇年代聯手創辦一家廢棄物管理公司。在芝加哥城南長大的史考特，年少時常在暑期打工，而有許多機會參與父親及其合夥人談論經商的話題。史考特總是表現出良好的商業頭腦，而涉及財務決策時，他也像一個真正的冒險者。事實上，有一段時間，他曾中斷在南墨索蒂斯特大學的學業，拜訪父親的一位合夥人，並開始涉足白銀期貨交易。

看來，對金融交易的熱中使史考特多少有些荒廢學業，他到 1989 年才大學畢業。此時，他已是一位獨當一面的投資顧問，出售不動產有限責任合夥公司，管理美林證券公司（Merill Lynch & Co.）的債權收購基金。時時刻刻，他都在尋找交易機會，1985 年他瞧準了百視達，就說服自己的父親進行投資。製訂出周密的財務計畫之後，他在底特律、芝加哥、明尼亞波利斯以及亞特蘭大都申辦了專營權。1989 年，某公司出資一億兩千萬美元收購了貝克手頭的一〇四家分店，貝克出任百視達的副總裁兼 CEO。

1991 年，曾與貝克一起開辦專營店的薩達・納德姆（Saad Nadhim）向他談起一家名為波士頓雞的熟雞專營店。一開始，史考特並不熱心，但他最終同其他兩位合夥人對此機會重視起來了，他們投資了二千四百萬美元，取得這家企業控制權。

波士頓雞創建於 1985 年，起初由於資金不足、管理不善而陷入困境。後來由於人們對營養和健康的日益關注，給這家連鎖經營公司帶來了發展機會，也令貝克和他的合夥人看好它的發展前景，因為該公司對市場供應的產品可以替代一般的快餐食品——漢堡、炸雞之類，但卻更有營養。於是，貝克帶領一群人開始大規模地擴展連鎖店，他們不是一次一家、兩家地增設分店，而是大批地進行。這種經營策略的實施，使公司資金負擔加重，因此需要創造性的融資安排。

1992 年，擴張引起資金嚴重短缺，公司在財務上陷入困境，雖然有八百三十萬美元的銷售收入，但卻虧損五百八十萬美元。不過，隨著擴張的繼續（增設一百七十五家分店），1993 年，貝克和合夥人終於從四千兩百五十萬美元的營收中獲得一百六十萬美元的利潤。對此，貝克並不滿足，他覺得必須將公司上市，募集更多資金，進一步擴大規模。

1993 年 11 月 9 日，波士頓雞上市，股價迅速勁升，上市價為二十美元，上市當天收盤價攀升到四八．五美元。這一天，公司出售了一百九十萬股，占其一千六百八十萬股的全部股份之 11%（大多數股份為貝克及其他公司董事持有）。

貝克和他的合夥人繼續堅持大規模擴張策略，在 1996 年底，公司已經擁有一千一百多家遍布美國的快餐服務店。為了拓展業務領域，1995 公司更名為波士頓市場（Boston Market），開始供應許多新商品，如牛肉麵包、火雞、火腿等等，還有許多家庭餐桌的輔助菜餚以及三明治系列產品。這樣，公司對自己的定位已不只是快餐，而是一個向所有忙碌人士提供服務的集團。由 1992 年的兩千萬美元，貝克成功地將公司發展成 1996 年的十億美元，其中不斷進行的財務分析和財務預算是飛躍成長的重要動因。最近，貝克請來拉里．澤旺（Larry Zwain），前百勝客（Pepsico Pizza Hut）的經理，也是一位成功的企業家，由他來接掌公司董事長兼總經理。公司的未來目標是組建新的公司——波士頓市場國際公司（Boston Market Intetnational），今後十年在中國大陸及台灣經營六百家專賣店。隨著美好藍圖的逐步實現，這一成長步伐將會對現金流量與資產負債情況產生重大影響。

財務計畫向創業者顯示一幅完整的構圖：公司何時能夠得到資金，有多少資金，資金投向何處，需要多少資金，公司未來的財務狀況如何等等。這為預算控制提供了短期基礎，能夠幫助創業者避免現金短缺——新創企業中最為普遍的一個問題。即使是史考特．貝克的兩次艱苦創業，財務計畫也對成功擴張發揮了關鍵影響。財務計畫使潛在投資者明瞭創業者打算如何滿足各項資金需求，維持適當的流動性，保證債務的償付，獲得良好的投資報酬。一般來說，為了滿足外部投資者的要求，財務計畫需要預估企業頭三年的財務數據，且對第一年需要月度數據。

本章將討論財務計畫中所要包括的主要財務科目：預估損益表、損益兩平分析、預估現金流量表、預估資產負債表以及資金來源與運用預估表。至於資產、現金、存貨等管理和控制決策，則在第十一章——初創期的管理決策中討論。

7.1 經營規畫與資本預算

在編製預估損益表（pro forma income statement）之前，創業者應籌畫經營，進行資本預算。如果創業者是獨自經營，那麼預算決策就由其全盤負責；如果是合作經營或擁有眾多員工，那麼初步預算就根據各人在企業中的角色分工，由專人著手進行。比如說，可以是行銷經理進行銷售預算，生產經理進行生產預算等等，所有這些預算草案最終都再交由業主或者創業者定奪。

後面我們將可看到，為了編製預估損益表，創業者必須首先著手銷售預算，即估計每月銷售額的期望值，具體方法將在下文介紹。依據預估的銷售情況，創業者就能確定銷售成本。對於製造業，創業者可以比較內部生產與外包加工生產的成本差異。成本估計時還應考慮期末的存貨數量，以防止人工及物料需求和成本的波動。

表 7.1 是一個簡化的預算表，顯示一家企業開業經營頭三個月的生產與加工預算。銷售預算奠定了產品生產，及期末存貨成本現金流量的估計基礎，每月正常銷售所需的生產量和滿足需求突然變化所需的存貨是預算的重要內容。表中的數據告訴我們，一月份所需的生產量大於預計的銷售量，因為需要維持三個單位的存貨；但在第二個月，真正需要的生產量少於預估的銷售量，因為該月的存貨需求低於前一個月。總之，銷售預算反映了季節變化與行銷策略對需求及存貨成長的影響。由於預估損益表僅僅反映作為直接支出的售出產品的真實成本，對於那些存貨水準要求較高，或者淡旺季十分明顯的產業，制定銷售預算對掌握現金需要是十分重要的。

表 7.1　頭三個月生產預算示例

	1 月	2 月	3 月
預計銷售量	50	60	70
期末存貨需求	3	2	6
可供銷售量	53	62	76
減：期初存貨	0	3	2
生產需求總量	53	59	74

完成了銷售預算之後，創業者就可以集中精力處理經營成本問題。首先必須估算一系列固定成本（與銷售規模無關的支出），如租金、水電等相關費用、薪資、利息、折舊和保險費用等。還要預測什麼時候要增雇新員工，或擴充新的倉儲空間，進而將之納入固定成本預算中。接著，創業者就要確定變動成本，即可以因月而異，隨銷售量、淡旺季以及新業務機會而變動的成本，例如廣告費、銷售成本、原物料費用等。透過逐項編列這些開支，雇用適當人手進行整理，創業者就能更有效地編製下文討論的財務預估表。

資本預算的目的在於評估影響企業一年以上的支出。舉例來說，資本預算可以用來估計購買新設備、車輛、電腦，甚至是雇用新員工所需的費用，也可以評估自製還是外購的決定，比較租賃、購買中古或置新。由於這些決策需要利用淨現值方法計算資金成本和投資的期望報酬，因而具有一定的複雜性，建議創業者尋求會計師幫助。

7.2 預估損益表

在第五章中討論的行銷計畫包括企業經營頭十二個月的預估銷售收入。銷售是收入的主要來源，其他經營活動和財務支出莫不與之相關，因此預估損益表中第一個必須明確的項目往往就是銷貨收入。

表 7.2 列出了一家公司第一年經營的利潤數據。這是一家塑料模具製作公司——MPP塑料公司，其客戶有耐久用品製造商、玩具生產商和日常用品生產商等。根據這張預估損益表，我們知道該公司從第四個經營月份開始獲利，商品的銷售成本有些波動，因為在一些特殊的月份裡，為了滿足購買需求，公司支付了較高的人工費用和材料費用。

在預估損益表的編製過程中，首先要按月計算銷貨收入。銷貨收入的預估應立足於市場研究、產業銷售狀況以及一些試銷經驗，可以利用購買動機調查、推銷人員意見匯總、專家諮詢、時間序列分析等預測技巧。對新創企業來說，總要經過一段時間的經營，銷貨收入才能達到一定的規模，這一點並不奇怪。有的月份，推動銷貨收入成長所付出的成本可能不成比例地升高，這是由特定時期的特定環境決定的。

表 7.2 MPP 塑料公司第一年經營預估損益表

（單位：千美元）

	7月	8月	9月	10月	11月	12月	1月	2月	3月	4月	5月	6月
銷貨收入	40.0	50.0	60.0	80.0	80.0	80.0	90.0	95.0	95.0	100.0	110.0	115.0
減：銷貨成本	26.0	34.0	40.0	54.0	50.0	50.0	58.0	61.0	60.0	64.0	72.0	76.0
毛利	14.0	16.0	20.0	26.0	30.0	30.0	32.0	34.0	35.0	36.0	38.0	39.0
經營費用												
銷售費用	3.0	4.1	4.6	6.0	6.0	6.0	7.5	7.8	7.8	8.3	9.0	9.5
廣告費用	1.5	1.8	1.9	2.5	2.5	2.5	3.0	7.0	3.0	3.5	4.0	4.5
工資與薪金	6.5	6.5	6.8	6.8	6.8	6.8	8.0	8.0	8.0	8.3	9.5	10.0
辦公設備	0.6	0.6	0.7	0.8	0.8	0.8	0.9	1.0	1.0	1.2	1.4	1.5
租金	2.0	2.0	2.0	2.0	2.0	2.0	2.0	2.0	2.0	2.0	3.0	3.0
水電相關費用	0.3	0.3	0.4	0.4	0.6	0.6	0.7	0.7	0.7	0.8	0.9	1.1
保險費	0.2	0.2	0.2	0.2	0.3	0.3	0.3	0.3	0.3	0.3	0.6	0.6
稅務	1.1	1.1	1.2	1.2	1.2	1.2	1.6	1.6	1.6	1.7	1.9	2.0
利息	1.2	1.2	1.2	1.2	1.2	1.2	1.2	1.5	1.5	1.5	1.5	1.5
折舊	3.3	3.3	3.3	3.3	3.3	3.3	3.3	3.3	3.3	3.3	3.3	3.3
其他	0.1	0.1	0.1	0.1	0.1	0.1	0.1	0.2	0.2	0.2	0.2	0.2
經營支出總額	19.8	21.1	22.4	24.5	24.8	24.8	28.6	33.4	29.4	31.1	35.3	37.2
稅前利潤（虧損）	(5.8)	(5.2)	(2.4)	1.5	5.2	5.2	3.4	0.6	5.6	4.9	2.7	1.8
所得稅	0	0	0	0.75	2.6	2.6	1.7	0.3	2.8	2.45	1.35	0.9
稅後淨利（淨損）	(5.8)	(5.2)	(2.4)	0.75	2.6	2.6	1.7	0.3	2.8	2.45	1.35	0.9

預估損益表對第一年的全部經營支出按月估算，每一筆支出都不可遺漏，必須仔細評估，並將其記錄在恰當的月份。例如，應當想到，隨著業務區域的拓展，公司增雇新的銷售人員或業務代表，諸如交通費、委託費、公關費用等銷售支出就會有所增加。起步階段，甚至銷售支出占銷售收入的百分比也會增加，因為每多一張訂單，也許要更多推銷方式促成，當公司尚不為人知時更是如此。

公司的薪資支出要考慮在職員工的數目，及其在公司中的位置（參見第六章的組織計畫）。一旦為了業務成長的需要，增添了新人手，成本就要反映在預估財務報表中，例如，一月份新增了一位秘書，報表中就應有所反映。當然，薪資支出的增加也可能是工資成長的反映。

創業者還應考慮追加保險、參加特別的商展、擴充倉儲面積等需要，所有這些在表 7.2 所示的預估表中都有反映。負債、醫療等保險費用先在十一月，後在翌年五月均有一定的成長，這些費用容易根據對當時經營狀況的估計、按照保險公司的規章來確定。二月裡的廣告預算因為一個重要的商展而明顯增加，類似於商展這樣的不同平常的開支都應做上記號，並在預估表下說明。

在第一個經營年的二月份，公司為了增加存貨量，擴充了倉儲空間，擴大債務，實際支出增加在五月份。此外，添置任何需要的設備（如新的機器、轎車、卡車等，示例報表中沒有這種變化）也應在發生月份，透過折舊費用的增加來反映。

除了編製第一年度按月統計的預估損益表，還要對第二、第三年的損益進行評估。一般來說，投資者要求看到企業經營頭三年的獲利規畫。第一年的表中各科目可參照表 7.2，表 7.3 則展示了頭三年裡每個年度的損益科目。對於第一年，還計算了第一項科目與銷售額的百分比，這些百分比可以用來估算第二年及第三年的年度支出。經營的第三年裡，企業計畫在第一年的基礎上大幅度提高獲利水準。有時候，創業者可能會遇到一些新創企業直到第二或第三個經營年度才開始獲利的情況，這往往是由業務的性質以及企業起動成本所決定的。例如，服務業用較短的時間就可以進入獲利階段，而高科技公司以及需要對產品及設備大量投入的公司，則可能需要較長的時間才能興盛起來。

在評估第二及第三年的經營成本時，首先應該關注長時間保持穩定的那些支出，如果第二及第三年中對銷售量的預估較清楚的話，那麼，折舊、水電相關費用、租金、保險費、利息等就較容易列出，銷售費用、廣告費、薪資、稅款等可以根據預估淨銷售量按確定的百分比計算出來。在制定原始計畫的過程中，堅持謹慎原則最為重要。計算預估的經營成本時，保守的估計，獲得理性的收益，將為新創企業的成功前景奠定信用基礎。

表 7.3 MPP 塑料公司頭三年年度預估損益表

（單位：千美元）

		第 1 年	第 2 年	第 3 年
銷貨收入	100%	995.0	1,450.0	2,250.0
減：銷貨成本	64.8	645.0	942.5	1,460.0
毛利	35.2%	350.0	507.5	790.0
經營費用				
銷售費用	8.0%	79.6	116.0	180.0
廣告費用	3.8%	37.7	72.5	90.0
工資與薪金	9.2%	92.0	134.0	208.0
辦公設備	1.1%	11.3	16.5	25.6
租金	2.6%	26.0	37.9	58.8
水電相關費用	0.8%	7.5	11.5	16.5
保險費	0.4%	3.8	4.5	9.5
稅務	1.8%	17.4	25.4	39.4
利息	1.6%	15.9	15.5	14.9
折舊		39.6	39.6	39.6
其他	0.2%	1.7	2.2	2.7
經營支出總額	33.4%	332.5	457.6	685.0
稅前利潤（虧損）	1.8%	17.5	31.9	105.0
所得稅	0.9%	8.75	15.95	52.5
稅後淨利（淨損）	0.9%	8.75	15.95	52.5

7.3 損益兩平分析

如果在新創企業的起始階段就能明瞭何時可以獲利，對創業者會很有幫助，它將揭示企業的財務潛力。要確定該要售出多少單位產品，或者要有多大的銷售規模才能達到盈虧平衡，損益兩平分析是一個相當有用的技術。

> 損益兩平點就是令企業既不盈利也不虧損的銷售額或銷售量。

根據表 7.2 的預測，我們已經知道 MPP 塑料公司將從第四個月開始獲利，但這並不是損益兩平點，因為無論今後企業銷售量為多少，它在該年的剩下月份裡都仍有一些款項需要支付。公司要做到損益兩平就必須要有足夠的營收來沖銷固定成本，因此，損益兩平點（break-even）就是令企業既不盈利也不虧損的銷售額或銷售量。

表 7.4　損益兩平公式

根據定義，損益兩平點就是使	
總收入（TR） 　　TR 而　TC	=總成本(TC) =銷售價格(SP)×銷售額(Q) =總固定成本(TFC)*+總變動成本(TVC)**
因此$SP \times Q = TFC + TVC$ 其中TVC	=每單位變動成本（VC/單位）***×銷售額(Q)
於是$SP \times Q = TFC + (VC/單位) \times Q$ 　$(SP \times Q) - (VC/單位 \times Q)$ 　$= Q(SP - VC/單位)$	$= TFC$
得出Q	$= \dfrac{TFC}{SP - VC/單位}$

*　總固定成本是指在不改變目前產能下，不受產出數量影響的成本。

**　總變動成本是指那些受到產出數量影響的成本。

***每單位變動成本是生產一單位產品所增加的全部成本，它在一定生產範圍內是不變的。

損益兩平的銷售額向創業者指出了支付全部固定及變動成本所需的銷售規模，只要能夠維持售價高於單位變動成本，超過損益兩平點的銷售就可以獲利。

損益兩平點可以利用如下的公式計算得出：

$$B/E(Q) = \frac{TFC}{SP - VC/單位(邊際成本)}$$

其推導如表 7.4 所示。只要售價高於單位變動成本，每一單位的銷售就能沖銷部分固定成本；隨著銷售量的增加，全部固定成本就將全部被沖銷，此時，公司就達到了損益兩平。

對新創企業，損益兩平點計算的主要缺陷在於固定成本和變動成本較難明確區分，判定需經過一番鑑別。不過，較為合理的是將折舊、薪資、租金以及保險費等成本看做固定成本，而將原物料、委託費用這樣的銷售開支以及直接的勞力支出歸為變動成本。通常，單位變動成本是由生產一個單位產品所需要的直接勞力、原物料以及其他支出所決定的。

因此，如果一家公司之固定成本為二十五萬美元，單位變動成本為五．五美元，產品售價為十美元，那麼，該公司的損益兩平點就可計算如下：

$$
\begin{aligned}
B/E &= \frac{TFC}{SP-VC/\text{單位}} \\
&= \frac{250{,}000\text{ 美元}}{10.00\text{ 美元}-4.50\text{ 美元}} \\
&= \frac{250{,}000\text{ 美元}}{5.50} \\
&= 45{,}454\text{（單位）}
\end{aligned}
$$

超過 45,454 個單位的任何產品售出都將為公司獲得五．五美元的單位利潤；而銷售量低於 45,454 個單位時，公司將出現虧損。

對於產品不止一種的公司，可以對每種產品都分別計算損益兩平點，此時的固定成本就要分攤給各種產品，或者以預計銷售額為權數，分擔到不同產品的生產成本中。這樣，如果假設產品占銷售額的 40%，那麼就將總固定成本的 40% 分攤給 X 產品；如果創業者覺得某種產品需要支出更多的廣告費用、管理費用或者其他固定成本，那麼計算時就應將這些因素都考慮進去。

損益兩平點的一個特別之處就在於它可以做成如圖 7.1 那樣的圖。此外，創業者還可以考慮一些變數（例如：不同售價、不同的固定成本或者變動成本），從而估計這些因素變化對損益兩平點以及相關利益所產生的影響。

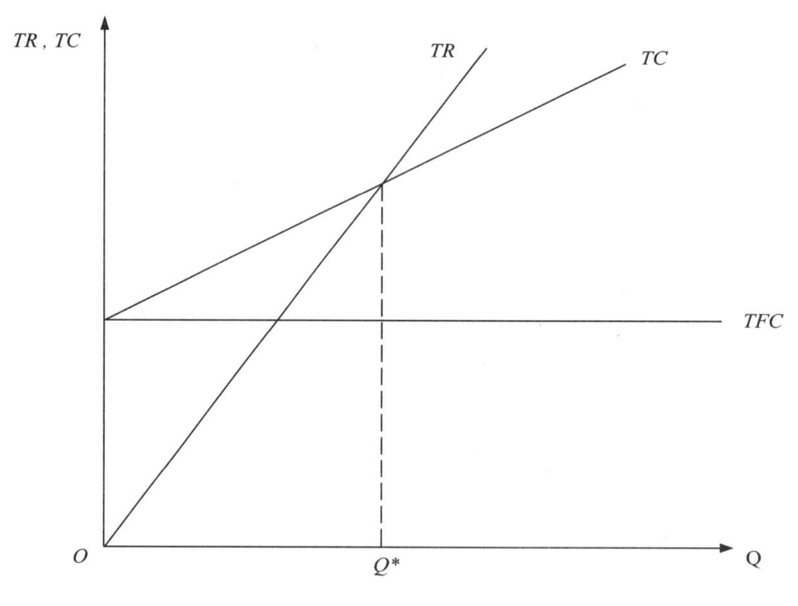

圖 7.1　損益兩平點示意圖

7.4 預估現金流量表

創業者首先應該明瞭，現金流量並不等於利潤。利潤是從銷貨收入扣除支出後的餘額，而現金流量則是真實的現金流入與現金流出的差額。只有當真實的償付行為發生時，才會有現金的增減。銷貨收入不等於現金，因為銷貨收入可能只是應記收入，一個月內可能還拿不到現金。況且，並不是每一張票據都要立即支付，歸還應付帳款的現金，也會造成現金減少。還有，對資產的折舊是一項費用，可以減少帳面利潤，但卻沒有現金支出。

利潤是從銷貨收入扣除支出後的餘額，而現金流量則是真實的現金流入與現金流出的差額。

如前所述，現金流量是新創企業面臨的主要問題之一。一個可以獲利的公司也可能會因為現金的短缺而破產，這樣的例子很多。因此，如果現金流量出現明顯的缺口，僅用利潤這個指標來評估新創企業是否成功，就可能得到錯誤的結論。

對創業者來說，對現金流量像對利潤一樣逐月進行預估是非常重要的。預估現金流量表中的數據源自預估損益表，但要根據現金可能變化的時間進行適當調整。如果在某個時點出現現金流出大於現金流入，創業者就需要借入現金，或確認銀行帳戶有足夠的現金來沖銷支出。只要出現正的現金流量，則需要進行短期投資或存入銀行，以防將來現金入不敷出的情況。通常情況下，在企業起動階段最初幾個月中需要外部現金（債務）來應付現金流出，隨著企業步入正軌，現金流入逐步增加，創業者就能夠逐漸走出現金流量為負的發展階段。

表 7.5 展示了MPP塑料公司經營的頭一年裡預估現金流量表（pro forma cash flow）。從中可以看到，在企業經營的頭四個月裡，現金流入扣除現金流出，得到的流量為負。對任何一家新創企業開始營運的一段時間裡，現金流量為負的可能性很大，但是，缺口額度以及最終轉負為正的時間，則有視企業經營業務的性質而定。我們將在第十一章討論新創業者在新創企業的初期怎樣管理現金流量，本章則著重討論怎樣在新創企業運作之前預估現金流量。

預估現金流量，最困難的問題就是如何精確地確定每月流入與流出。這需要一些假設。同時，還應堅持謹慎原則，以保證有足夠的資金來應付入不敷出

表 7.5　MPP 塑料公司第一年月度預估現金流量表

（單位：千美元）

	7 月	8 月	9 月	10 月	11 月	12 月	1 月	2 月	3 月	4 月	5 月	6 月
收入												
銷貨收入	24.0	46.0	56.0	72.0	80.0	80.0	86.0	93.0	95.0	98.0	106.0	113.0
支出												
設備	100.0	100.0	40.0	0	0	0	0	0	0	0	0	0
貨物成本	20.8	32.4	40.8	51.2	50.8	500.0	55.4	61.4	60.2	63.2	70.4	75.2
銷售費用	1.5	3.55	5.35	5.3	6.0	6.0	6.75	7.65	7.8	8.05	8.55	9.25
工資與薪金	6.5	6.5	6.8	6.8	6.8	6.8	8.0	8.0	8.0	8.3	9.5	10.0
廣告費用	1.5	1.8	1.9	2.5	2.5	2.5	3.0	7.0	3.0	3.5	4.0	4.5
辦公費用	0.3	0.6	0.65	0.75	0.8	0.8	0.85	0.95	1.0	1.1	1.3	1.45
租金	2.0	2.0	2.0	2.0	2.0	2.0	2.0	2.0	2.0	2.0	3.0	3.0
水電相關費用	0.3	0.3	0.4	0.4	0.6	0.6	0.7	0.7	0.7	0.8	0.9	1.1
保險費	0.8	0.8	0.8	0	0.4	0	0	0.5	0	0	0	0
所得稅	0.8	0.8	0.9	1.8	0.9	0.9	2.2	1.3	1.3	2.3	1.5	1.6
利息	2.6	2.6	2.6	2.6	2.6	2.6	2.6	2.9	2.9	2.9	2.9	2.9
支出總額	137.1	151.35	112.2	73.35	73.4	72.2	81.5	92.4	86.9	92.15	102.05	109.0
現金流量	(113.1)	(105.35)	(46.2)	(1.35)	6.6	7.8	4.5	0.6	8.1	5.85	3.95	4.0
期初資金	275.0	161.9	56.55	10.35	9.0	15.6	23.4	27.9	28.5	36.6	42.45	46.4
期末資金	161.9	56.55	10.35	9.0	15.6	23.4	27.9	28.5	36.6	42.45	46.4	50.5

的月份。對上述例子中的這家公司，估計每月銷貨收入的 60%是用現金支付的，剩下的 40%則將延期一個月收款，因此，八月份的現金收入包括 60%的八月份銷售收入和 40%的七月份銷售收入，累計為四萬六千美元。對其他的收入，也可以進行類似的假設。例如，根據經驗，可以估計 80%的銷貨成本將在購買月份用現金支付，剩下的 20%則在下一個月付款。此外，還應考慮維持存貨水準的原物料支出。

根據保守估計，可以得到每月現金流量。這些現金流量也能幫助創業者確定需要借入多少資金。在上述例子中，該公司從銀行借款二十二萬五千美元，兩位創業者的個人積蓄為五萬美元。到年底，隨著銷售量的上升，現金流入超過流出，結餘的現金達五萬零四百美元。這種現金盈餘可以用來償還貸款，可以投資於流動性高的資產，作為出現負現金流量月份的緩衝劑，也可以用於購置新的基礎設施。

對創業者來說，有一點是極其重要的，那就是要牢記預估資金流量表，如同預估損益表一樣，都是以基本的經營狀況為基礎，盡可能精確預估。隨著業務的開展，修正現金流量的估計值以確保其準確性是十分必要的。只有這樣，才能防止陷入任何可能的災難。預估要包括各種假設，以使潛在投資者能夠明白表中數據是從何得到以及如何得到的。

預估現金流量表與預估損益表都是以基本經營狀況為基礎，盡可能精確預估。

無論是對預估損益表，還是對預估現金流量表，有時候假設多種情境是必要的，每一種情境分別代表不同的經營狀況。這些情境與預估不僅是為了編製預估損益表和預估現金流量表，而且更重要的是，它能令創業者熟悉影響經營的各種因素，了解這些因素的變化對企業經營將產生怎樣的影響。

7.5 預估資產負債表

創業者也應編製預計的資產負債表，描述新創企業在第一年經營後的年底狀況。為了使得其中的數據合理，預估資產負債表的製作必須利用預估損益表和預估現金流量表，與它們保持一致。

預估資產負債表（pro form balance sheet）反映企業經營第一年的年底狀況，

匯總創業者的資產、負債和財產淨值。

表 7.6 MPP 塑料公司第一年底預估資產負債表

（單位：美元）

	資　　產	
流動資產		
現金	$50,400	
應收帳款	46,000	
商品存貨	10,450	
其他	1,200	
流動資產總額		$108,050
固定資產		
設備	240,000	
減：折舊	39,600	
固定資產總額		200,400
資產總額		$308,450
	負債及業主權益	
流動負債		
應付帳款	$23,700	
短期負債	16,800	
流動資產總額		$40,500
長期負債		
應付票據		209,200
負債總額		249,700
業主權益		
C · 皮特的資本	25,000	
K · 皮特的資本	25,000	
保留盈餘	8,750	
業主權益總額		58,700
負債和業主權益總額		$308,450

每一筆企業經營的業務都將影響資產負債表，但是考慮到時間、成本和必要性，資產負債表通常是按一定的時間間隔分期（如季度、年度等）編製的，因此，資產負債表描繪企業一定時期內某一時點的經營狀況。

表 7.6 列出 MPP 塑料公司的資產負債表，表中顯示，總資產等於負債和業主權益之和。這裡對表中各項做簡要說明。

㈠資產（Assets）。資產包括企業擁有任何具有價值的東西。這裡的價值未必是其替換成本或市場價值，而是其取得成本。資產分為流動資產和固定資產兩部分。流動資產包括現金和任何在一年內可轉化為現金，或被企業營運消耗的資產。固定資產是供長期使用的有形資產。

> 資產包括企業擁有任何具有價值的東西。

流動資產的主要成分常常是應收帳款，或者說是客戶對新創企業的欠款。應收帳款的管理對企業的現金流量非常重要，因為客戶欠款時間愈長，新創企業的現金壓力就愈大。我們將在第十一章對應收帳款的管理進行更詳細的討論。

> 流動資產包括現金和任何在一年內可轉化為現金或被企業營運消耗的資產，固定資產是供長期使用的有形資產。

㈡負債（Liabilities）。負債中的會計科目代表企業對債權人的欠款。其中有的可能在一年內到期（流動負債），而其他的則可能是長期負債，如MPP塑料公司為購買設備和維持現金流量的貸款。儘管立即償還欠款（應付帳款）可以換來良好的聲譽，可與供應商建立良好的關係，但為了更有效地管理現金流量，延期付款常常是必要的。理想的情況當然是，任何供應商都要求企業主按時付款，這樣他就能立即支付自己的欠款；不幸的是，經濟蕭條時，為了更好地管理現金流量，很多公司會選擇延期付款。這種策略的後果是，創業者以為延期付款會有較好的現金流量，但卻可能會發現他們的客戶也有同樣的想法，最後，誰也沒有得到現金上的好處。

> 負債中的會計科目代表企業對債權人的欠款。

㈢業主權益（Owner Equity）。業主權益是總資產超出總負債的部分，反映的是企業的淨價值。表7.6的預估資產負債表中，兩位創業者在企業中投資的五萬美元記錄在業主權益以及淨價值中，未來企業利潤也將以保留盈餘的名義記錄在此。因此，任何收入都將增加資產和業主權益，而任何支出則將減少業主權益，同時，或者增加負債，或者減少資產。

> 業主權益是總資產超出總負債的部分，反映企業的淨價值。

7.6 預估資金來源及運用表

預估資金來源及運用表（pro forma sources and applications of funds）反映營業收入及其他管道獲得資金之使用情況，編製目的在於顯示淨收入怎樣用於增加資產或償還債務。

創業者經常會有這樣的難題，那就是弄清楚年度淨收入的使用及其對整個企業現金變動的影響。他們常有這樣的疑問：現金從哪裡來？怎樣使用？經營過程中資產科目會有什麼變化？

表 7.7 列出的是 MPP 塑料公司經營一年的預估資金來源及運用表。表中顯示許多資金出自個人投資或貸款，由於經營第一年的歲末已有盈利，這也要納入資金來源；折舊金額必須加回，因為它並非現金支出。總之，資金的主要來源就是營業收入、新的資金投入、長期貸款以及出售資產，而資金的使用則主要是增加資產，減少長期負債，降低業主或股東權益和發放紅利。預估資金來源及運用表強調這些科目與流動資金之間的相互關係，可以幫助創業者及投資者更加了解公司的財務狀況是否良好，公司的財務決策是否有效等問題。

表 7.7　MPP 塑料公司第一年底預估資金來源及運用表

（單位：美元）

資金來源		
抵押貸款	150,000	
定期貸款	75,000	
個人資金	50,000	
營業淨收入	8,750	
加：折舊	39,600	
提供資金總額		323,350
資金運用		
購買設備	240,000	
存　貨	10,450	
償還貸款	16,800	
支出資金總額		267,250
營運資金淨增額		56,100
		323,350

7.7 電腦應用軟體

對創業者來說，在如今電腦應用如此廣泛的環境下，查詢財務數據，製作重要的財務報表，都有許多財務軟體可供選擇。為了編製預估財務報表，最容易的方法也許是利用表格式帳目分析表，因為一旦創業者著手預算，產生預估財務報表，其中數據可能經常變動，在企業規畫階段尤其如此。微軟 Excel 是使用最廣的表格式帳目分析軟體。

在財務計畫的初期階段，利用表格式帳目分析表的好處是顯而易見的。因為這可以顯示不同情境，確定其對財務狀況的影響，幫助回答諸如：如果預估損益表中價格降低10%，將會有何影響？營業支出上升10%的影響如何？租賃設備與購置設備對現金流量各有什麼影響？利用電腦表格式帳目分析軟體，就可以很快知道不同情境可能的財務狀況。

在企業的啟動階段，新創企業往往規模小、時間資源有限，我們建議使用簡單易用的軟體。創業者需要軟體來記錄帳目，製作財務報表，這些應用軟體中大多數都能簽支票、發薪資、開發票、進行存貨管理、償付票據、信用管理、稅務處理等。

使用最廣泛的應用軟體有英圖伊特公司（Intuit Inc.）的捷達會計軟體、Peachtree 軟體公司（Peachtree Software Inc.）的 Peachtree 首席會計軟體、微軟公司（Microsoft Corp.）的Excel中使用的MS財務經理，和美卡軟體公司（Meca Software Co.）的幫你理財軟體等。所有這些應用軟體都可用於PC上，而且都能提供上文敘述的全部或大多數服務。創業者可以與既了解其需要、又清楚這些應用軟體個別優勢者討論後，再選定一種適用的應用軟體。

本章小結

本章討論了創業財務計畫的幾個基本組成部分，對每個部分都精心設計，為創業者勾畫出一幅清晰的構圖：資金從哪裡來，如何配置，可用資金數量，以及評估新創企業財務狀況的一般準則等。

預估損益表對企業第一年經營的銷貨收入和經營支出進行預估，按月統計。這些預估以市場行銷計畫為基礎，透過適當的預算得出，損益兩平點為一預估的銷售量，在這個銷售量上總收入等於總支出。

現金流量不等於利潤，它反映的是真實的現金流入與現金支出的差額。有的現金流出並非經營費用（如償還貸款本金）；同樣，有的經營費用並不會有現金流出（如折舊費）。許多新創企業就因缺乏現金而失敗，這種情況在企業獲利時也會發生。

預估資產負債表反映的是一特定時點上企業狀況，匯總公司的資產負債和淨價值。

資金來源與運用預估表幫助創業者了解當年淨收入如何分配，企業經營中現金運用的影響，該表強調資產、負債、股東權益與流動資產之間的相互關係。

討論題

1. 預估損益表與預估現金流量表有何主要區別？
2. 經驗顯示，許多新創企業能夠獲利但卻未能成功，試說明之。
3. 什麼是損益兩平點？損益兩平分析中有何假設？銷售價格上升對損益兩平點有何影響？
4. 試說明預估資產負債表的編製目的，資產負債表如何反映企業達成的每一筆交易？
5. 什麼時候應著手分析資金的來源與運用？什麼是流動資本的淨成長？

案例三

小器械公司

跟大多數的合夥人一樣，傑克和默里是從分擔工作開始他們的合夥生涯的。傑克不製作小器械的時候，默里去製作；默里不接待顧客時，傑克會接待；默里不做會計工作時，傑克會去做。這家公司像一部加足馬力的機器那樣快速運轉。工作間乾乾淨淨，窗戶明亮奪目，地面一塵不染，顧客笑逐顏開，傑克和默里應接不暇。

他們輪番作業，總是如此。

星期一，默里負責開店門。星期二，傑克開店門。星期三，默里。星期四，傑克。他們畢竟是合夥人，他們不開店門，誰來開？他們分擔這份工作是順理成章的事。

他們照此辦理，公司開始發展。

小器械公司是由傑克．霍普富爾和默里．霍普富爾合夥的新公司。他們是兄弟倆，現在又是合夥人。他們很有把握地認為，公司一定會使他們發財致富。

忽然有一天，傑克和默里發現工作量多得做不完，只得去找幫手。他們雇用了傑里——一個能幹的小伙子，而且還是他們的侄子。雇人總得要支付工資，倒不如把工資支付給自家人。

現在是傑克、默里和傑里三個人輪番作業。傑克、傑里或者默里，總要有一個人做會計工作。來了顧客，默里不接待就由傑克或傑里接待。傑克不開店門時，默里或傑里開。公司的業務突飛猛晉。傑克、默里和傑里都忙得不亦樂乎。

接著，赫布加盟了。他是傑克的內弟，一個有為青年。工作勤奮，積極肯幹。

現在是傑克、默里、傑里和赫布四個人輪番作業。默里不接待顧客時，傑克、傑里或赫布接待。傑里不製作小器械時，默里、傑克或赫布製作。四個人還輪流負責開店門、接電話、購買食品，或者去銀行存錢。

可是此後不久，賣出去的小器械開始陸續被退了回來。這些小器械似乎不好用。傑克告訴默里：「過去從來沒有發生這種問題。」默里、赫布和傑克面面相覷。

突然，會計帳目也開始出現蹊蹺。默里告訴傑克：「過去從來沒有發生這種問題。」默里、傑克、傑里和赫布面面相覷。

禍不單行。工作間建築開始散亂，工具常常不翼而飛，小器械裡出現塵土，工作台上到處都是瓦楞紙板。在螺絲釘盒子裡發現元釘，在元釘盒子裡又發現螺絲釘。傑克、默里、傑里和赫布開始經常在進出房門時不慎撞個滿懷，他們還互相搶占工作空間。

窗戶沒有人擦洗，地面沒有人打掃，大家的脾氣開始變壞，可是又有誰站出來說一聲呢？說什麼呢？向誰說呢？如果每一件事都由大家來做，那麼誰應當對某一件事負責呢？

如果傑克和默里是合夥人，那麼誰掌舵呢？如果他們兩個人都掌舵，那麼傑克吩咐傑里做某一件事而默里又不允許傑里做那一件事，這時該怎麼辦？赫布要出去吃午餐，他應該告訴誰——傑克？默里？傑里？誰負責確保店鋪裡有人在？

小器械的品質變壞了，誰來負責改進品質？帳目收支不平衡，該誰來負責使收支恢復平衡？地面要有人打掃，窗戶要有人擦洗，工作間大門要有人啟閉，顧客要有人接待，該誰來負責安排這一切？

西奧多·萊維特說：「凡組織均有等級，員工均在上一等級人員的領導下工作，因此組織是有條理的機構。組織沒有條理就是烏合之眾，而烏合之眾會成事不足、敗事有餘。」

現在誰都要組織。可是如果你建議他們先製作一個組織圖，他們就向你投來懷疑、莫名其妙的目光。

一位業主反駁道：「真可笑！我們只是小公司，不需要什麼組織圖，我們需要的是一些好員工！」

如果沒有組織圖，那麼一切只能取決於運氣、好感、修養和團結。可惜，運氣、好感、修養和團結不一定是使組織成功的要素。組織所需要的不僅僅是這些東西。

多數公司是圍繞人而不是圍繞工作，圍繞員工而不是圍繞職責組織起來的，其結果是幾乎毫無例外的一片混亂。

讓我們回過頭來重新審視那家小器械公司。所幸的是，上面描述的並不是這家小器械公司實際發生的情況，它只是大多數小公司運作狀況的寫照。

傑克・霍普富爾和默里・霍普富爾在廚房裡坐著，他們決定要成立小器械公司。他們想到公司的前景心裡十分激動，但是他們也明白：要使公司成功，必須走出一條和多數人不同的創業之路。

他們首先決定合夥。傑克和默里過去和別人辦合夥企業都沒有成功，所以他們知道辦合夥企業是最糟糕的事。這還不是指家庭企業。辦家庭企業甚至比辦合夥企業更糟糕。那麼，辦一個既是合夥企業又是家庭企業的公司呢？不！傑克和默里決定獨樹一幟。

他們坐在桌旁，各自取了一張空白紙片，並在頁首寫上自己的姓名，在姓名下面還寫了「根本目標」。接著他們花一小時左右的時間分別考慮自己對未來生活的構想，並把考慮的結果寫下來。

他們又花了一小時左右的時間交談所寫的內容，並相互介紹各自的理想。他們在這一小時中所增進的相互了解，比兩兄弟有生以來的相互了解還要多。

傑克和默里的第二步是挑選新公司最高行政主管。他們十分認真思考這個問題，因為這個人將負責實現傑克和默里的理想。

默里認為傑克應擔任此職。默里是傑克的哥哥，但傑克辦事比較認真負責。他們兩人為開公司投入了畢生積蓄，所以事關重大。如果要公司實現他們的理想，的確要有人以十分認真負責的態度擔當此職。

他們決定由傑克擔任最高行政主管。

下一步需要為小器械公司制訂策略目標。最高行政主管傑克指派董事會成員默里負責以「市場估算人口統計模式」進行必要的調查研究。在他們決定要營運的地區內有多少潛在買主？該地區人口是否在增加？市場競爭情況如何？小器械怎樣定價？銷售情況怎樣？在該地區經營小器械是否有前途？預計該地區的經濟成長情況怎樣？

傑克還請默里製作一份消費者情況調查表，並複印郵寄給屬於他們的「市場估算人口統計模式」的一部分消費者，以了解他們對其他小器械公司的意見。同時，默里還親自打電話給其中一百五十個消費者，對他們進行「需求分析」，以更加了解他們對小器械的看法。比如，小器械對他們有什麼用處？小器械給他們的生活帶來什麼影響？他們需要什麼樣的小器械？小器械使用起來應該有什麼樣的感覺？好的小器械應該具備哪些性能？

默里同意在某日完成這項調查。同時，傑克為了從銀行獲得貸款而準備必要的相關財務報表——第一個營業年度的營業收支和營業現金流量預測表。

一旦收集到有關消費者、市場競爭和小器械定價的資訊，傑克和默里將再次會晤，以制訂策略目標，並在貸款申請書上填妥最後數字。

福星高照。默里收集關於公司的「市場估算人口統計模式」、市場競爭和小器械定價的情況極令人鼓舞。他們制訂好策略目標後就開始進行組織開發工作——製作組織圖。

他們在策略目標中已經規定好經營方式：在一個名叫北馬林韋斯特的地方裝配小器械和配件，並向特定的消費群銷售這些產品。現在傑克和默里認為應當在組織圖中設置以下職位：

㈠總裁：負責推動實現策略目標，並對最高行政主管負責；

㈡市場行銷部的副總裁：負責開發顧客群，同時負責為顧客提供令人滿意、價廉物美的小器械，並探索新需求及開發新產品。

㈢營業部的副總裁：負責向顧客提供市場行銷部已經允諾的貨品，以便吸引顧客；同時負責探索成本低、效率高的裝配小器械之新方法，以便向顧客提供更好的服務；

㈣主管財務部的副總裁：負責保持公司財務收支平衡，並以盡可能低的利率獲得必要資金，用以支持市場行銷部和營業部完成其使命；

㈤銷售經理和廣告與市場調查經理：此兩職對市場行銷部的副總裁負責；

㈥生產經理、服務經理和設施經理：此三職對主管營業部的副總裁負責；

㈦收帳經理和付帳經理：此兩職對主管財務部的副總裁負責。

寫完後，傑克和默里一面把身子往後靠，一面端詳著小器械公司的組織圖。他們不禁笑了起來，這看來一定是一家大公司。問題是，公司只有傑克和默里兩人，他們的名字要填滿組織圖的所有職位！

他們所做的實際上是記述小器械公司在潛能完全得到發揮時，所應做的全部工作。更重要的是，他們所記述的也是該公司必須立即進行的工作。傑克和默里看到，今天的小器械公司和明天的小器械公司並沒有什麼不同之處，兩者的工作是一樣的，只是人員會有變動。

傑克和默里的下一步工作是為組織圖中的各項職位各寫一份「職位合約」（這是格伯企業開發公司使用的名稱）。職位合約內容包括有關職位應取得的工作成果，擔任該職的員工必須進行的工作，用以評估工作成果的一系列準則，以及一道橫線供同意承擔該工作者在上面簽名。

職位合約不是工作說明書。職位合約是公司和員工之間的合約，它界定了公司和雇員之間的「遊戲規則」。職位合約促使公司中每一個人具有奉獻精神和責任感。職位合約說明誰「負責」並被期望做什麼事。

傑克和默里寫完所有的職位合約後就著手進行他們合夥以來最艱巨的任務：提出要填進各項職位中的人名。現在只有他們兩個人，要避免犯大多數小公司所犯的錯誤就更加困難了。

傑克是最高行政主管，所以默里立即投票選他為總裁。既然傑克將掌管一切，他最好擁有掌管一切的權威。傑克接受了這個安排，並簽署了總裁職位合約——他首先是公司的最高行政主管，其次是總裁。

現在有三個副總裁職位要填寫人名，他們分別主管市場行銷部、營業部和財務部。

鑑於默里在合夥企業剛成立時做過出色的市場行銷調查工作，傑克問默里是否同意擔任主管市場行銷部的副總裁。默里同意這項建議，並簽署了有關的職位合約。傑克是總裁，是市場行銷部副總裁的上司，所以他代表公司在同一份職位合約上簽了自己的名字。

現在要決定營業部副總裁的人選。傑克同意擔任此職，因為要默里一面銷售小器械一面製作小器械會有困難。這一次，傑克以總裁和主管營業部的副總裁的雙重身分簽署了職位合約。

最後，傑克又擔任起財務部副總裁的職責。

現在默里又接受了銷售經理和廣告與市場調查經理兩個職位，傑克接受了生產經理、服務經理、設施經理、付帳經理和收帳經理的職位。

全部職位合約簽署完畢後，傑克和默里又一次把身子往後靠，一面端詳著他們完成的工作。他們一看這個安排大吃一驚！原來傑克接受了九個職位，而默里只有三個！

必須對這個安排進行修改。他們考慮了一陣子以後同意由默里擔任收帳經理和付帳經理，同時還擔任服務經理。

這樣，每個人都有六個職位，比原先的安排公平合理得多。他們每人每天都應該完成六個職位的工作。公司組建完畢。

雖然各個職位的工作一點都未開始作業，兩人已經能夠對公司、對需要進行的工作、對評估各個職位應完成工作的標準、對每一個職位應承擔什麼職責並對誰負責，都有了自己的構想。

這項準備工作完畢後，傑克和默里的心頭不禁掠過一陣井然有序的感覺，他們為此感到高興。

儘管前面顯然還有大量的工作要做，看來這些工作都是可以做好的。他們知道他們會把這一切工作都做好，因為他們已經組織起來了，有計畫了。

隨著組織圖的制訂，傑克和默里也產生了建設特許連鎖原型標準店的藍圖。

傑克和默里對公司最終情況做出構想以後，就開始把公司建設成一個原型標準公司，但是他們是從公司的底層而不是從高層做起。

他們從自己最初在企業中擔任的職位開始把公司原型標準化。他們當初的職位是售貨員、生產管理員和收帳會計，而不是最高行政主管、總裁或市場行銷部副總裁。換言之，他們目前還不是企業主、合夥人或股東，而是員工，處於公司的最底層，從事「技術性」工作，而不是「策略性」工作。

技術性工作就是所有技術專家做的工作，策略性工作是主管人員做的工作。傑克和默里的公司若要發達，就必須找別人做技術性工作，他們才有時間做策略性工作。他們現在要集中精力開發一個成功的企業。

這一重大轉變可以透過組織圖加以實現。

為此，他們開始用與一般小公司全然不同的方式工作。

當默里以售貨員的身分工作時，他還以市場行銷部副總裁的身分進行開發售貨員的工作。當傑克以生產管理員的身分工作時，他還以營業部副總裁的身分進行開發生產管理員的工作。換言之，默里和傑克開始辦企業時，就是把企業中每一個職位當做特許連鎖店的原型標準職位來對待。

當默里以售貨員的身分工作時，他還透過由革新、量化處理和精緻安排三項活動構成的程序對售貨員職位本身進行開發。

同樣，當傑克以生產管理員的身分工作時，他還透過上述企業程序對生產管理員職位進行開發。

他們都這樣向自己提問：在這個崗位上，怎樣做才能向顧客提供最好的服務？怎樣做才能既可以有效地滿足顧客的需求，又可以為公司賺到盡可能多的利潤？我如何才能向負責這項工作的員工提供最有用的經驗？

默里開始檢查他當售貨員時穿的服裝，以了解售貨員的服裝應該有什麼顏色和款式才能給顧客留下最好印象。他開始檢查不同用語的效果。他開始考慮小器械公司和顧客的關係，其中各個環節應當進行哪些改進才可能收到更好的效果。

他在銷售方面想出一些革新措施，並對這些措施的效果進行量化研究。最後他選取了其中效果最佳的若干措施，把它們寫進《小器械公司銷售業務手冊》中。

不久，這本手冊包含了精確描述各項工作的執行方式：怎樣接電話，怎樣打電話，怎樣在門口迎客，怎樣處理顧客的查詢、投訴和疑慮，以及有關接受訂貨、辦理退貨、處理開發新產品的要求和保證存貨的制度。

只有在《銷售業務手冊》全部編好以後，默里才開始刊登徵聘售貨員的廣告。可是他偏偏不徵聘有銷售經驗者，而是徵聘生手、新手，只要他渴望透過學習把銷售工作做好，只要他願意學習默里花費很多時間和心血才得到的知識，只要他頭腦裡掛著許多問題希望得到解答，只要他虛心好學。

默里的廣告刊載在星期日的報紙中，廣告詞為：「請看我們的『轉鑰匙』作業，請看我們的搖錢樹。不需要有什麼經驗，只需要虛心求教、有學習的願望。」

默里對應聘者進行面試時向他們出示了《銷售業務手冊》和《小器械公司的策略目標》，並向他們解釋這兩份文件產生的經過和目的。他還向應聘者展示公司的組織圖，並指出圖中售貨員職位在哪裡，售貨員職位對哪一個職位負責，以及目前公司裡是誰當售貨員。他還就公司的根本目標進行說明，以便了解哪些應聘者的觀點和公司相同。

默里物色到合適的人選後就聘用了他。他發給新售貨員一份《銷售業務手冊》，要求他記住手冊內容，按照規定穿著，學習公司的各項制度，然後走馬上任，工作中要執行經過默里革新、量化處理和精緻安排的銷售制度。

就在這個時刻，默里的職位由售貨員一躍成為銷售經理，並開始推行下一步企業開發程序。

這是因為默里已邁出了最重要的一步——把自己從企業的技術性工作中跳脫出來。以制度取代自己，這個制度只要由願意的人來執行就能成功運作。

現在，默里的工作變成管理銷售制度，而不是做執行銷售工作。他現在是從事策略性工作。

組織圖從策略目標發展而來，策略目標又從使命目標發展而來。策略目標為組織圖提供依據，因此，組織圖對實現策略目標有一定的影響力，策略目標又對實現使命目標有一定的影響力。這樣就確立了三者之間的邏輯關係，形成一個統一的整體。

小器械公司已經成為一個井然有序的系統。有了組織圖，公司的方向、目標和風格成為一個有機的統一體，公司將有計畫地、健康地發展。

第三篇

創業融資

第八章

創業融資管道

本章學習目的

1. 介紹可供選擇的融資管道。
2. 了解商業銀行在創業融資中的影響，發放貸款的類型以及銀行借貸決策。
3. 討論小型企業管理協會貸款。
4. 了解有限責任合夥企業的相關知識。
5. 討論政府資助，尤其是對小型企業創新研究的資助。
6. 了解私下融資的影響。

華特・迪士尼樂園

創業者從哪裡得到資金去實現他們的夢想？資金的來源十分多樣，但對華特・迪士尼（Walt Disney）來說，卻完全源自一條祕密的售報途徑。華特・迪士尼，生於芝加哥，成長於密蘇里的一個小農場，十歲時隨父母家人一起遷居堪薩斯城。在那裡，他和哥哥一起無償地替父親的報紙訂戶送報。在那段時間裡，當華特・迪士尼得到新訂戶時，也不告訴父親，就自己直接到報紙發行處購進更多報紙，從而建起了自己的客戶網。憑著這項「地下」業務，他有了自己的利潤。他瞞著父母把這些錢用來買糖吃，在家裡可是禁食糖果的。

迪士尼的創業生涯就這樣起步，逐步走向輝煌。十多歲時，他跟隨他所崇拜的大哥羅伊（Roy），虛報年齡加入紅十字會，投身於第一次世界大戰的救護工作。但在他隨最後一批志願者來到法國後，他的年幼無知立即暴露無遺。有一次，他的戰友們騙他，讓他去結清一筆餐費，可是他掏光第一次得到的全部薪水（這還是他剛剛得到的）還不夠，他不得不到黑市上賣掉自己的靴子，為此他發誓再也不上當。華特・迪士尼學會一手使用火鉗的好手藝，開始了自己的矇人把戲——「整理」他從戰場上蒐羅的德國鋼盔，使之看起來是頭部中槍者用過的，然後再作為「戰爭紀念品」賣給路過紅十字救護站的士兵們。就這樣，日積月累，華特得到了他自認為不小的財富。為了安全，他將錢寄回家中，讓母親保管。

戰後，迪士尼回到家鄉，他想實現自己童年的夢想：成為一名報紙專欄的漫畫家。儘管他很有藝術天賦，但卻畫不出報社所要求的諷刺漫畫，只好隨哥哥羅伊一起到堪薩斯城。哥哥替他找了一份差事，替當地銀行的客戶畫廣告和商品目錄的插圖。不過，這只是一份臨時性工作，忙過了聖誕節，迪士尼又無事可做了。這一份工作使他認識了一位水準更高的藝術家，現在他們成了搭檔。華特・迪士尼說服當地的一位出版商，令他相信在其定位低、無保存價值的報紙中增插廣告圖畫，就能大幅提高報紙品質。迪士尼的翩翩風度贏得了出版商的信任，出版商讓兩位藝術家利用一間閒置的房間（實際上是一間浴室）充當畫室。利用自己戰時存的二百五十美元，迪士尼購置了足夠的工具、器材，開始了自己的業務經營。

迪士尼還在捕捉新的商機，他與城中更多印刷商也簽下了服務合約。不久，「伊沃克斯和迪士尼」（Iwerks & Disney）遷入到一間真正的辦公室，兩人有了足夠的資金，進出當地的電影院，陶醉在漫畫形象中。這時堪薩斯城電影廣告公司

（Kansas City Film Ad Company）打出一份漫畫家招聘廣告，迪士尼去應聘，試圖推銷其合夥公司，但對方告訴他，這份工作只能給他一人。於是，他將合夥公司一分兩半，與伊沃克斯分手，同時也放棄了插圖業務。

很快，迪士尼成為藝術職員中的明星。他在電影廣告公司的時間不長，就去創辦自己的製作公司——娛樂遊戲電影股份有限公司（Laugh-O-Gram Films, Inc.）。為了籌集資金，他的業務不限於廣告製作，華特・迪士尼向許多當地居民出售公司股份，利用這樣得到的一萬五千美元資金。他製作了兩個卡通短片，成為家喻戶曉的影片。儘管它們廣為流傳，卻沒有得到任何報酬，不久公司就破產了。迪士尼設法從債主們那裡得到了一架照相機，和一份「愛麗絲夢遊仙境」的拷貝，這是他最早期的作品。透過為當地報紙拍攝新聞照片，迪士尼又積累了一筆資金，然後一路奔向好萊塢，開始了嶄新生活。

儘管故事變得愈來愈複雜，捲入的資金也愈來愈多，但是故事的結構還是一如以往。他的「愛麗絲夢遊仙境」和以前的兩個熱門短片展現了他的才華，憑藉自己的魅力、資產以及過去簽下的合約，迪士尼獲得了新資金：娛樂遊戲公司的一位客戶同意出資生產幾部有關愛麗絲的短片；哥哥羅伊幫助打理商業合約事務；而過去在堪薩斯城的一些支持者又再次解囊相助。在創始人追求完美的過程中，迪士尼製片公司（Disney Productions）經歷了多次興衰起伏。迪士尼躊躇滿志、如願以償地經營自己公司時，公司的產品名聲漸大但成本高昂。在動畫製作過程中，常會產生新靈感。就在他們認為可以創造轟動效果時，他們的想法被剽竊，結果不僅談不上利潤，他們的整個世界都接近末日來臨。然後奇蹟又再次出現，新的創意誕生了，工作室又興旺起來。就在這一期間，迪士尼製片公司替他們日益流行的卡通短片配上了聲音和色彩，增添了作品的藝術影響力，同時也增加了成本開支。雖然公司已經在世界上贏得了聲譽，但迪士尼卻發現公司難以獲利。

利潤的轉折點來自於製作完整的卡通片「白雪公主」。在 1937 年之前，這是一個耗資巨大且十分成功的製作。製作預算將近十倍於雇用演員表演，如果這部卡通片失敗的話，公司就完全可能崩潰。幸運的是，這是歷史上最為成功的動畫片之一。利用賺得的利潤，華特擴充經營計畫，擴大員工規模，開始了三個新動畫片的製作。三部新影片，每一部影片的成本都遠遠超出預算，遺憾的是，都未能在美國市場上一炮打響。更糟糕的是，這些影片正在發行時，第二次世界大戰的爆發完全摧毀了原本可以獲利的歐洲市場。負債持續增加，要彌補資金的不足，看來唯一的融資方式就是上市賣股票了。1940 年 4 月，迪士尼公司發行了七十五萬五千股普通股和特別股，募集了將近八百萬美元的資金，再一次拯救了公司。

但是，上市並不是迪士尼製片公司的最終歸宿。像許多典型的創業者一樣，華特·迪士尼習慣深入公司管理，面面俱到，他既不願向股東授權，也不想讓他們承擔責任。對卡通和電影前景的日益憂慮，使迪士尼的注意力轉移到自己的另一個夢想——遊樂園。不過，羅伊卻未能看出遊樂園是一個賺錢的主意，他遊說董事會和幾位銀行家否決了迪士尼的資金要求。在對資金感到絕望之際，華特·迪士尼開始轉向另一個融資管道：電視。儘管在當時電視還是一個全新的娛樂潮流，迪士尼製片公司卻予以迴避，認為它太不入流。由於其他融資管道都被凍結，迪士尼唯有同意與ABC公司組合資企業，一家很新很小的廣播公司。為了取得投資遊樂園的五百萬美元，迪士尼同意將米老鼠搬上電視螢幕。這對ABC公司、迪士尼製片公司乃至整個美國社會，帶來了重大變化。

華特·迪士尼的創業生涯由始至終面臨著一個關鍵問題，就是企業的營運資金。儘管這是一個貫穿創業過程的問題，但融資問題在企業的啟動階段更加突出。對創業者來說，就償付利息及喪失公司權益而言，新創企業能夠憑藉內部資金經營的時間愈久，融資成本就愈低。如果公司考慮融資是在經營三年以後，此時，憑藉銷貨收入和利潤的清晰記錄，往往以10%的成本就可以發行證券；相反，在公司早期，同樣的投資金額，可能就要讓出30%的權益。就資金的提供者來說，潛在投資機會需要有適當的報酬率，風險愈大，期望的報酬愈高。投資者在固定風險水準下追求報酬極大化，或者在特定預期報酬下追求風險極小化。本章介紹一些常見的融資管道，以及透過這些管道獲得資金所需要的條件。像華特·迪士尼所經歷的那樣，一般來說，不同的融資管道適用於企業發展的不同階段。

8.1 融資方式與來源

開創新的企業，最大的困難就是怎樣獲得資金。對創業者來說，選擇融資管道的考察應先比較債務融資與權益融資，內部融資與外部融資的差異。

8.1.1 債務融資與權益融資

可供選擇的融資方式有兩種：債務融資與權益融資。所謂債務融資（debt

financing）是指利用須償付利息的金融工具來籌措資金，通常就是貸款，常利用企業的銷貨收入與利潤來償付本息。典型的債務融資常需要某種資產（如轎車、房產、工廠、機器或地產）當做抵押。

> 債務融資是指利用須償付利息的金融工具來籌措資金。

債務融資要求創業者不僅要歸還本金，還要按事先商定的利率支付利息，有時候還附有資金使用條件的限制。如果是短期融資（期限短於一年），資金往往充當流動資產，用於購置貨物、支付應收帳款、應付營運資金，資金的償還主要利用當年的銷貨收入和利潤。長期債務（期限長於一年）常常用於置辦一些固定資產，如機器、地產、建築物等，而且以資產的部分價值（一般占總價值的 50%～80%）作為長期貸款的抵押。債務融資（而不是權益融資）使創業者持有企業較多股權，而可能在權益上獲得更大的報酬，特別當利率低迷時更是如此。不過，創業者必須注意債務負擔不能過重，避免出現經常性的利息支付困難，否則即使還能應付，也會妨礙企業的成長發展，甚至會導致破產。

權益融資無須抵押資產，它賦予投資者某種形式的股東地位。投資者分享企業利潤，並按照預先約定方式獲得資產的分配權利。哪種融資類型比較好，關鍵決定因素就是獲得資金的可能性、企業的資產以及當時的利率水準。通常，創業者滿足資金需求時，會混合使用債務融資與權益融資。

> 權益融資無須資產抵押，它賦予投資者某種形式的股東地位。

任何新創企業總有創始股東，同時也就有權益資本。當然，權益資本數量隨企業的性質與規模之不同而有所不同。有時候，權益資本完全由一位股東提供，如小型的冰淇淋工廠、林蔭道上的路邊攤、承辦一次比賽等等。大型企業則可能需要多位股東，包括私人投資者或者創業投資機構。

8.1.2　內部融資與外部融資

從另一個角度來說，融資既可以是內部融資（internal financing），也可以是外部融資（outside financing）。企業使用的資金最常見的是由內部生成的。企業有多種內部資金來源：經營的利潤、出售資產的收入、流動資產的削減、支付項目的減少、應收帳款的回收等等。對每一個新創企業，啟動階段的利潤一般都全部再投資到企業經營中，甚至股東也不能指望在初期能分到現金股利。有時候，可以出售使用率不高的資產來獲得資金。如果通貨膨脹不高，而租賃條款又寬鬆，只要可能，就應當租賃使用資產（往往優先採用附有購買選擇權的租賃方式），而不是擁有資產，這將有助於創業者對現金的掌握，而現金在公司經營的起步階段極為關鍵。

短期內部資金可以透過減少短期資產：存貨、現金以及其他流動資產項目來獲得。有時候，創業者可以從供應商那裡獲得延期付款機會，來滿足三十至六十天的現金需求。企業必須小心翼翼地與供應商保持良好關係，以保證供貨的持續性，但稍稍延緩數日付款，就能獲得需要的短期資金，這種好處還是應予考慮。內部融資的最後一種方法就是加速回收應收帳款。採用這一措施，必須注意不要激怒了主要客戶，因為有些客戶有其固有的償付習慣。比如說，無論供應商採用何種應收帳款政策、公司規模有多大、給予多高的即期付款折扣，批發商總要推遲六十至九十天才與供應商結帳。公司如果想要與這些批發商打交道，就不得不容忍這樣的付款方式。

資金的另一個來源就是企業外部融資。外部融資的各種管道需要從三方面來評估:資金可用的時間長短、資金成本以及公司控制權的喪失程度。在選擇最佳的融資管道時都應該從這三個方面來進行評估。以下我們將對表 8.1 中所列的融資管道（自有資金、家庭及朋友、商業銀行、小企業管理協會（SBA）貸款、R&D 有限責任合夥企業、政府資助、私募等）分別進行討論。

表 8.1　美國新創企業融資管道

	使用時間			成本			控制權	
資金來源	短期	長期	固定利率負債	浮動利率負債	利潤中的比例	權益	契約	投票權
自有資金		×				×	×	×
家庭及朋友	×	×	×	×		×	×	×
供應商和商業信用	×				×			
商業銀行	×		×	×			×	
以資產為基礎的借貸者		×	×	×			×	
機構及保險公司		×	×	×	×		×	
養老基金		×			×	×	×	
創業資本		×				×	×	×
私　募						×	×	×
股票公開發行					×	×		×
政府資助項目		×						

8.2 個人資金

儘管有些創業者沒有動用個人資金就設立了新企業，但這種情況很少。從資金成本或企業經營控制的角度來說，個人資金成本最為低廉，而且在試圖引入外部資金，尤其是獲得銀行、私人投資者以及創業投資機構的資金時，絕對必須擁有個人資本。

一些創業者很清楚開創企業的風險，另外一些創業者則認為，自己不具備發展和營運企業所必需的才幹和技能，因此有意地避免使用自己的資金。

但外部資金的供給者通常認為，如果創業者自己沒有資金投入，就可能對企業經營不會那麼盡心盡力。一位風險投資者毫不掩飾地說：「我要創業者在企業有足夠的注資，只有這樣，當企業陷入困境時，他們才會設法解決問題，而不是將公司的大門鑰匙交到我的手裡。」個人資金的投入，關鍵在於創業者的投入占其全部可用資產的比例，而不在於投入資金的絕對數量。外部投資者者常要求創業者投資全部的可用資產，認為這表示創業者對自己的企業充滿信心，並會為了企業成功而努力。至於是多少金額，完全要看創業者可用資產而定。創業者應該時刻牢記，不是投入資金的絕對數量，而是占其可用資金的比例，才決定外部投資者對創業者投入水準的滿意度，進而決定是否投資。

當然，最終創業者決定投入資金的大小取決於其與外部投資者談判時的談判地位。如果創業者的某種技術或產品具有大家認同的高市場價值，創業者就有自行決定自有資金投入金額的餘地。

8.3 家庭或朋友

新創企業早期需要的資金具有高度的不確定性，而且由於需要的資金較少，對銀行和其他金融機構來說缺乏規模經濟。除了一些特殊情況，機構權益投資者和貸款人幾乎不會對這一階段的新創企業融資。

因此在這一階段，除了創業者本人，家庭或朋友就是最為常見的資金來源，由於他們與創業者之間的情誼關係，也由於他們常接觸，彼此的了解有助於克服投資的不確定性，家庭和朋友能為新創企業提供少量的權益資金，有時候家庭或朋友的幫助並不是直接提供資金，而是提供擔保以幫助創業者獲得資金。

儘管從家人或朋友那裡獲得資金較為容易，但這種融資既有好處，也有缺陷。不僅獲得的資金數額較少，而且如果這是以權益資金的方式注入，家庭成員或朋友就成為企業股東地位，這可能會使他們覺得自己應投入企業的經營，而對員工、設備或銷貨收入及利潤產生負面影響。例如，一些有才幹者可能會覺得企業中盡是裙帶關係，自己沒有發展的空間，而萌生去意。而且相對而言，從家人或朋友籌措的資金一般只是種子資本或者啟動資金。在股權的安排上要為後續資金的融通做好準備。因此，在向家人和朋友融通資金的同時要避免被貼上家族企業的標籤。雖然這種情況可能會發生，但一般來說，家人或朋友不會是製造麻煩的投資者，事實上，他們比其他投資人更有耐心。對於企業的發展來說，人員上的異質性是很重要的。最理想的辦法是從中找出一些志同道合、並且在企業經營上能互補的朋友透過入股而直接參與經營，從而為企業確立一個高素質的經營管理團隊，而企業經營能力在融資時就應該列入考慮。

為了避免一些潛在問題，創業者應全面考慮投資的正面和負面影響及其風險性，使得問題出現時，能夠盡可能地減少對家人或朋友關係的負面影響。嚴格管理就能幫助減少將來可能出現的問題，必須以公事公辦的態度，將家人或朋友的資金與不熟悉之投資者的資金同等對待，任何貸款都要明確規定利率，以及本金和利息的償還計畫。對權益投資者任何未來的紅利必須按時發放。如果家人或朋友享有的待遇與任何其他投資者相同，就可以避免潛在的摩擦。創業者必須對任何問題都要防患未然，並書寫記錄下來。一旦涉及到金錢問題，人的記憶常常是很不管用。所有融資的細節都需達成協議，資金必須用於企業經營，凡是有關資金的數額、資金的期限、投資者的權利及責任，企業破產的處理措施等等這樣的細節，都需預先談好並記錄下來，最後形成一份明列所有條款的正式協議，這樣有助於避免出現問題，有助於解決糾紛。

一旦涉及到金錢問題，人的記憶常常是很不管用。

最後，在接受家人或朋友的資金之前，創業者應該仔細考慮投資對他們的影響，尤其是要考慮公司破產可能帶來的艱難局面。每一個家庭成員或朋友在創新企業中的投入，都應該不是強迫或誤導的結果，而是因為他們認為這是一個好的投資機會。

8.4 商業銀行

在有資產可供抵押的情況下，商業銀行是創業者短期資金最常用的融資管道。商業銀行的資金以債務形式注入企業，同時，需要一些有形的擔保或抵押資產——某種具有價值的資產，抵押物品可以是企業資產（房地產、設備等）或個人資產（創業者的轎車、房地產、股票或債券等），也可以是擔保人的資產。

8.4.1 銀行抵押貸款的類型

可用的銀行貸款有多種類型，這些貸款均以企業的資產或現金流量為基礎，貸款的資產基礎（asset base for loans）通常是應收帳款、存貨、設備或不動產。

㈠應收帳款抵押貸款（Accounts Receivable Loans）。應收帳款為貸款提供了良好的保證，當客戶非常知名，又很守信用時更是如此。對值得信賴的客戶，銀行甚至可以貸放占其應收帳款總額80%的資金。當面對著像政府這樣的客戶時，創業者可以採用轉化安排（factoring arrangement）來獲得貸款，此時代理商（銀行）以低於票據面值的價格「購進」應收帳款，然後直接去收取現金，在這種情況下，如果不能回收應收帳款，代理商（銀行），而不是企業，就將蒙受損失。因此，代理應收帳款（factoring the accounts receivable）的成本當然高於以應收帳款做抵押的貸款成本。因為銀行在充當代理時承受了更大的風險。代理成本除了從貼現到回收帳款這段期間的利息收入之外，還可加上回收過程的委託費用，以及有可能產生呆帳的防範成本。

㈡存貨抵押貸款（Inventory Loans）。當存貨的流動性很好，且容易賣出時，存貨也可以成為貸款抵押。一般來說，成品存貨可以用來籌集相當於其價值的50%資金。信託票據（Trust Receipts）是零售商用於融通的一種獨特之存貨貸款方式，在信託票據中銀行預先支付貨品發票價格的部分價值，當存貨售出後，則按預先約定逐步得到償還。

㈢設備抵押貸款（Equipment Loans）。設備可以用來充當長期融資（通常為三至十年）的抵押。設備融資有多種形式：購置新設備的融資，以公司已經擁有且使用過的設備融資，售出回租（Sale-leaseback）的設備融資以及租賃融資。以購買新設備或現在使用的設備當抵押時，根據設備的可轉賣情況，企業通常能夠獲得占設備市價 50%～80%的資金。在售出回租的融資安排中，創業者向貸款人「出售」設備，然後按設備的服務壽命租回；而在租賃融資中，公司以少量的投入並保證在今後一段時間裡支付確定金額，獲得設備使用權，支付的總金額就是設備的購買價格與融資成本之和。

㈣不動產抵押貸款（Real Estate Loans）。不動產也常被當做抵押，這種抵押貸款往往容易取得，籌資公司常常將此貸款當做購買土地、工廠或其他建築的資金，獲得的資金一般可達其價值的 75%。

8.4.2 現金融資

商業銀行和其他金融機構常常使用的另一種債務融資類型是現金融資。常見的包括信用貸款、安置貸款、直接商業貸款、長期貸款和擔保貸款。信用貸款（Lines of credit）可能是創業者最為常用的現金融資貸款方式。在安排所需要的信用貸款時，公司要根據要求，支付必要費用，使商業銀行核發貸款，從銀行借來的所有資金都要支付利息。通常，貸款必須根據協商的標準按期償還。

㈠安置貸款（Installment Loans）。具有清晰的銷貨收入和利潤紀錄的新創企業可獲得這類貸款。這種短期資金，常常用於應付一定時期的流動資本需求，如旺季融資的需求，其貸款期限通常為三十至四十天。

㈡直接商業貸款（Straight Commercial Loans）。此為安置貸款的一種形式。資金提前三十至九十天支付給公司，這種自動清償的貸款往往用於季度融資和購買存貨。

㈢長期貸款（Long-term Loans）。如果使用資金之需求時間較長，就要利用長期貸款，這種貸款（通常僅適用於較成熟且實力雄厚的公司）的年限可長達十年，獲得的貸款通常根據事先約定的利率來償還本金及利息；雖然有時候在貸款的第二或三年才開始償還本金，但利息卻在第一年就開始支付。

㈣擔保貸款（Character Loans）。當企業本身沒有資產來支持貸款時，創業者可能需要其他擔保來取得貸款。這種貸款常常需要利用創業者或其他個人的資產充當抵押，或由其他個人來擔保。例如一位創業者的父親以其五萬美元的存單做保，替他兒子擔保貸款四萬美元。如果經營建立了良好的信用基礎，創業者還能夠得到毫無擔保的短期資金。

8.4.3 銀行貸款決策

企業如何成功地說服銀行為其貸款。銀行總是謹慎地貸放資金，對創新企業投資更是慎重，銀行不想出現壞帳。銀行貸放人員和貸款管理委員會只有對借款人及其財務狀況紀錄經過仔細審查之後，才會做出商業貸款決策。貸款決策既要根據數據資訊，也要根據直覺判斷。

總體而言，銀行貸款決策依據的是「5C」貸款標準，所謂「5C」，即品質（character）、能力（capacity）、資本（capital）、抵押（collateral）及條件（condition）。根據對企業過去的財務報表（資產負債表和損益表）進行分析，可獲得十分關鍵的一些指標，如企業獲利能力、負債比率、存貨周轉率、應收帳款收現天數、創業者的投入資本及其對企業的貢獻。對未來預估之市場規模、銷貨收入以及獲利能力也要進行評估，以判斷企業的還款能力。評估還款能力往往要回答下列問題：創業者是否希望延長還款期間？如果出現問題，創業者是否會竭盡全力解決問題？企業在成長的市場中是否具有獨特優勢？可能導致企業經營業績下滑的風險是什麼？對企業意外的災害有無防範措施（如對關鍵人物的人壽保險和對廠房設備的保險等）？

> 銀行貸款決策依據的是「5C」貸款標準，即品質、能力、資本、抵押及條件。

回答了上述問題以及分析了公司紀錄，貸放人員可以獲得影響貸款決策的量化資訊，但對直覺因素，尤其是「5C」標準中的前兩個——品質和能力，仍需要進行評估。為了獲得貸款，創業者需要竭力施展才華，展示公司藍圖，以期產生積極效果。如果企業很少甚至沒有經營紀錄，財務管理經驗有限，既沒有特別授權的產品或勞務（即不受專利或許可證保護），可用資產又不多，那麼貸款人員的直覺對貸款決策就更為重要。

雖然，不同銀行提供的貸款申請表都有些差異，但申請表格一般都是一個

「縮小」的企業計畫，包括企業綜述、業務概況、股東／經理檔案、業務規畫、財務報表、貸款數額及其使用和還款計畫等等。這些資訊向貸放人員和貸款管理委員會介紹了申請人的個人信用狀況，反映企業能否產生足夠的銷貨收入和利潤來歸還本息。創業者應該對多家銀行進行評估，從中選出對特定業務領域有良好貸放歷史者，提出協商要求，然後向貸放人員鄭重呈交申請。保持良好的企業形象，嚴格地遵循貸款程序，對獲得商業銀行貸款是必不可少的。

一般來說，企業要注意規定的利率和約定的條款、還款條件以及貸款限制，創業者應該盡可能借入資金，但一定要注意企業能夠產生足夠的現金流量還本付息。創業者應評估多家銀行的經營紀錄和貸放程序，從中選擇能提供最優惠借款條件的銀行，這種「銀行詢價過程」（bank shopping procedure）可使企業以最優惠利率獲得必要的資金。

8.5 小型企業管理協會貸款

通常，在美國的創業者缺乏必要的經營紀錄、資產以及其他獲得商業銀行貸款的條件，就無法獲得正常的商業銀行貸款，此時可以考慮小企業管理協會（SBA）擔保貸款。在這種貸款過程中，如果公司不能還清貸款，SBA將代償80%的貸款總額，這種擔保使得銀行願意貸放更高額的貸款。這種貸款的獲得過程如表 8.2 所示。除了填寫所需政府表格和文件之外，與普通銀行貸款的申請並無差異，通常全美一些大城市會有專門經營這種貸款的銀行，他們能幫助創業者正確地填寫適當的表格，減少政府處理時間並決定（或否決）貸款。

事實上，為了創新企業的健康成長，為了獲得銀行貸款，良好的銀行企業關係是十分重要的。

SBA既可以提供長期貸款擔保，也可以提供短期貸款擔保。如果抵押物是耐久財，如土地和建築物，則可獲得的貸款期限也有所不同，對已經使用了一些年份的建築，最長的貸款期限為十五年，而對新的建築則可以為二十年。如果貸款是為了購買貨物、機械、設備和流動資產，雖然通常的貸款期限為五年，但最長的貸款期限可達十年。一旦提出申請並按照要求附上所有文件，如果沒有障礙，通常會在十五天內得到處理。如果 SBA 擔保貸款獲准，它比一般銀行貸款要求更多的報告，由於商業銀行貸款和SBA擔保貸款要求的利息沒有差別，所以商業銀行貸款較佳，因為要求報告的較少，而且可以藉此建立銀行企業關係。事實上，為了創新企業的健康成長，為了獲得銀行貸款，良好的銀行企業關係是十分重要的。

表 8.2　美國小企業管理協會貸款申請程序

1. 填入下列資訊。
2. 將此表帶給開戶銀行，交其審查所提供的資訊和貸款申請書（你必須指定一家銀行，表示願意與 SBA 聯手提供貸款，因為由 SBA 提供的直接貸款資金十分有限，不是融資的可靠來源）。
3. 如果銀行願意加入，請附上意見，並讓銀行將此資訊轉告我們，以供我們審查。
貸款申請所需資訊
1. 企業簡歷。
2. 簡明的管理人員經歷，寫明過去的經營經驗、技術培訓、教育程度、年齡、健康狀況等等。
3. 貸款使用的項目情況：
・流動資產：
・土地：
・建築：
・辦公用品及設施：
・機械設備：
・自動化設備：
・其他：
・總計：
4. 目前企業的資產負債表和損益表。
5. 過去三年的年度資產負債表和損益表，如果經營不足三年，其經營年份的年度財務報表（可以呈報納稅時的財務報表影本）。
6. 如果企業尚不存在而只是申請階段，則應附上損益預估表，顯示規畫中的資產開始經營的淨值，以及經營前三年的年度經營預估財務報表。
7. 附上個人的資產負債表，顯示個人在企業外擁有的全部資產和負債。

8.6 研究與發展有限責任合夥企業

在美國高科技領域的創業者還有一個融資方式，就是研究與發展有限責任合夥企業籌資（research and development limited partnership）。這種融資方法吸引了尋求減免稅金的投資者，R&D 合夥企業的注資者常包括開發技術的發起公司（sponsoring company）與個別投資者。當風險較大、基礎研究成本高昂的時候，

R&D有限責任合夥企業籌款方式尤其適宜，因為此時的風險以及報酬都是共享的。

8.6.1 要素

R&D有限責任合夥企業籌資有三個主要因素，即合約、發起公司和個別投資者。合約在發起公司與個別投資者之間達成，其中發起公司承諾利用所獲得的資金，進行有市場價值的技術研發，但並不保證最終結果，而只是盡其所能地開展工作。個別投資者提供固定費用或者採用成本追加方式投入。典型的合約有以下幾個特徵：

> R&D有限責任合夥企業籌資有三個主要因素，即合約、發起公司和個別投資者。

㈠有限責任合夥人承擔任何可能出現的負債。

㈡有限責任合夥企業中之發起公司與個別投資者都享有一些稅務方面的好處，發起公司可將 R&D 成本作為費用支出，而不是將此成本資本化，作為產品最終成本的一部分。

而個別投資者根據 R&D 合約進行投資時，可扣除投資額。依據投資者的適用稅率（愈高就愈明顯），這種減免增加了投資報酬率，從而增加了承擔風險的補償。

合約的第二個組成成分是個別投資者，與股份公司中的股東一樣，他們僅承擔有限負債義務，其不同點在於它不是一個完全納稅的經濟實體，因此，任何 R&D 有限責任合夥企業的初期損失所帶來的稅金補償，將直接轉記給有限責任合夥人，沖銷他們的其他收入，減少其應稅所得。往後，如果成功地開發了技術，合夥人將能分享其中的收益。有時，這些應納稅的收入，並不納入所得稅，而是以較低的資本收益稅率納稅。最後的組成成分——發起公司，扮演的是開發技術的主要合夥人（general partner）角色。發起公司通常具有基本技術，但是，為了能商品化成功，還需要個別投資者的資金來進一步開發和改進，發起公司利用基本技術來換取合夥企業的資金。發起公司通常保留利用這一基本技術開發別項產品的權利，以及將來利用開發出來的技術換取許可費用的權利，否則，雙方就會簽訂一份備忘錄，其中約定合夥企業允許發起公司利用這一技術開發別項產品。

8.6.2 貸款程序

R&D有限責任合夥企業貸款通常有三個步驟：注資階段（funding stage）、發展階段（development stage）和離場階段（exit stage）。在注資階段中，發起公司與個別投資者簽訂一份協議，將資金投入約定的研發中，有關股東地位、條件以及研發範疇等都將仔細地立文存檔。

> R&D有限責任合夥企業貸款通常有三個步驟：注資階段、發展階段和離場階段。

進入發展階段，發起公司利用資金著手研究。隨後，如果成功地完成技術開發，離場階段就開始了。這時，發起公司和個別投資者一起分享艱辛努力後的商業收益，具體的做法有三種方式：權益合夥企業（equity partnership），使用費合夥企業（royalty partnership）和合資企業（joint venture）。

典型的權益合夥企業是發起公司和個別投資者組成一個共同擁有的新企業。按照原始協議中的架構，個別投資者的利益不經扣稅，直接轉成新企業的股份權益。除了將 R&D 有限責任合夥企業股份化以外，也可將之併入發起公司，或者另成立新的經濟實體繼續經營。

代替權益合夥企業安排的還有使用費合夥企業方式。此時，發起公司只要利用研發技術生產並銷售產品，就要付給 R&D 有限責任合夥企業授權費用。授權費一般為銷貨毛利的 6%～10%，通常會就授權費的總額規定一個上限。

最後的離場安排就是組建合資企業。發起公司和個別投資者聯手組建一家合資企業，利用研發而成的技術生產產品。通常雙方商定，在約定的時間或銷售額及利潤達到一定規模時，發起公司可以購回個別投資者在合資企業中的權益。

8.6.3 成本與收益

進行任何融資策畫，創業者都必須考慮其成本和收益，確定融資方案是否恰當。這對 R&D 有限責任合夥企業籌資安排亦不例外。R&D 有限責任合夥企業籌資的優點在於只用最少的權益稀釋，降低了相對風險，況且，由於吸收了外部資金，也充實了發起公司的財務狀況。

不過，這種融資安排也有一些代價。

㈠這種安排耗時費財。R&D 有限責任合夥企業設立往往要用六個月的時間，五萬美元的費用，這比普通的融資方式昂貴不少。對一些重大的項目，甚至可能耗時一年，耗資四十萬美元。

㈡目前有限責任合夥企業的融資紀錄不佳，因為這種融資安排大多數都不成功。其次，對技術的限制完全可能太多。主攻技術產生的副產品可能代價高昂，不能收回投入的資金。

㈢合夥企業的離場過程往往過於複雜，涉及太多的財務信託問題。

總之，這些成本和收益應當仔細評估，與其他可行的融資相比較之後，才能決定是否採用 R&D 有限責任合夥企業的方式籌資。

8.6.4 示例

儘管 R&D 有限責任合夥企業融資涉及很多成本，但還是有成功範例。西特克斯公司（Syntex Corporation）利用 R&D 有限責任合夥企業籌資 2,350 萬美元，開發一種醫療診斷儀器。基因技術公司（Genetech）第一次採用 R&D 有限責任合夥企業籌資五千五百萬美元，成功地開發出人體增高激素和伽瑪干擾素。六個月後再用此方法融資三千兩百萬美元，開發出組織型胞質基因激活素。特力羅紀有限責任公司（Trilogy Limited）籌資五千五百萬美元開發出高性能的電腦產品，成功的例子還是有許多。事實上，R&D 有限責任合夥企業籌資為創新企業的技術開發開闢了一條良好的融資途徑。

8.7 政府資助

有時候，創業者可以利用政府資助的資金來實現自己的創新思路。美國的小型企業創新發展法案（Small Business Innovation Development Act）是專為小型企業服務的特別項目，該法案要求所有的美國聯邦政府機構，只要擁有一億美元以上的 R&D 預算，就必須透過 SBIR 將部分 R&D 資金投資給小型企業。該法案不僅為小型企業提供了獲得研發資金的機會，也統一規定有關政府機構如何收集、評估和批准研究資助申請。

在美國，十一個聯邦機構參與了這一計畫（見表 8.3）。這些政府機構選擇了資助主題，並發布公告來描述其將資助的 R&D 課題。小型企業則根據標準化格式，直接向相關機構呈送申請書，政府機構再根據各自的評估標準，依據公平競爭的原則，對申請書進行評估，然後以合約、研究基金或合作協議的方式發放資助經費。

表 8.3　參加小型企業創新研究項目的美國聯邦政府機構

・國防部（DOD）	・交通部（DOT）
・國家航空航天局（NASA）	・原子能管理委員會（NRC）
・能源部（DOE）	・環境保護組織（EPA）
・健康與人力服務部（HHS）	・內務部（DOI）
・國家科學基金（NSF）	・教育部（DOED）
・美國農業部（USDA）	

SBIR 資助項目有三個階段：第一階段的資助用於實驗或理論研究的可行性分析，期限六個月，資助金額上限為五萬美元，目的在於確定研究項目技術上是否可行，同時，利用較少的資金投入，了解公司體質。成功完成第一階段資助目標時就能獲得進一步的考核機會，決定能否贏得美國聯邦政府的第二階段資助。

第二階段資助對第一階段中表現佳者給予R&D支持，用於進一步的研發，期限兩年，資助額可達五十萬美元，用於開發產品或勞務的樣品。在第二階段如果能夠提出科技品質良好的建議書，就可以再進一步獲得以商品化為目的的第三階段資助。

第三階段的資助並不直接動用 SBIR 項目的資金，而是透過私人管道或正常的政府出資協議來獲得資金，用來將開發的技術商品化。

8.7.1 資助程序

申請 SBIR 資助的程序直截了當。

㈠表 8.3 中所列的美國政府機構發布公告，公布其將資助的研究領域，這些公告每年一次，包括這些機構的 R&D 目標，申請書的格式，資助到期日，申請截止日期以及選擇、評估標準。

㈡公司或個人呈交申請書，申請書最多二十五頁，需按標準格式填寫。各機構先篩選所收到的申請書，通過篩選者再交由具有技術專長的資深科學家或工程師進行評估。

㈢資助最具商業潛力者。研究獲得的任何專利權、研究數據、技術數據以及電腦軟體，都屬於公司或者個人，而非政府所有。

對於獨立擁有、獨自經營、員工不超過五百人的技術型創業企業來說，SBIR資助是其獲得資金的一個可行途徑，它對企業的所有制結構並無限制（可以是股份公司、合夥企業，亦可是獨資企業）。

8.8 私募

創業者最後的資金來源是私人投資者（private investor），這可以是家人、朋友或者富有的個人。這些私人投資者在做出投資決策時，常常徵詢投資顧問，如會計師、技術分析師、財務規畫人員或律師等，然後才會做出決策，決定是否進行一定規模的投資。美國D條例為規範私募行為的法規。值得重視的是，私募又將現有的巨額儲蓄存款引向直接投資的一種有效辦法，新創企業也能夠藉私募籌集必需的資金。

8.8.1 投資者類型

投資者在公司中注入權益資本，往往對企業經營及方向有一定的影響，甚至可能會左右企業的經營。投資者對新創企業的經營方向及日常事務的介入程度，是創業者選擇投資者時考慮的重要因素。有的投資者要求積極介入業務；有的希望對新創企業之方向及經營至少享有顧問的權利，同時要求分享企業的利潤；但是，有一些投資者則是被動性格，他們完全不願捲入企業的活動。不過，所有投資者最為關心的，還是何時能夠回收，獲得較高的投資報酬。

8.8.2 私下發行

私下發行（private offering）是從私人投資者手中獲得資金的一種管道。私下發行與公開發行或公開上市（詳情見第十章）有幾個不同。公開發行需要大量的時間和資金，其中大多是為了滿足法規的要求。一旦公司決定上市，根據證券管理委員會的要求，它就必須完成許多艱難任務，進行申報工作。這種繁瑣的上市程序是為了保護不成熟的投資者，但私募的對象通常是具有一定的業務經歷，有能力承擔風險且數量有限的投資者，因此私募發行能較快進行，成本較低。當然，這些成熟的投資者仍然需要獲得公司或管理階層的實質資訊。那麼，什麼是實質資訊（material information）?怎樣才是成熟的投資者（sophisticated inventor）?投資人數限制為多少？要回答這些問題，我們需要了解美國的D條例。

8.8.3 美國D條例

美國D條例（Regulation D）的內容包括：

- 為簡化私下發行程序而制定的寬鬆規定；
- 界定私下發行的一般定義；
- 特定的操作規則——504規則、505規則和506規則。

D條例要求私下發行證券者在第一次發售證券後十五天，此後每六個月一次，並在最後銷售的三十天向證券交易委員會分別呈交五份表格，D條例還規定了證券銷售公告和銷售費用。私下發行者有證明其符合豁免條件的責任，因此必須應潛在投資者的要求完成必要文件，每一份出示給投資者的發行備忘錄都必須編號；必須包含指示說明，指出該文件不可複製或向任何其他個人出示；投資人（或其指定代理人）評審發行公司的資訊、報表和紀錄的日期，以及公司和投資人進行討論的日期都必須記錄。發行工作結束時，發行公司必須檢視並註明除了這些紀錄在案的人員外，無人涉及發行事務，發行過程中的所有文件必須作為公司的永久檔案保存。D條例的一般過程又在三個規則——504、505、506規則中進一步界定。

504規則明確界定出公司從投資者手中融聚資金的第一個條件。依據504規則，公司可以在十二個月內，售出最多五十萬美元的證券集資，投資人數不限。儘管發行公司不必披露特定形式的資訊，但也不能使用公開發行中普遍使用的廣告或集資公告，美國有些州還規定，除非證券經過登記，否則投資者不可轉售手中股份。

505 規則調整了投資者類別和發行額度的限制。該規則允許十二個月內私下發行的未經登記之證券額度為五百萬美元，這些證券可以出售給三十五位投資者，以及沒有數目限制的授權投資者（accredited inventor），此規則明確了 504 規則中有關投資者精明程度的核驗方法和資訊揭露要求。

那麼，什麼是「授權投資者」？授權投資者包括：

㈠機構投資者，如銀行、保險公司、投資銀行、擁有五百萬美元以上資產的員工福利基金、捐助資金超過兩千五百萬美元的免稅組織以及民營商業發展公司等等；

㈡持有發行者的證券超過十五萬美元之投資者；

㈢證券發售時，淨資產不少於一百萬美元的投資者；

㈣過去兩年中，年收入均超過二十萬美元的投資者；

㈤發行公司的董事、管理人員和一般合夥人。

如同 504 規則一樣，505 規則不允許透過大眾媒體發布廣告和集資公告，如果發行對象只有授權投資者，那麼，505 規則中沒有資訊揭露的要求（這與 504 規則下的私下發行類似）；如果發行對象中還有未授權投資者，那麼就必須揭露說明資訊。不管發行規模大小，除非資訊揭露需要「過度的努力和支出」，發行公司都必須準備最近兩年的年度財務報表；對不是有限責任公司的發行公司，可以用發行前一百二十天的資產負債表來代替。任何出售私募證券的公司，如果發行對象既有授權投資者，又有未授權投資者，就必須對兩者都提供適當的公司資訊，在發售之前應當解答任何疑問。

506 規則較 505 規則更為寬鬆，主要是對發行公司銷售給三十五位投資者的證券金額沒有限制，對授權投資者以及參加認購的發行人之親屬人數亦無限制，但仍然不准透過大眾媒體發布廣告或集資公告。

要取得外部資金，創業者必須十分注意任何資訊的揭露，盡可能地保證其準確性。一般來說，只要公司經營持續成功，而且公司的市場價值也反映出這種成功，那麼投資者與公司之間就不會產生什麼矛盾；但是，如果創業經營出現下滑，那麼投資者為了判斷公司是否有技術上的失誤或者有違證券法規，就會對公司的資訊揭露明察秋毫，一旦發現公司有違證券法規之處，管理者，有時還有公司主要股東，將被指責，要求承擔責任。受到傷害的投資者可以根據證券法提出訴訟，只要受害人發現或者有證據指出不正當的揭露，就能提出上訴。

訴訟可以在被告出現地——生活地點或工作地點，任何一個有管轄權的美國聯邦法庭進行，可以以個人身分或所有受到類似傷害者的立場提起公訴。一旦發現有違證券法規之處，法庭就會處以大筆律師費用及賠償費用。考慮到美國社會大眾好打官司的特性，創業者應該非常謹慎，保證所有的資訊揭露都是準確的。創業者還應該記住，不必經過任何訴訟，SEC就可以採取行政、民事甚至刑事行動，包括罰款、拘禁以及收回所有涉及資金等。

8.9 企業內部資金累積

除了獲取外部資金，還有一種方式值得考慮，那就是依靠企業內部的累積資金。如果債務融資（以較高的利率）或者權益融資（以喪失股東權益為代價）的資金成本都較高昂，對創新企業的啟動階段及其他較早的發展階段，內部資金累積就顯得更為重要。外部資金的成本，除了貨幣成本外，還有許多其他的成本。

㈠獲得外部資金（或是確定無法取得外部資金）需要花費時間——通常三到六個月。在這段時間裡，創業者可能沒有足夠精力用於開拓市場、擴大銷售、開發產品、控制成本等重大問題。由於資金短缺，公司的CEO在融資上花費太多的時間卻忽視了銷售和行銷，以致未能完成預估損益表中預計的銷售額和預期利潤，這就會引起投資者的擔心和憂慮，從而更加消耗CEO的時間。

㈡外部資金常常會降低企業銷售額和利潤的成長。一位成功的管理者絕不會雇用「十分富有的人」來擔任業務人員，如果一個人不缺飯吃，就不會盡心竭力投入推銷工作。同樣，外部融資的公司往往也有把外部募集的資金看成企業收入的傾向，而容易輕率地決定業外決策。

㈢容易得到資金會刺激開支的增加，公司會雇用一些不需要的員工，增加經營成本。公司會很容易忘記創業的基本法則：節儉起家。堅持節儉起家獲得成功發展的公司有 Civco 醫藥器械公司，Metrographics 印刷公司和電腦服務公司。Victor Wedel創立的Civco是一家醫療器械製造公司，其創始人 1982 年時曾任愛荷華大學的首席科學家，公司以一百美元起步，銀行貸款是其早期資金的來源。公司銷售額達到三百二十萬美元，八十萬美元的稅後淨利，雇員三十五人。取得類似成功的還有Metrographics公司，這是由Andrew Duke, Jeff Bernstein和Patrick Neltri於1987年各出資一百美元創立的，該公司從事印刷和電腦服務，現已發展成為銷售額超過兩百五十萬美元和十二名雇員的公司。

㈣外部融資會降低企業經營的自主性和靈活性，創業者的經營方向、管理、創造力都會受到妨礙，遇到無知的投資者，問題就更加嚴重，因為他們經常反對公司偏離投資計畫書中說明的經營重點和方向，這種態度會拖累公司，以至於無法完成必要的修正，或者即使完成了，也是經過長時間協商與說服，進展緩慢，企業經營的靈活性和機動性大打折扣。這將挫傷創業者的積極性——創業者通常是喜歡自由，不願受人擺布的。1992年，波海德（Bhide）調查分析了《股份有限公司》雜誌評選的五百家成功快速成長企業中的一百家，認為企業內部資金累積是一種對創業者、股東和管理階層非常有吸引力的選擇，因為累積自有資金能夠使企業保持經營的靈活性，而機構投資者的介入往往會試圖影響公司經營。調查發現，80%的樣本公司是以創始人自有資金支持的，創始人一般的投入資金為一萬美元左右。在利用自有資金的公司中，只有20%在過去五年或更長的時間裡利用外部資金進行增資。其他企業都是利用賺取的利潤和貸款方式籌資，而繼續保有增值迅速的企業權益。1996年布羅菲（Brophy）調查1970年到1995年間進行首次公開發行之企業時發現，只有30%的企業在首次公開發行前接受了風險投資機構的權益資金。

㈤外部資金的進入，可能會帶來新創企業更多的腐敗及問題。沒有期望報酬，就不會有資金的注入。當有些權益投資者捲入時，創業者承受使企業不斷成長的壓力，只好盡快進行首次公開發行股票。這樣強調短期業績就可能損害企業長遠利益。

> 引入外部資金最好是在發掘了所有內部資金後才進行，而一旦真的需要並獲得了外部資金，創業者應該牢記自己企業最初的經營動機。

儘管有這些潛在問題，創業者不時需要一些資金來擴充企業，如果僅用內部融資，這樣企業成長可能會十分緩慢，甚至完全無法實現。引入外部資金最好是在發掘了所有內部資金後才進行，而一旦真的需要並獲得了外部資金，創業者應該牢記自己企業最初的經營動機。

本章小結

任何商業冒險都需要資金。雖然資金的需求貫穿企業的發展，但是創業者面臨的難題卻是如何獲得啟動資本。尋求外部融資途徑之前，創業者首先應該發掘內部融資潛力，可以利用營業利潤、出售閒置資產、削減流動資金、加速應收帳款的回收等。當內部資源開發殆盡時，創業者也許還需要以外部融資來追加資金。外部融資可以是債券融資，也可以是權益融資。創業者考慮外部融資時，應當考慮資金使用時間的長短、資金成本以及各種財務安排對企業控制權力的影響。

商業銀行貸款是最為常見的短期外部債務融資途徑。這一管道需要抵押物品，可以是基於資產的，也可以是現金融資。無論是何種形式，銀行都會謹慎貸放，認真地採用 5C 標準，即借貸人的品質、能力、資產、抵押和條件來評估借貸人。並不是每一位創業者都能通過銀行的嚴格審查，此時，在美國的創業者可以採用另一種融資管道，即SBA擔保貸款。SBA 為貸款擔保 80%，這樣本來會被銀行拒貸者仍有可能獲得貸款。

美國高科技企業融資還有一種特殊的方法，即尋找研究與發展（R&D）有限責任合夥人。發起公司與個別投資者簽訂協議，投資者承擔研究風險，享受某些稅務優惠，分享未來利潤，包括利用研發技術生產產品所得到的利潤。創業者得到的好處則是獲得了所需資金，卻只用了很少的權益稀釋，同時還降低自己創業的風險。不過，組成 R & D 有限責任合夥企業成本是高昂的，對某些創新企業來說，時間也顯得太長（至少六個月），對技術的限制以及離場的複雜性也應評估。

美國小型企業透過 SBIR 計畫獲得政府資助是另一種融資途徑。企業可以向十一個聯邦政府機構申請資助。第一階段的資助支持初步的研究，期限六個月，最多五萬美元。第一階段最有前景者可以經過評審，獲得為期兩年，最高五十萬美元的第二階段資助。

最後，創業者還可尋找私人資金。個人投資者往往在公司中取得權益地位，且還享有一定程度的控制權。與公開發行股票相比，私下發行成本較為低廉，過程較不複雜。根據美國 D 條例以及三個專門條款——504、505 和 506 條款，創業者可以發售私人證券。進行私下發行時，創業者必須非常謹慎地準確披露資訊。違反證券法規將會替個人以及公司帶來法律訴訟。

創業者必須考慮各種可用資金管道，從中選出成本最小，控制權損失最少，又能滿足資金需要的融資方法。通常，新企業成長的不同階段，就像華特・迪士尼這位成功企業家所經歷的一樣，會利用不同的資金管道。

討論題

1. 為什麼對企業家來說，盡可能從內部獲得資金，而不是全部依賴外部融資是十分重要的？企業家是如何達到這一目標的？
2. 為了盡可能地將控制權保留在公司內部，什麼樣的資本應該首先考慮？參考表 8.1。
3. 在建立一個新企業時，可取得本章所描述的哪一種商業銀行貸款？
4. 在什麼情形下，應該建立一個R＆D有限責任合夥企業，而不是利用其他資金來源？在這種方式下，一旦研發成功，會產生什麼問題？應該如何解決這個問題？
5. 為了追求 SBIR 合約，描述應該採取的步驟。這是否會成為一個擁有很好想法但無資金或公司者的好手段？為什麼是或為什麼不是？
6. 為了以私募取得資金，應該遵循什麼準則？

第九章

「創業天使」和創業投資機構

本章學習目的

1. 界定創業融資的基本步驟。
2. 討論創業投資天使構成的風險投資市場。
3. 討論創業投資產業特性與創業投資的決策過程。
4. 闡述公司價值評估的相關知識。
5. 介紹幾種價值評估方法。

躍進藍天的快遞公司

誰會想到，為使自己的公司起步，一位繼承了上千萬美元遺產的創業者還會需要更多資金？商業界廣為流傳著形形色色、大大小小的公司故事，大多是幾百美元投資、一間車庫起步之類，可沒有一家公司在承接第一份訂單之前，就需要配備車隊，擁有遍布全國的銷售網。當然，從車庫起步的公司，沒有像聯邦快遞（Federal Express）發展得那麼快的。

弗雷德里克·W·史密斯，孟菲斯人，其父以創辦巴士公司發財致富。六〇年代，當他還是耶魯大學經濟系的學生時，就萌發了建立航空貨運公司的夢想。史密斯的一位任課教授，是傳統航空貨物處理方式的堅定支持者，這種方式就是將貨物包裹一件件按部就班地填塞在客運班機空出的空間裡。弗雷德·史密斯對此卻另有看法。他在一篇論文裡闡述了貨物專運航班的概念，這種航班將全部貨物集中到一個發貨中心，然後進行分類，再空運至各自的目的地。這樣運輸可以在夜間進行，此時的機場不太擁擠，經過恰當的物流控制，貨物就可以在翌日發送。儘管這一觀點非常新穎，但事實是它有悖於那位教授的理論，況且又是一夜之間一揮而就的遲交作業，結果史密斯第一次公開他那大膽構想的文章，換來的只是C的評分。

然而，這不只是一篇學期報告中的新論點。史密斯已經看到了國家技術基礎的變化，更多公司開始生產、使用如電腦那樣的體積小、價格高的物品，史密斯堅信，這些公司能夠利用他的航空貨運來控制存貨成本。從單一的貨物分配中心到全國各地的隔夜送貨，可以滿足客戶的需要，公司不再需要為了貯藏存貨而在各地建倉庫。史密斯甚至將聯邦儲備銀行也看做自己的潛在客戶，因為它們每天都有大量的支票需要發送至全國各地。但是越戰爆發，他參加了海軍陸戰隊，奔赴越南，先是擔任排長，後來則成了飛行員。

將近四年的飛行員生涯，完成兩百多次的地面支援任務之後，史密斯離開越南，準備做一番事業。他輔佐繼父管理並逐步收購控制了阿肯色公司（Arkansas Aviation Sales）一家面臨困境的飛機改裝和維修公司。由於無法將此企業分拆，阿肯色公司重新喚起他對航空貨運的熱情。公司成功的關鍵在於開業之初就必須能夠獲得大量訂單，而要達到應有服務水準的關鍵，則是大量的現金投入。躊躇滿志的史密斯來到芝加哥和紐約，自以為可以獲得大量的投資支票，但實際的進展遠比預期來得緩慢。不過，經過不懈努力，人們接受了他的觀念，相信他在航空飛行領域的技術知識，他終於獲得了一家設在曼哈頓，有羅斯切爾德（Rothschild）做後台的創業投資銀行——新科特證券公司（New Court Securities）的熱心支持，得到了大約五百萬美元的資金，這使以後的融資都得以順利進行。另有五家機構，包括通用與花旗創業投資公司（General Dynamics and Citicorp Venture Capital, Ltd.）也都加入了投資行列。最後，史密斯帶著七千兩百萬美元回到孟菲斯，創造了美國企業史上啟動融資過程中籌資的最高紀錄。

1973 年 3 月 12 日，聯邦快遞公司進行首次試飛，檢驗服務功能。從達拉斯到辛辛那堤，十一個城市的服務網路，最初只運送了六個貨櫃。4 月 17 日夜，聯邦快遞正式啟動，經營網路擴展到二十五個城市，北從紐約的羅徹斯特，南到佛羅里達的邁阿密，總共運送一百八十個貨櫃。運送的貨物量迅速成長，服務量急劇增加，聯邦快遞一夜成名。史密斯對市場容量的估計是準確的，但是他沒有想到，公司剛剛開業就遇上油價飛漲，結果到 1974 年中期，公司每個月虧損達一百多萬美元。他的投資者已經不願意讓公司繼續經營下去，親屬則控告他對家族財產的管理失誤（史密斯家族投資了大約一千萬美元）。但是史密斯對自己的理想從來沒有喪失信心，而且說服了多數投資人，使他們改變想法，公司得以繼續經營，熬過了油價問題。經過頭兩年兩千七百萬美元的虧損之後，1976 年聯邦快遞轉虧為盈，獲利三百六十萬美元。

聯邦快遞的發展和成長，受到了航空業嚴格管理的限制。限於早期保護客機的舊規章，史密斯每班航班的運貨重量不得超過七千五百磅。由於產業龍頭公司尚未準備進入貨運市場，史密斯未能獲得修法的支持，而只能以小型飛機進行營運。由於啟動階段經營良好，到 1977 年，小型飛機的運輸能力已經飽和，這些飛機已經在一些極為忙碌的航線上穿梭，買更多的小型飛機已經毫無意義。史密斯領著銷售隊伍來到華盛頓，在當地員工的鼎力相助下，終於被准予購買一批新的大型飛機，達到了史密斯所需的營運水準。

儘管史密斯獲得了經營大型噴射機的權力，他仍需要找到購買資金。開始時的虧損，使公司的資產負債表不堪入目，而那些飽受困擾的早期投資者也需要得到一些報酬。1978 年 4 月 12 日，史密斯將公司上市，籌得了足夠資金，從一些經營不佳的客運航空公司那裡購進了波音 747，投資者也獲得了豐厚的回報。當聯邦快遞在紐約證券交易所首次交易時，通用投資在聯邦快遞的五百萬資金已經變成了四千多萬美元。

公司上市之後，繼續保持了良好業績，公司將技術創新與以客戶為中心的宗旨聯繫起來，贏得了跳躍式的成長（聯邦快遞是服務業首家贏得 MBNPA 品質認證的公司，1994 年成為首家獲得ISO9001 認證的全球快遞公司）。今天，聯邦快遞已擁有十二万多名員工和三萬六千多部運輸工具，每天發送著大約兩千五百個貨櫃。1974 年十五萬美元的經營預算，銷售收入（除 1992 年）穩步上升，1978 年為五百五十萬美元，1996 年達到一百零三億美元。同時，每股盈餘與股票價格也繼續上升，1996 年每股盈餘為五・三九美元，P/E 達到九，股票交易量居於前四十位。

9.1 創業階段與資本需求

在評估創業融資是否恰當時，創業者不僅要確定資金需求的數量和期限，也要預估公司的銷售規模和成長節奏。普通民營的中小企業，往往難以獲得外部資金，尤其是創業投資機構的權益資金。創業投資公司樂於投資給類似史密斯的聯邦快遞公司，因為這些公司的業務十分具有發展潛力，表 9.1 簡要說明了業務發展過程中籌資的三種類型。對每種類型的資金來說，融資問題各不相同。

表 9.1 企業發展階段與創業融資

初期融資	
・種子資本	相對較小的融資，用於證實經營概念，進行可行性研究。
・啟動資本	產品開發並初步市場化，但尚未商業銷售；資金用於真正啟動企業經營。
擴張和發展融資	
・第二階段融資	初步發展階段的流動資本，但獲利能力或現金流量情況尚不明朗。
・第三階段融資	主要用於企業擴張，推動銷售量成長，已能損益兩平，甚至已有獲利，但公司仍未上市。
・第四階段融資	準備公司上市的過渡性融資。
購併和負債收購融資	
・傳統購併	獲取其他公司的業主地位和控制權。
・負債收購（LBO）	公司管理階層買下股權獲得公司的控制權。
・轉為非上市公司	一些公司業主／管理人員購回流通在外的公司股份，再次轉為非上市公司。

初期融資（Early-stage financing）通常最難完成，成本最高。這一階段中的資金基本有兩種類型，種子資本（seed capital）與啟動資本（start-up capital）。

通常種子資本最難以外部融資籌集，資金需求的數量往往較少，用於證實理念或資金融通的可行性研究。在美國，由於風險投資者最低投資水準往往高於五十萬美元，除非是具有成功經歷的創業者需要大筆資金投入高科技產業，他們很少涉足這種類型的融資活動。另一種資金類型是啟動資本，顧名思義，啟動資本是用來開發和銷售某些初期產品，考察商業銷售的可能性，這種資金也是比較難以籌集的。

擴張或發展融資（development financing）（第二種基本融資類型）較初期融資容易獲得，風險投資者在提供這類資金時，表現十分活躍。隨著公司的發展，擴張的資金成本不高。一般來說，第二階段的融資，作為流動資金來支持初期的成長；而對企業發展的第三階段，公司已經達到了損益兩平，甚至已經獲利，此時的資金是用於擴張主要業務，在企業發展第四階段的資金，通常為過渡性融資，公司已準備上市了。

收購融資（Acquisition financing）或負債收購融資（leveraged buyout financing）（第三種類型）的性質更為特殊，用於諸如傳統的購併、負債收購（leveraged buyout）（試圖購買目前的業主權益）以及轉為非上市公司（going private）（公開上市的企業收購流通在外的股份，從而變成非上市公司）等活動之中。

對企業成長的融資，有三種風險資本市場（risk-capital market）。非正式的風險資本市場（Informal risk-capital market）、創業資本市場（Venture-capital market）和公開權益市場（Public-equity market）❶。儘管這三種創業資本市場都可以作為第一階段的企業融資管道，但公開權益市場一般只適用於潛力大的新創企業，尤其是高科技企業。最近，一些生化科技公司以公開權益市場籌集第一階段融資，因為投資者對這一領域信心十足，這一情況也發生在海洋開發及能源替換的領域。儘管投資公司也提供一些第一階段的融資，但新創企業必須至少擁有五十萬美元的資本，創業投資公司設立此投資下限，是因為評估和處理一筆交易時的成本高昂。迄今為止，第一階段融資的最佳管道是非正式的創業資本市場，由被稱為「創業投資天使」或「創業天使」的一些個人投資者組成。

---

❶ 這裡的第二種市場為狹義的創業資本市場，大多數情況下以狹義的解釋來使用創業資本概念，讀者容易從上下文做出判斷。

9.2 「創業天使」與非正式風險資本市場

「創業天使」指非正式的風險投資者，是資助企業創業的早期權益資本之主要來源。

缺乏種子資本和啟動資本，是形成創業型經濟的主要障礙。非正式的風險投資者，常常被稱做「創業天使」，是資助企業創業的早期權益資本之主要來源。一批有錢的投資者，在形形色色的眾多創業者中尋找投資入股的機會。但是，非正式風險資本市場是人們最不了解的風險資本市場。一般而言，「創業天使」被定義為任何直接提供資金給一個其認為具有潛力企業的個人，而且這些人在決定投資時仍舊極少介入投資對象的運作。出於非獲利動機投資的個人，例如幫助子女創業或者幫助缺少資金的朋友，一般不包括在內。

這類投資者的規模和人數正在飛速增長，反映了財富的高速積聚。世界上主要經濟體都正從以製造業為主的經濟，轉向由資訊及其他新技術所推動的創業型經濟。在 1979 年到 1995 年之間，《財星》雜誌評出的五百大企業減少了四百萬個就業機會，而新創企業卻創造了兩千四百萬個就業機會。創新、風險、高速成長和巨額財富是創業和其他小企業的根本差別。經濟轉型帶來的是社會財富重分配。例如，在 1984 年，《富比世》雜誌中美國前四百個首富中有 40%是自己白手起家致富的，而不是依靠繼承財產。到了 1995 年，80%的《富比世》四百首富是自行起家的。結果，二十世紀六〇年代到九〇年代，美國經濟孕育了大批的「創業投資天使」。另一項消費者財務狀況研究顯示，財產淨值超過百萬美元的美國家庭有一千三百萬個，占美國人口的 2%。他們的財富大多不是透過繼承遺產，而是累積收入，其中有 1,510 多億美元投資於未上市企業，且投資人沒有管理企業的興趣。每年，有十萬多個投資者注資在三萬到五萬個企業，投資金額在七十億到一百億美元之間。總體上，九〇年代積極介入這種投資的美國家庭數量有一百萬戶到一百五十萬戶之間。面對這樣的投資能量，了解這些「天使」的特徵當然很重要。

由於這些自行致富的成功者大多依靠技術起家，他們非常清楚新技術的力量和價值，而且他們明白自己的技術很快會被後起者超越，唯一保有財富的有效辦法就是迅速地發現更新技術，並迅速地接納、扶持和分享，而不是試圖阻撓。典型的「創業天使」投資從一萬美元到五十萬美元不等，這些天使給任何發展階段的企業提供所需的資金，尤其是啟動資本（第一階段的融資）。從非正式風險資本市場獲得資金的企業，往往從專業的創業投資公司或普通權益市場中進行第二、第三輪融資。

雖然許多創業者誤解甚至根本不涉足非正式資本市場，但是在美國，它是資金規模最為龐大的風險資本市場，總共擁有大約八百億美元的資本。儘管無法明確界定這一市場的規模及投資天使們提供的資金總量，但還是有一些相關的統計資料。1980 年，根據一四六法案向證券交易委員會呈交的一份報告顯示，在公司私募的抽樣調查中，87%的投資者是個人或個人信託基金，平均投資額七萬四千美元。另一項則是D條例，D條例執行的第一年，就批准了七千兩百次證券發行，總值一百五十五億美元，平均每家公司融資二十萬美元。這些公司一般來說具有下列特徵：股東少於十人，收人及資產少於五十萬美元，股東權益不足五萬美元，員工不超過五人，它們都是小公司。

檢視尚未公開上市的小型技術公司之資金，可以得到類似的結果。在這些資金中，未設機構的個人（非正式的投資市場）資金占 15%，而創業投資者僅占 12～15%。對啟動階段的企業投資，未設機構之個人投資占外部資金的 17%。

對新英格蘭地區「創業天使」的研究也得到類似結果。在調查一百三十三位個人投資者的報告中顯示，1976～1980 年間，他們對二十家新創企業的投資總額超過一千六百萬美元，平均每兩年做一筆交易，每筆交易的資金平均為五萬美元。雖然其中有 36%的投資少於一萬美元，但仍有 24%的投資超過五萬美元。投資中的 40%是給啟動企業，80%是給經營少於五年的新創企業。

表 9.2 中列舉了這些非正式投資者或者說是「創業天使」的特徵。他們一般都受過良好教育，大多數擁有大學文憑。儘管他們的投資遍布美國（少量的還進行國際投資），但大多數獲得其資金的企業僅距他們一日之遙，「創業天使」基本上投資於當地的新創企業，他們對當地經濟社會環境的了解和個人網路有助於他們判斷新創企業的前景。「創業天使」每年進行一到兩次投資，對個別公司投資一萬至五十萬美元，平均投資十七萬五千美元；如果遇到合適的投資機會，他們也可能投資五十萬到一百萬美元；有時，「創業天使」還會與其他投資者，通常是朋友聯手進行更大的投資。

表 9.2 美國非正式投資者的特徵

人口分布與聯繫：
‧受過良好教育，許多人具有大學文憑；
‧ 投資企業遍布美國各地；
‧ 大多數融資企業與投資者僅距一日路程之遙；
‧ 積極投入創業融資活動；
‧ 擁有九至十二個其他投資者朋友。
投資紀錄：
‧投資額度：一萬至五十萬美元；
‧平均投資額：十七萬五千美元；
‧每年有一至兩次交易。
創業項目選擇：
‧大多注資於起步企業或經營期少於五年的創業企業。
‧大多數對投資下列產業有興趣：
‧製造業——工業／商業產品
‧製造業——消費物品
‧能源／自然資源
‧服務業
‧零售／批發
風險／報酬的期望：
‧對啟動期企業的投資，五年後的資本獲利平均為十倍；
‧對經營少於一年企業的投資，五年後的資本獲利平均為六倍；
‧對經營一至五年企業的投資，五年後的資本獲利平均為五倍；
‧對成立五年以上企業的投資，五年後的資本獲利平均為三倍。
否決計畫書的原因：
‧風險／報酬率不佳
‧管理階層的能力不足
‧對計畫中的經營項目不感興趣
‧對價格不能認可
‧主要經營者資金投入不足
‧對經營領域不熟

那麼，「創業天使」們有沒有偏好的新創企業呢？研究顯示，雖然投資風險和報酬之間確實存在正相關，但是，「創業天使」並不像財務理論描述的那樣嚴格追求收益極大化，「創業天使」的投資目標往往多元化，而且偏好也因人而異。對各種類型的投資機會，大到石油探勘，小到零售店，他們都會投資，一般說來，他們還是傾向投資下列產業：工業製品和消費物品的製造加工業；能源業；服務業；零售／批發業。隨著開業時間的增長，投資的期望報酬就會逐漸減少。五年期投資的報酬率，在啟動階段時平均為十倍，而對五年以

上公司的投資就只有三倍而已。與創業投資業通常進行的五年期投資相比，這些「創業天使」對投資期限更有耐心，若要經歷七到十個周期才拿到現金，他們也不在意。「創業天使」也相對要比創業投資機構更樂觀。

在風險規避策略方面，「創業天使」和創業投資機構有很大區別。菲爾特（Fiet）的研究發現，兩者評估企業風險的方法不同，導致他們對新創企業的市場風險和企業風險的看法截然不同。市場風險源於不可知的市場競爭，而企業風險源於企業內部各自不同甚至背道而馳的利益取向。「創業天使」通常依賴創業者來防範市場風險，因此他們很注意企業風險，關心企業內部管理制度的完善。相反，創業投資機構將注意力放在防範市場風險上面，因為他們已經訂立複雜的合約條款有效地解決公司內部管理結構的問題。

> 「創業天使」通常依賴創業者來防範市場風險，因此他們很注意企業風險，關心企業內部管理制度的完善。

在「創業天使」支持的企業中，75%至少有一個私人投資者擁有董事席位；而在創業投資機構支持的企業中，90%的企業創業投資機構擁有董事席位。通常「創業天使」和創業投資機構都在新企業中具有類似顧問的影響力。不過，如果沒有適當的風險／報酬率，沒有得力的經營管理人才，經營領域令人乏味，或者主要經營者的投入資金不足，這樣的新創企業他們就不會給予投資。

這些「天使」投資家如何找到投資對象呢？一般說來，投資對象是透過企業協會、朋友、有效的個人研究、投資銀行或者商業經紀人的推薦而找到的。個人非正式網路在「創業天使」的投資選擇上具有重要地位。相較之下，創業投資機構更常利用正式的網路資源。不過，儘管透過這些來源會獲得不少的投資機會，大多數天使投資家對投資計畫的數量及類型不感到滿意。被調查的投資者中51%的人表示不滿意投資計畫，並且認為尋找投資計畫的方式應該要加以改進。

麻省理工學院（MIT）和奧克拉荷馬投資論壇（Oklahoma Investment Forum）改進了提供投資計畫的推薦方式，他們各自有一套電腦系統，MIT的是創業投資網路（VCN），奧克拉荷馬投資論壇的則是創業投資交易系統（VCE）。透過這兩個系統，創業者與投資「天使」可以祕密地建立聯繫。這兩個機構還將這一資源用於大學機構。創業者進入系統，回答業務及資金需求的相關問題後，系統將創業者與對其經營業務有興趣的投資人相匹配。在對創業者提供的資訊（對問題的回答及補充說明）進行審查後，投資者就可決定是否與創業者聯繫，雙方再進行更深入的討論。美國證券交易委員會禁止電腦系統對投資人或創業者提供建議，也不允許系統捲入雙方的最終談判。VCE 和 VCN 在風險資本市場和創業者之間架起了溝通的橋梁。對於急須種子資本或者啟動資本的創業者來說，如何爭取這些富有的個人投資者可能是成功創業的關鍵之一。

9.3 風險資本

本節將討論創業投資的性質、產業現狀以及創業資本的運作情況。

9.3.1 風險資本的性質

風險資本是專業化管理權益資本的泉源。

相對而言，風險資本可能是在創業學中較不為人了解的領域。有些人認為，風險資本就是為規模較小、成長迅速的技術公司在其早期階段所提供之資金，但多根據其廣義的內涵，風險資本是專業化管理權益資本的泉源。通常，權益資本是由富有、有限責任者的資金構成，其他投資於風險資本的主要投資者還有退休基金、福利基金以及包括外資在內的其他金融機構等。這一筆資金由合夥企業——創業投資企業管理，用以賺取投資收益和利息費用。風險資本可以在企業經營的第一階段中投入，也可以在第二、第三階段投入，或者投入到負債收購活動中。事實上，風險資本的最大特色，就是其投資期限一般在五年以上。不論在對公司早期創立階段或對企業的擴張、復興以及負債收購或私有化的投資中，大致都在五年以上。每一次投資，風險投資者利用股票、認股權證或者可轉換證券進行權益注資，積極參與每個投資公司的管理，將投資、財務規畫以及經營技巧帶入公司。

創業投資業的發展和繁榮，建立在整個金融市場的結構和運作規則上。一些擁有創意和新技術者常常無法從其他金融機構得到資金。銀行能夠貸給新創企業的款項不可能超過企業現有固定資產能夠抵押的價值。但是，在現今以資訊技術為基礎的經濟中，大部分新創企業只有少數的固定資產。另外，投資銀行和其他一些基金受到保護投資者的法律和操作規範之限制，也不可能投資新創企業。再者，回顧一下歷史就可以知道，在美國要以股票上市來融資至少需要有一千五百萬美元的銷售額和一千萬美元的資產，以及相當不錯的獲利紀錄。而在美國的五百萬家企業中，只有 2%的企業有一千萬美元以上的收入。雖然近來首次公開發行的門檻降低，但是對於新創企業而言，上市幾乎仍是不可能的。

風險投資正好填補了這種空缺，填補這一金融市場空缺的創業投資業要求一個較高之投資報酬率，以吸引私人投資基金，並提供足夠的報酬給風險投資管理人。創投業為創業者提供足夠的發展空間以吸引高品質的創意而獲取高額的報酬。

簡而言之，創投業的挑戰在於透過投資高風險的新創企業來獲取穩定的高額報酬。

9.3.2 創業投資產業概況

儘管風險投資在美國的工業化過程中，具有相當影響力，但直到第二次世界大戰以後，才有正式的創業投資機構出現。二次大戰以前，風險投資活動由富有的個人投資者、投資銀行以及少數擁有專業管理人才的家族組織所包攬。1946 年，美國研究與發展公司（ARD）在波士頓成立，使創業資產業向機構化邁出了第一步。ARD是一個小型的資金庫，將個人或機構的資金結合在一起，積極進行新興企業的投資活動。

隨之而來的重要進展，是 1958 年誕生的小型企業投資公司法案。根據這一法案，私有資本可以與政府資金結合，由小型企業投資公司（SBIC公司）進行專業化管理，將資金注入到剛剛啟動、正在成長的企業。憑著稅負上的優勢，政府資金的參與，以及私有資本的結合，這些小型企業投資公司成為現代創業投資產業的先驅。六〇年代，小型企業投資公司有了快速發展，將近五百八十五家這樣的公司獲得了經營許可，聚集了超過兩億美元的私有資本。但由於缺乏經驗豐富的投資經理、非理性的預期、過於看重短期效益，以及政府的過多干預，許多小型企業投資公司都失敗了。這些失敗使 SBIC 計畫得以重整，取消了一些不必要的政府管理規章，增加了必要的資本數量。今天，正在運作的小型企業投資公司近三百六十家。

二十世紀六〇年代後期，出現了小型民營創業公司，通常是採用有限責任合夥的公司形式，收取管理費和一定比例的經營利潤。提供資金的有限責任者常常是機構投資者，如保險公司、福利基金、銀行信託部、退休基金以及富有的個人及家庭。今天，美國大約有九百八十家創業投資公司。

這一時期，還發展出另一種類型的創業投資企業：由大型公司成立的創業投資部，這樣的公司大約有一百家，且常常與銀行及保險公司結合在一起。當然，諸如 3M、Monsanto 以及施樂事達等公司也都成立了創業投資部。與民營創業投資企業以及 SBIC 相比，大公司旗下的創業投資部傾向投資於新技術或新市場購併。不過，有些創業投資部並沒有出色的表現。

伴隨經濟發展的需要，第四種類型的創業投資公司——州立創業投資基金出現了。這些州立基金形式五花八門，雖然對不同的州，基金規模和投資方向側重有所不同，但它們都有一個共同特徵，那就是所有州立基金都需要在特定的州有一定比例之投資。一般說來，這種基金由管理團隊專業化管理，不受州政府當局及政治干預，表現較好。

創業投資產業無論是企業規模還是數量都有顯著的成長，投資的創業資金總額已由 1991 年的二十三億美元穩步成長至 1995 年的七十四億美元（參見圖 9.1）。1995 年的投資額是創紀錄的，比 1994 年的投資額成長了 50%，比 1991 年的投資額成長了 125%。

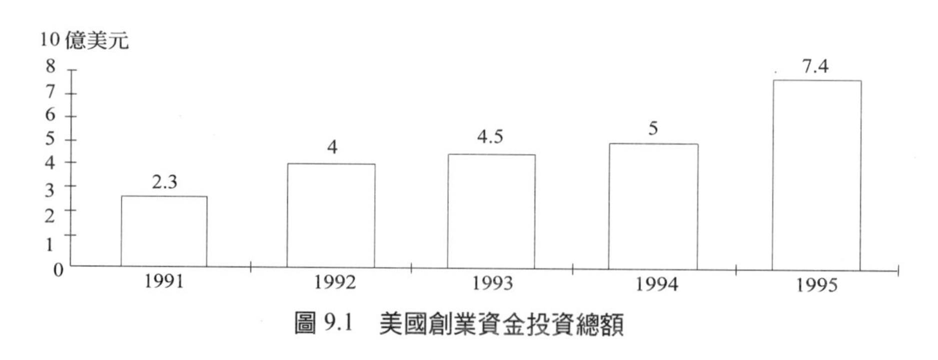

圖 9.1 美國創業資金投資總額

產業的成長也反映在交易的成長上。表 9.3 告訴我們，創業投資者達成的交易數目從 1991 年的 821 上升至 1993 年的 969，到 1995 年又上升到 1,143。1995 年的交易數目較 1993 年增加了 13%，較 1991 年則上升了 28%，這顯示，現今比過去有更多的資金投資於創業投資者從事的交易中。

表 9.3　融資總額與交易數目

（單位：十億美元）

	1991	1992	1993	1994	1995
集資金額	2.3	4.0	4.5	5.0	7.4
交易數目	821	968	969	992	1143

創投資金的成長也影響了產業結構與成長。生命科學和資訊技術產業在1995 年投入的風險資本分別為十八億美元（占 24%）和三十四億美元（占45%），與 1991 年相比，生命科學中的資金投入上升了 62%，而對資訊技術的投資則增為兩倍多。相對而言，以非技術領域的投資成長最多，投資金額在1995 年達到二十二億美元，比 1991 年成長了 260%強，占全部投入資金的 30%（見圖 9.2）。

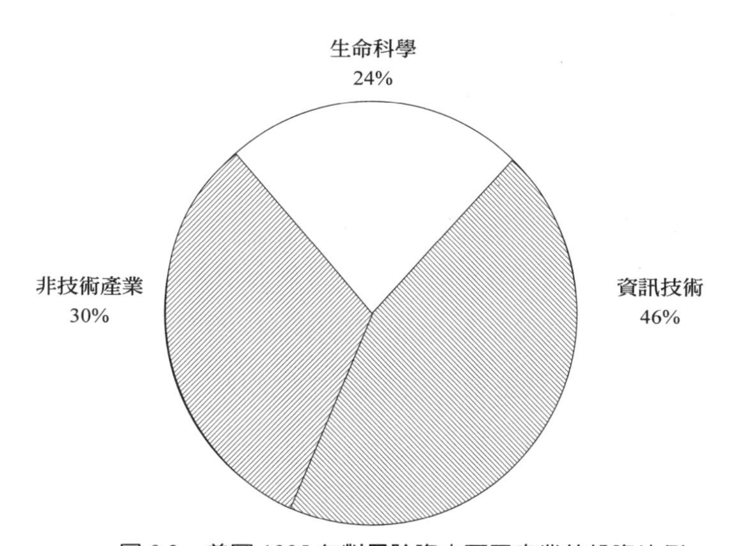

圖 9.2　美國 1995 年對風險資本不同產業的投資比例

那麼，這些資金究竟投入到企業發展的哪個階段？圖 9.3 是 1995 年資金在投資中的使用情況。如圖所見，投資的最大部分是用於企業發展的後期（占41%），這與傳統的投資模式一致；其次是第一階段（占 25%）和第二階段（占17%）。至於種子階段的投資，數量很小（僅 1%）。

從 1991 年到 1995 年的資金數量與交易數目及分布情況來看，隨著可用資本的急劇增加，大多數類型的交易不僅擴大了資金規模，而且也增加交易數目。種子階段的投資從 1991 年的 55 項交易和 3,490 萬美元的投資額，成長到 1995 年的 74 項交易和 8,830 萬美元的投資額。創業第一階段的融資成長最為顯著，從 1991 年的 280 項交易和六億九千萬美元增加到 1995 年的 395 項交易和十八億美元的投資額。

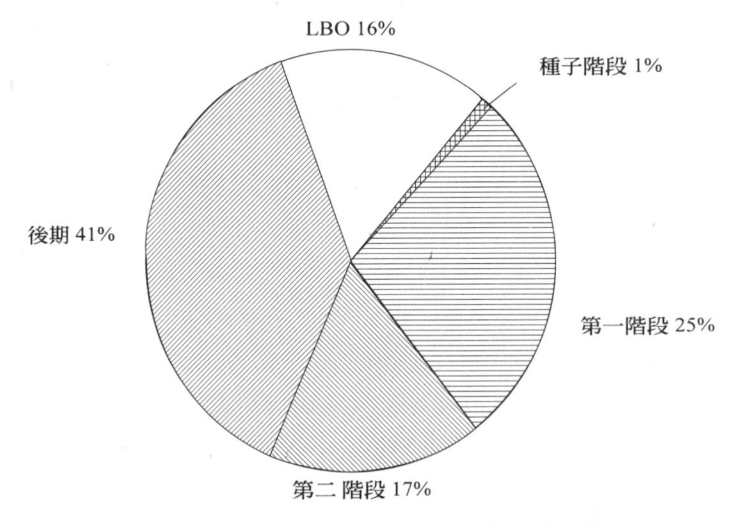

圖 9.3 美國 1995 年創業不同階段融資比例

就所占比例而言，種子階段的融資基本保持不變，其在 1991 年的比重為 1.0%，而 1995 年為 1.2%，只有第一階段的融資和負債收購（LBO）融資出現成長。LBO融資的成長反映了創業資本家既要將所管理的資金進行大規模投資，又要獲得更高的預期報酬。就融資比重來說，從 1991 年到 1995 年，所有其他類型的融資均有不同程度的減少。

這些交易是在哪裡達成的呢？愈來愈多的交易發生在加州（437 宗）和麻薩諸塞州（131 宗），這已形成一種趨勢。1995 年，在這兩個州達成的交易占全部交易總數的 49%，而這還是過去五年裡占交易總量的最低比例。達成交易數量緊隨其後的是德州（47 宗），依次還有賓夕法尼亞州（38 宗），科羅拉多州（36 宗）和新澤西州（30 宗）。

交易的發生既有集中，卻又遍布全美，這正反映了創業投資在地理分布上既集中又分化。儘管美國五十個州中的四十一個州都至少設有一家創業投資公司，但在三個州（加利福尼亞、紐約、麻薩諸塞）中建立的創業投資公司占總數的 50%（見表 9.4），前九個州中的總數則達 75%。

表 9.4　美國創業資本居前的州

州	創業數	%	累計比重	總部數	%	累計比重
加利福尼亞	254	26	26	181	23	23
紐約	139	14	40	120	16	39
麻薩諸塞	98	10	50	81	10	49
德克薩斯	56	6	56	47	6	55
康涅狄格	45	5	67	40	5	65
賓夕法尼亞	43	4	71	36	5	70
新澤西	24	2	73	20	3	73
明尼蘇達	20	2	75	17	2	75
總計	732	75		538	75	
全國	981	100		779	100	

9.3.3 風險資本運作的基本原則

當面臨資本需求的時候，創業者必須了解創業投資公司的宗旨與目標，也要知曉其運作原則。創業投資公司的目標是透過債務及權益投資來獲得長期資本收益。為了達到此目的，創業投資者時時刻刻都可能會對企業的投資進行必要之更改或修正。然而，創業者的目標常與創投公司的目標產生矛盾，當企業經營出現問題時尤其如此。

> 創業投資公司的目標是透過債務及權益投資來獲得長期資本收益。

對一般的創業投資公司，圖 9.4 顯示了其兼顧風險與收益的投資目標。相對來說，投資的企業發展階段愈早，所承擔的風險就愈多，因此，企業發展初期的融資所要求的報酬（ROI 為 50%）要高於發展後期的購併或負債收購（ROI 為 30%）。既要追求較高的報酬，又要兼顧較為安全的投資，就導致創業投資公司較常將資金投資於企業發展後期的融資行為，對企業後期發展的投資風險較低，收益更快，需要的管理力度較小，需要安排的評估也較少。

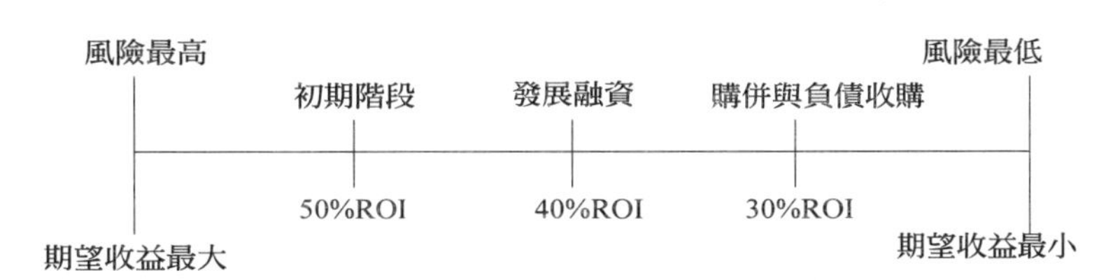

圖 9.4　創業資本融資——風險與收益準則

創業投資者沒有必要控制一家公司，他們樂於讓企業或創業者承受最多的風險。在董事會中，創業投資者至少要有一個席位，一旦確定投資方向，他們將盡力支持管理階層，使投資成功，使企業繁榮。創業資本家希望以董事會成員的身分指導企業，而管理階層則管理和經營公司的日常事務。創業投資者在投資資金、理財技術、財務規畫以及相關領域，給予管理階層專業方面的支持。

重要的是，創業者和風險投資者之間的相互信任與了解。因為創業投資者進行的是長期投資（一般至少五年），對企業的表現無論是好是壞，都要共同分擔，並且採取必要措施維持公司經營，保持公司的長期發展，還要能夠與創業者共同商討問題，規畫創業。

創業投資者評估投資對象和進行投資決策時，一般遵循以下準則（見表9.5）。

表 9.5　創業投資者眼中理想的創業者

1. 在一個熱門的產業中，具有良好的品質；
2. 銷售通過政府認可的產品或者技術；
3. 能夠擁有一個讓人怦然心動的創意，並且能夠自如地應付其他投資者；
4. 充分了解透過首次公開發行股票以獲取流動性的重要性；
5. 有良好的信譽，並且具有實務能力和技巧；
6. 了解建立一個具有多樣化技能的團隊之必要性，以及願意讓其他關鍵人物分享權益；
7. 能夠朝一個目標不斷努力同時又保持足夠的靈活性；
8. 能夠和投資團體友好相處；
9. 了解資金成本和一般的交易結構；
10. 被許多風險投資者看中；
11. 對過程和結果有比較切合實際的期望。

㈠公司必須擁有一個強有力的領導團隊，每個管理者都要擁有豐富的管理經驗，紮實的管理知識，忘我的奉獻精神，專業的特定技能，迎接挑戰的能力和處理事故的靈活性。創業投資者願意投資於擁有一流管理、二流產品，而不是二流管理一流產品的企業。管理者對公司的資金投入也很重要。儘管投入資金的絕對數量有一定的重要性，但更重要的則是其占管理者財富的比重。領導階層的盡責還要以家庭，尤其是配偶的支持為後盾。有了良好的家庭生活和配偶的有力支持，就能使管理者每周有六十至七十個小時用於工作，這是公司啟動和成長所必需的。在決定是否投資之前，一個成功的創業投資者總要採用這樣的一個行動：與創業者及其配偶共餐，甚至造訪創業者住處。正如一位創業

投資者所言：「我總覺得，如果連自己家中都搞得亂糟糟的，很難相信這樣的創業者可以投入足夠的精力並成功地經營和管理一家企業。」

㈡產品／市場機會必須是獨一無二的，在一個成長的市場中具有獨特優勢。擁有優越的市場地位是必要的，因為在投資過程中，產品和勞務必須富有競爭力和成長性。這種特色在企業計畫書的市場行銷部分應謹慎地表現出來，最好能採用專利或以商業機密保護起來。

㈢經營機會具有資本增值的潛力。資本增值幅度會隨各種因素而變化，這些因素包括交易規模、公司發展的階段、上升的潛力、下滑的風險以及可能的退場機會等等。對大多數的投資項目，風險投資者往往需要 40%～60%的年投資報酬率。

㈣值得注意的是，創業投資機構雖然十分注重篩選創業者和創意，但在現實中，他們往往首先選擇好的產業，也就是總體上前景良好而相對競爭暫時不是特別激烈的產業。例如，在 1980 年，美國近 20%的風險資本湧入了能源工業。前幾年，風險資本又從遺傳工程、專業零售業、電腦硬體轉向CD-ROM、多媒體、通信和軟體等產業。現在，近四分之一的風險資本投資於Internet。如果以為創業投資在這些技術和產業之間的切換是雜亂無章的話，那就大錯特錯了。事實上，這些被選中的產業通常都是發展迅猛，而且隨後五年之內富有市場潛力的。

㈤創業投資者通常選擇產業發展的S型曲線的中間階段，並非常重視投資時機。他們通常避開早期階段，因為此時技術相對不成熟，市場需求尚不清晰。而在產業發展後期，激烈競爭會將許多企業趕出產業，企業間的合併收購不可避免，市場需求的成長率急劇下降。以電腦硬碟為例，1983 年，美國有近四十家由風險資本支持的公司和其他八十家公司研製和生產硬碟，到了 1984 年底，整個產業的市場價值迅速地從五十四億美元跌到十四億美元，而到今天，已經只剩下五家主要的生產廠家。

在產業發展的上升階段，企業的成長比在其他階段相對容易得多。創業投資幾乎不可能支持一個處於低速成長市場的企業，不管創業者個人多有才華和魅力。幾乎 80%以上的創業投資機構的資金投在企業的早期成長時期。風險資本在產業間的轉移，所反映的事實是，創業投資幾乎只投資於使所有企業都看

> 在一個產業高速發展時，要區分最終的勝利者和失敗者非常困難，因為其財務業績和成長速度幾乎沒有區別。

起來欣欣向榮的產業。在一個產業高速發展時，要區分最終的勝利者和失敗者非常困難，因為其財務業績和成長速度幾乎沒有區別。在此一階段，所有的公司都拚命生產以滿足一個供不應求的市場。這時候，創業投資公司的關鍵任務是找到有競爭力的管理團隊，能夠有效地運作企業以爭取成長。

選定了高速成長的領域以後，創業投資機構的投資風險就取決於企業管理團隊的能力。投資於高速成長產業的創業投資公司能夠更方便地退出，因為投資銀行總是不斷尋找新的高速成長企業，並把它們推向市場。上市股票如果受歡迎，定價將會更高，這樣投資銀行的收益也就更高。只要創業投資者能夠在公司或者整個產業開始出現成長放慢的情況前退出，通常能得到極高的報酬。精明的創業投資者總是在一個傳統的低成本融資不介入，但又相對有保障的產業中運作。

另外，創業投資者常常採用組團投資的方式降低風險。通常一項投資由一個「帶頭」的投資者和幾個「跟隨者」組成。由一家創投公司提供一家企業的全部所需資金很少見，通常在一家企業融資的各個階段都有數家創投公司參與。這種合作加強了投資組合的多元化，即每一元的投資資本能夠投到更多的企業中去。組團投資讓其他機構介入風險評估和公司管理，能使創投公司減少工作量。而且，數家創投公司的介入能提高新創企業的知名度和信用。

9.3.4 風險資本運作的過程

在風險資本運作過程中，如何運用上述準則，既是一種藝術，也是一種科學。就藝術的一面來說，這需要創業投資者在運作過程中發揮自己的直覺和創造性思維。就科學的一面，則需要在評估過程中採用系統化步驟和收集數據，既要分析，也要建立原則。運作過程始於創投公司確立自己的經營宗旨與投資目標，公司必須確定其投資組合，包括啟動期的企業，擴張期的公司以及購併管理的數目，產業類型，投資的地理區域以及產品。

風險資本的運作過程，可以劃分為四個基本步驟：初步篩選、制訂主要協議條款、進一步細化以及最後認證。

風險資本的運作過程包括四個基本步驟：初步篩選、制訂主要協議條款、進一步細化、最後認證。

㈠初步篩選過程從接受經營計畫書開始。良好的創業經營計畫是創業投資運作的基礎，對沒有計畫書的創業者，大多數創業投資者連一次面談也不願意安排。作為一個良好的開端，創業計畫書必須界定合宜的經營方針，明確陳述經營目標，再輔以深入的產業及市場分析和細緻的預估損益表。經營綜述是創業計畫書的重要部分，因為這將用於初步篩選。除了企業經營綜述之外，其餘部分也要經過評估，否則將很難得到創業投資者的認可。每評估一家企業，創業投資者首先要確定此投資項目或類似項目是否曾經出現過。投資者然後決定此項目是否適合其長期經營策略或短期投資組合均衡的需要。在初始篩選過程中，創業投資者研究產業的經濟狀況，評估自己是否有足夠的知識或能力在此產業進行投資。投資者還要研究計畫書中的數據，以判斷企業是否有能力提供足夠的報酬。此外，對領導階層的信用或能力也需加以評估，以判斷他們能否有效地實施所呈報的計畫。

㈡創業者和風險投資者協議制訂主要條款。創業投資者在投入時間和精力做正式修正前，需要對合約的主要條款有基本了解。

㈢詳細的評估和適當的修正。這是最為漫長的階段，時間大約要一至三個月。在這一過程中，投資者要對公司歷史、經營計畫、個人簡歷及其財務歷史以及目標市場進行詳細的審查，也要對企業經營的成長潛力和衰敗風險有所了解。總之，在此過程中，投資者要對市場、產業、財務、供應商、客戶以及管理的全面評估。

㈣最後的評估，是製作內部投資備忘錄的過程。這一文件將總結創業投資者的發現、投資條款和投資條件的詳細內容，這些資訊將用來製作正式的法律文件。創業者和創業投資者將最終簽字成交。

9.3.5 尋找創業投資機構

創業者最重要的決策之一就是選擇合適的創業投資公司。因為創業投資機構傾向於專業經營某一地理區域、某一產業（生產工業產品或消費產品，高科技產業或服務業）、或是專業經營某一投資規模或類型，創業者應該只聯繫對其投資機會感興趣的那些機構。那麼，他們到哪裡去找創業投資機構呢？

儘管創業投資機構遍布全美國，但卻相對集中在幾個中心：洛杉磯、紐約、芝加哥、波士頓和舊金山。創業者應該仔細研究創投公司的名稱及地址，看其是否會對特定的投資機會感興趣。還有一些區域性和全國性的創業投資協會，這些協會常常會向創業者寄送其成員名單，成員的投資企業類型，以及對相關費用的限制等。只要可能，創業者就應該結識創業投資者，而銀行家、會計師、律師和教授都是很好的引見人。

9.3.6 接觸創業投資機構

創業者應該以專業的經營姿態去接觸創業投資機構，因為創業投資機構常收到成百上千的經營計畫書，往往會走出辦公室，與其他投資公司合作，研究潛在的投資機會，因此，一開始就保持良好的關係是很重要的。創業者應當聯繫所有潛在創業投資者，向他們證實自己的企業值得其投資，然後再呈交計畫書，附上言簡意賅的資訊。

由於創業投資者收到的投資計畫書遠遠超出其投資能力，大量的計畫書將被篩選出局。因此，對受到推薦的計畫書，他們給予關注，並投入更多的時間和精力。事實上，一家創業投資集團曾經說過，他們五年以上的投資，80%是一些經各種管道推薦的公司。因此，創業者花費時間，尋找能夠並願意將自己推薦給創業投資者的推薦人是非常值得的。一般來說，推薦人可以是組合投資公司的經理、會計師、律師、銀行家和商學院教授。

在真正的接觸前，創業者應該清楚一些基本的行為準則，遵循如表 9.6 所列的行為指南。

表 9.6 與創業投資家談判指南

・篩選和確立接觸的投資者，謹慎地確定將要接觸的創業投資者其習慣之投資類型，創業投資者不喜歡被反覆「推銷」同樣的業務。
・一旦與一位創業投資者開始談判，就不要與別的投資者交涉。同時進行多個談判會帶來問題，除非創業投資者是一起工作的。在時間和資源限制下，可能需要同時與多個資金管道謹慎接觸。
・接觸創業投資者的較好方法是透過有聲望且與這位投資者有聯繫之中介機構安排。
・對中介機構的作用要有所限制及界定。
・創業者而不是中介機構應該主持與創業投資者的談判，在第一次見面時不要攜帶律師、會計師或其他諮詢人員，因為第一次會面並不是什麼談判，只是投資者不受他人干擾，了解創業者的機會。
・對規畫或承諾要非常謹慎，創業者可能會為這些承諾在日後的定價、合約或補償上付出代價。
・在初次會面中要揭示所有的重要問題及負面情況，信任是與創業投資者長期合作的基礎，因此，一旦投資者發現了沒有揭露的問題，就會喪失信用，合作有可能失敗。
・對報告書的回應時間及完成融資交易的各個步驟，要與創業投資者達成靈活且理性的共識。融資過程複雜、費時，需要有耐心，催促、要求快捷的答覆會引起投資者的不滿。
・不要根據別的創業投資者之投資模式來推銷此次投資項目。大多數創業投資者都是有主見、自以為是的。
・慎用隨便的詞語，如「該產品無與倫比」或是「該技術是最先進的」等，這樣的陳述過於空泛，或者只是凸顯這是一個沒有市場的理想產品。
・不要提出太多有關薪水、收益或其他補償的問題。資金對新創企業極其珍貴，創業投資者希望需要創業者對權益的投入應與投資者一致。
・盡可能避免談論新籌資金來補舊漏洞，如償付過去的欠款或拖欠的管理者薪水等。創業投資者投入新的資金是要用於發展企業，而不是維持其生存。

9.4 公司價值評估

價值評估是投資者對企業注入資金並享有權益比重的核心。

無論是從非正式投資者市場（「創業天使」），還是從正式的創業資本市場獲得外部權益資金，創業者都會面臨如何評估公司價值的問題。投資者對企業注入資金，價值評估是確定其應享有多少權益比重的核心問題。價值的決定需要考慮評價因素（factors in valuation），價值與其他融資因素可能帶來道義上的矛盾，必須謹慎處理。

9.4.1 評價因素

評估一個新創企業，雖因情況的不同而有變化，但有八個因素是投資者必須要加以考慮的：

㈠企業的性質和歷史。新創企業經營的產業特徵對任何企業評估都是基本的；公司開業以來的歷史反映了公司經營實力和多樣性程度、經營風險以及公司在逆境中的生命力。

㈡總體經濟形勢和產業特殊性。此因素涉及新創企業的財務數據與其他同業的比較，從中可以看出企業領導者現在乃至未來的管理能力以及公司產品的市場前景。需明確回答下列問題：公司產品的市場將會擴大、縮小還是穩定？在什麼樣的經濟環境下會發生何種情形？

帳面價值是收購成本與負債之差。

㈢公司股票的帳面價值（淨值）和企業總體財務狀況。帳面價值（常稱做業主權益）是重置成本（扣除累計折舊）與負債之差，一般無法反映公司合理的市場價值，因為資產負債表中的會計科目基本上都是按成本而非市價計算。例如，帳面上記載廠房、設備的價值等於成本價格扣除折舊金額，此數值可能低於市價，因為利用加速折舊方法或者其他市場因素會使資產市價高於其帳面價值。通常，地產的帳面價值比其合理的市價低得多。為了確定價值，必須適當調整資產負債表，以反映資產的真實價值，對地產更應如此。只有這樣，才能獲得真實的公司價值。合理的價值評估還應將營運用資產和閒置資產分離開來，分別評估，以考慮其總體市場價值。只要條件許可，全面評估公司價值需要利用過去三年的資產負債表和損益表。

㈣雖然公司帳面價值提供了一個定價基準，但未來獲利能力卻是評估價值的最重要因素。過去的收入應採用加權平均，最近的年份之權重最高，並且分析產品相關收入，以判斷公司未來的獲利能力和公司價值。對折舊、非經常性開支、管理者薪水、租金等會計科目及趨勢，尤其應當注意。

㈤企業的紅利發放能力。新創企業的創業者一般很少發放紅利，即使發放，額度也很小，因此，重要的不是已經配發的紅利，而是將來發放紅利的能力。紅利的發放能力應該資本化，量化成資本單位。

㈥新創企業的商譽及其他資產。除非有有形資產的支持，這些無形資產一般不能單獨評價。

㈦股票的最新價格。如果股票最近有成交，那麼其最新價格走強反映其未來前景看好。新交易的動機以及其對經濟或財務條件的任何影響都應予以考慮。

(八)同業或類似產業公司股票的市價。此因素用於本節討論的特別評估方法中，此時的關鍵問題是公開上市公司與需要評價公司的相似程度。

9.4.2 一般評估方法

評估新創企業有多種方法，使用最廣的方法之一就是找到一些可類比上市公司（comparable publicly held companies）及其證券的價格。可類比公司的尋找既是一種藝術，也是一門科學。首先，公司必須歸類為某種產業，因為同產業公司分享類似的市場，面臨類似問題，處於類似經濟環境，具有類似潛力或銷售情況及收益。在產業類似的所有上市公司中，應再從規模、多樣化程度、紅利、負債及成長潛力等方面進行考量，直到找到最為相似的公司為止。如果不能找到真正可類比的公司，這一方面就不準確。

第二種廣為使用的價值評估方法是計算未來現金流量之現值（present value of future cash flow）。考慮到貨幣的時間價值、經營風險和經濟風險，企業的現金流量價值進行適當修正，因為只有現金（或約當現金）才能再投資，這種評估方法一般能得到比收益法準確的結果。採用這一方法時，銷貨收入和利潤將折回到評估價值的時點。評估價值的時點與銷售日期間的間隔是確定的，這段時間的期末潛在紅利支出和期望的 P/E 比或期望價值，也要列入計算。最後，確定投資者要求的報酬率，以其作為折現並進行折現工作。

另一種評估方法是重置評估法（replacement value），僅用於保險或非常獨特的環境下。例如，要替獨特的資產投保時，就可利用這種評估方法。新創企業的價值評估就是基於重置企業的資產，或重要系統，所需要花費的資金。

帳面價值評估法（book value）則利用調整的帳面價值或有形資產淨值來確定公司價值。調整的帳面價值應考慮到工廠、設備和不動產的貶值（或升值），以及對因會計方法的使用導致的存貨進行必要的調整。具體來說，可使用下列基本程序（見表 9.7）。

此方法易於計算，帳面價值評估法適用於相對較新的企業，業主死亡或喪失能力的獨資企業，以及利潤極不穩定的企業。

表 9.7 帳面評估法基本程序

帳 面 價 值	$________
加（或減）：任何適當調整數額，合理市價的升值或貶值	$________
合理的市價（公司資產的銷售價值）	$________
減：所有無形不能出售的資產，如商譽等	$________
調整後的帳面價值	$________

利潤評估法（earning approach）是評估公司價值使用很廣的方法，因為它為潛在投資者提供了投資報酬的最佳估計。潛在利潤是透過對最近經營年份調整後的收入（尤其要調整不正常開支）進行加權來求得，然後基於產業規範及投資風險，選用適當的價格——利潤乘數，對高風險企業採用較大的乘數，低風險企業則用較小的乘數。例如，以具有七倍利潤乘數之中低風險企業，如果在過去三年中的加權平均利潤為六十萬美元，則其價格應為四百二十萬美元（7×60 萬美元）。

因素評估法（factor approach）是利潤評估法的延伸，這裡用三個主要因素決定價值：利潤、紅利償付能力和帳面價值。對評估公司配以適當的權重，再乘以資本化價值，就得到總體的加權價值，如表 9.8 如示。

表 9.8 因素評估法

過程（單位：千美元）	資本化價值	權重	加權後價值
收益：$40×10	$400	0.4	$160
紅利：$15×20	$300	0.4	$120
帳面價值：$600×0.4	$240	0.2	$48
平 均			$328
10%折扣			$33
每股價值			$295

最後一種評估方法，流動性評估法（liquidation value）得到的公司價值最小。流動性價值往往難以得到，當出售存貨、解雇職員、回收應收帳款、出售資產或其他停止活動的成本和損失需要估算時更是如此。當然，對投資者來說，評估公司時得到一個可能低估的價值倒也不失為一件好事。

9.4.3 創業資本的權益

對特定的投資額，要確定創業投資者需要分享公司多少權益，創業者可以利用下列方法。

$$創業投資者的權益=\frac{VC（投資）\times VC（需要的投資乘數）}{公司預估的五年利潤\times 可類比公司的價格收益乘數}$$

例如，一家公司需要五萬美元的創業資本，估計利潤可達六十五萬美元。有位創業投資者要求投資乘數為五倍，而類似公司的價格收益乘數為 12，下列計算顯示為獲得必要資金，創業者得放棄 32%的公司權益。

$$\frac{\$500,000\times 5}{\$650,000\times 12}=32\%$$

對這一比例的計算，表 9.9 提供了更準確的方法。這種按部就班的方法在確定投資者的股權時，考慮了貨幣的時間價值。下列以假設的例子來逐步計算投資者股權。

H＆B 協會是一家剛剛設立的製造公司，估計銷售一千萬美元時的稅後淨利是一百萬美元。要在五年內達到這一目標，公司現在需要八十萬美元。同業的類似公司以十五倍利潤在銷售。有家創業投資公司，大衛創業合夥公司（Davis Venture Partners），有興趣投資 H＆B，並要求獲得 50%的投資報酬率，那麼公司為獲得所需資金必須放棄多少權益？

$$現值=\frac{\$100萬\times 15倍收益乘數}{(1+0.5)^5}$$

$$=\$197.5萬$$

$$\frac{\$80萬}{\$197.5萬}=41\%$$

也就是說，公司必須放棄的權益為 41%。

表 9.9　決定投資者股權的步驟

1. 根據第五年的銷售額，估計稅後淨利。
2. 根據類似公司正在發售使用的情況，確定適當的利潤乘數。
3. 確定要求的報酬率。
4. 確定需要的資金。
5. 利用下列公式計算： $現值=\frac{終值}{(1+i)^n}$
其中：終值＝第五年公司估計之總值
i＝要求的報酬率
n＝年數
$投資者的股權=\frac{初始投資}{現值}$

9.5 合約結構

除了評估公司價值，確立為了獲得資金而放棄的股權以外，創業者還有一件需要注意的事情，就是合約結構（deal structure）。所謂合約結構，就是創業者與資金供給者之間交易的說明條款。為了使新創企業盡可能地吸引外部潛在資金，創業者必須了解投資者的需要，也要了解自己的需要。資金供給者的需要包括其所要求之報酬率，報酬的期限結構和形式，需要的控制權以及了解特定投資機會所承擔的風險。有的投資者願意承受高風險以獲得更高的報酬，有的則要低風險及較少的報酬，還有一些投資者更關心投資完成後自己的影響力和控制權。

合約結構就是創業者與資金供給者之間交易的說明條款。

例如在一般投資於新創企業的合約中，創業投資者投資三百萬美元換取40%的股權。創業投資者一般都希望創業者能夠議定一些保護其利益的條款，例如，創業投資者擁有優先清算權。也就是說，當公司破產清算時，只有在創業投資者的三百萬美元投資全額得到補償後，其他權益擁有者才能得到清償。另外，協議中通常還包括對公司出售以及首次公開發行時間等主要決策的否決權、擱置權和超過股權比例的投票權等。保護創業投資公司的條款通常還包括反稀釋條款（Antidilution clauses），即防止隨後新一輪低價值融資導致創業投資公司股權的稀釋。當公司經營狀況不佳，不得不以低價籌集資金時，企業必須補償創投公司足夠的股票以保持其原來擁有的股權比例，這種優惠條件是以管理階層或者一般投資者的損失為代價的。

反過來，當公司經營運作良好時，創業投資者可以享有另外一種優惠條件，例如創投公司有權以預先議定的價格投入額外資金，那意味著他們能以低於市價的價格增加其股權。

像創業投資者一樣，創業者需要明瞭產業的基本狀況、所需要的技能和資金規模、企業在一個較短之合理時間內成功的可能性，以及吸引創業投資者的因素。許多創業者因為不了解創業投資業的運作方法而對談判過程和談判結果氣憤不已。創業投資者的談判籌碼來自於他們是創業者唯一的資金來源，反過來，創投業者也需要能夠處理不確定性、高速成長和高風險的管理者。

注資談判主要圍繞類似諸如控制權與機制、需要的融資數額、企業的特定目標等問題展開。在與創業投資者就合約條款及結構談判前，創業者應該對自己所關心的事務孰輕孰重瞭然在心，明瞭什麼才是需要談判的。同時，創業者應該注意下列問題，例如創業投資公司的什麼人將列席董事會，列席董事在創業投資公司的地位；此創業投資公司還注資給哪些機構；創業投資者是否曾經成功地草擬和資助自己的經營計畫；在我們所在的產業，創業投資公司有何技術或管理經驗；創業投資公司在處理曾經被解雇或失敗創業者方面的口碑如何等等。擁有經驗豐富和技巧足夠的創業投資者十分有助於新創企業成功。創業者必須了解自己知識和技能的局限性，因為每個企業都會經歷生命周期，在不同階段需要的知識和技能是不同的，創業者並不一定擅長管理成長中的企業，而且常無法領導一個巨大企業，公司的創立者也常常不是將企業成功上市的人。

創業者必須能夠向創業投資者證明，他的管理團隊和創意能夠符合創投者當前感興趣的議題，且其各種技能能夠使創業投資者的工作相對輕鬆並且報酬更高。為了處理將來可能出現的問題，創業投資者與創業者彼此應該充分了解相互需求，對最終達成的合約結構感到滿意，這樣雙方才能建立良好的合作關係。

創業投資者與創業者彼此應該充分了解相互需求，對最終達成的合約結構感到滿意，這樣雙方才能建立良好的合作關係。

本章小結

在為企業融資時，創業者決定所需資金的數量和期限。種子資本或者啟動資本是最難取得的，它們最可能來自非正式的風險資本市場（「創業天使」）。這些投資者往往是富有的個人，每年平均達成兩筆交易，出資一萬至五十萬美元，而且常常是透過推薦進行交易。

儘管風險資本可以用於企業發展的第一階段，但它主要還是用於第二、第三階段，作為企業成長或擴張的流動資金。廣義的風險投資包括所有專業經營的權益資金庫。1958 年以來，小型企業投資公司（SBIC）將私人資本與政府資金結合起來，融通小型企業的啟動、成長。六〇年代以來，由少數合夥人出資的民營創業投資公司發展起來，同時，大型公司經營的企業資本部門也開始出現。為了促進經濟發展，許多州也由政府設立創業投資基金。

創業投資者的主要目標是透過對企業的投資獲得長期資本收益，因此，必須堅持幾條投資準則：公司必須擁有強有力的領導團隊；產品／市場機會必須有獨到之處；資本報酬必須豐厚，應能獲得 40%～60%的投資報酬；在高速成長的產業；是多家創業投資機構的追逐對象。爭取創業投資的過程包括：初步篩選，協商主要條款，細節的推敲修正和最終核准。透過推薦，創業者應當帶著專業的經營計畫、良好的口頭表達，前去訪問潛在的創業投資者。成功的初次會面，創業者和投資人不必探討細節就可能對一些主要條款達成共識。細節的探討需要詳細的市場、產業及財會分析，有時要花三個月的時間，最後需要把交易的詳情製作成備忘錄。

創業者關心公司價值。評估公司有八個價值因素，即創業的性質和歷史、總體經濟狀況、帳面價值、未來收益、紅利發放能力、無形資產、股票的銷售及類似公司股票價格等。可用的價值評估方法很多，如尋找可類比的上市公司、未來現金流量的現值、重置價值、帳面價值、利潤評估法、因素評估法和流動評估法。

總之，創業者和投資者必須對注資的合約條款達成共識。如果能細心地安排好合約結構，使雙方各自的能力和需求達成平衡，創業者和投資者雙方就能維持良好關係，進而透過企業的成長和獲利，達成各自目標。

討論題

1. 作為一名找尋風險資金的創業者，在與創業投資公司接觸前，該考慮哪些因素？
2. 為什麼創業者會去尋找「投資天使」而不去找創業投資公司？
3. 考慮到「創業天使」對分配源的不滿，有什麼其他方法可以改進投資分配？
4. 為什麼與潛在投資者建立高度依賴關係對創業者是很重要的？
5. 研究表 9.9，關於投資者要求的股權，可以得到什麼結論？

第十章
公開上市

本章學習目的

1. 界定公開發行股票的優點和缺點。
2. 了解公開發行股票的一些替代方案。
3. 討論公開發行股票的時機和承銷商的選擇。
4. 解釋公開發行股票的登記註冊表和時間表。
5. 討論公開發行股票的法律問題和美國「藍天」法案的限制性條件。
6. 討論公開發行股票之後企業的一些重要問題。

讓公眾擁有權益

薩姆·沃爾頓是擁有Wal-Mart連鎖店的商業巨擘，也是美國富豪之一。薩姆·沃爾頓以其獨特的市場行銷策略而聞名，其行銷策略是將低價店引入一些被其他連鎖店所忽視的較小城鎮中。但是，行銷策略並不是薩姆·沃爾頓成功的唯一基礎，其公司和個人財富的同步成長，多半要歸功於他對證券市場的明智運用。

沃爾頓於1940年進入零售業開始其商業發展歷程。他先在J. C. Penny公司做銷售員並接受管理培訓。他是公司中最棒的襯衫銷售員之一，但是他知道自己的真正職業應該是商店店主，在J. C. Penny的工作為他日後成為店主提供一個基本培訓。1945年，他和弟弟巴德（Bud）在阿肯色州的紐泡特（Newport）開始經營一家隸屬賓·弗蘭克林公司（Ben Franklin）的小商品商店。經過五年的成功經營，他們又搬遷到阿肯色州賓頓威爾（Bentonville）經營一家商店，薩姆在這裡一直居住到去世。沃爾頓兄弟在這一地區開始擴張，收購其他的綜合商店。薩姆利用沃的銷售經驗和知識，建立了自己的採購辦公室，並在自己的商店中大膽運用廣告和其他的行銷手法，這些手法在其他人看來是只能適用於大企業的。到了六〇年代初期，沃爾頓兄弟已經擁有了相當多的商店，一躍成為全美最成功的賓·弗蘭克林特約商店。

在六〇年代早期的零售業中逐漸發展出一個新概念，即低價。一個從德州起家的零售低價商吉布森（Gibson）在費葉特威爾（Fayetteville）開設了一家低價商店，沃爾頓兄弟在該地區也有一個綜合商店。薩姆決定做一次實驗，嘗試低價商店之經營方法。開始時只在一個部門實行，很快低價做法就遍及整個商店。儘管薩姆所做的試驗成功，以及低價經營對當地綜合商店的威脅不斷增加，賓·弗蘭克林的經理們還是不願意改變連鎖店的市場地位。於是，薩姆決定自己來闖一條新路。為了探索新的商店經營模式，薩姆在全國做了一次簡短的遊歷，之後制定了一個計畫，開始在人口少於兩萬五千人的小鎮裡經營自己的低價商店。第一家沃爾－馬特商店於1962年在阿肯色州的羅傑斯鎮（Rogers）開業。

薩姆以獲利支持企業成長。這種「盡其所有，勉力維持」（make do with what you have）的哲學在新的Wal-Mart商店中繼續沿用。為開設第一家商店，薩姆和巴德集中了他們自己所有可以動用的財力，再根據資金數量確定商店的大小和位置。他們試圖在小城鎮中以具有競爭力的價格銷售優質商品，而並不寬裕的預算使他們取消了商品展示和大辦公室的空間。顯然，利用煙筒架展示商品及光禿禿的地板給購買者帶來的不方便是不重要的，Wal-Mart 從一開始就獲得了空前的成功。

早在Wal-Mart的經營發展之初，薩姆就意識到配貨對商店獲利的重要性，他需要有與大競爭對手同樣低的成本和同樣有效的發貨方式。他認為與其建新倉庫以配合服務現有商店，還不如將新收購的商店集中在現有的配貨範圍內。就在這時候，薩姆開始考慮公開發行股票。1970 年，在經營了八年低價商店後，Wal-Mart已經大約有三十家。對沃爾頓來說，有一點愈來愈明白，他需要建立自己的倉庫才能夠大批購買維持新商店必需的商品。然而他認為公司不能冒險舉債承受沈重的債務負擔。於是，憑藉其傲人的成長紀錄，沃爾頓將企業的小部分權益向公眾銷售，獲得三百三十萬美元。沃爾頓用這筆資金建了一個價值五百萬美元的物流配貨中心。此中心足以為八十到一百家商店提供配貨服務。

隨著物流配貨中心的建立，薩姆也為企業成長做好了其他準備。兩年後，擁有 512 家商店和 6.78 億美元銷售收入的 Wal-Mart 躋身於紐約股票交易所。1970 年最初投資者以每股 16.5 美元購買的股票，到 1996 年已歷經十次分割變成了 1,024 股，且每股價格 28 美元，最初之每股價值相當於 28,672 美元，原始投資具有 1738%的報酬率。在這一過程中，薩姆多次在進行企業擴張或升級時，選擇了公開的證券市場，經過精心計畫和嚴格控制的預算，使其總資金成本遠遠低於競爭對手。較低的資金成本有助於銷貨收入、每股盈餘和紅利的持續成長。1987 年，Wal-Mart的營收達到 158.79 億美元，每股盈餘為 0.28 美元，紅利為 0.03 美元。到了 1996 年，銷貨收入已超過 936 億美元，每股盈餘為 1.19 美元，每股公布的紅利為 0.20 美元。

然而，一個對公司來說非常嚴峻的挑戰也一直困擾著薩姆．沃爾頓直至其去世。Wal-Mart 的繼任總裁和最高執行長戴維．格拉斯（David Glass）不得不為整個企業重新定位，因為公司必須解決利率升高、通訊方式和技術改變、提高商品選擇和資訊來源的靈活性等問題，以及扭轉由於企業規模和多樣性增加，導致組織結構趨向官僚及更缺乏人情味的情況。正如格拉斯所說：「我們從未考慮過我們正在變成世界上最大的零售商。」事實上，公司已由最初位於阿肯色州羅傑斯鎮的商店成長為包括兩千四百家 Wal-Mart 商店、四百七十家 SAM'S 俱樂部以及在美國、加拿大、阿根廷、巴西、墨西哥和波多黎各共擁有六十七萬五千名「同事」（Wal-Mart 將員工稱為"associates"）的龐大商業帝國了。

薩姆．沃爾頓明智地選擇時機，利用公開證券市場為 Wal-Mart 的擴張融通資金。直到今天，公司依然承諾「不投入比已經由（公司）經營成果證明了的更多的財力」。

「公開發行股票」意味著一個企業之權益由僅限於少數人持有轉而同一般公眾擁有的過程。「公開發行股票」的決策應該仔細周密地考慮。對一些創業者來說，公開發行股票是企業發展的最終結果，使公司成為合理的企業共同體。但是在這樣做之前，正如薩姆·沃爾頓所做的一樣，每一個創業者需要仔細斟酌一些問題，包括評估公開發行股票的優缺點、評估公開發行股票替代方案的優劣、確定公開發行時機、選擇承銷商、準備登記註冊表和時間表、了解相關法案規定和需要準備的揭露資訊報告，以及面對股東的不斷檢查和增加股東的投資價值。

在美國，所謂「藍天」法案是指發行股票的一些有關規定，涉及在各個州發行股票必須提交的證明，如公司登記資料（類似營業執照）、公司規模和資產數量證明、聯邦證券交易委員會的發行許可證，和各個州的證券交易委員會之證券發行許可證等。

10.1 公開發行股票的利弊

公開發行股票，即創業者和其他股東按照《證券法》規定，向證券市場管理機構申請並獲得批准，向社會公眾出售公司的一部分所有權。

公開發行股票，即創業者和其他股東按照《證券法》規定，向證券市場管理機構申請並獲得批准，向社會公眾出售公司的一部分所有權。股東數量的增加和股票對外發行可以給公司帶來外部資本，為公司提供融資管道和流動性更強的投資工具。透過公開發行股票，公司將獲得更佳運用資本市場融資的機會，大眾也得以更客觀地認識和評估企業價值。然而，由於公開發行股票存在一定的資訊揭露要求和相當的上市成本，而股東數目的增加也影響創業者對企業的控制，因此，創業者必須在上市前仔細評估公開發行股票的有利之處和不利影響。表 10.1 簡要地列出了公開發行股票的利弊。

表 10.1　公開發行股票的利弊

有利之處：
・獲取資本但並不稀釋早期股東的資本
・增強借款能力
・增強增發證券的能力
・增加流動性和確立公司市價
・增加聲望
・增加個人財富
不利之處：
・需承擔相關費用
・需揭露相關訊息
・承受維持成長的壓力
・失去控制權

10.1.1 有利之處

1991 年，荷姆伯格（Holmburg）向一些已上市企業的最高執行長發出調查問卷，請這些人就公開上市的十七種原因之重要性進行排序，結果被視為「很重要」的原因其百分比為：

籌集發展所需資金	85%
籌集資金以增加流動資金	65%
便於收購其他企業	40%
為公司確立市場價值	35%
增強公司融資能力	35%

以上這些原因可以歸結出公開發行股票的三個主要優點：

- 獲得新的權益資本；
- 確定企業資產價值和可轉讓性；
- 增強公司未來獲取資金的能力。

在大多數情況下，企業公開上市的首要目的就是為了籌集未來發展所需資金。不管是第一階段還是第二階段或第三階段融資，企業總是需要資本。新資本為企業提供所需的營運資金、廠房和設備、或企業成長和生存所必需的存貨和原物料等。公開發行股票通常是獲取所需資本的最佳方式。

公開發行股票也提供了一種客觀評估公司價值，以及公司價值方便在不同集團間轉移的機制。因此，企業公開上市被認為是收穫創業價值的最重要途徑，創業者和其他權益擁有者都能夠從中獲益。沒有一個完善的股票市場，新創企業就很難從資本市場得到足夠資金，或許更糟糕的是，他們就不可能從那些希望以公開上市回收投資的投資者那兒獲取資金。

企業公開上市的流動性對創業投資者十分重要。許多創業投資者認為，公開發行股票可以比被其他企業收購產生更高價格。1988 年到 1992 年間，全美上市企業的平均價值為 1.069 億美元，而私下出售企業之平均成交額為 3,740 萬美元。雖然公開上市企業大多是明星企業或有巨大潛力的企業，但這兩者的差距太大了。另一項研究調查了美國 1970 年到 1982 年間二十六個創業投資基金撤出的 442 項投資，結果顯示，以公開上市實現的收益是最高的，而且幾乎是次高收益的私募方式之五倍。這項研究發現，30%的撤出方式是企業公開上市，23%採用私募方式，6%由公司收購，9%轉手給其他創業投資企業，6%清算，26%銷帳。

還有一項研究對美國七十七家在 1979 到 1988 年間公開上市的高科技企業進行調查，這些企業都有創業投資者參與，結果顯示，創業投資在公開發行時的報酬倍數隨投資階段不同而不同：在最早的「種子資金」階段的第一輪投資為二二・五倍，在第二輪為十倍，而第三輪為三・七倍。總體而言，在創業早期的創業投資者以公開上市回收投資的報酬率為五年七倍，即年報酬率在 48%左右。到八〇年代後期，由於大眾對投機性的企業公開上市喪失興趣，創業投資基金收益低於期望甚多，許多創業投資支持的企業不能上市，創業投資公司失去了這種最佳的收穫管道。九〇年代，美國股票市場的繁榮使創業投資者重新燃起了希望，但是由於激烈競爭，創業投資的報酬率大致只在 15%～20%之間。

許多由家族擁有或私人持有的公司也需要公開發行股票，以便公司價值可以在第二代和第三代之間進行分配，從而保證公司經營的整體性和長久繁榮。因此，對於家族企業較為盛行的中國來說，企業公開上市不啻是一劑良方。公開發行股票有利於改變家族企業的封閉性，有利於引進外部經營管理人才，避免「第一代艱苦創業，第二代坐享其成，第三代落魄」的輪迴。在海外的華人企業也有類似的問題，例如，王安電腦公司的衰敗並最終被吞併的根源之一，就是王安安排資歷尚淺不足以服眾的兒子接班，導致大量人才流失。而且華人家庭一直以來都是子嗣平分家產，結果往往是，第一代欣欣向榮的大企業經歷第二代平分家產，一下子就喪失了經濟規模。

企業股東把公開發行視為獲得流動性的最佳方式，這種流動性是退出一家公司並獲得投資收益所必需的。同樣，當公司股票價值和可轉讓性增加時，其他投資者也更易於將投資變現。由於這種流動性，使得公開交易證券之價值通常要高於不公開交易的證券。另外，公開上市公司經常可以透過證券交易加以收購。

企業股東把公開發行視為獲得流動性的最佳方式，這種流動性是退出一家公司並獲得投資的收益所必需的。

第三個主要優點是，公開上市公司通常會發現要增加額外資金，尤其是債務會更容易。在公司被附加了一定價值並且這種價值更容易轉讓時，便很容易地在更有利時點籌集到資金。當公司股價上漲，不僅僅是債務融資，而且未來的權益資本都可以更容易地獲得。

10.1.2 缺點

公開發行股票儘管對一個新創企業來說非常有利，但上市的優點必須和許多缺點結合在一起進行權衡。一些創業者即使是在股票市場多頭時，也不願公開上市，其理由為何呢？

原因之一是，公開上市的公司必須主動公開揭露資訊，由於對各股東負有受託責任，公司必須向外揭露所有關於公司、公司營運、公司管理者的資訊。

此外，在公開上市的公司中還容易發生經營權的失控，制訂公司策略時也可能會承受短期壓力。例如，為保持技術的先進性，公司往往需要犧牲短期利益來推動長期創新。如果現有技術已無法增強企業競爭力，這就需要進行技術上的再投資。但在公開上市的公司裡，犧牲相對短期收益來培育相對長期優勢的策略是不易制定的，因為這些公司往往以營收／利潤來估算，而非相對長期的培育競爭優勢，來評定管理者能力，正如股票價格所反映的一樣。當公開銷售的股份到達一定程度時，創業者會失去決策權，甚至會導致公司被惡意收購。

當公開銷售的股份到達一定程度時，創業者會失去決策權，甚至會導致公司被惡意收購。

公開發行股票最麻煩的地方可能是因而喪失的靈活性和所增加的管理負擔。在美國，為了想要順利進行合併案，上市公司必須擁有一個比「私有」公司更昂貴的投資銀行。投資銀行會使合併費用增加十五萬美元，另外還會造成合併過程中三個月的延遲。上市公司的管理者也需要花費大量的額外時間來應付來自股東和財務分析師的質詢。

影響創業者決定是否公開發行股票的還有一個重要因素，即上市所涉及的費用。在美國，公開發行股票的主要費用包括會計費用、法律費用、承銷商費用、登記和「藍天」文件歸檔費用，以及打字印刷費用。這幾項費用之總和可能是一個相當大的數字。一般來說，大約在三十萬至六十萬美元之間，若過程比一般情況複雜則會更高一些。此外，每年額外的報告、會計、法律和打字印刷費用在五萬到二十五萬美元之間，取決於企業過去在會計以及與股東溝通之實際情況。另外，還有必須提交給SEC歸檔的報告、代理報表和其他資料，這些資料在分發給股東之前必須先提交給SEC審查。其中包括關於管理者、管理者酬金、公司交易以及需要在股東大會上表決的議題。上市公司還必須向股東提交包括前一會計年度經過審核的財務資訊和任何關於企業發展的年度報告。年度報告的準備和分發是公司發行股票之後比較顯著的額外費用。

企業公開上市的會計費用波動很大，但基本上在五萬到十萬美元之間。如果會計師事務所過去幾年中定期對公司進行審查，那麼會計費用會在這一區間的下限；如果公司以前未經審查或是雇用新的會計師事務所，那麼會計費用會在這一區間的上限。會計費用包含財務報表的準備，對SEC質詢的回覆，以及本章後面描述的為承銷商準備的"cold comfort" letter（不起作用的安慰信）。

律師費用差異頗大，基本上在六萬到十七萬五千美元之間。這些費用一般包含準備企業文件，準備和提交登記註冊表，談判最終的承銷協議，以及對承銷商進行銷售結算。公開發行股票的公司也要為交涉全美證券商協會（National Association of Securities Dealers, Inc., NASD）和各州的「藍天」文件歸檔工作支付法律費用。NASD和州「藍天」文件歸檔的法律費用是八千到三萬美元，取決於發行數量和證券發行所在州的數目。

承銷商的費用包括現金折扣（佣金），通常是新股票公開發行價格的7%～10%。在一些股票的公開上市中，承銷商也會要求一些額外項目，最典型的如法律費用的補償，以及任何未來發行股票的第一優先承銷權。NASD 會在股票上市發行前，核查承銷商所得到之實際補償金額，同樣，任何承銷商的額外要求也需要接受「藍天」法案的監督。

其他的費用，為 SEC、NASD 和州「藍天」登記註冊費。在這些費用中，SEC的登記註冊費非常小，為證券的總公開發行價格的萬分之二。例如，對於兩千萬美元的發行價格，SEC 註冊費為四千美元。SEC 註冊費必須以銀行擔保支票或銀行本票支付。NASD 文件歸檔費也不高：一百美元加上最高公開發行價格的萬分之一。在上例的兩千萬美元的發行價格中，此費用為兩千一百美元。最高的NASD費用為五千一百美元。州「藍天」註冊費取決於發行股票在多少州進行登記註冊。如果企業公開上市的股票在所有的州中均有註冊，總「藍天」文件歸檔費用可能超過一萬五千美元，這還取決於發行股票的數量多少。

最後一個主要費用——打字印刷費用基本上在五萬美元到五十萬美元範圍內，本章後面討論的登記註冊表和公開說明書占了很大比例。費用的準確金額取決於公開說明書的長度，彩色或黑白圖形的使用，證明文件和修正的數目以及印刷數量。

公開發行股票是有成本的，而且準備公開發行股票的過程同樣也是煩人的。具體的上市過程每個公司並不完全相同，但目標都是改造公司以樹立最佳形象並為股市所接受。公司內發生的眾多變化通常要在超過六個月到一年的時間完成。對一些公司來說，準備公開發行股票可能涉及到淘汰一些管理階層成員和董事會成員，放棄一些不重要的東西，如剔除一些管理者奢侈待遇，雇用新的會計事務所，淡化一些個人的顯著特性，精心包裝一些高級管理人員的形象，或雇用新的管理階層成員。

不論做過多少準備，幾乎任何一個創業者，都還是準備不充分的，在改造過程中都要等待一段時間。然而一次成功的公開上市，企業所獲得的好處也是巨大的，因而所付出的成本和帶來的種種麻煩或許還是值得的。

10.1.3 公開發行股票的替代方案

事實上，我們在第八章中已經了解了公開發行股票的大多數替代方案，即各種籌資途徑，這裡再簡要討論一下幾種應用最廣泛的方案。

兩種最常用的方案是私募和銀行貸款。

私募公司債是只向與發行人有特定關係的投資人發行公司債券。

㈠私募公司債是只向與發行人有特定關係的投資人發行公司債券，因此有時也稱為「關係債券」。私募是獲取所需資金但只需揭露公開很少資訊的方法，尤其對機構投資者——保險公司、投資公司或退休基金的私募更是如此。這些基金通常採用中期或長期且浮動票面利率的負債形式，或是採用附帶特定紅利的特別股形式。大多數私募交易同樣會附帶一定的限制條款。這些條款並不是要限制企業經營，而是要保護投資者。創業者在選擇私募作為融資的替代方案之前，必須評估其中任何條款是否給公司的經營強加了太多的限制。

在美國，要獲取在1933年《證券法》中規定的進行私募資格，公司必須擁有一定數量的投資者，每個投資者都要在財務和企業事務中有足夠的經驗而能評估投資風險和價值。另外，投資者必須同意在購買證券後的一定時期內繼續持有。以歷史經驗來看，私募的權益證券將以公司在公開發行股票時的銷售價格折價20%到30%進行銷售。

㈡除了私募，銀行貸款也是公開發行股票的替代方案。儘管銀行貸款是增加額外資金的一種普通做法，但這種額外資金是以債務形式存在，因此經常需要公司的抵押或擔保。抵押基本上是以合約、應收帳款、機械、存貨、土地或建築物等一些有形財產的形式行之。即使在財產可以作為抵押時，銀行貸款基本上也是短期或最好是中期的，使用的利率是浮動利率，而還款時間表和限制條款也會對創業者形成一定的約束。

其他的債務融資可以從非銀行貸款機構獲得，如設備租賃公司、抵押銀行或存貨和應收帳款融資公司。通常這些資金來源會提供創業者一個比銀行貸款更大的靈活性，儘管還是不如權益資本那樣靈活。

10.2 公開發行股票的時機和承銷商的選擇

在一次成功的股票公開發行過程中，兩個最關鍵的問題可能就是公開發行的時機和承銷商的選擇了。創業者應尋求熟悉這兩個領域的財務顧問的建議。

10.2.1　上市時機的選擇

我們自己有沒有做好公開發行股票的準備？這是一個關鍵的問題，是創業者在進行公開發行股票活動前必須向自己提出的問題。在回答這個問題時，創業者應確立幾個評估標準。

㈠公司是否夠大？紐約的投資銀行往往偏好至少五十萬股每股最少十美元的發行量。這就意味著如果在發行後只願意釋出40%的股權，那麼公司為支持這五百萬美元的股票發行，必須在以前發行過價值至少為1,250萬美元的股票。發行量的大小主要取決於過去的營收和盈餘績效或對未來成長和盈餘的期望。

㈡公司盈餘金額有多少以及公司財務業績有多優異？財務績效不僅是公司價值評估的基礎，而且也決定了公司是否能成功地公開發行股票。雖然上市標準會有所變動，但是一般來說一家公司在股票發行前必須擁有至少一年的良好盈餘和銷售收入成長紀錄。較大的承銷商有一些更嚴格的標準，例如高達一千五百萬美元到兩千萬美元的銷售收入，一百萬美元或更高的淨利，以及30%到50%的年成長率。

㈢市場條件是否適合股票公開上市？基本的銷售收入、盈餘以及發行量大小構成主要的市場條件。市場條件既影響創業者所接受的股票原始價格，也影響次級市場，即股票首次銷售之後的價格變動情況。除非對資金的需求非常緊迫甚至不可延遲，否則創業者都應該努力在最適合的市場條件時點中進行公司股票公開發行。

㈣資金的需求有多迫切？創業者必須仔細評估對新資金需求的急迫性和其他外部資金來源的可得性。由於新增資股會削弱創業者和其他權益持有人的所有權，因此，只要能夠出現利潤和營收成長，將公開發行股票的時點愈往後延，對創業者及現有股東愈有利。

㈤現有股東的要求和願望是什麼？通常現有股東對企業的未來生存和成長期望缺乏足夠信任，或者他們對流動性有所要求。公開發行股票經常是現有股東獲得所需現金的唯一方法。

10.2.2 承銷商的選擇

一旦創業者決定了公開發行股票的時機是合適的，就必須仔細選擇主承銷商。在美國，主承銷商會帶頭成立承銷團。主承銷商在確定公司股票的原始價格、在次級市場支持股票以及在證券分析師間建立關係是十分重要的。

對於創業者來說，理想的做法應該是至少在股票公開發行一年之前就與幾個可能的主承銷商（投資銀行）建立關係。這經常在第一和第二輪融資期間進行，在這兩個階段投資銀行的建議有助於構造原始財務數據為以後公開發行股票打下基礎。

由於選擇投資銀行是決定股票公開發行能否成功的一個首要因素，因此創業者應透過雙向協議與一家投資銀行接洽。商業銀行、專業證券律師、主要的會計事務所、早期融資管道或公司董事會重要成員通常都可以提供所需要的建議和資訊。由於這種關係是持久的，並不在發行結束時終止，因此創業者在選擇過程中應該確立一些選擇標準，如信譽、分銷能力、諮詢服務、經驗和成本等。

由於股票初次公開上市很少涉及到知名企業，因此主承銷商需要有良好的信譽，來組成一個強有力的承銷團，並為潛在投資者提供滿意的服務。這種信譽有助於出售公開發行股票並在次級市場支持股票價格。信譽中有一個構面必須仔細評估，那就是潛在承銷商的道德標準。個人道德和商業道德的協調是一個經常會遇到的問題，這是創業者需要認真考慮的。

股票發行的成功也取決於承銷商的分銷能力。創業者都希望自己公司的股票分銷得盡量廣，基礎盡可能不同。由於每一家投資銀行都有不同的客戶基礎，因此創業者應當比較各潛在承銷商的客戶基礎。其客戶基礎主要是機構投資者，還是個人投資者，或者是兩者的均衡組合？是國際的還是國內的？投資者是長期投資還是只是投機者？一個擁有高品質客戶基礎的主承銷商和承銷團，有助於股票銷售和股票在次級市場中維持良好的運作。

一些承銷商比其他承銷商更有能力提供金融諮詢服務。儘管這一因素在選擇承銷商時不如前兩個因素重要，但在進行股票公開上市前後總是需要金融諮詢。這時創業者應該提出這樣的問題：

- 承銷商能夠提供可靠的金融服務嗎？承銷商是否為以前的客戶提供了很好的金融諮詢服務？
- 承銷商能有助於獲取未來的公開或私下融資嗎？

這些問題的解答將有助於判定潛在承銷商之間的能力高低。

正如前面問題所反映的，投資銀行的經驗很重要。投資銀行應該對相同或相近的產業公司之承銷業務有一定的經驗，這種經驗將給予主承銷商信用，向投資大眾宣傳公司的能力以及準確地為企業公開上市股票定價。

在選擇主承銷商中最後一個考慮因素是成本。公開發行股票是一種成本很高的計畫，成本在不同承銷商之間變動很大。不同承銷商之間的平均總價差可能高達10%。與各個潛在主承銷商相關的成本必須與其他因素仔細權衡。一次成功的股票公開上市中涉及的利害關係是相對固定的，關鍵是要獲得最佳的承銷商而不是走捷徑。

公開發行股票是一種成本很高的計畫，成本在不同承銷商之間變動很大。

10.3 登記註冊表和時間表

10.3.1 公開發行股票的準備

在美國，登記註冊表是企業申請公開上市的重要文件。一旦主承銷商選定以後，就應該舉行一個由負責準備登記註冊的公司管理者、獨立會計師和律師、承銷商及其顧問參加的計畫會議。在這一個被稱為「上市行家全會」（all hands meeting）的重要會議中，要準備一個時間表，標明登記註冊過程中進行每個步驟的日期。這個時間表確定了登記註冊的有效日期，此日期決定了完成最終財務報表的期限。一般考慮使用公司的會計年度末，以避免增加任何可能的會計和法律工作，在年底按常規要準備定期的經審查之財務報表。時間表應該標明負責準備登記註冊的各項工作和提供報表者。在企業股票公開上市過程中，由於時間表未經仔細制訂，也未經有關各方同意，經常會產生一些問題。

初步的準備完成之後，企業在正常情況下需要六至八個星期來準備、打字印刷和向SEC提交登記註冊表。一旦提交了登記註冊表，SEC一般要花四至八個星期來審查並宣布登記註冊是否有效。此過程經常會產生延遲，例如：

- 在市場活動沈悶期間；
- 在高峰季節期間，如三月，此時 SEC 需要審查大量的代理報表；
- 在公司律師不熟悉聯邦或州的法規時；
- 在公司拒絕全面徹底的資訊揭露時；
- 在主承銷商經驗不足時。

在審查登記註冊表時，SEC要努力確保此文件對需要報告的訊息做全面而公平的揭露。只要有關公司和發行的所有資訊都完全揭露了，SEC對於任何可能是不公平的股票發行就無權拒絕或要求做任何形式的更改。全美證券商協會（NASD）會審查每一次發行，主要是確定承銷補償的公平與否，以及是否遵從了 NASD 的法規要求。

儘管有些州會採用與SEC相同的方式（也就是說，僅考慮完全的、公平的揭露）審查登記註冊表，但有些州還會審查登記註冊表以確定股票的發行對本州投資者來說是公平和公正的。各州有權根據法律拒絕股票的發行。各州重點檢查的一些問題通常有以下這些：發起人持有的所有權比例以及發起人為這些股份所投入的資本金額；承銷補償；是否存在企業的管理者、董事或其他發起人與發行人本身之間的交易（也就是說，對管理人員的借款或銷售以及其他方式的內部處理）；發行人的財務績效和穩定性。一旦由SEC確定了有效日期，承銷商就可以立即向大眾出售股票了。

表 10.2 中列出了基卡卡公司（KeKaKa Corporation）的股票公開上市的關鍵日程一覽表。公司的財政年度於三月三十一日結束，公司成立以來歷年經過審查的財務報表也已準備就緒，本年度經過審查的財務報表也以通常的方式及時準備好。

表 10.2　基卡卡公司關鍵日程一覽表

上市行家全會（all hands meeting）	5 月 15 日
要分發的 S-1 表格的首次起草	6 月 15 日
上市行家全會	6 月 22 日
上市行家全會	7 月 1 日
登記註冊表提交日	7 月 15 日
公開發行有效日	9 月 8 日
發行結束日	9 月 17 日

登記註冊表本身主要包括兩部分：公開說明書（一種法律規定的發行文件，通常準備成冊向未來的購買者分發）和登記註冊表（公開說明書的輔助資訊，可以在 SEC 辦公室取得並供大眾查閱）。這兩部分登記註冊表主要是由1993年的《證券法》規定的，這一法案是美國聯邦法規要求向大眾發行的證券必須註冊登記。這一法案還要求公開說明書要在任何承銷要約的制訂或證券銷售的確認時或之前，提供給購買者。有一些專門的SEC表格闡明了註冊登記的資訊要求。大多數發行量較少的企業在公開上市時使用表格 S-1 或表格 S-18。要使用哪種表格取決於公司所處的產業、公司可以利用的公開資訊之數量、要發行的證券類型、公司規模和過去的財務績效，有時也取決於打算購買股票的人。

10.3.2 公開說明書

美國的公開說明書對格式不是十分要求，格式由公司決定。一般來說，是以一種高度表現企業風格的敘述格式寫成，因為它是公司股票的促銷文件。為獲得SEC的批准，公司資訊必須以一種有組織的、符合邏輯的順序書寫，並且是容易閱讀及理解的。公開說明書最常用的一些章節包括封面、公開說明書概述、公司、風險因素、籌集資金的使用、紅利政策、資本總額、價值稀釋、部分財務數據、公司業務、管理人員和所有權人、股票類型、承銷商資訊以及實際的財務報表等。

具體來說，封面包括的資訊有公司名、出售股票的類型和數量、承銷表格、公開說明書的日期、主承銷商和相關的承銷團成員。初步公開說明書是承銷商在登記註冊未獲批准前用於吸引投資者注意的；最終的公開說明書包括了所有SEC和「藍天」文件審查機構要求的變動和增加以及有關證券銷售價格的資訊。最終公開說明書必須與來自參與發行的投資者購買協議一起提交或是先提交。

公開說明書的開頭是一張概述的表格。公開說明書概述強調發行工作的重要性，類似於前面討論過的企業計畫書的決策概述。

接著是公司簡介，描述企業特徵、公司歷史、主要產品和公司地址。

然後是對相關風險因素的討論。一些重要問題如經營虧損的歷史，短期的業績紀錄，一些關鍵個人的重要性，對某些顧客的依賴程度，競爭狀況或者市場不確定性都是典型的風險因素，這些因素需要明白地揭露，這樣潛在投資者就會清楚股票發行的不確定性和購買過程中所涉及的風險程度。

籌集資金的使用需要仔細準備，因為股票發行之後籌集資金的實際使用情況必須向SEC報告。潛在投資者對這一節有很大的興趣，因為它指明了公司公開發行股票的原因及其未來發展方向。

紅利政策這一節詳細介紹公司的紅利分配歷史以及對未來紅利的一些限制。大多數新創公司沒有支付過任何紅利，而是保留盈餘用做未來發展的資金。

資本總額這一節表明了公司在上市發行股票前後的總資本結構。

當股票的發行價格與公司管理者、董事或創始股東支付的股票價格顯著不同時，公開說明書就必須有價值稀釋一節。這一節描述了將會發生的購買者之權益稀釋或減少的情況。

表格 S-1 要求在公開說明書包含公司最近五年來，每一年度的部分財務數據，以強調公司財務狀況變化的趨勢。對公司經營成果及其對公司財務狀況的分析至少應包括過去三年的經營狀況。這為潛在購買者提供了可以用於評估公司來自內部、外部的現金流量的資訊。

公司業務是公開說明書最大的一部分，它提供了關於公司、公司所在產業及其產品的資訊。這一節包括了公司的歷史發展，主要產品、市場和銷售方式、正在開發的新產品、原物料的來源和可得性、積壓的訂單、出口收入、員工人數，以及擁有的任何專利、商標、許可證、特許權和有形產權的種類。

業務的下一節是關於管理人員和股東。這一節包括董事、提名董事和管理者的背景資訊、年齡、商業經歷、年薪和股票持有狀況。同樣也必須列出任何擁有公司 5%以上股份的股東（不在上述範疇以內的）。

股本這一節，正如其名稱所顯示的，描述了如果有不止一種股票存在時，正在發行的股票面值、紅利分享權、選舉權、流動性和可轉讓性。

這一節之後是關於承銷商的資訊，解釋了分銷計畫（例如涉及的每個承銷參加者要購買的證券數量），承銷商的義務，以及公司支付的酬金。

登記註冊表的公開說明書部分以實際的財務報表結束。表格 S-1 要求最近兩個會計年度經過審查的資產負債表，最近三個會計年度經過審查的損益表，以及至登記註冊表生效日的一百三十五天之未經審查的臨時財務報表。正是這一要求，使得根據年底經營，選擇一個公開發行股票的日期和制定一個好的時間表顯得更為重要，這將有助於避免準備額外的臨時報表。

表格 S-1 的第二部分包含具體的問卷表格形式之發行文件，列示了一些文件如股份有限公司成立文件、承銷協議、公司規章、股票選擇權和養老金計畫以及合約等。其他標明的項目包括董事和管理者的酬金、任何在過去三年中未經登記之證券銷售以及與公開發行股票有關的費用。

1979 年 4 月起，SEC 對於計畫發行不超過七百五十萬美元證券的公司採用一種簡化的登記註冊表S-18。這種表格的設計是透過較少的報告要求使公開發行股票更容易，費用更低。表格S-18 不要求關於企業、管理者、董事和法律訴訟的詳細說明；不要求產業細分資訊；允許財務報表以一般公認會計準則之要求準備，而不是按準則S-X的要求準備；要求最近一個會計年度（而不是最近兩年）年底的經過審查之資產負債表以及最近兩年（而不是最近三年）的經過審查之財務狀況變動表和股東權益變動表。儘管表格S-18 可以提交給位於華盛頓特區的SEC之企業財務部（the SEC's Division of Corporation Finance）做審查，但也可以像所有 S-1 表格一樣，提交給 SEC 的地區辦公室。

10.3.3 過程

一旦初步的公開說明書提交之後，就可以分發給各個承銷商了。這種初步的公開說明書稱為「紅鯡魚」，因為報告封面是用紅墨水書寫的。

然後SEC會審查登記註冊表以確定公司是否已做出準確的揭露。幾乎總是會發現一些錯誤，這些缺陷以電話或書面轉達給公司。這種初步的公開說明書包含了所有最終公開說明書中包含的資訊，除了那些直到有效日期之前才確定的資訊：發行價、承銷商的佣金、籌集資金的金額。這些項目透過定價修正書來提交，並出現在最終的公開說明書中。登記註冊表的最早提交日與有效日之間通常有一個月左右，這段時間稱為等待期，通常在這一期間形成承銷團並向其通報基本情況，但不允許公司公開宣傳。

10.4 其他法律問題和限制性條件

10.4.1 其他法律問題

除了所有圍繞公開說明書的實際準備和提交過程的法律問題之外，還有其他幾個重要的法律問題。對美國的創業者來說，考慮最多的一個是靜默期（quiet period）問題。這是從制定公開發行股票決策到隨後的公開說明書生效日為止的九十天。在這一期間考慮公布任何關於公司或關鍵人員的新資訊都必須留神，因為任何試圖建立對要發行證券的有利看法之公開宣傳都是非法的。SEC規定的關於可以和不可以發布資訊的準則，不僅創業者可以了解，而且企業中任何人都應該了解。所有透過媒體發布的資訊和其他的印刷品都應與相關律師和承銷商討論。創業者和關鍵人員必須減少公開演講和在電視公開露面，以避免任何可能的相關應答。

> 靜默期是指從制定公開發行股票決策到隨後的公開說明書生效日為止的九十天。

10.4.2 「藍天」法案的限制

在美國，證券的公開發行也必須符合發行所在州之「藍天」法案（blue sky laws），除非這些州免除了限制條件。這些「藍天」法案會花費公開發行股票公司的額外時間和成本，即使要求的資訊揭露符合SEC要求，一些州還是允許州證券管理機構根據一些實際情況阻止在本州內發售股票，其理由可能涉及過去發行股票的狀況、過多的價值稀釋、或者對承銷商的過多補償等。

確定在哪些州銷售證券以及在各州之銷售數量是主承銷商的責任。限定在每個州中銷售的證券數量和發行價格都很重要，因為在許多州中「藍天」法案和合格證書費用都不相同，取決於證券數量和發行價格。只有當公司在一個特定的州中獲得資格，並且總登記註冊表經SEC許可後，承銷商才可以在此特定州內銷售許可數量的股票。大多數州要求公司在發行之後提交銷售報告，確定已在本州內銷售的數量，並估算任何附加費用。

10.5 股票公開發行之後

在企業公開上市的股票售出之後，還有一些問題需要創業者考慮，這些問題包括次級市場支持，與金融機構的關係，以及報告公布要求。

10.5.1 次級市場支持

一旦股票發行之後，創業者就應該密切注意股票價格，尤其是在股票發行後最初的幾個星期中。在美國，通常主承銷商是公司股票的首要做價商，隨時準備在次級市場中購買或出售股票。為了穩定市場，防止價格下滑而低於發行價格，承銷商通常會在發行後的早期階段出價購買股票——即給予次級市場支持。這種支持是很重要的，使得股票不會受到價格回落的不利影響。

10.5.2 與金融機構的關係

公司一旦公開發行股票，金融機構通常就會對其有更大的興趣。創業者需要投入更多的時間與金融機構建立良好關係。建立這種關係對維持市場興趣以及公司股價有重大影響。由於許多投資者在做出投資決策時，特別重視分析師和經紀商提供的投資建議，所以創業者應盡可能處理好與這些人的關係。創業者可以與證券分析師或投資團體定期會面，或透過正式管道發布資訊進行公開揭露。通常最好是指派公司裡的專人作為發言人，以確保與媒體、公眾和證券分析師保持友好的來往。如果公司不能及時對市場資訊要求做出回應，那情況可能會非常糟糕。

10.5.3 報告公布要求

對創業者來說，公開發行股票的一個負面影響是要公布正式報告，透過公司報告，投資者才可能對公司的經營狀況做出合理判斷，市場的運作也才能有所規範。

在美國，公司股票公開發行之後，就要準備提交銷售報告 SR，公司必須在登記註冊的有效日期三個月後的頭十天之內提交此報告，其中包含關於已銷售和待銷售的證券數量、公司籌集的資金及其使用情況的資訊。最終的銷售報告表格 SR 必須在發行完成或終止後的十天之內提交。

公司還必須提交年度報告 10-K、季度報告 10-Q 以及具體的交易報告 8-K。10-K 中包含關於企業、管理人員以及公司資產的資訊。當然，也要包括經過審查的財務報表。

季度報告 10-Q 主要包括最近結束的會計季度未經審查的財務資訊。第四個會計季度則不要求 10-Q。

8-K 報告必須在下列事件發生後的十五天內提交：企業正常經營之外的重要資產之購買或處分，公司獨立會計師的辭職或解雇，或者是公司控制權的變更。

對於上市公司的報告公布要求必須嚴格遵守，因為即使是偶然的差錯，也可能會給公司帶來負面後果。因此要求的報告必須及時提交。

10.6 有關公開發行股票的誤解

儘管有無數的創業公司公開發行股票，關於公開發行股票還是有許多誤解，表 10.3 中列出了八種最為常見的誤解。儘管大多數公開上市公司都屬於例如醫療、科技和電腦等領域中的科技公司，但一些一般產業如零售業中的公司也可以公開發行股票。鮑得斯集團（Borders Group）、拜利大型商場（Baley Superstores）和太陽眼鏡屋國際公司（Sunglass Hut International）是三家分別為書籍、烘烤設備和太陽眼鏡的零售集團，均在最近幾年中進行了成功的股票公開發行。

表 10.3　八個關於公開發行股票的誤解

誤解 1	在這一市場中，高科技即是「遊戲」的代名詞。
誤解 2	如果你做得很好，那就不必擔心次級市場的反應。
誤解 3	分析師會透過各種方式來追隨你的公司。
誤解 4	新成立的創業公司將是本年度繼續關注的焦點。
誤解 5	你需要保持獲利能力以在市場中獲得高價值評估。
誤解 6	要努力成為下一個網景公司。
誤解 7	在公司股票的公開上市期間，當然就是關注的中心。
誤解 8	有人知道企業公開上市市場的走勢。

誤解 2 和 3 與公開發行股票的兩個重要領域有關。創業者應關心次級市場，尤其是在股票上市後的前六至九個月，因為關於企業業績的任何微小且令人掃興的消息都會嚴重影響股票價格。這方面的一個例子是鑽石多媒體公司（Diamond Multimedia）的股票，其第四季度每股盈餘預期是四十二美分到四十五美分，發行九個月後報告的盈餘卻只有四十美分，於是其股價由每股二十六美元急劇降至十六美元。同樣，創業者也應該了解到，在龐大的股票市場上，其公司的市場分析師很容易就會對公司失去興趣而不再研究其股票，也不能確保大眾對公司保持持續的興趣，尤其是如果公司經營業績糟糕或身處於一個大眾不再熱中的產業中。

誤解 4 和 7 與加諸於創業公司的注意力有關。在公開發行股票過程中，創業者應意識到自己位於金字塔底層，而機構投資者、承銷商和投資銀行以及創業投資者均處於更高的位置。同樣，新成立的創業公司並不總是股票市場的焦點公司。在 1995 年和 1996 年，美國股票市場最熱門的焦點是由大公司進行資產剝離產生的新公司。

企業也應警惕誤解 5 和 6，這兩條與價值評估和獲利能力有關。由於可用資金龐大，尤其是共同基金，即使對於虧損公司也還是有很高的需求和價值評估。最廣為流傳的例子是網景通訊公司（Netscape Communications），這是一個全球網路（World Wide Web）瀏覽軟體的製作者，公開發行股票時前兩個季度經營虧損達到四百六十萬美元。但儘管有虧損，網景股票的定價仍然很高，而且股票價格在企業公開上市之後的四個月內成長了五倍。儘管這聽起來很有吸引力，創業者還是應當盡力避免這種局面，而不是去刻意模仿，因為更經常的情況是，一家企業必須經營獲利，股票價格才能與公司業績一起成長。

最後，在公開發行股票時，創業者應記住一點，即沒有人知道整體股票市場及其走勢將如何。如果公司準備充分並且市場表現良好，公司就應與股票市場同步發展。

10.7 企業公開上市：新創企業的成人儀式

從另外一個角度看，公司上市絕不僅僅是得到了所需資金或創業者實現了收益，其往往意味著公司經營走到了相對成熟的階段，因此公司為上市做的準備就不應僅局限於和財務有關的公司改造。

在 1995 到 1998 年間，隨著美國股票市場的繁榮，許多企業為了抓住這一時機，匆忙上市，這些公司透過企業公開上市籌集了大約一千五百億美元的資金。熱中於新股上市的投資者，往往在開始交易的幾個小時之內將股價推到很高的價位。但是回過頭看，對大多數新上市股票的投資實際上都是不成功的。兩年之後，新股的平均收益差強人意，實際上比那斯達克（Nasdaq）指數成長率還要低 5%，將新上市企業的業績和其他類似的老企業相比，業績的差距更是在 10%以上。

新上市企業的差勁表現不僅打擊了投資者，也傷害了企業自身，因為這些新創企業大多需要不斷繼續發行股票來籌集發展所需資金。股票的價格愈低，從股票市場繼續融資的成本就愈高。

絕大多數針對新股較差業績的研究，都集中在新上市企業的主管與其支持者身上。這些研究認為，急於利用在企業最有吸引力的時候，將其擁有的企業股份上市兌現的企業主管，會與風險投資者和投資銀行一起炒熱股票來吸引投資者，導致股票被高估。

但是另外一種想法的研究認為，絕大多數新上市的新創企業並不了解企業公開上市意味著什麼，因此並沒有準備好應對面臨的挑戰。根本的問題在於，絕大多數創業者將上市只看成是一筆交易，而不是將公開上市看成是發展一個上市企業過程的一部分。研究調查了 1986 年到 1996 年間完成公開上市之五百十七家企業的主管，以仔細設計的問卷蒐集管理階層如何做出上市決定，如何調整自己以做好上市準備，如何協調企業上市以及企業上市後的進展狀況等資料。管理階層被要求對企業公開上市總體成功與否進行評分。研究人員根據這些主管的問卷調查結果將企業分成三類：「發行不成功」、「發行成功」和「發行非常成功」。這些問卷調查結果與企業在那斯達克市場上的實際業績非常接近。「發行不成功」企業的業績比那斯達克指數表現低 10%；「發行成功」企業的業績比那斯達克指數表現高 5%；而「發行非常成功」企業的業績則比那斯達克指數表現高出 100%以上。而調查中「成功」和「不成功」企業之間的最大區別在於，其主管認為企業是否已經為公開上市做好準備了。幾乎所有的「發行成功」企業在上市前更新了其策略規畫系統、財務系統、企業主管和員工的報酬體系、以及與投資者關係方面的政策等。一半以上的這類企業被主管認為是為公開上市做好了充分準備。相反地，被認為「發行不成功」的企業中，只有38%被其主管認為是在上市前為上市做好了充分準備。

比提升企業內部管理機制水準更重要的，也許是在什麼時機進行提升。通常「發行成功」和「發行非常成功」的企業在上市前的十八個月就開始調整強化內部管理。而許多「發行不成功」企業則根本沒有進行這方面的調整，有調整的也是在上市的六個月前倉卒進行的。

許多企業管理者有必要重新考慮企業公開上市的目的和過程，企業公開上市所代表的並不只是一次融資機會，而是新創企業進入相對成熟經營階段的「成人儀式」。為了能夠順利通過這一過程的各種要求，創業者應該避免過分注重企業的財務目標，而是將注意力轉向如何建立能夠支持一個上市企業運作的企業組織結構。

> 企業公開上市所代表的並不只是一次融資機會，而是新創企業進入相對成熟經營階段的「成人儀式」。

10.8 店頭市場

隨著推動高科技新創企業的發展成為各國共識，如何調整金融市場，建立店頭市場，方便高科技新創企業融資成為各國的關注點。在這裡簡單介紹和比較一些國家的店頭市場以及香港聯交所第二股票市場的上市標準和監管規定。

10.8.1 美國的店頭市場

在美國股票交易有四種方式：紐約證券交易所（NYSE）；美國證券交易所（AMEX）；那斯達克證券交易所（NASDAQ）；在證券商的櫃台上進行買賣股票的櫃台交易。這四種股票交易的主要差別在於首次上市發行的要求標準不同。櫃台交易市場中上市標準由證券商自己掌握，也就是有一個造市商願意投資將股票上市。而其他三個市場都有明確的上市標準，包括有形資產淨值、股東權益、淨利或稅前利潤、市場流動股數、股票市價、營運時間、股票最低上市價格及最少股東數量。有形資產淨值是指減去債務和專利、商標等無形資產後的資產數額。

紐約證券交易所的上市標準最高，通常只為成熟的大企業提供上市服務，要求上市企業擁有至少四千萬美元以上的淨資產，上市前一年的稅前利潤為二百五十萬美元，已流動股數在一百十萬股以上，流動股值在四千萬美元以上，至少有兩千名以上的股東。

美國證券交易所的上市標準比紐約證券交易所略低，主要為新興中型企業服務。它通常要求上市企業前一年的稅前利潤為七十五萬美元，股東權益在四百萬美元以上，已流動股為五十萬股或一百萬股，流動股值在三百萬美元以上，最低上市發行價格為三美元。如果已流通股數在五十萬股到一百萬股之間，則要求至少有八百名以上的股東，在已流通股數超過一百萬股，或者超過五十萬股且保證每日平均成交股數超過兩千股時，則要求至少有四百位股東。美國證券交易所還提供另外一套上市標準（AMEX Alternative），即沒有上市前一年稅前的利潤要求，但是已流通股值必須達到一千五百萬美元，且至少已經營三年。美國證券交易所對上市公司沒有最低有形資產淨值的要求。

那斯達克證券市場實行雙軌制，有三種上市標準可選，前兩種除了有形資產淨值要求以外，基本上與美國證券交易所的兩種上市標準相類似，進行較具規模企業股票的發行和交易。那斯達克證券交易所最有特色的是其「小資本市場」（Nasdaq Smallcap Market）。

「小資本市場」不採用有形資產淨值這一指標，而是採用包括專利、商標等無形資產在內的總資產，這就為有形資產不多、憑藉高技術創業的企業大開了方便之門。

「小資本市場」不採用有形資產淨值這一指標，而是採用包括專利、商標等無形資產在內的總資產，這就為有形資產不多、憑藉高技術創業的企業大開了方便之門。「小資本市場」要求上市企業至少擁有四百萬美元的總資產，兩百萬美元的股東權益，最少流通股數只要十萬股，最低流通股值為一百萬美元，最少股東人數為三百人，最低上市發行價格為三美元。「小資本市場」沒有經營時間長短和稅前利潤的要求。總體上，「小資本市場」的上市標準最低，最受新創高科技企業的歡迎。

那斯達克證券市場是美國最年輕的證券市場，在 1971 年開始交易，但是其「全國市場」（National Market）成立於 1982 年，「小資本市場」成立於 1992

年。而紐約證券交易市場早在1792年就開始交易了，櫃台交易市場成立於1913年。目前那斯達克證券市場的每年上市公司數目為全球第一，1997 年市值為1.74萬億美元，成交額為世界第二（4.48萬億美元）。在新股發行方面，那斯達克市場幾乎沒有任何競爭對手，美國國內新股發行及非美國公司上市的數目遙遙領先於世界第二。美國1996年90%的新上市企業選擇了那斯達克的「全國市場」或「小資本市場」。1996年9月以後，進入那斯達克市場的機構投資者的股票市值占總市值之47%，個人投資者的人數達到了一千一百萬人，持有股票市值占總市值的29%。1998年3月，那斯達克市場和美國證交所通過合併計畫。

那斯達克證券市場與紐約證交所和美國證交所在上市標準方面的最大不同，在於那斯達克證券交易所要求造市商制度，紐約證交所和美國證交所沒有造市商要求。那斯達克市場採用眾多相互競爭的造市商制度，要求每家上市公司至少有兩家造市商，最多四十五家，平均十一家。造市商的競價有利於確定公平的交易價格，造市商定期發表研究報告，保證市場資訊的深度，通常投資者會密切關注造市商的研究報告，因此造市商的研究報告能夠幫助企業吸引投資者的注意力，提高公司知名度。多個造市商之間的競爭可以避免紐約證交所單個造市商經常出現的斷路現象，保證股市交易的連續性。資訊的深度和交易的連續性能夠保證股票具有較高的流動率（價格變幅較小，交易量較大）。另外那斯達克採用了自動報價電子系統，在世界各地安裝了二十多萬台電腦終端機，證券商可隨時了解各種證券的全面報價和最新交易資訊。股票交易必須由在美國的全國證券交易商協會會員透過交易機進行，並透過全國證券清算公司進行清算和交割。自動報價系統使場外交易克服了空間和時間上的局限性，提高了交易所的競爭力。

那斯達克市場採用眾多相互競爭的造市商制度，要求每家上市公司至少有兩家造市商，最多四十五家，平均十一家。

由於那斯達克證券市場的「小資本市場」上市標準低，而且新創高科技企業的內在經營風險高，為確保投資者利益，採用了較為嚴格的監管措施：

㈠要在那斯達克「小資本市場」上市的企業必須在美國證券交易委員會登記，必須向那斯達克證券交易市場有限公司、全國證券交易商協會、美國證券交易委員會遞交財務報告、公開說明書等資料以備審核、監管和產業自律。

㈡採用保薦人制度，保薦人可以由造市商兼任，負責對上市公司的最初審核和隨後的定期審核，保薦人不僅充當上市公司的顧問，而且扮演上市公司與證券市場、投資者之間的聯絡人，承擔一定的法律責任。

㈢上市公司的董事會至少要有兩名獨立董事，必須設置審查委員會，其中多數成員必須是獨立董事，以保證審查的獨立性。

㈣上市公司必須每年舉行股東大會，大會法定人數所持有之總股權不得少於三分之一，大會決議必須通報全國證券交易商協會。

㈤上市公司必須提交年度報告、半年度報告、季度報告以及即時報告等。

非美國企業在那斯達克證券市場上市，需要挑選美國的投資銀行、承銷商、律師事務所、會計師事務所、信託銀行、投資者關係顧問等組成顧問團，推進上市工作。在那斯達克「小資本市場」首次上市發行的費用主要包括：審查費、律師費、手續費，合計一百至一百五十萬美元，入市費最高不超過一萬美元。

一些中介機構在美國高科技股票的上市過程中有重大影響。例如美國風險投資協會（NVCA），擁有兩百四十家創業投資機構作為會員，主要任務是遊說政府調整相關政策，籌辦一年一度的研討會，出版科技風險投資年度報告等。已經有十年歷史的第一風險公司（VOI），主要任務是追蹤高科技企業、科技創業投資機構和中介機構的發展，建立資料庫，編製科技創業投資活動的年度報告、高科技企業上市年報、未來三至六個月內需要籌集資金的高科技企業名冊等。這些機構提供的資訊，減少了高科技企業和投資者之間的資訊不對稱，有助於高科技投資市場的形成。

10.8.2 歐洲和日本的店頭市場

> 1980 年英國首相柴契爾夫人說：「歐洲在高新技術企業發展方面落後美國，並非由於歐洲的科技水準低，而是由於歐洲創業投資方面落後美國十年。」

歐洲的創業投資業起步很晚，在 1980 年以前，歐洲只有少數幾個成立於六○年代，但經營得並不成功的創業投資公司。歐洲真正意識到創業投資的重要性是在八○年代以後，1980 年英國首相柴契爾夫人說：「歐洲在高新技術企業發展方面落後美國，並非由於歐洲的科技水準低，而是由於歐洲創業投資方面落後美國十年。」

但是事實上在有組織的創業投資方面，歐洲落後美國近四十年。八〇年代隨著高科技創業浪潮在歐洲興起，在政府有意的引導和支持下，歐洲的創業投資業開始飛速發展。但是由於店頭市場的缺乏，歐洲的創業投資業舉步維艱，關鍵問題在於創業投資項目沒有上市收益的管道，使得資金投入和收益不能平衡，創業投資公司周轉困難。例如 1988 年到 1992 年的五年間，歐洲共同體國家的創業投資公司總共投入了兩百十二億歐洲貨幣單位，但是在同一時期總共才回收了九十四億歐洲貨幣單位，雖然投入資金的一部分是用於投資企業的繼續發展，但是問題在於每年新籌集的創業投資資金在 1989 年達到高峰以後一直在下降，而沒有能夠正常退出的投資在持續累積。到 1992 年底，絕大多數的歐洲創業投資業都明白創業投資投入和回收不平衡的原因在於投資收益管道不暢。例如，英國在 1983 年至 1985 年間完成的一百五十八項風險投資項目中，到 1992 年 6 月仍有 70%沒有實現投資回收。

九〇年代初，英國和荷蘭等國的創業投資業由於缺少收益管道而陷於困境，促使歐洲開始考慮建立一個方便創業投資的泛歐店頭市場。實際上，在八〇年代，為了方便不能達到上市要求的小公司上市，一些歐洲國家曾經先後建立了一些店頭市場，其中包括英國的非持牌證券市場（Unlisted Securities Market，USM）、法國的第二市場（Second Marche）、荷蘭的並行市場（Parallel Market）。但是這些為私人企業創造股票流通市場的努力並不成功，例如英國的非持牌證券市場到 1996 年不得不關閉，由「另項投資市場」（Alterbative Investment Market，AIM）所取代。

英國的「另項投資市場」有三大特點：

- 由倫敦證券交易所下的一個獨立小組委員會管理；
- 對有形資產淨值、經營年限、稅前利潤、股票發行量均無要求；
- 採用報價和買賣盤帶動的綜合系統。

也有一些企業到美國那斯達克證券市場上市發行和交易。

另外一些相對成熟的高科技企業往往被大企業收購以後在倫敦證券交易所上市。

日本大藏省於 1995 年開始成立類似於美國那斯達克「小資本市場」的「創業投資市場」，大藏省在東京、大阪、名古屋都設有創業投資市場，對小型高科技企業上市要求淨產值在八十五萬美元以上，稅前利潤達到淨產值的 4%以上，希望上市的公司可以提前上市。創業投資市場的上市標準明顯低於東京證券交易所，但操作與監管類似於東京證交所。這樣對於上市公司和投資者來說，既有統一上市標準，又有嚴格的運作要求。

10.8.3 香港的「新興公司新市場」

香港從美國那斯達克證券市場的迅速發展和不斷上升的國際金融地位中意識到，建立第二股票市場對於維護香港國際金融中心地位的重要性。1998 年 5 月，香港聯合交易所推出了《建立設立新興公司新市場之諮詢文件》，準備建立店頭市場。在文件中店頭市場主要針對中小型企業，尤其是小型的高科技企業，為其提供公開籌資的管道，上市企業必須以「成長潛力」為定位主題，必須有明確的發展擴張計畫。考慮到降低上市標準帶來的風險，新市場只針對熟悉投資技巧的專業投資者和充分了解市場的散戶投資者，規定最低交易額不得低於二十五萬港幣，使一些不了解市場、純粹為投機而買賣股票的散戶投資者減退興趣。新市場的上市要求包括：

㈠不設最低獲利要求，但是必須有兩年從事「活躍業務活動」的紀錄，並說明為何能成為一家能夠自主發展且有利可圖的企業。

㈡根據對較小型企業的資金水準調查，規定公司首次上市發行的最低公眾持股市值必須達到三千五百萬元港幣，或至少占已發行股本的 35%，兩者以高者為準。

㈢鑑於公司管理階層對公司經營成敗至為關鍵，因此規定公司的管理階層股東和主要的發起股東，在公司上市時必須共持有已發行股權的 35%，管理階層股東在公司上市後兩年內不得出售其名下股份，並須將股份存放於協定的託管處兩年，期滿後也不得在六個月內連續出售其名下股份的 25%，發起股東持有股份的期限為一年，一年以後可以隨意出售名下股份。任何購買此種股票的機構或個人必須遵守《香港公司收購及合併守則》的規定。公司董事在買賣公司證券的事宜上必須遵守與正規股票市場相同的一套標準守則。

㈣上市時，公司只向大眾發行新股，大眾股東不得少於五十名，每一名大眾股東持有的股份不得超過已發行股本的 10%。

㈤上市公司的註冊地點，除香港、百慕達、開曼群島、中國大陸（以H股形式）以外，在其他地區註冊成立的成長性企業，只要達到有關要求也可上市。

新市場採取多種方式向投資者提出明顯的風險警告，如上市公司必須在上市文件中載明風險，投資者向經紀商另立帳戶以表明對風險的態度，聯交所負責提供有關風險的資料、舉辦風險研討會、設立包含所有發行人的公開資料庫以備大眾查詢等。

新市場對資訊揭露要求包括兩部分。

㈠上市揭露要求，除了與上市申請相同的資料揭露要求以外，還必須包括上市前兩年的「活躍業務活動陳述」、上市後會計年度及以後兩個會計年度的「業務經營目標陳述」，其陳述的目標在相應期間不得做任何重大改變。

㈡持續資訊揭露要求，即時揭露任何敏感資料（如公司董事、主要行政管理人員，持有 5%以上股東所持股權及變動情況），每季度發表毋須審查的財務報表，每半年和每年發表的報告要與陳述的業務目標相比較。

新市場採用保薦人制度，對保薦人資格（其資本及儲備至少達五千萬港幣等）、職責（上市時的審核，上市後的會計年度及往後兩個會計年度的持續責任等）、考檢（如每年接受評核）、處分等都有明確規定。

香港聯交所的店頭市場檢查及調查小組和上市委員會承擔上市審查職責。前者負責審閱上市文件，以確保上市企業符合《上市條例》；後者只負責審閱《上市初步通知》，以確定是否符合上市要求，上市委員會有絕對酌情權決定是否批准上市。

上市公司必須設有充分和有效的內部監控系統，確保公司遵守財務及監管規定（如董事會至少要有兩名獨立董事；必須設有由獨立董事擔任主席的審核及監察委員會；指派一名高級管理人員擔任監察主任；會計事務必須由一名全職且擁有相應資格的人士負責監管）；公司必須在上市文件內揭露公司支付董事及高層管理人員酬金的方式（如計算方法、增幅批准權限及揭露要求）；規定公司股東有權要求召開股東大會以決定公司清算問題的條件及管理階層有無投票權力。

聯交所依據上市協議、上市規則、各種不同承諾的合約監管上市公司，依據保薦人協議監管保薦人，依據董事聲明及承諾監管上市公司的董事。具體監管的機構是「監察及調查小組」，小組負責審閱上市文件、年度及中期業績報告；調查不尋常的股價、成交波動、報章評論、市場傳聞；調查並處分違反上市規則的事件。證券及期貨事務監察委員會負責監管保薦人，監察並調查上市公司的證券買賣及遵守《證券（公開權益）條例》的情況。

在交易及結算系統的選擇方面，香港的新市場考慮到公司發行量不高，以及對投資者類別及市場買賣相對有限，故不準備採用集中市場的自動對盤成交系統，而選擇採用可以讓經紀商透過顯示買賣興趣的途徑來交易的系統（即公告板），具體做法是，在集中市場的自動對盤成交系統下設立一個人工操作交易子系統，而且所有現有經紀商都可在店頭市場進行買賣。另外，考慮到在香港的環境下，對造市商莊家報價帶動的優點尚沒有定論，而且其採用需要對自動對盤成交系統做大幅修改，因此暫時不採用那斯達克市場造市商報價帶動的莊家制。結算系統由中央結算系統按照現時集中市場「已劃分的買賣」之做法，中央結算有限公司不提供風險擔保。

在市場形態選擇方面，鑑於店頭市場具有較大風險及強調資訊揭露為本的市場監管特徵，為避免有損集中市場聲譽以及參與者的感覺混淆，店頭市場需要有自己的上市規則、管理架構，因此香港的新市場傾向建立一個完全獨立的店頭市場，與現有交易所並列，由聯交所下轄的一個新設工作部門予以管理，不宜以在已有的上市規則中增設一獨立章節來容納新興公司。

> 香港店頭的上市標準較低，使小型新創高科技企業容易上市籌資，同時監管各方面都更加嚴格，這既有利於高技術企業的健康成長和發展，也有利於保護投資者的利益。

總體上，和其他主要的金融市場相似，香港聯交所的店頭與集中市場的差異，主要在於上市標準和監管兩方面，香港店頭的上市標準較低，使小型新創高科技企業容易上市籌資，同時監管各方面都更加嚴格，這既有利於高技術企業的健康成長和發展，也有利於保護投資者的利益。香港聯交所的店頭市場即於 1999 年底前開始運作。

本章小結

公開發行股票即是一家由少數人持有的企業，轉變為由大眾擁有所有權的過程，實際上通常是很艱巨的。創業者必須仔細評估企業是否已做好公開發行股票的準備，以及發行益處是否超過其不利影響。在評估上市準備情況時，創業者必須考慮公司規模、盈餘和業績、市場條件、資金需求的緊迫性以及現有股東的希望。創業者需要綜合考慮公開發行的主要優勢——新資本、流動性和價值評估、增強獲取資金的能力以及威信，和主要缺點——費用、資訊的揭露、失去控制權和承受維持成長的壓力。

一旦決定進行公開發行股票，就必須選擇一個主要的投資銀行，也必須準備登記註冊表。投資銀行的經驗是公開發行成功的一個主要因素，在選擇一家投資銀行時，創業者應使用下列標準：聲譽、分銷能力、諮詢服務、經驗和成本。為了準備登記註冊日期，創業者必須組織一次由公司管理者、獨立會計師和律師、承銷商及其顧問參加的「上市行家全會」，必須確立一個時間表以明確登記註冊之有效日期和準備必要的財務文件，包括初步和最終的公開說明書。在SEC的登記註冊和審查之後，創業者必須仔細關注九十天的靜默期，並獲得證券發行所在州的「藍天」法案許可資格。創業者必須按照法律的要求精心準備公司之公開說明書。

在股票公開上市之後，創業者需要與金融機構維持良好的關係，也需要嚴格遵守上市公司的報告公布要求。公開發行股票的決策需要很多的計畫和考慮，相關的準備不應該僅僅局限於財務方面。實際上，公開發行股票不是對每一個新創企業都適用。

討論題

1. 請解釋即使新創企業符合公開發行股票的標準，創業者也可能不希望公開發行股票的主要原因。可能的話，請舉出一些例子。
2. 為什麼公開發行股票經常是提高一個成功私人企業成長的最佳方式？
3. 假設你已經決定要將公司股票公開發行，需要選擇一家投資銀行，董事會建議了三種可能方案：企業A聲譽和總體經驗都很好，但也有最高的成本；企業B有優秀的分銷能力，但是沒有處理過任何類似公司的經驗；企業C有最低的成本，但不能在本地區之外進行分銷。請對A、B或C做出選擇，並解釋理由。討論在什麼條件下才可能選擇其他的投資銀行。

4. 在準備提交公開說明書時，如何利用會計和財務領域之外的管理人員的幫助？

5. 你認為 SEC 為什麼要對已經決定公開發行股票的公司強加一個靜默期？

案例四

復星集團

1992 年 11 月 17 日，在復旦大學的一個十六平方公尺的地下室內，幾個志同道合的朋友成立了上海廣信科技發展公司。這是一家登記資本十萬人民幣、自有資金僅三．八萬人民幣的小型科技諮詢公司。在強手如林的市場競爭中，其生存艱難是可想而知的。然而，誰也不會料到，僅僅兩年不到，它就發展成為擁有八家子公司、多個合資企業的集團——上海復星高科技（集團）有限公司，成為上海科技企業中的首家集團公司。

如今的復星集團已經發展成為控股資產十多億人民幣，子公司四十餘家，以現代生物工程、醫藥產業為主的大型高科技企業集團。復星集團已經連續三年在上海民營科技百強企業評比中名列第二。1998 年 8 月 7 日，由復星集團控股的上海復星實業股份有限公司正式在上海證交所上市，成為上海第一家上市的民營高科技企業，並被美國道瓊公司列入八十八個中國大陸股票成分股中，目前其市值已超過四十億人民幣。

從廣信公司的誕生，到復星集團的成立，再到復星實業的成功上市，復星的發展速度用「驚人」兩個字來形容並不為過，而創業艱難也是可想而知的。對於郭廣昌、梁信軍等這些公司的創業者來說，復星無疑是一次成功的創業嘗試，是人生價值觀和經營管理理念的體現。正是在他們的努力之下，復星集團才形成以現代生物醫藥為龍頭的科技實業，以資訊服務為主體的資訊產業，和以住宅、科學園區為主導的房地產業等三大支柱產業。而其在R&D、生產管理及市場行銷等方面獨特的創新體系，更是復星集團進一步發展的雄厚資本。

1. 復星集團的創業歷程

復星集團總經理郭廣昌曾說：「我的發展過程中有三大機遇，一次是考上大學；一次是 1992 年國家（中國大陸）允許發展民營企業；還有一次是 1998 年民營企業可以上市，復星集團爭取到這個機會，獲得了寶貴資金。」這一番話，道出了復星集團歷程的關鍵。

復星集團的創業史還得從總經理郭廣昌說起。郭廣昌畢業於復旦大學哲學系。還在學生時代，他就開始接觸社會、市場，而此時在他心中就湧動著從商的躁動。他說中國的知識分子信奉「修身、齊家、治國、平天下」的人生哲學，把個人一家庭一國家串成最成功的人生軌跡。其實現代社會的「家」到「國」中間最重要的一環——企業被忽視了。只有有了許多現代企業，才可能出現更多個完美家庭，才有可能建設繁榮富強的國家。因此復星的企業哲學是「修身、齊家、立業、助天下」。

另一位創始人梁信軍畢業於復旦大學生物工程，畢業後仍留在學校工作，並兼管實驗室，因而萌發創業的想法。在學校任職時，他看到有不少優秀研究只停留在論文階段就結束了，卻不能實際應用為社會造福。久而久之，一個念頭就逐漸在他心中成形：科研成果產業化必然是未來經濟發展的趨勢，為什麼我們就不捷足先登，抓住市場機遇創業呢？

這樣，兩個好朋友在聯手創業的想法上達成共識。幾經奔波，幾個人創業理想的上海廣信科技發展公司終於在 1992 年 11 月 17 日成立了，這就是復星集團的前身。最初，公司的主要業務是科技諮詢。1993 年初，公司已經累積了一定資金，並確定了以生物醫藥產業為公司主要的發展方向。最初的產品為醫用診斷試劑盒（PCR），並成立了上海復瑞科技實業公司，由新近主管汪群斌主導 PCR 技術之研發與生產。

PCR 技術全稱為聚合酶鏈式反應技術，是一項在體外將生物體 DNA 大量複製的分子生物學技術，是國際上最先進的生物工程醫學檢測方法。1985 年美國科學家發明了PCR技術，1988 年正式在臨床試用了PCR技術。從此，PCR技術以其快速靈敏、取材要求低等優點，迅速滲透到臨床診斷學、法醫學、考古學等多項領域。中國大陸從八〇年代末九〇年代初開始PCR技術的臨床應用研究，但情況並不佳，直到 1992 年才小規模投入使用，一直未形成產業，與國際水準有一定的差距。復星的創業者們正是以敏銳的眼光看到了PCR技術及其相關產品在中國大陸市場上的應用前景，才果斷地決定進行PCR技術和產品的研究與生產。高科技同時也意味著高投入、高風險，復星此舉實際上也是在賭注壓寶。

但寶是壓對了。汪群斌任職復瑞公司後，以平均每周開發成功一種新試劑的速度使公司成為全國第一家PCR高科技企業，PCR產品在上海市場的占有率迅速達到40%。汪群斌曾對人戲言，我們有些產品，三十歲以上的人是無法做出的。這句話道出了復星成功的原因之一——年輕、知識。年輕就意味著有衝勁、創造力，而知識則是創業的資本。復瑞公司取得了成功，連國外的基因專家也不得不承認，復瑞公司的科研技術和產品已達到了國際先進水準。

然而，高科技產品的研究和生產也需要高投入，資金問題成為限制公司發展的一大瓶頸。同時，作為民營企業，尤其是從事高風險的高科技事業，要取得貸款並不容易。而當時市場上也沒有什麼創業投資管道可以獲得資金，唯一的途徑只有靠企業自身累積。為解決資金問題，復星的創業者們選中了當時正如火如荼的房地產市場，成立了房產銷售公司，由范偉和戴俊東主持，一切都得從零開始。

第一筆業務是民主公寓，費盡九牛二虎之力才說服發展商同意試試代銷。然而一個星期內他們就拉來了幾個客戶，讓發展商刮目相看，才獲得了一紙寶貴的包銷合約。合約簽訂後，一個月內他們就把房子全部售出。復星的房地產事業就此開始起步。在此後的幾年中，復星形成了集自行開發、設計、建設、銷售和物業管理為一體的房產開發模式，成為上海房地產中的生力軍。房地產事業的迅速發展帶來了豐厚利潤，為復星的主導產業——生物醫藥，尤其是PCR產品的研發和生產提供了資金。

房地產經營成功提供了有力的資金來源，復星集團進一步擴大了對醫療用診斷試劑盒PCR的投資，開發生產出多種PCR試劑盒。同時，集團的創業者們首創了一套適合國情且具有復星特色的行銷方式——醫藥產品直銷，並在全國各地建立龐大的銷售網路。隨著PCR技術的成熟，醫院對診斷藥品的用量也逐步加大，但無法要求各個醫院都擁有自己的設備、實驗室和專業人員。因此，復星提出了由該公司與各醫院建立合作醫療中心、雙方分成的構想。復星先後與全國各地的大中型醫院合作建立「現代生物醫學技術研究應用中心」，開展基因診斷、生化檢測等研究應用，共同推動「科教興醫」、「科教興院」的新合作。這種行銷方式為醫院免除了投資憂慮，對復星來說又可將產品銷售和研發推進到臨床第一線，大幅促進了PCR產品的研究和生產。

到 1994 年底，在兩年不到的時間裡，復星集團已經擁有了近二十家子公司，控股資產超過一億人民幣，年利潤達一千多萬人民幣。這年十一月，上海復星高科技（集團）有限公司正式成立，復星成為上海科技企業中首家集團公司。

單一產品並不是復星追求的目標，在擁有了足夠的資產和實力後，他們開始考慮在生物工程製品、基因工程藥品、中西藥以及醫療儀器等方面進行研發和生產。為此，投入大量資金和人力到創新研發體系中，開發各種PCR診斷試劑盒和基因工程藥品。目前，復星集團已經建立起基因工程藥物、檢驗產品、中藥、化學合成藥物、智能型醫療儀器等五大研究中心。

另一方面，復星集團也開始透過收購、兼併和合作等方式合併一些成功的中小型生物工程公司。上海第二軍醫大學所屬的上海克隆生物高技術公司成為他們的首選目標，1998 年克隆公司就成為復星的全資子公司。復星集團不僅規模得以擴大，而且獲得了寶貴的科研、生產等方面的資源，市場競爭力和市場占有率都得以大大提高。

復星集團的快速擴張需要大量資金投入，僅靠企業自身的累積和貸款是不夠的，因此公司考慮以發行股票進行融資。1998 年，官方允許民營企業上市，這對復星集團來說是一個喜訊和機遇。經過周密的準備和策畫，八月七日，復星集團的科技實業部分——復星實業在上海證券交易所正式掛牌上市，成為上海生物醫藥領域首家民營上市企業。上市後公司股價一直平穩成長，目前復星實業的市值已超過四十億人民幣。股票上市獲得了大筆資金（約三．五億人民幣），現在這筆資金已經逐步投入到公司科研、生產等各個領域，並且產生了收益。公司發行股票大幅推動了復星集團的發展。

短短數年，復星集團從一家登記資本僅十萬元的小型科技諮詢公司，以飛快的發展速度，形成了以現代生物醫藥產業為主導產業、資訊產業和房地產業共同發展、控股資產達十多億元，子公司四十多家的大型企業集團。集團的銷售額和利潤均大幅成長。1997 年，復星集團銷售額十億元，稅後淨利一億元；1998 年，銷售額二十億元，稅後淨利兩億多元。

圖 1 反映了復星集團創業以來的一些發展狀況。圖 2 是復星集團組織圖。

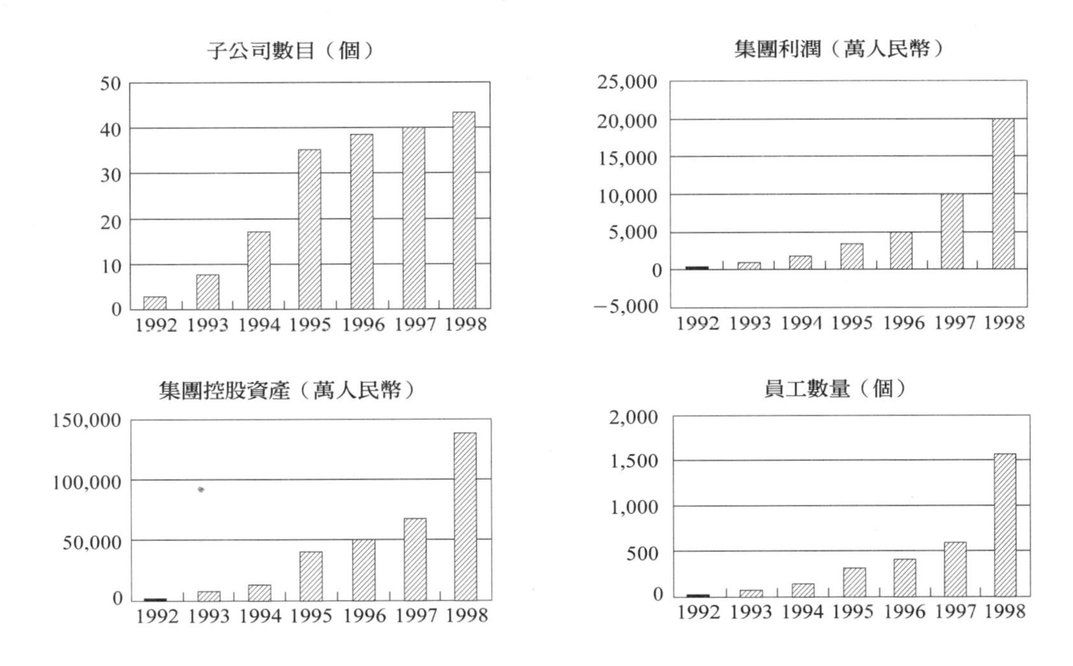

圖 1　復星集團的發展狀況

2. 復星集團的業務構成

現在的復星集團是一家以現代生物工程、醫藥產業為主，多元化經營的企業集團，已經形成了以「醫院工程」為龍頭的復星科技實業、以「資訊服務」為主體的復星資訊產業和以「安居住宅」、「科學園區」為主導的復星房地產業等三大支柱產業。

2.1 科技實業

科技實業一直是復星集團生產經營的核心所在。由復星集團控股的復星實業主要從事現代生物醫藥產品的研發、生產和行銷，是集團最主要的收入和利潤來源。

在研發方面，復星實業以巨資組建 R&D 中心，先後建成了生物醫學與分子遺傳研究中心、成藥技術研究中心、醫療儀器技術研究中心、酶免檢測技術中心等五大研究中心，擁有數百名中高級研究人員，並建有多個研發基地，並與一些高等學府、研究機構、科學家及其實驗室聯合建立 R&D 中心。他們意

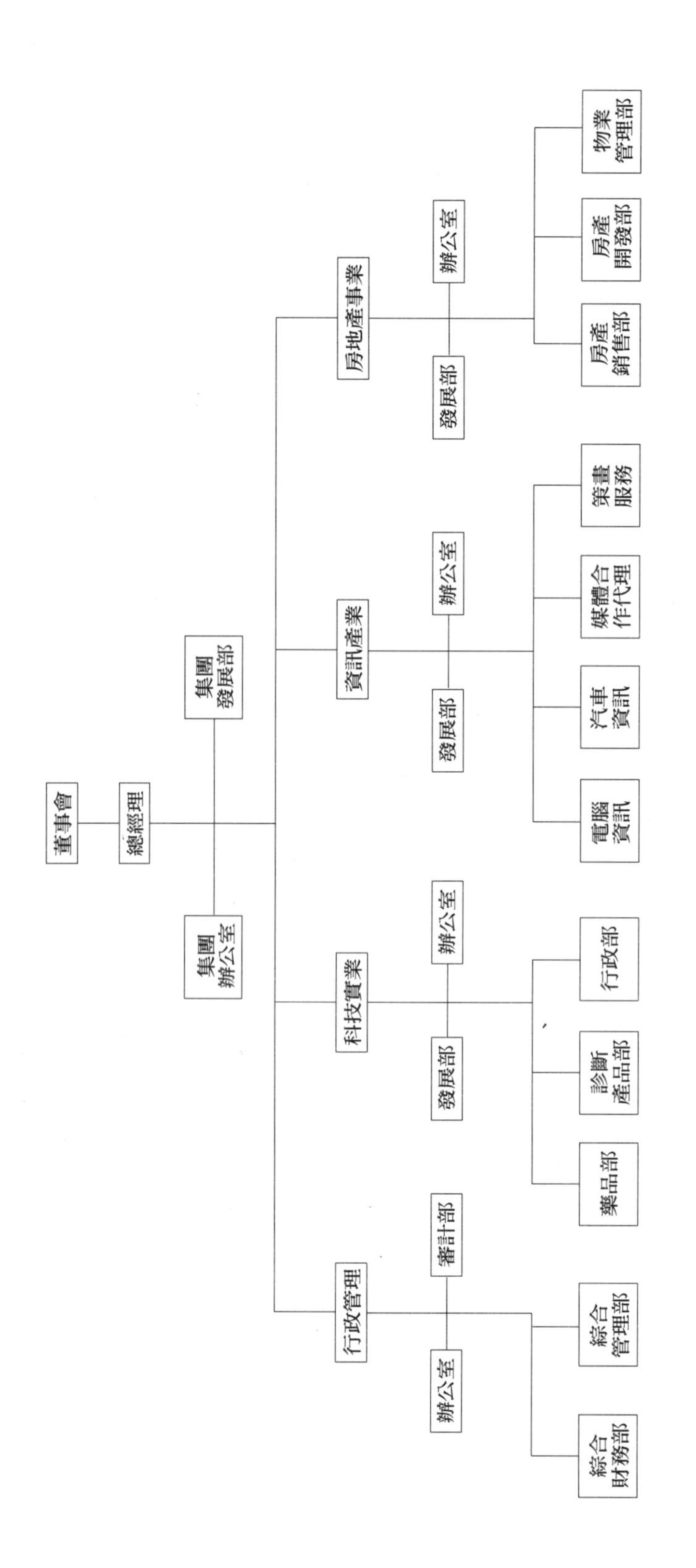
董事會
總經理
集團辦公室
集團發展部
行政管理
科技實業
資訊產業
房地產事業
辦公室
審計部
發展部
辦公室
發展部
辦公室
發展部
辦公室
綜合財務部
綜合管理部
藥品部
診斷產品部
行政部
電腦資訊
汽車資訊
媒體合作代理
策畫服務
房產銷售部
房產開發部
物業管理部

圖2 復星集團組織圖

識到發展現代生物醫藥產業的前提是擁有自有知識產權，復星致力研發自有知識產權的技術與產品，不斷開發新產品，積極引進海外人才，加強國際交流，投資建立海外科研中心，取得了多項國際和國內專利。

在生產上，復星實業一直堅持將生產與研發貫通，確保將最新研發成果在最短時間內轉化成量產商品。在生產管理上，復星實業嚴格按照中國大陸國家醫藥製藥管理體系 GMP 及美國 FDA 標準建構生產管理體系，擁有符合基因藥物、診斷試劑、中藥、西藥及發酵、醫療器械生產GMP標準的數個生產廠區。在基因工程製藥技術上，建成多套先進表達系統，產品穩定性能等均達到一流指標。

復星已經成功開發生產了三個中國大陸國家一類、二類基因工程新藥，六大系列、八十多種的核酸檢測產品，三個國家級中醫成藥以及一批先進的醫療儀器，相關產品在品項、技術水準、品牌形象以及市場占有率等皆居中國領先地位。在生物工程產品方面，公司開發生產的生化、核酸檢測試劑多次獲獎，被列為上海市科技成果推廣項目和上海市火炬計畫，為中國大陸生產規模最大、品種最全、市場占有率最高的企業；在基因工程藥物方面，公司擁有中國大陸國家一類基因工程新藥鏈激酶（r-SK)和兩個二類基因工程新藥重組γ-干擾素、重組EPO；在中藥和西藥方面，已獲得二十種產品的生產批准字號；在醫療儀器方面，研發生產出多媒體顯微圖像系統等高智能醫療儀器。

復星實業擁有橫跨國內外的專業行銷網路。復星認為，以 DNA 重組技術為核心的現代生物工程不僅產生了一項新興產業，變革了傳統工業的產銷方式，更需要一整套大規模、高效率的行銷體系和市場導向的靈活運作機制。「復星實業現代生物醫藥產品全國行銷網」已經覆蓋所有主要城市，並不斷延伸擴展。目前復星實業在中國大陸主要城市建立了四十三個子公司和辦事處，擁有八百多名醫藥專業的技術行銷人員，及數千家醫院用戶。在零售體系方面，復星在上海已擁有近百家藥品零售連鎖店。1998 年的銷售額近九億人民幣，並以每年新增五十家的速度遞增，不斷向其他城市擴展。目前復星已擁有產品進出口權，積極在東南亞、南亞、中東、南非等地建設分銷網路，同時積極推動歐美、日本等地的專利授權許可生產及銷售。

在市場運作上，復星本著「科教興醫」、「科教興院」的原則，首創與中國大陸近三百家大中型醫院合作建立「現代生物醫學技術研究應用中心」，展開基因診斷、生化檢測、流式細胞技術、血液透析、亞健康診斷等多項檢測、醫療技術的研究與應用。復星為醫院提供資金、技術、服務和推廣等多項支持，將研究成果推到臨床第一線，在醫院內建立新技術服務中心，現場解決新技術、產品的售後服務與指導，提高醫院醫療水準，同時也讓患者受益於最新成果。目前這一中國大陸首創的醫院工程網路，正在以每年八十至一百家的速度增加。

現代生物醫藥產業已經成為復星集團的支柱，依公司的策略規畫，到2002年，復星實業將擁有一百五十至兩百家銷售公司、辦事處，形成了完整的銷售網路，預計銷售額將達到一百億人民幣。

2.2 資訊產業

復星集團以科技諮詢起家，資訊產業也一直是其經營多元化的一個重要組成部分。經過幾年的發展，復星集團已經建構了專業媒體經營、出版發行、商業情報、影視製作服務於一體且營業額超億元的資訊產業體系，1998年銷售額超過一．五億人民幣。

在媒體合作方面，復星現已擁有電腦、汽車類媒體四份，並準備發展醫藥、通訊、食品等專業媒體。

在廣告代理方面，復星是上海主要的大眾媒體《新民晚報》、《文匯報》以及上海電視台、東方電視台的主要廣告代理商之一。

在影視製作方面，復星集團已經先後投拍了多部數十集電視連續劇和專題，並正在形成影視銷售網路。

在資訊服務方面，復星已形成了以完備的資料庫、獨特創意、策畫等為特點的服務業，能夠為客戶提供市場調查、行銷策畫、公關服務和企業形象設計等多種服務。

2.3 房地產業

在房地產領域，復星集團的房地產以「創造平易近人的優質生活空間」為方針，形成了涵蓋開發、設計、建設、銷售和物業管理的體系，1997、1998年房產銷售面積連續名列上海房地產企業前茅。

上海為一個經濟快速發展的大都市，百年老城的改造工程方興未艾。提供了復星選擇房地產業作為集團多元化的一個重要方向，完成復星「一業為主，多元互補」的發展構想。

在行銷代理方面，成立了專業的房產諮詢公司，推行「團隊銷售合作模式」，1998 年全年銷售了十餘個工地。復星還成立了物業管理公司，承擔三個住宅區的物業管理，1998 年業主滿意率達 95%以上。目前，正在開展 ISO 9002 達標的前期準備工作。同時在房產仲介、售前售後服務和對外合作方面積極拓展業務。

3. 復星集團的創新體系

全面創新是貫穿復星創業歷程的主線，成為復星創業成功的因素。而民營企業的靈活機制，使得這些創新成為可能並取得成功。

3.1 活用科學研究存量資源

復星首先與科學研究機構聯合，建立緊密甚至是合資的科研中心。他們發現，科研院有豐富的研究成果，但沒有行銷能力和具有合理的生產能力，而這正是復星集團的長處。於是，復星集團積極與上海醫科大學、復旦大學、第二軍醫大學、衛生部上海臨檢中心等機構聯合建立了多個緊密合作的研究中心。由復星集團負責確定項目並提供科研資金，科研人員編製在原單位不變，成果則進入復星實施產業化。

復星還採取將科研成果「帶泥土移植」的方法。復星一直認為，簡單地購買一兩個成果，並不能保證企業在此領域的長期發展。因此，復星讓科研人員連同科研成果一併進入復星，使那些具有良好應用前景的產品化成果具有延續力。復星收購第二軍醫大學克隆公司的科研成果後，就將該校擁有三十多名研究人員的分子與醫學遺傳研究室完全納入復星。

3.2 創新行銷加速市場推廣

現代生物醫藥產品為高科技產品，專業性很強，市場推廣手段也有其特殊性。復星集團一直把高科技產品迅速產品化的能力作為自身核心競爭優勢來加以精心培育：一方面費盡心力建設行銷體系，逐步在中國大陸四十三個主要城市設立了分公司和辦事處；一方面則注重行銷模式的創新。這是一種「產品＋技術服務」一體銷售的行銷模式。復星與全國三百多家大中型醫院共建了「現代生物醫學技術研究應用中心」。透過在醫院設立「血液透析中心」、「基因檢測中心」、「流式細胞技術中心」、「肝病研究中心」以及「亞健康診斷中心」，推廣基因工程藥品、核酸檢測產品、高新診療儀器，並積極為醫院提供經費，鼓勵醫師進行與復星產品相關的醫療科研合作。這種合作模式強調了企業、醫院、臨床醫師的「三得利」，產生了良好的效益。

對企業而言，把應用研究移到臨床，不僅增加產品市場性，也加快了新產品的開發和市場化進程。如復星的γ-干擾素，其用於治療類風濕關節炎的生產文件從研究開始整整花了七年時間才獲准；而透過有關醫院，將應用研究放到臨床，僅用了不到一年時間，其用於治療肝纖維化的生產文件獲准了。

3.3 利用國企重組加速企業規模擴張

復星集團在企業擴張過程中，充分利用自身已形成的市場、資金、機制等優勢，積極與中國大陸國營企業進行兼併、收購、合資等合作。迄今為止，復星已先後與十家國營企業進行了成功的合作。

復星與國營企業的合作強調四個方面的資源注入：

㈠注入機制。復星擁有的是產權明晰的公司機制、獨立自主的決策機制、市場導向的經營機制、優勝劣敗的人才機制、工資以績效為基礎的分配機制等。把這些機制注入到合作企業中，加速了合作企業的轉型速度。

㈡注入資本。國營企業大多缺少流動資金、技術改造落後，復星與這些企業的合作主要採取注入現金增資股的形式，使合資後的企業資產結構改善。自1996 年下半年起至 1998 年底，復星累計出資兩億多人民幣，收購合作了十家國企，且多數處於控股或相對控股地位。

㈢注入市場管道。許多國營企業銷售能力薄弱，一方面沒有完善的行銷體系，另一方面缺乏市場第一的意識。在與國營企業合作的初期，基本上由復星的行銷網路全面承擔銷售合作企業產品的工作，原有銷售人員混編入復星行銷體系。隨著合作的深入，逐步再在復星的行銷體系中形成單獨的產品銷售團隊，採取了先合後分的方式，使這些企業能以較低成本依附復星的優勢，迅速建構自身的行銷網路。

㈣注入技術後勁。復星發現很多國營企業都擁有技術領先的產品，而這些產品在與復星合作市場銷售增加以後，又馬上面臨如何持續發展的問題。為此，復星在積極推動相關合作企業大力發展自有技術的同時，並透過幾家企業共享資源，為合作企業提供持續的發展後勁。

3.4 銀企合作爭取金融支持

科技創新需要堅實的金融支持。作為一個民營科技企業，在過去幾年的發展中，資金始終是復星集團發展的「瓶頸」。為獲得穩固的金融支持，復星積極與金融機構建立互信的合作關係。例如，復星聘請了上海浦東發展銀行作為經營管理顧問，浦東發展銀行則派出專家共同參與科研成果產品化的前期市場調查項目決策、中期的監控以及後期的評估工作，並且幫助落實資金財務計畫。這一方面提高了企業的信用地位，一方面則降低了銀行的信貸風險，增加了銀行效益，更使得復星的科研開發、市場拓展和資產重組擁有了強有力的資金支持。1998 年，上海各大銀行對復星集團的授信額數達到近五億人民幣。

3.5 建立學習型組織和創業型團隊，實現企業個人共同發展

復星集團為一個由青年人才共同創業的企業，在過去幾年的發展中，特別強調「以人為本」的管理思想、「修身、齊家、立業、助天下」的經營哲學以及「以發展來吸引人，以事業來凝聚人，以工作來培養人，以業績來考核人」的人力資源開發架構，不斷提升內部環境，進而使得企業內部朝氣蓬勃，充滿生機。

復星注重建設「學習型組織」。在發展初期，復星和其他許多企業一樣認為，產品技術就是企業的核心競爭優勢。隨著企業的發展，復星也曾認為市場網路就是企業的核心競爭優勢。然而，在知識經濟背景下的今天，復星已經強烈意識到，具有能夠始終比競爭對手學習得更快的能力，才是企業保持可持續發展的核心競爭優勢。復星集團提出了要建設學習型組織的理念，要求復星的員工成為學習型人才，企業成為學習型群體。

復星還注重建設「創業型團隊」。復星發現單靠制度是不夠的，所以復星更強調建立一個個創業型團隊，強調每一個團隊的自我激勵和自我約束，使團隊的發展成為員工的共同願望。

良好的激勵機制是形成創業型團隊的要素。復星逐步對基層團隊中的核心員工實行持股方案，以股權界定員工價值，而此舉為復星的長遠發展提供了保障。

案例五

亞信集團

1. 公司簡介

1994年，在留美華僑劉耀倫先生支持下，一批中國留學生創建了一個從事電腦網路系統集成和應用軟體開發的高科技企業，這就是亞信集團的前身。1995年5月，這些留學生回到中國大陸繼續創業，經過三年的經營，公司從最初的六個員工發展到目前的近四百人，形成了頗具規模的企業集團。亞信集團現在大陸擁有六家獨資、合資企業，在美國有兩家企業，在香港、廣州、武漢、成都等地開設了四家辦事處。

目前，亞信集團已成為國際上少數具有 Internet/Intranet 網路系統集成、大型網路應用軟體開發與網路管理經驗的高科技企業。亞信集團承建了ChinaNET、上海熱線、武漢熱線等資訊網路工程；而且，亞信集團投入了大量人、財、物力從事軟體開發，其 Internet/Intranet 應用軟體產品已達到國際先進水準。集團營業額從 1995 年的一億人民幣逐年成長，1997 年已達四億人民幣。1997 年 3 月，被美國 Fidelity 投資公司評為「全球最具投資價值企業」。

2. 亞信集團與創業基金

亞信集團屬於風險投資的資訊技術企業。1997 年 12 月，世界一流的創業投資基金 E. M. Warburg Pincus、China Invest 和 Fidelity 經過嚴謹的考察，向亞信集團投入一千八百萬美元的資金，成為亞信的投資人。這些世界著名創業基金的加盟，幫助亞信順利地由初創時期過渡到快速成長期，並為亞信的發展帶來寶貴資源。

亞信集團獲得創業基金的投資並不容易，其中甘苦自不待言。

2.1 選擇中介機構，準備經營計畫

要獲得創業投資，亞信首先選擇了一個中介機構，幫助亞信準備一份吸引投資人的經營計畫。

經營計畫的主要作用在於向潛在投資人介紹創新企業的產業和商業環境、市場分析和預測、主要風險因素、管理人員隊伍、財務資訊等各方面的情況。為了讓潛在投資者對經營計畫內容的真實性、可靠性有充分信任，為企業準備經營計畫的中介機構也就應當具有很高的信譽。如果該中介機構知名度不高，甚至名譽不佳，那麼對企業的資金募集將會產生負面影響。

創業投資基金一般是透過私募的方式來尋找投資目標，即依靠創業投資基金自身對產業情況的了解和在業務活動中建立的各種關係。所以，中介機構是否和活躍於業內的創業投資基金以及新創企業具有密切聯繫，也就成為選擇中介機構時需要考慮的重要條件之一。

亞信集團聘請了世界五大會計師事務所之一的德勤會計師事務所（Deloitte Touche Tohmatsu International）對集團的財務報告進行審查，並選擇羅伯森・史帝文思公司（Robertson Stephens & Company, RSC）作為中介機構。

RSC是國際性的投資銀行和投資管理公司，其業務集中於那些發展前景佳的產業並極具成長性的企業，包括高科技產業、通訊服務業、保健業和廣播業等。RSC在這些產業中累積了豐富的投資經驗和廣泛的客戶網路，具備準確辨別高成長企業的能力，並能為企業提供全面的金融服務。RSC具有國際性的知名度，曾為Lotus, Ecxite, Sun Microsystems, Dell Computer, CompUSA等十八家世界知名的資訊產業企業成功地提供了金融服務。亞信集團屬於資訊技術產業，正是RSC所專注的產業之一。RSC對活躍於該產業的投資基金和企業的發展情況都很熟悉，所以，亞信集團選擇RSC作為其融資活動的中介機構是相當有眼光的。

RSC 在為亞信集團準備的經營計畫中，全面介紹、分析了亞信的歷史背景、主要產品、市場前景、投資狀況、風險因素、人力資源和管理隊伍、財務狀況以及投資項目的評估預測等各方面情況，為亞信成功募資打下了很好的基礎。

2.2 創業基金的種類及其選擇

1995 年，美國創業投資公司已達六百五十家以上，管理資金總額高達四百三十五億美元。而且，創業投資公司種類繁多，包括私人創業基金、大眾創業基金、公司型創業基金、投資銀行創業基金、小企業投資公司（Small Business Investment Company, SBIC）、個人風險投資者和政府創業基金等等。

不同種類的創業基金各具特色，而且每個創業基金公司也有其熟悉、專長的產業。所以，企業在尋求創業投資的過程中需要結合本身所處產業等特點，選擇合適的潛在投資者。

創業投資基金和其投資的企業之間有著密切聯繫。由於創業基金常投資於處在初期或成長期的企業，投資風險較大，因而相應要求較高的平均投資報酬。為了保護其投資、實現預期的高報酬，創業投資基金一般專注於他們非常熟悉的產業。而且創業基金往往要求參與企業管理，以便利用其對產業的深刻了解、與各有關方面已建立的聯繫、市場方面的經驗、良好的策略、以及對各階段企業發展的了解等等來增強企業競爭力和獲利力。

由於創業基金和企業之間的密切聯繫，企業在選擇創業投資夥伴時應充分考慮到兩者在商業和財務目標上的一致；同時，創業基金對企業的支持遠遠不只是在資金方面，企業應認真考察創業基金所能提供的其他資源，真正找到「有附加價值的投資者」，從而為企業不斷帶入新的技術、先進的管理經驗和其他社會資源，形成策略聯盟，為企業長期發展建立合適的機制和框架。

於是，根據中介機構羅伯森．史帝文思公司對經常投資於資訊技術產業的各創業基金的了解，結合亞信集團經營狀況以及未來發展的需要，亞信集團選擇了包括 GE Capital Fidelity、Warburg Pincus、China Invest 等十家世界一流的創業投資基金作為潛在的風險投資者。

這十家創業投資基金基本屬於公司型創業基金，它們資金實力雄厚，投資經驗豐富，具有世界一流的管理經驗、遍布全球的商業網路、很高的知名度以及廣泛的社會資源。將公司型創業基金作為合作對象的優點在於，資金來源穩定，並可在生產、技術開發、行銷等方面得到幫助。亞信集團與這些創業基金的合作有利於形成策略聯盟，促進亞信的發展。

2.3 說明會（Road Show）

說明會就是企業向潛在投資人介紹經營計畫的過程。亞信集團根據中介機構羅伯森·史帝文思公司準備的經營計畫，對經篩選的十個創投基金進行說明會。

許多創業基金投資人相信，企業最重要的是管理人員。他們希望管理人員具有足夠的才智、經驗、素質、熱情以及競爭精神，以帶領企業走向成功。而很多經營計畫中一個常見的失誤就是只強調技術，而忽略人才。

亞信集團的說明會十分注重介紹公司在人文上的特點和優勢。公司管理人員既受過西方先進科學技術和管理的薰陶，同時又和中國大陸有著聯繫。這些高素質的國際性人才投身於中國大陸資訊產業，他們這種對資訊業全心長期的承諾贏得了政府和客戶的信心和支持。亞信人立志把亞信辦成華人的、國際性現代化高科技企業，這種理念吸引了大量優秀的工作人員和管理人員，激勵公司員工為這一共同理念團結合作、共同奮鬥。

經營計畫中另一個需要仔細分析的問題是市場。市場多大?前景如何?競爭對手的特點如何?風險投資人認為，不管你的產品怎樣具有優勢，企業成功的重大關鍵之一還是取決於企業對市場的了解程度。

亞信集團在說明會過程中深入分析了中國大陸資訊產業的市場現狀和發展潛力，以及亞信集團在技術、管理、合作夥伴、人力資源等方面的競爭優勢。亞信對市場的深刻分析及其具備的競爭優勢吸引了投資人的關注。

說明會第三個強調的是企業特性。只有具備特點的企業才能在市場部分中形成「進入障礙」，長期保持其特有的市場。風險投資人總是希望投入那些具有特性的企業。

亞信集團在說明會過程中充分介紹了集團特性。比如，作為中國大陸網路市場首入者（First-Mover）所具有的設立市場標準之獨特優勢；獨具特色的管理者團隊之優勢；以政府機構為夥伴的優勢等等。亞信集團所具備的這些獨特優勢是其寶貴的資源。同時，這些特性也是吸引投資人的另一重要原因。

2.4 風險投資者進行項目評估

在亞信集團對其所選的十個潛在投資人說明會結束後，這些投資人將決定對亞信是否投資。有投資意願的投資人派遣自己的分析人員、會計師、律師對亞信各方面做進一步的審核和評估。這個過程是風險投資者進一步了解企業情況的過程。

亞信集團在此過程中與風險投資者充分合作。因為，這是雙方合作的第一步，如果第一步合作不好，進一步合作的可能性就很小了。

2.5 投資協議的談判和簽訂

風險投資者在評估完成後，就做出是否投資的判斷。如果認為具有投資價值，那麼投資人就和亞信集團進行關於投資協議的談判。投資協議的內容涉及投資方式、投資金額、資金用途、投資報酬和回收、企業管理機制、企業經營策略和目標等。

該投資協議對風險投資者和企業本身均十分重要。透過投資協議約束企業行為，保護投資人利益；同時，投資人也正是透過投資協議來參與企業管理，將風險投資者先進的管理經驗、廣泛的業務網路、對產業的深刻了解帶入企業，使企業真正能有多方面的獲益。

最終，亞信集團於 1997 年 12 月 27 日成功地與 E. M. Warburg Pincus、China Invest 和 Fidelity 達成投資協議。這三家世界著名投資公司的加盟為亞信帶來了多方面資源，尤其是透過投資協議約束企業行為，把一流管理導入亞信。

2.6 創業投資的回撤

創業基金的投資追求高報酬。當企業由快速成長期轉入穩定發展期，利潤下降後，創業基金將透過企業上市或購併回收其投資。

亞信集團在尋求投資人的同時，注重選擇長期策略性的合作夥伴。亞信集團和其投資人之間建立了共同的長期目標，他們將為亞信理念的實現提供長期、穩定的支持。所以，投資協議中沒有涉及投資回收的問題。

3. 創業基金給亞信帶來寶貴資源

世界著名的創業投資基金 E. M. Warburg Pincus、China Invest 和 Fidelity 為亞

信集團帶來了很多寶貴資源，成為真正「具有附加價值的投資人」。

3.1 管理資源

這些著名的創業投資基金具有許多管理快速成長企業的成功經驗，因而對於亞信這樣高成長的企業應採取之管理機制和發展策略具有深刻認識。創業基金加盟後，亞信集團改組了董事會，規範了公司決策過程，明確了公司投資策略和策略目標，建立了財務監控體制，調整了公司人力資源政策，形成了適合亞信的管理體系。

3.2 業務網路

由於創業基金集中投資於它們熟悉的產業，這些基金在長期經營中累積的業務網路是寶貴的資源。投資於亞信的這三家創業基金對資訊產業十分熟悉，能促使亞信採取適當的經營策略、選擇正確的研發方向，制定合理的策略目標，從而使亞信順利發展。

3.3 社會資源

加盟亞信的三家創業基金各具特色。它們與亞信的策略聯盟有利於亞信提高競爭力，實現策略目標。

E. M. Warburg Pincus 在 IT 產業投資了十多家企業，亞信成為 Warburg Pincus IT 家族的一員，從此告別了孤軍奮戰的局面，可以在技術上得到相互支持；China Invest與中國大陸政府密切聯繫，對中國大陸政治、經濟環境非常熟悉。與China Invest的合作有利於亞信更好地把握總體經濟的脈動，為亞信帶來很多社會資源；Fidelity是世界上規模最大的投資基金之一，為亞信提供了穩定且源源不斷的資金來源。

這三家創業基金具有世界性的知名度，與它們合作進一步確立了亞信集團的社會形象，提高了企業知名度，增強了客戶、員工對企業的信心。

由於世界級創業基金的投入，促使亞信集團在管理、經營、研發等各方面均以世界一流的水準作為衡量標準，並提出了更高的策略目標：「把亞信建設成由華人經營的世界性高科技企業。」

第四篇

創業管理

第十一章
初創期的管理決策

本章學習目的

1. 了解招聘和激勵員工的重要性。
2. 介紹新創企業發展初期重要的資料保存和財務管理程序。
3. 了解收付實現制和權責發生制的區別。
4. 討論現金、支出、資產、負債、利潤和稅金管理方法。
5. 了解如何運用比率評估新創企業的財務狀況。
6. 說明市場和銷售管理程序。
7. 介紹如何透過宣傳和廣告進行促銷。

萬事開頭難

在創業者制定新創企業的發展規畫，展望發展前景時，企業的初期策略非常關鍵。隨著企業規模的不斷壯大，企業面臨的競爭壓力可能愈來愈大，資金來源可能愈來愈緊張。因此，創業者必須對各種競爭策略進行評估和選擇，以確保企業占領目標市場。由於企業在發展初期財力和人力資源都相當有限，初期策略往往考慮得不周全。因此，創業者仍需繼續尋找市場機會，開發新的競爭策略。創業者的初期決策，對企業之長期成功有很大的影響力。

擁有自己的企業是德克（Deke）和瑪蒂爾德・邦克（Matide Boncoeur）的夢想，這一夢想在他們結婚之前還是大學生時就有了。在瑪蒂爾德獲得商業學位的一年之後，他們帶著兩個年幼的孩子回到西印度群島。德克有一個海洋生物學士學位，他一直和一個環境小組一起研究水質。他想重返兒時長大的島嶼。他的媽媽仍然在那裡經營她的著名旅館，他看到了終生事業的機會——經營一家海蝦農場，這是他一直想要做的。

德克和瑪蒂爾德在島上找到一個非常理想的位置：一個靠近海洋的淡水池塘，它能讓適量的海水流入淡水的蝦塘裡。借助當地勞工的幫助，他們把池塘挖深並建立起一個簡陋的混凝土孵卵處（也是實驗室）建築。同樣在最初九個月的時間裡，他們綜合調查了島上的餐館與旅館，因為這是他們的主要潛在市場。如果有的話，他們會買本地的蝦嗎？他們願意支付的價錢會是多少？結果是振奮的：絕大多數都說他們會把蝦列為午餐或晚餐菜單上的至少三種料理菜色。對需求進行分析後得到一個可以損益兩平的數字後，德克和瑪蒂爾德的事業計畫開始了。

德克和瑪蒂爾德為調查事業的可行性曾向家庭成員借錢，現在他們四處尋找資金。許多機構投資者們擔心海產事業有風險，不願提供資金，最後德克一家得到一小筆美國國際開發署加勒比海的發展貸款。這使他們能買來一些蝦，並且能在實驗室裡對飼養條件、池塘裡的鹽分及收穫技術進行試驗。

在他們回到島上近兩年後，也是在他們獲得貸款的一年後，颱起了一場颶風，把大海和淡水池塘分隔的堤壩沖垮了。絕大多數成年蝦溜走了。德克夫婦面臨著抉擇：重建或者放棄。不過他們決定堅持下去——畢竟事業計畫中沒有考慮到颶風。不過他們被如何拿出重建的資金難住了。儘管他們已出售了一些蝦給當地小販，但他們帳戶上的存款對西印度群島海蝦公司來說太有限了，由於無法吸引到重建需要的資金，德克和瑪蒂爾德只好從他們各自的家裡又借了五萬美元。德克在池塘設計上做了一些必要的改變，這一過程使他們恢復生產時間延緩了一年。與此同時，他們發現：為了滿足客戶們新近產生的對淡水蝦需求，他們可以透過進口美國蝦獲利。然而，由於債務和重建的費用，他們的處境仍很艱難，且不能把較多的時間和資本投入到這項事業中。

對海蝦農場的致命性打擊來自第二場颶風，它離第一場颶風差不多有兩年時間。這次暴風雨再次使蝦池裡灌滿了海水，並且毀掉了實驗室。德克和瑪蒂爾德不願再向德克家借錢了，就從他們的海產養殖組織裡尋求買主，然後賣掉了設備。他們取出所有的錢，全力集中於進口淡水蝦，最終在幾年裡獲得不高也不低的利潤。但是公司的發展由於地方上的旅館和餐館數目已飽和而受到嚴重限制。德克的母親去世後不久，德克夫婦賣掉進出口公司，帶著兩個已到上學年齡的孩子回到美國。

西印度群島海蝦公司是個從未邁過初創期的公司。儘管這個公司表面上生存了七年，但這項事業一直不過是一個夢想、一個計畫，它也許能發展成一個企業但從未被證實可行。由於西印度群島海蝦公司有相當長的初創期，所以德克夫婦的經歷能給我們提供重要的教訓。本章將回顧和探討一些重要的管理決策問題，重點討論一些財務和市場管理決策問題。這些問題都是德克和瑪蒂爾德夫婦或其他創業者在企業發展初期特別關注的。

11.1 資料保存

在討論企業發展初期的管理要點之前，首先必須界定資料保存的內容，了解資料保存的小技巧。這是因為，保存資料不僅是有效管理的前提，還能為創業者提供納稅資訊。無論保存的方法有多複雜，創業者都必須認真對待。更重要的是，創業者要能藉此了解企業的運作狀況。如果有使用容易的電腦軟體，可以將資料儲存在電腦裡，這樣就能大幅簡化保存工作。新創企業的長遠發展取決於利潤和現金流入，因此，可以將資料保存系統的目的簡化為：識別關鍵性的收入和支出項目；運用好的資料保存系統，以幫助企業更有效地管理這些收入和支出項目。

11.1.1 銷售收入

創業者應該根據產業特點，透過顧客，從數量和金額兩方面了解企業的銷售情況。對於經營郵購業務的經銷商來說，了解特定顧客在固定時間內的購買數量和購買頻率是非常重要的。透過收集上述資訊，經銷商可能會發現顧客購買的產品存在某種相關性，尤其當經銷商特意告訴目標顧客一些特價銷售資訊時，這種相關性更加明顯。例如，某人準備購買一些DIY的小器械（工具或家用附件），他可能希望借助一些傳單和特價廣告進行決策。

相比之下，零售商要了解每個顧客的購買習慣和行為比較困難，而且意義不大。但經營零售業的創業者仍應該努力收集常客的資料。方法之一是請顧客填寫調查問卷。這些問卷涉及人口分布、被訪者對產品或服務的興趣等問題，它們能有效地協助創業者進行經營決策。另外，零售商有時需要一些特殊顧客資訊。例如，創業者在製作特價廣告和傳單時，可根據所掌握的特殊顧客資訊確定郵寄名單。另一種方法是借助信用卡。使用信用卡的顧客較容易跟蹤。這是因為當顧客使用信用卡時，顧客的初始資訊就被記錄下來了。這樣，創業者可以獲得其購買品種和數量方面的資訊。

服務業的銷售額就是服務費。例如在一家日常護理中心，顧客按月繳納服務費，這時，中心需要保存付款時間和付款情況方面的資料。這些資料在服務業中相當重要。創業者可借助這些資訊隨時掌握顧客逾期未付款的情況，並及時提醒顧客。大多數企業會根據欠款金額收取相對的罰金（一般是欠款金額的1%～2%），這種罰金可以督促顧客及時付款。在本章的後面部分，我們將看到：現金流量問題是造成新創企業失敗的最重要原因之一。因此，為了維持足夠的現金流入，創業者必須保存顧客付款情況的資訊，這也是為了創業者自己能準時付款所做的準備工作。

> 為了維持足夠的現金收入，創業者必須保存顧客付款情況的資訊，這也是為了創業者自己能準時付款所做的準備工作。

保存上述資料的工作也可以透過簡單的電腦軟體（如 Quicken）或書面文件系統完成。只需要將帶有付款時間的付款資訊之資料輸入軟體中，這樣，創業者隨時都可以印出某月已付款顧客和未付款顧客的名單，並及時發出逾期通告。書面文件系統的工作原理與電腦軟體一樣，但它需要手工完成。每個顧客的資料都記錄在一張卡片中，每張卡片記載了該顧客所有付款的支票號碼和日期。如果顧客按期付款，他們的卡片就被放到另一個檔案夾中。因此，創業者在任何時候都有兩個檔案夾，一個是已付款顧客文件，另一個是未付款顧客文件。這是一種簡便的保存資料方法，它適用於顧客數量固定並按月收費的企業。

無論什麼產業，如果顧客總是不能準時付款，創業者必須透過電話或郵寄的方式催促顧客還款。如果催收兩次以上仍未付款，創業者可以考慮委託專業收款公司催收了，但這是迫不得已的方法。這些專業公司通常開出一個底價，然後根據收回欠款金額分成。有些則按照欠款金額收取固定的佣金。一般情況下，前者比後者的收價更合理。但是，收帳公司的可信度和專業能力也是創業者需要考慮的重要因素。

11.1.2 成本支出

核對帳本是一種既簡單又通用的管理支出或費用的方法。為了便於保存納稅憑證，創業者可以全部使用支票付款。相反，如果用現金付款，創業者必須要求對方開具收據，以便日後查閱。

創業者在付清款項後應該將支票註銷，然後將支票按照號碼和日期進行排列，並加以保存。小型企業可以將發票按到期日排序，每周進行核對，以確保無逾期未付款。在新創企業發展的初期，創業者必須盡全力按期付款。只有這樣，企業才能建立良好聲譽。

此外，創業者還應該保存員工資料，比如住址、身分證號碼、出生日期、雇用日期、辭職或被解雇日期等等。這些資料也可以儲存在軟體或書面文件中。另外，創業者還需保存公司所有財產的資料。對於一些重要的財產，應該標明其購買日期，以便確定折舊及相應的稅務事項。

一個好的資料保存系統能有效地簡化現金、支出、存貨及財產的管理。一般說來，為了協助做好市場銷售工作，創業者需要建立一套管理各項財務科目（如現金、財產和成本）的程序，這些內容將在下面討論。

11.2 招聘、激勵和團隊領導

創業者通常需要設計一個招聘程序。許多招聘決策都是相當重要的，為慎重起見，創業者應該制定一些招聘過程中需要考慮的參考指標。

招聘的方法很多。招聘的第一步是吸引應聘者，可行的方法有：在報刊、專業期刊雜誌上登廣告，借助朋友的關係網，委託獵人頭公司和透過人才市場等。另外，其他有經驗的人都可以為創業者提供有利的諮詢意見。

在收到應聘者的履歷後，創業者應該設計一套評估標準，並依照標準考核應聘者。創業者可以從大多數履歷中了解應聘者的教育程度、工作經歷、管理經驗和興趣愛好，而這些訊息都反映了應聘者的素質。創業者還可以給每個應聘者評分。每項評估標準都是一個計分點，最低一分，最高五分。這樣，每個應聘者都有一個總分，然後將各自的總分進行排序。如果評審委員不止一個，可以將每個委員的評分加以比較，權衡後確定應聘者的綜合得分。這些初選工作結束後，創業者應該通知初選合格者參加面試。面試前，創業者還需考慮一些問題：面試時要問哪些問題？如何評估被面試者的反應？許多公司將這些問題和其他評估標準列在一張表上，這樣做在同時面試幾位應聘者時特別有效，因為它可以避免混淆和重複提問。在面試時獲得的資訊都是創業者確定最後人選的重要依據。

企業的員工常以創業者為榜樣。一個優秀穩定的企業文化（組織性強，有團隊精神，激勵機制完善，內部溝通順暢）是企業獲得成功的保證。如果創業者對企業的興趣不大或已喪失了成功的信心，員工的士氣也會受到影響，甚至會另謀他職。在企業發展的初期，創業者應該特別重視員工激勵，使他們全心全意地為企業效力。另外，物質上的獎勵，如股票選擇權和現金，也是留住高素質員工的有效方法。

11.3 財務管理

我們已在第七章討論了企業的內部計畫之一——財務計畫。創業者不僅需要估計最初三年的損益表和現金流量表，還必須採取相對措施確保目標實現。因此，創業者必須掌握一些財務技巧。現金流量表、損益表和資產負債表都是需要認真管理的重要財務報表。在這一節中將介紹一些管理報表的方法，首先介紹權責發生制和收付實現制。

11.3.1 權責發生制和收付實現制

企業的會計實務必須遵循一定的會計原則，如權責發生制或收付實現制，有效的會計原則能協助創業者進行財務管理。兩種原則各有特點，其中，權責發生制適用於大企業，因為這些企業短期現金流量充足；而收付實現制適合於新創企業。

表 11.1　權責發生制和收付實現制

	權責發生制	收付實現制
費　用	費用發生時入帳	付出現金時入帳
銷　售	銷售發生時入帳	收到現金時入帳

表 11.1 將兩者進行了比較。權責發生制不能真實的反映現金流入和流出：當現金還未收到時，收入可能已經發生了；當現金還未支付時，費用可能已經發生了。相比之下，收付實現制與現金流量更一致，更有利於現金管理。儘管如此，創業者仍應特別重視一些非費用的現金流出，因為這些流出可能使一個盈利的企業無法到期還債。例如，某年，企業發生了大筆設備費用或償還了本金，這筆現金流出不能記為一次性的費用，而只能按期攤銷。

現舉例說明權責發生制和收付實現制的關係。設想，創業者於八月發生銷售額一萬元，當月收到現金六千元，餘額仍未支付。另外，收到七月份顧客賒購貨款兩千元。在支出方面，創業者進貨八千元（每個供應商兩千元），款項在九月份前付清。另外，支付七月份貨款一萬元，並用私人貸款償還本金一千元。

從表 11.2 計算中，我們可清楚的看到兩者的區別。在收付實現制下，創業者在八月份損失了兩千元，而權責發生制卻顯示了兩千元的利潤。此外，償還本金是非費用的現金流出項目。因此，八月份創業者現金流入八千元，流出一萬兩千元。八月份未收現的四千元銷售額只能在實際收到現金時才能登記入帳。

表 11.2　權責發生制和收付實現制的比較

八　月	權責發生制	收付實現制
收　入	$ 8,000	$ 10,000
支　出	$ 10,000	$ 8,000
淨收入	－$ 2,000	$ 2,000

以上可以看出，收付實現制雖然不能真實反映淨收入，卻有利於創業者掌握企業的現金狀況。兩種方法都是可行的。企業的現金流量一旦出現問題，應收帳款的管理就變得十分重要。因為創業者為了應付較長的應收帳款周轉期，可能會相對拖延付款時間（應付帳款）。但長期這樣，供應商必然會要求企業用現金支付貨款。

11.3.2 現金流量管理

由於現金流出可能超過現金流入，創業者必須隨時了解企業的現金狀況。為做到這一點，創業者可以按月編製預算現金流量表，然後將預估值和實際值比較（見表 11.3）。其中，預估值見我們在第七章列出的MPP塑料製品公司的預估現金流量表（表 7.5）。創業者可以將實際值列在預估值旁邊。這種做法不但有助於創業者調節以後月份的預算，還能幫助發現問題的根源。

表 11.3 反映了幾個潛在問題：

㈠實際銷售收入較預估少。可能的原因是：顧客未付款或賒銷比重增加。對這兩者都應該進行分析。如果顧客未付款，創業者應該直接向顧客催款。顧客如拒絕付款，而創業者已將收入登記入帳，企業的現金流量將受到影響。此外，賒銷的增加將導致現金流入比實際銷售收入少，創業者可向銀行借入短期借款或延長向供應商付款的期限。

在這方面，Thomas Callinan的經歷對創業者或許頗有啟發。Thomas Callinan是 Copifax 公司的執行總監，該公司經營影印機和傳真機，業務遍及柏林和紐約，資產達六百萬美元。Thomas Callinan 回憶說：「當企業規模還很小時，信用額度不夠，我們只能利用一些小技巧處理應收帳款和應付帳款。但有一次，為了不支付 1%的逾期罰金，我們開了一張支票，但戶頭上並無足夠的存款。沒想到，應收帳款沒有及時收現。」為了防止銀行退票，Callinan 只得向其他股東借了短期貸款。「現在，我們總要等到收到現金後才開支票。我寧願支付一周的罰金和利息，也不願冒險破壞與銀行的重要關係。」

表 11.3　MPP 塑料製品公司第一年七月現金流量表

（單位：1,000 美元）

	7月	
	預算值	實際值
收　入		
銷 售 額	$24.0	$ 22.0
支　出		
設　備	100.0	100.0
	20.8	22.5
銷售費用	1.5	2.5
工　資	6.5	6.5
廣 告 費	1.5	1.5
辦公設施	0.3	0.3
租　金	2.0	2.0
水　電	0.3	0.5
保　險	0.8	0.8
稅　金	0.8	0.8
本金和利息	2.6	2.6
支出總額	$137.0	$140.0
現金流量	(113.1)	(118.0)
期 初 值	275.0	275.0
期 末 值	161.9	157.0

㈡一些項目的現金支出比預估值大，這顯示創業者需要加強成本控制。例如，銷售成本兩萬兩千五百美元，比預估值高出一千七百多美元。這可能有兩個原因：第一，供應商提高價格。此時，創業者需要尋找另外的供應商或者相對提高產品價格。第二，銷量比預估值大。此時，進貨量也會相對增加，從而導致銷售成本增加。在這種情況下，創業者應該根據損益表估計出正常的庫存成本。但是，如果銷售量增加又引起賒銷增加，企業可能會出現短期現金不足的情況。

這時，創業者需要做好貸款的準備。而只要估算出賒銷和庫存成本，創業者就可以確定貸款計畫了。

㈢較高的銷售費用也值得進一步分析。如果多餘的銷售費用只是為了增加銷售量（包括賒銷），問題還不嚴重。但如果銷售量並未增加，創業者應該檢查所有支出項目，並加強成本控制。

透過比對估計現金流量表與實際現金流量表，創業者還可以估計出近期潛在現金需求，發現資產管理和成本控制中可能出現的問題。這些問題我們將在下一節進一步討論。

11.3.3 資產管理

表 11.4 是MPP塑料製品公司開業三個月後的資產負債表。在新創企業發展初期，創業者需要仔細管理資產項目。我們已經從預估現金流量表說明了現金管理的重要性。除了現金管理外，創業者還必須控制其他資產項目，如應收帳款、庫存、日用品。這是實現現金流量最大化和資金有效管理所必需的。

由於信用卡數量的增加及使用範圍擴大，許多顧客都願意用信用卡購物。有的企業甚至想發行專用的信用卡，以節省支付給信用卡公司的佣金。這方面的選擇很多：在美國，創業者既可以在 Mastercard, Visa, American Express 和 Discover 等信用卡中任選其一，也可以採取其他方法。

如果新創企業使用信用卡進行銷售，就可以將應收帳款的風險轉移給信用卡公司。但是，風險轉移的同時，創業者還必須支付給信用卡公司 3%～4%的佣金。更常用的方法是，公司對使用現金的顧客索取較低價格，使用信用卡進行賒購的顧客必須支付較高價格。

如果顧客可以使用信用卡，創業者就需要將所有逾期未付款項加總起來。我們已經從現金流量分析中看出，延期付款也會產生負的現金流量。在每個會計年度，任何未付款項都會在損益表上顯示為壞帳。在任何情況下，創業者都必須關注應收帳款發生的較大變化，並經常對照實際值與預估值（通常比較應收帳款占銷售總額的實際比例和預估比例）以控制和管理這個重要的資產項目。

庫存控制也非常重要。庫存是一項成本昂貴的資產，創業者必須認真確定庫存數量，使它正好能滿足市場需要。如果庫存不足，公司無法及時滿足需求，會造成缺貨。相反，庫存太多帶來的庫存處理、保管費用以及貨物過期損失，都會大幅增加庫存成本。發展中的企業用在庫存上的現金通常比其他企業多。Skolnik Industries公司專門生產用於存放和處理有毒物質的不銹鋼容器，公司資產為一千萬美元。最近，公司開發了一個庫存控制系統，使公司能在一到

表 11.4　MPP 塑料製品公司第一年一季度資產負債表

資產		
流動資產		
現金	$ 13,350	
應收帳款（40%是以前月份的應收帳款）	24,000	
存貨	12,850	
日用品	2,100	
流動資產總額		$ 51,300
固定資產	$ 240,000	
設備		
折舊	9,900	
固定資產總額		$ 230,100
資產總額		281,400
負債及所有者權益		
流動負債		
應付帳款	$ 8,000	
一年內到期的長期負債	$ 13,600	
流動負債總額		$ 21,600
長期負債		
應付票據		223,200
負債總額		244,800
所有者權益		
C. Peter 股份	$ 25,000	
K. Peter 股份	25,000	
少數股東權益	(13,400)	
所有者權益總額		$ 36,600
負債及所有者權益總額		281,400

兩天內將貨送到顧客手中。借助這個電腦庫存控制系統，公司將每個產品的庫存資料都記錄下來，從而維持了極低的庫存水準。除此之外，企業還可以用這個系統來監督控制投資邊際收益、庫存周轉時間、及時供貨比例、完成訂單時間和顧客投訴比例。開發這種軟體並不難，開發者還可以根據企業的實際需要進行一些修改。這個系統通常每二到四周做一份報告，在銷售旺季時增為每周一次。這個系統不僅具有事前提醒功能，還減少了用於庫存的現金，從而增加公司總體獲利能力。

創業者需要從財務管理的角度確定庫存金額，以及庫存對銷售成本的影響。假設，企業者為生產而進貨三次，每次進價都不同。問題在於如何計算銷售成本，一般說來，可以使用先進先出法（FIFO）或後進先出法（LIFO）。所謂先進先出法是指：假設先買入的產品先銷售；所謂後進先出法則是指：假設後入庫的產品先銷售。大多數企業採用 FIFO 法，因為這種方法能反映真實庫存量和銷售成本。但是，後面我們將看到，在通貨膨脹時期，LIFO 更為合理。

以下具體說明先進先出法和後進先出法兩種方法的不同，我們將看到庫存如何銷售成本的。在兩種方法下，產品成本都為 800 美元。第二批 600 件，採用 FIFO 方法計算得出銷售成本為 640 美元：200 件單價為 1 美元，400 件單價為 1.1 美元；如採用 LIFO 方法，銷售成本則為 650 美元：500 件單價為 1.1 美元，100 件單價為 1 美元。第三批 950 件，採用 FIFO 方法計算得出銷售成本 1,037.5 美元：100 件單價為 1.1 美元，850 件單價為 1.15 美元；採用 LIFO 方法得出的銷售成本則為 1,092.5 美元：950 件單價均為 1.15 美元。這些數據列示在表 11.5 之中。

表 11.5　FIFO 和 LIFO 的比較

庫存商品成本	銷售量	FIFO	LIFO
1000 件（$ 1.00 ／件）	800	$ 800.00	$ 800.00
500 件（$ 1.10 ／件）	600	$ 640.00	$ 650.00
1000 件（$ 1.15 ／件）	950	$ 1,037.50	$ 1,092.50

如上所示，有時 LIFO 方法實際上增加了現金流出。例如，Dacor 公司專門生產 SCUBA 潛水設備。八〇年代初期，企業改為採用 LIFO 方法，這使現金流出平均年增加率達到 10%。到九〇年代初，在通貨膨脹的壓力下，公司現金流出增加了 25%。公司的這一決定是適時的，具體的實施步驟如下：

㈠必須確定庫存成本的計算方式，即按類分組還是單獨計算。成本可按照期初價、期末價或平均價計算。當庫存較多時，創業者必須分組計算成本。如果企業的產品線較少，可以單獨計算每種產品的成本。Dacor 公司的產品種類複雜，公司決定分組計算成本。第一次選擇計算方法時必須謹慎，因為以後如果要變更，會比較麻煩。

㈡查找歷史數據，計算全部庫存成本。這一步的工作量同樣取決於產品線的多少。

㈢確定每組或每種產品的庫存成本，然後計算出平均庫存成本。對於產品品項較少的新創企業來說，這項工作相對容易一些。Dacor 公司產品線多，需要委託會計師事務所來完成此項工作。

公司最好不要輕率做出這項變更成本計算方式之決策，因此創業者必須在實施變更前審慎考量。當存在下列情況時，LIFO 方法是有利的：

⑴預期工資、物料和其他生產成本增加；

⑵銷售量及庫存量增加；

⑶企業使用電腦庫存控制系統；

⑷變更後公司是獲利的，如果變更帶來了損失，進行變更將是毫無意義的。

不管使用哪種方法，創業者都必須認真做好庫存紀錄。創業者可以借助電腦或人工作業，開發可供長期使用的庫存系統。為了保證庫存帳實相符，創業者還必須定期盤點。

固定資產通常包括長期項目和大型投資。這些固定資產，都有各自的帳面淨值。設備的帳面淨值除購買價格外，還包括取得設備所支付的保險費和服務費。另外，設備的折舊費也影響帳面淨值。

創業者如果無法承擔購買固定資產或設備的費用，還可以選擇租賃。租賃是否優於購買，取決於租賃合約、租賃標的的類型及其使用需要。例如，汽車的租金可能包括大量額外的費用，包括使用費或行駛里程費等，這些費用使租金比買價更貴。另一方面，租金作為企業的支出，可以減少所得稅費用。對於那些即將過時的設備，租賃的方法也很有用。創業者可以租賃那些只在短期使用的特殊資產，以降低因資產過時帶來的損失。決定租賃與否與決定自己生產還是外包一樣，企業者必須綜合考慮租賃和購買方案的總成本及其對現金流量的影響。

11.3.4　長期負債和短期負債

為了購置資產並保證現金充足，創業者有時需要向他人借款。通常，創業者會考慮用固定資產做抵押，取得銀行的長期貸款。另外一種方法是向親戚、朋友貸款，或者要求合作者增加出資額。股份公司也可以出售股票獲得資金，但是，創業者可能會因此放棄自己的部分股權。總之，不管採用哪種方法，創業者都必須權衡各自的利弊，謹慎抉擇。

11.3.5 管理成本和利潤

創業者不僅需要借助本章前面提到的現金流量分析估計和控制成本，還要視需要而計算出某一時段的淨損益。這種臨時損益表的最大作用是建立目標成本，便於將該時段的實際值與預估值進行比較分析。創業者可以預先確定出目標成本占淨銷售額的比例，然後將這些比例與實際比例相比，從而找到需要加強控制之處。

表 11.6 比較了 MPP 塑料製品公司開業第一季度損益表之實際值和預估值（目標）的比例。這個分析使創業者能事前管理成本。表 11.6 顯示，實際銷售成本高於預算。原因之一可能是初期訂貨量少，無法享受數量折扣。否則，創業者需要考慮更換供應商，或提高產品價格。

其餘大部分費用的實際比例都接近目標值。創業者應逐一分析每個項目，並提出解決方案：即提高售價或降低成本。如果是降低成本，還需要確定具體的成本項目。在企業運行兩至三年後，創業者還應將當期的實際成本與以前成

表 11.6　MPP 塑料製品公司一季度損益表

單位：1,000 美元

		實際比例	預算比例
淨銷售額	$ 150.00	100	100
銷售成本	100.00	66.7	60
毛　利	50	32.3	40
營業費用			
銷售費用	11.7	7.8	8
應付工資	19.8	13.2	12
廣告費	5.2	3.5	4
辦公設備	1.9	1.3	1
租　金	6	4	3
水電雜費	1.3	0.9	1
保　險	0.6	0.4	0. 5
稅　金	3.4	2.3	2
利　息	3.6	2.4	2
折　舊	9.9	6.6	5
其　他	0.3	0.2	0.2
營業費用合計	$ 66.30	42.6	38.7
淨利（虧損）	－ 13.3	－ 9.3	1.3

本進行比較。例如，在開業的第二年回顧第一年所發生的成本，這樣做相當有用。這些比較工作可以按月進行（如第一年的一月與第二年的一月比較），也可以按季進行，這取決於企業所在產業成本的變動性。

如果支出或成本明顯超出預算，創業者需要仔細分析帳戶，找出超支的確切原因。比如，水電雜費雖然是一個單獨的支出項目，但包含了暖氣、電力、煤氣、熱水等項目的開支。因此，創業者應該保留所有付款憑證，以查出異常費用的原因。在表 11.3 中，水電雜費五百美元，超出預算兩百美元，即超出67%。超支是由什麼引起的呢？是哪一項異常？還是因為石油漲價進而影響到整個水電雜費增加呢？只有解決了這個問題，創業者才能進行下一步工作：審查報表並制定下一期的調整方案。

如果新創企業產品線較多，損益表中實際支出與預算支出的對比可能會造成誤導。為了向股東、銀行、其他投資者匯報財務狀況，損益表概括了所有產品的支出情況。這雖然能反映企業的整體獲利狀況，卻無法指出每種產品的銷售成本，管理者控制成本的業績，或者利潤最豐厚的產品。例如，MPP塑料製品公司的銷售成本為十萬美元（表 11.6）。這筆銷售成本可能包括幾種產品的成本，此時，創業者需要確定每種產品的銷售成本。創業者可能傾向將銷售成本平攤到每種產品上，但這樣並不能真實反映產品的相對優勢。如果MPP公司有三種產品，平攤後每種產品的銷售成本為三千九百美元，與實際銷售成本不相同。

一些產品可能需要較多的廣告費、保險費、行政費、運輸費、保管費或其他費用，如果創業者平攤銷售成本，勢必造成誤導。為此，創業者最好能有效的分攤成本。分攤成本時，不僅要考慮產品種類，還要兼顧地區、顧客、銷售管道等因素。為了真實反映新創企業銷售產品的利潤情況，創業者切忌任意的分攤成本。

11.3.6 稅金

在美國，企業必須為員工代扣聯邦稅金和州的稅金，然後按月或按周向相關的代理機構繳納代扣稅金。一般說來，聯邦稅金、州稅金、社會保險金、醫療保險金必須從員工工資中扣除，並保存起來。創業者必須謹慎保管這筆款項，因為，如果不及時繳納，創業者需要支付高利息和罰金。除了代扣稅金外，新創企業還需繳納州和聯邦的失業稅、醫療保險稅和其他營業稅。這些稅影響現金流量和利潤，因此必須列入預估損益表。為了確定繳納金額、繳納時間及繳納程序，創業者可以向聯邦政府失業救濟部門、州政府或財政局詢問。

美國聯邦政府和州政府要求創業者申報企業的年度利潤情況。如果公司是法人，無論企業是否獲利，都需要繳納州政府規定的法人稅。企業類型不同，申報的時間和納稅義務也相對不同，第六章列舉了個人獨資企業、合夥企業和公司法人各自的納稅義務。如前所述，會計師的工作不但包括幫助創業者正確納稅，還包括向創業者提供稅金管理，甚至如何節稅的建議。

11.3.7 比率分析

財務比率分析是檢驗新創企業財務狀況的控制方法。計算財務比率是一種非常有效的分析和控制手段，可用於檢驗新創企業初期的財務狀況。這些比率是評估企業財務好壞的標準，但是它們只是衡量企業財務成績的標準之一，使用時必須謹慎。這些比率不能單獨使用，而且評估標準各不相同，但是，創業者可以參考一些產業標準來解釋這些財務比率。

11.3.8 變現能力比率

流動比率用於測量企業的短期償債能力。

㈠流動比率。這個比率常用於測量企業的短期償債能力。流動負債必須用現金及其等價物償還，否則，創業者只能另外貸款還債。公式和計算結果（數據取自第七章財務計畫表 7.6）如下：

$$流動比率 = 流動資產 \div 流動負債 = 108{,}050 \div 40{,}500 = 2.67$$

一般說來，流動比率等於 2：1 較為正常，但創業者還要參考產業標準。流動比率的意義為：每 1 元的流動負債，企業準備有 2.67 元的流動資產償還。這表明MPP塑料製品公司的償債能力強，即使突然需要使用現金，企業也能償還債務。

㈡速動比率。這個比率剔除了流動資產中變現能力最弱的庫存，因而反映了企業在更短時間內償債的能力。公式和計算結果（數據取自表 7.6 和表 7.7）如下：

速動比率反映了企業在更短時間內償債的能力。

速動比率＝（流動資產－庫存）÷流動負債
＝（108,050 － 10,450）÷ 40,500 ＝ 2.4

這個結果表明，MPP塑料製品公司的償債能力極強，因為短期內，企業可以將價值 2.4 美元的資產變現，以償還 1 美元的負債。在多數產業中，比率為 1 較為合理。

㈢平均收現期間。這個比率指企業實際收到應收帳款的平均天數。這個比率幫助創業者判斷應收帳款的變現能力和企業向顧客收款的能力。公式和計算結果（數據取自表 7.3 和表 7.6）如下：

平均收現期間用以判斷應收帳款的變現能力。

平均收現期間＝應收帳款÷平均日銷售額
＝ 46,000÷(995,000÷360) ＝ 17 天

由於應收帳款的回收期長短不一，計算結果需要與產業標準比較。但是，如果發票註明二十天內付款，基本表明顧客會按期付款。

㈣存貨周轉率。這個比率反映了企業庫存管理和銷售庫存的效率。周轉率高，表示企業銷貨速度快。但周轉率過高，可能出現庫存水準過低，導致企業產品缺貨。庫存管理對於新創企業的現金流量和獲利能力相當重要。公式和計算結果（數據取自表 7.3 和表 7.6）如下：

存貨周轉率反映了企業庫存管理和銷售庫存的效率。

存貨周轉率＝銷售成本÷庫存
＝ 645,000÷10,450 ＝ 61.7 次

如果創業者認為企業不會因為庫存量過少而缺貨進而影響銷貨，那麼可以說 MPP 塑料製品公司的庫存周轉狀況非常好。

11.3.9 負債比率

㈠資產負債率。許多新創企業向他人籌借資金，以籌集開辦費。負債比率

資產負債率用以評估企業履行長期和短期債務的能力。

幫助創業者評估企業履行長期和短期債務的能力。由於負債由利息和本金這些必須償還的債務組成，這一比率也是衡量風險的指標。公式和計算結果（數據取自表7.6）如下：

資產負債率＝負債總額÷資產總額

＝ 249,700÷308,450 ＝ 81%

結果表示，該企業81%的資產是靠借款籌集的。理論上說，這個結果還要與產業標準比較。

㈡負債權益比。這個比率反映了企業的資產結構。它分別考慮債權人和投資者的投入，衡量債權人的風險，比率愈高，債權人的風險愈大。公式和計算結果（數據取自表7.6）如下：

負債權益比反映了企業的資產結構。

負債權益比＝負債總額÷所有者權益

＝ 249,700÷58,750 ＝ 4.25倍

結果表示，大部分淨資產來源於負債。創業者的實際投入或所有者權益占淨資產總額的五分之一。因而，MPP塑料製品公司的短期變現能力強，因此該比率的問題不大。

11.3.10 盈餘能力比率

㈠銷售利潤邊際。這個比率反映企業將銷售額轉為利潤的能力。也可以使用毛收益率來衡量獲利能力，兩個比率在運用中都必須考慮產業標準，並動態的評估這些指標。公式和計算結果（數據取自表7.3）如下：

銷售利潤邊際反映企業銷售額轉為利潤的能力。

銷售利潤邊際＝淨利÷銷售淨額

＝ 8,750÷995,000 ＝ 8.7%

8.7%的邊際收益率對於成熟企業來說偏低了，但對於新創企業仍屬正常。很多新創企業一直到第二或第三年才有盈利。此例中的收益情況良好。

㈡資產報酬率。這個比率用於衡量企業管理資產投資的能力。也可以用股

東權益代替下面公式中的資產總額，計算股東報酬率，用以反映企業給股東帶來收益的能力。公式和計算結果（數據取自表 7.3 和表 7.6）如下：

資產報酬率衡量企業管理資產投資的能力。

資產報酬率＝淨利÷資產總額

＝ 8,750÷200,400 ＝ 4.4%

計算結果仍需要與產業標準比較。在此例中，企業在開業的第一年就開始盈利，而且資產報酬率達到 4.4%，這表示企業管理資產投資的能力良好。

以上只是財務比率的一部分。對於新創企業的創業者，上述比率已足以評估企業的財務狀況，但隨著企業發展，必須將這些比率與其他財務報表綜合考慮，才能全面了解企業的財務狀況。

11.4 市場和銷售管理

除了財務管理外，新創企業在開業初期還需要進行市場和銷售管理。這些管理主要將焦點放在會影響企業效益的關鍵變數上。這些關鍵變數包括市場占有、鋪貨、促銷、定價、顧客滿意度和銷售額。

11.4.1 市場銷售額

要確定市場銷售額必須先界定明確的市場定義。創業者可以透過一些產業刊物了解整個產業的銷售額，然後，創業者就可以計算企業銷售額占產業銷售額的比例來確定本企業的市場銷售額。如果企業只在有限的地區開展業務，可以直接查到地區內的銷售額。如果無法找到有關銷售額的數據，也可以本地區顧客人數占整個市場顧客人數的比例估計出銷售額。例如，一家新創企業專營飯店用的烤架清洗劑，企業可能只知道全國的飯店總數，而不了解地區內的情況。創業者可以從商業資料中查詢地區內的飯店總數，或者根據地區人口粗略估計銷售額。

如果企業面臨一個新興市場，競爭者也正極力進入該市場，或者市場擴展迅速，這時，控制市場銷售額非常重要。如果市場以 20%的速度成長，而企業的銷售額只增加 10%，那麼創業者就需要重視，除非這是因為很多新競爭者也進入市場，降低了單一企業的銷售額。

11.4.2 銷售額

如果新創企業雇有專職銷售人員，創業者有必要了解下列的銷售數據：

- 平均每人每周銷售訪問次數；
- 平均每人每份銷售合約金額；
- 每次銷售訪問或每筆交易的平均成本；
- 每個銷售人員完成交易的數量；
- 每個銷售人員未完成交易的數量；
- 每個銷售人員聯繫的客戶數；
- 銷售總成本。

上述每一項都能隨時反映出銷售人員的工作情況。這些數據一旦發生變化，創業者必須採取相對措施，防止發生更嚴重的問題。

11.4.3 鋪貨

新創企業在成長期通常會發生缺貨現象。此時，顧客大多會購買其他替代品。零售商會因而擔心顧客轉向那些持貨較多或銷售替代品的零售商購買。除了使用有效的庫存管理系統外，最好的方法就是使用免付費電話供顧客直接訂購，使零售商有緩衝訂貨時間。

創業者可以根據企業的庫存情況、與零售商和分銷商的帳務往來、分銷商數量的增減和零售商的持貨量估計銷售額。掌握這些資訊有助於制定企業促銷計畫和銷售策略。

11.4.4 促銷

許多創業者並不關心促銷策略的有效性。實際上，了解促銷策略的有效性，對於控制市場成本、增加新創企業的產品銷量非常重要。而創業者首先需要知道的是顧客的購買動機。是因為報紙上刊登的廣告促使顧客購買，還是電視廣告或廣播廣告？是因為折扣券，還是因為展銷會？是因為價格便宜，還是因為廣告？收集這些訊息的方法很多，例如，銷售人員詢問顧客獲得某種產品和服務的消息來源。又如，當發放平面廣告或郵寄廣告時，可以附上折扣券，為顧客提供一定的優惠。因此，折扣券的回收率可作為評估該廣告有效性的依據。

11.4.5 顧客滿意度

我們在第五章討論了市場調查問題。市場調查對於判斷現有顧客的滿意度極端重要。創業者可以透過顧客免費洽詢電話、電話投訴或投訴信取得這些資訊。創業者還必須認真對待所有的投訴，並跟蹤了解，以確保顧客滿意。一些公司利用意見箱發現問題、界定新的經營構思。

在新創企業營運初期，有效的市場和銷售管理有助於創業者提前發現問題，並採取相對措施確保經營目標的實現。企業在快速成長階段常常會出現一些嚴重的市場和銷售問題。這是因為在成長過程中，企業管理較薄弱，資源缺乏，創業者很難全面了解日常營運中的關鍵變數，但企業可以依靠分工管理避免出現嚴重問題。

11.5 快速成長和管理控制

從以上討論可以看出，當新創企業進入快速成長期時，創業者必須關注於因而可能產生的管理問題。一般情況下，人們認為快速成長是企業成功的預兆，於是，創業者不再努力進行上述重要的財務或管理控制，只是一味的擴大銷售。但是，如果創業者忽視某些由成長帶來的問題，快速成長可能很快使企業從獲利變為破產。成長帶來了什麼問題呢？成長如何使企業從獲利變為破產呢？應該如何管理成長呢？我們將在下一章詳細討論這個論題，但其中一些問題涉及到新創企業初期的策略決策，在本節中加以簡要討論。表 11.7 列舉了影響新創企業管理策略的一些成長問題。

表 11.7 快速成長企業之潛在問題

快速成長企業之潛在問題
1. 掩蓋了管理薄弱、計畫不力和資源浪費等現象
2. 削弱了企業管理者控制企業發展方向的能力
3. 使企業偏離既定的發展目標
4. 阻礙了部門和個人間的溝通
5. 忽略了員工培訓
6. 使人員過度緊張和厭倦
7. 無法授權，權力集中於創始人，造成管理決策的瓶頸問題
8. 品質控制難以保證

在進入快速成長期前，新創企業的員工通常較少，預算也較緊。而企業進入快速成長期後，表面上現金充足，因此創業者很少評估管理效果，很少進行人事規畫和成本管理。

快速成長還削弱了創業者掌控企業發展的能力。創業者在快速成長時需要花費大量時間，這勢必分散創業者的注意力，難以集中於企業的長期目標。這樣一來，溝通難以進行，企業目標分散，員工培訓被忽視，最終對組織人員產生巨大壓力和緊張的環境氣氛。創業者不願意授權又導致決策延誤，甚至危及企業長期生存。

為了避免出現上述現象，當企業進入快速成長期時，創業者應該及時發現問題並準備對策。如果創業者發現自己無法解決這些問題，可以請教企管顧問公司。這些顧問公司可以為企業在此生命周期階段的管理策略提供客觀建議。

企業的發展必須有一個限度。這聽上去好像有些諷刺意味，但是企業擴張絕對不能超出企業的承受能力，這一點相當重要。要控制發展，企業必須檢驗企業是否偏離目標。企業要想將來的財務狀況良好，必須加強管理成長速度。企業發展的界限取決於市場的可進入程度、企業的資本實力及管理者的能力。過快的成長可能突破這些界限，引發嚴重的財務問題，甚至導致企業破產。

企業的發展必須有一個限度。這聽上去好像有些諷刺意味，但是企業擴張絕對不能超出企業的承受能力，這一點相當重要。

11.6 提高新創企業的知名度

在新創企業發展初期，創業者就應該著手提高企業產品知名度。因此，新創企業首先應該透過地方媒體進行大眾宣傳。大眾宣傳是指透過在核心媒體上刊登廣告吸引大眾對新產品或企業的注意。

專業雜誌、報紙、雜誌、廣播或電視台發現，大眾希望透過一些節目和專題報導了解新創企業，所以，這些媒體有時願意為企業做免費宣傳。區域性的媒體，如報紙、廣播、有線電視台，也鼓勵創業者參與他們的節目。這時，創業者可以將準備好的新聞文件盡可能提供給各種媒體，使更多人了解企業。

以下是發新聞的步驟：

㈠在將新聞文件寄給編輯時，確定新聞的形式；

㈡在產品或勞務推向市場時發布新聞；

㈢向顧客列舉產品或勞務的特徵和優點；

㈣將新聞以書面形式記錄下來，一百到一百五十個字，這一點對於印刷媒體特別重要；

㈤附帶一張產品或業務的照片。照片要求清晰度高、有光澤。

創業者應該認真挑選廣播或電視節目，因為這些節目同樣也吸引了當地其他創業者參加。為了增加企業在這些節目露面的機會，創業者最好先以電話與對方聯繫，再用書面文件確認一下。

免費的宣傳只能大概的介紹一下公司及其服務項目。廣告則可以著力向特定的潛在顧客提供下列訊息：他們將獲得什麼樣的服務？他們為什麼要購買？他們在什麼地方能買到？產品價格是多少？如果廣告要精美或吸引人，可以委託廣告公司製作。

11.6.1 選擇廣告公司

廣告公司可以幫助創業者制定和實施促銷策略。企業委託的廣告公司必須能根據企業的需要制定和實施廣告策略，或者本來就致力於企業的目標市場。通常，廣告公司是獨立的營利組織，由有創意的廣告策畫人員及銷售人員組成，他們根據顧客的需要開發、製作廣告，並在媒體上加以發布。

在選擇廣告公司前，創業者可以徵求朋友、同業、諮詢機構等建議。區域的商業組織和產業公會也可以提供一些幫助。在任何情況下，創業者都必須確保廣告公司能滿足新創企業的全部需要。

表 11.8 列出了創業者在評估廣告公司時需要考慮的各項因素。為了做出正確選擇，創業者必須和廣告公司的職員會面，並與其他客戶交談。創業者可以根據評估表中的各項逐一評分，再根據得分情況選擇最滿意的廣告公司。

廣告公司應該支持企業的上市計畫，幫助創業者成功地打開市場。如果廣告公司發現企業具有發展潛力，並可能因此產生可觀的廣告預算，廣告公司可能第一次只索取少量的廣告費，以謀求與這樣的企業建立長期合作關係。

有人認為，廣告故意誇大產品或勞務的好處，會誘導人們購買他們實際上並不需要的東西。另一些人則認為，如果沒有廣告和促銷，顧客將無法知道商品的訊息。這些都有片面和極端之嫌。

表 11.8　選擇廣告公司的各項因素

項　　目	得　分
1. 廣告公司的地點	
2. 廣告公司的組織結構	
3. 公關部門的業務能力	
4. 開發部門及其設施	
5. 廣告製作人的創意	
6. 廣告公司高級管理人員的學歷和專業能力	
7. 媒體部門的專業能力和經驗	
8. 財務總監的專業能力和經驗	
9. 對公司和新產品的興趣和熱情	
10.彩色印刷人員的專業能力和經驗	
11.藝術人員的專業能力和經驗	
12.其他客戶的建議	
13.廣告公司代理新產品的經驗和成績	
14.廣告公司與企業行政部門合作的能力	
15.其他服務	
16.結算費用的程序	
17.發布廣告的能力	

很多企業既無法證明其廣告恪守倫理道德規範，又堅持不肯承認其背離了社會倫理道德。

新創企業必須制定促銷策略，這些策略可以依靠報紙、雜誌或直接郵寄來實施。問題是如何判斷廣告的內容是真實、誇大還是虛假的。極端地，如果一個廣告宣稱其產品能延長壽命，這是誇張還是虛假的？如果一個廣告說新創企業產品的效果優於競爭者產品，而且沒有副作用，這是誇張呢，還是虛假的呢？關於廣告道德倫理方面的爭論雖然不一定會出現，但也確實存在：很多企業既無法證明其廣告恪守倫理道德規範，又堅持不肯承認其背離了社會倫理道德。

中國大陸工商管理部門、消費者權益保護委員會、美國聯邦交流委員會（Federal Communications Commission）或聯邦交易委員會（Federal Trade Commission）負責處理非法促銷和惡性促銷事件。但是，這些機構只能監督大型的廣告活動，無力顧及小公司的廣告。

考慮到廣告真實性問題，創業者在設計廣告時應該考慮以下事項：

㈠廣告的目標是接觸顧客還是另有所圖；

㈡告知了顧客所有事實，還是遺漏了一些事實，並因此使顧客被誤導或傷害；

㈢創業者對自己的廣告反應如何。

11.7 聘請專家

本章多次提到聘請專家一事。當創業者不具備某些專業能力時，例如財務和市場的分析能力，創業者最好聘請專家。因為，如果創業者為了節約支付給專家的費用而單獨從事這些活動，最終付出的代價往往會更高。

有的會計師、財務專家、市場諮詢人員、廣告公司專門為新創企業和小型企業服務。這些公司可以從區域性的商業關係網、產業公會或電話簿上找到。

本章小結

本章討論了一些關鍵的企業管理問題，這些問題是新創企業在開業初期及成長期內必須考慮的。

如果創業者無法滿足財務分析、市場和銷售分析及廣告製作等管理需要，企業必須聘請專家。在財務分析方面，創業者必須重視現金、資產、負債和利潤管理，定期檢查企業的現金流量（通常是每月一次）。如果現金流量的預估值和實際值相差很大，創業者需要對兩者進行分析評估。

資產管理可以利用資產負債表進行。除了現金外，創業者還需管理應收帳款和存貨。如果應收帳款延期或出現壞帳，創業者需要加強對回收欠帳程序的管理。如果應收賬款的增加是由賒銷的增加引起的，創業者可能需要籌借短期資金，以滿足短期的現金需求。

支出管理有兩種方法：首先必須了解支出分配受產品、地區、部門等因素的影響。否則，創業者無法真實地了解每種產品或勞務的獲利能力。只有掌握了真實的訊息，創業者才能更準確的知道產品或勞務存在什麼問題，並指出責任在於部門、地區還是某個管理人員。

庫存管理也是必須的。存貨過多，企業庫存成本增加；過少，企業無法及時供貨，影響銷售。FIFO 和 LIFO 方法可用於計算庫存成本（即銷售成本）。一般情況下，FIFO能較真實的反映銷售成本。但如果庫存成本猛增或企業正處於通貨膨脹時期，LIFO 則更為合理。

企業在購置設備等固定資產時，可能籌借了長期負債。借款人可能是銀行、朋友或親戚。如果企業是股份公司，還可以利用發行股票籌集資金；但是，創業者可能要放棄一部分股權，因而需要慎重考慮。

比較損益表中的實際成本和標準比率（與銷售淨額有關的比率），有助於管理新創企業的成本和利潤。創業者必須仔細核對實際成本超出預算的項目，避免以後產生嚴重問題。

創業者可以借助各種比率分析了解新創企業的財務狀況。其中最重要的是變現能力比率以及與資產管理和業績管理有關的比率。但是，必須將這些比率和其他指標及預估報表結合分析，這樣才能全面準確地了解企業的財務狀況。

在開業初期，創業者面臨最重要的問題是，如何提高企業及其產品或勞務的知名度。創業者可借助一些免費的廣告和宣傳。這種方式不但新穎，還為創業者節省了一大筆費用。除此之外，創業者還應該考慮做廣告。如果創業者不具備此方面的專業能力，可以委託廣告公司代理廣告業務。

討論題

1. 對照比較收付實現制和權責發生制。
2. 以下行為將對現金流量和利潤產生什麼影響？

- 償還私人貸款五千美元；
- 購買八千美元存貨，款項在三十天內付清；
- 購買一萬五千美元設備；
- 提高工資四千美元。

3. 為什麼管理應收帳款和庫存等資產項目很重要？
4. 銷售成本增加和減少對現金流量各有何影響？（用 FIFO 和 LIFO 兩種方法分別加以分析）
5. 如果流動比率小於一，可能出現什麼問題？如果資產負債率連續三年遞增，又會如何？
6. 界定經營兒童玩具的新創企業重要之市場管理變數。討論該企業如何控制這些變數。
7. 宣傳對新創企業有何重要性？應該遵循何種程序，才能最有效地進行宣傳？
8. 新創企業的銷售額成長過快會帶來什麼主要問題？

第十二章

早期成長的管理

本章學習目的

1. 了解並不是所有新創企業都適合採用迅速成長的策略。
2. 了解企業成長中的各種主要問題。
3. 了解經營過程中有效的組織調整對實施成長策略的重要性。
4. 分析成功的經營新創企業所需要的商業及策略技巧。
5. 學習如何規畫長期策略及如何將其與其他類型的計畫加以區分。
6. 掌握對企業合理安排時間的好處。
7. 分析顧客滿意程度及服務技巧。
8. 注意區分合作性談判和競爭性談判。
9. 確立更全面的衡量談判成功與否的標準並明確交易和關係的區別。

一年之計在於春

許多人認為，新創企業快速成長時期是企業生命周期中最難經營的階段。這一時期的管理決策顯得異常重要。目標設定、財務管理、行銷策畫、員工招聘，甚至相對簡單的會計，這些都只是該階段需要注意的幾個重要管理活動。帕特里克·凱利不僅成功度過了這一階段，而且將企業從一無所有發展到擁有五億美元資產。

凱利是醫用品銷售服務公司（PSS 公司）的現任總裁。PSS 公司創建於 1983 年，直接向醫務人員銷售運動護墊、體溫計、診斷儀器以及其他醫療用品。這項生意有許多人在做，但凱利的銷售策略卻無人能及。他的想法是建立一個器材庫，為醫師提供隔日所需的所有器械。他雇了幾名銷售人員直接與醫師或醫院管理人員聯繫業務。這一方法的特別之處在於同行中沒有人能有如此快的送貨速度。競爭者們通常是用郵寄或應醫師要求由醫院人員來取貨。快速送貨可以採用較高的價位，因此新公司的利潤迅速成長，凱利得以擴大投資，增添電腦客服系統、貨車並雇用更多的銷售人員。

到 1987 年，凱利在佛羅里達州已經有了五個分公司，銷售額達一千三百萬美元。在接下來的九年中，凱利取得了更為輝煌的成就，凱利公司的配送中心從五個發展到五十六個，員工從一百二十名增加到一千八百名，經營區域也從佛羅里達州擴展到四十八個州。到 1996 年，公司的銷售額遽增至近五億美元。

很多創業者想從凱利那兒知道：如何度過快速成長期的？怎樣才能建立高素質的員工團隊？在這樣快的成長速度中如何管理資金、銷售、人員、及市場拓展？凱利的回答是拜以往累積的許多經驗教訓所賜。凱利認為，對一個創業者來說，在企業快速成長期到來之前就應該知道這些經驗教訓，這是非常重要的；等到快速成長開始以後就已經太遲了，對這些必經的階段應提前做好準備。

凱利的第一個經驗是設定目標。太多的創業者在變化極快的市場中只考慮生存。在參加了一次專家研討會之後，凱利決定為公司成長設定目標，以便幫助員工們充分界定自己的角色和公司所處的階段。

第二個經驗是關於面試及雇用高素質員工。凱利的策略是對自己的員工進行培訓，而不是刻意尋求有經驗的人。公司建立了面試程序和標準，在大學校園裡尋求願意努力工作並對學習經營有正確態度的年輕人。公司建立了嚴格的升遷制度，增強各階層員工之素質。

第三個經驗是為員工提供最現代化的技術，避免他們疲於應付文件工作。對快速成長的公司來說，要有高效率的決策過程，書面文件批閱程序是一個普遍問題。為解決這個問題，凱利決定給銷售人員配備筆記型電腦，提供最新的客戶消息，實現電子化訂貨。

凱利還認為在快速成長期間，創業者應集中進行資金控制，尤其是利潤控制。公司的每個人都要考慮利潤，每一個子公司都應該是一個利潤中心。銷售人員根據總利潤計算獎金，而不是根據銷售額。凱利以這些高額獎金及其他激勵措施與員工們分享成功。

PSS 公司的迅速發展使得銀行非常不安，因為公司的股本很少，而幾乎將所有的利潤用於成長。有一次凱利需要資金，但是五家銀行拒絕提供給他貸款。銀行認為他的成長速度太快（有些年度大於 50%），希望他減慢速度。因此，凱利決定發行股票。他要求員工購買公司股票，制訂員工股票購買計畫，向一個創業投資公司圖里斯・狄克森公司出售了公司 20%的股份，1994 年以股票上市籌集了近一千六百萬美元。這些措施使公司的負債權益比率達到一。

對快速成長的新創公司而言，凱利和他的PSS公司是一個很好的典範。凱利的經驗可以作為大多數進入快速成長階段公司的借鏡。現由凱利掌管的PSS 所面臨的是，如何將已成長壯大的企業繼續保持成功。

12.1 成長的經濟學涵義

1996 年，美國《股份有限公司》雜誌列舉了 1984 年成長最快的五百家企業，檢視它們進入成長階段所面臨的問題。1984 年，這五百家企業總銷售額達到七十四億美元，專職員工六萬四千人，都經歷了最初的快速成長階段。到 1995 年，這五百家企業中已有九十五家倒閉，一百三十五家轉手給新業主。剩下的兩百六十家中有兩百三十三個願意透露營業額，這兩百三十三家企業規模擴大，銷售額達到了兩百九十億美元，專職員工增加到十二萬七千人，其收入和員工總數都大幅超過了原有的五百家企業。

此外，據報導，這兩百三十三家企業 48%的所有權仍然掌握在原來的所有者手裡，只有 6%為大眾持有。公開上市的數目是如此之少，而傳統觀念認為只有股票公開發行才能使企業快速成長，這裡的數據向傳統觀念提出了挑戰。但相較之下，公開上市的企業確實發展得更快。在 1984 年成長最快的五百家企業中有三十二家上市公司，到 1995 年這些公司的銷售收入比 1984 年成長了一百八十九億美元，平均年成長率高達 32%。這三十二家公司包括了美國的一些大企業，如微軟公司、Merisel、Tech Data 等。許多企業仍由最初的創始人繼續擔任總裁。《股份有限公司》雜誌列舉的這些數據並未納入那些尚未擴大規模的小企業，但不少小企業卻為新創企業快速成長的策略提供獨到見解。這些小企業日後仍舊有成功的機會，因為它們懂得如何取得成功的一些重要管理技巧和方法。

解決企業成長過程中出現的問題，是企業是否能順利進行組織轉型的重大核心。企業規模成長意味企業很能適應外部環境，因為銷售額成長表示企業有效地滿足了市場需求。但是，善於開拓市場的企業可能會忽視內部組織系統的協調一致性，一些企業因為過分專注於適應外部環境，以致忽略內部組織系統的相對協調。因此，企業順利成長的關鍵是重組企業內部系統，使相對獨立的部分之間能契合，內部的完善管理是企業保持長期活力的關鍵。

由於企業成長前的組織結構，沒有考慮到成長過程中增加的因素或活動，在企業成長過程中可能會處於一種分崩離析的狀態。因此企業成長帶來的另一挑戰，就是企業必須採用嶄新的組織形態、內部機制或者調整員工行為來適應成長需要。也就是說，企業成長往往需要內部組織的創新。在企業成長過程中，創業者需要具備相當的管理才幹，從內部改善組織運作或加強組織系統，採用新的組織結構或機制，從而消除企業內部不必要的混亂緊張狀態或者組織內各單位間的矛盾。

12.2 成長的控制與成長中的問題

12.2.1 成長是否值得追求？

從前面幾章中我們已經看到，透過有效的計畫和管理，企業可以把握發展方向，成長與否可能是新創企業未來計畫的一個重要構面。對創業者來說，如果要追求成長的話，首先必須做好準備，並正確了解它的涵義。

圖 12.1 顯示一個新企業的成長過程。從圖中可以看出，新創企業在最初幾年一般利潤較少、成長較慢，這種狀況通常會延續五至七年，當然這一階段時間的長短也會由於市場變化而顯著不同。下一階段，利潤迅速上升，大約能夠持續五年時間。隨後企業利潤和成長開始趨於穩定。此後公司情況有賴於企業維護銷售水準的能力，並開始新一輪的循環。在競爭激烈的市場裡，企業只能盡力保持市場占有，很難有繼續成長的機會。另外，企業可能由於替代產品出現或客戶偏好改變而導致需求下降，利潤也隨之下降。企業可以透過控制投資，或尋找新產品或新的發展策略來保持企業成長。

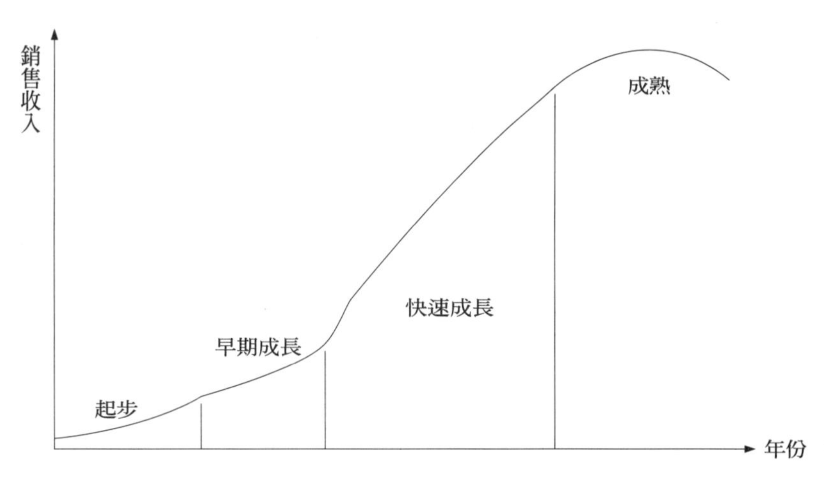

圖 12.1　新創企業的成長周期

決定企業成長空間且與市場有關的因素包括：取決於許多競爭和環境因素的目標市場規模、市場需求存在的時間長短、產品所處的生命周期階段等等。各種市場限制條件決定了企業能夠成長的上限。例如，目標市場的規模就決定了企業能夠達成的銷售額上限。不僅如此，實際達成的銷售額還受限於產品所處的生命周期階段，生命周期階段決定了企業還能在目標市場生存多久和市場銷售速度。一些企業發展到一定程度之後，為了保持企業發展的後勁而特意將企業規模限制在一定水準，他們認為，保有捕捉其他市場機會的能力和資源是非常重要的。對他們來說，企業規模和經營靈活性都是不可少的。

並不是所有的新創企業都會進入快速成長階段，許多企業會停留在一個相創業者對企業成長的偏好、識別和開發新產品及新市場的能力，都決定了企業日後的成長。

對滿意的銷售水準上。這些企業大多為家族企業，從事服務業或是手工業。這些企業，滿足於較小的規模，為特定客戶服務，不會出現上述躍向成長階段的情況。這類企業往往規模較小，利潤也較少。另一方面，也有一些企業抓住機會，雇用新員工，將企業規模擴大。成長決策有賴於創業者偏好及市場對企業產品的反應。創業者對企業成長的偏好、識別和開發新產品及新市場的能力，都決定了企業日後的成長。企業規模的成長通常能給創業者帶來更高的社會知名度、更大支配資源的權力和更多的個人收入，因此許多創業者都傾向於不計後果的擴張規模。創業者希望達到的企業規模可能會超過目標市場的實際容量，這樣創業者的成長目標就不可能實現；當創業者的成長目標低於目標市場的實際容量時，目標的實現取決於企業的管理水準。也就是說，企業的管理水準決定了企業能實際實現的成長規模。當創業者挖掘了新的市場機會，並採用了正確的產品和市場策略，企業就可以跨入一個新的成長周期。

此外，「巧婦難為無米之炊」，影響企業實際成長的還有企業擁有的組織資源之種類和數量。這裡的組織資源包括員工、資金、知識方面的無形資產（如商標）、廠房和設備、技術能力以及核心競爭力等。

創業者經常會忘記「變化是永恆的」這條真理。企業達到了特定規模或發展速度，並不一定就表示企業具有長期保持成長的活力，實際上，研究表示，企業成長速度往往和企業獲利水準不相關，甚至是負相關的。大企業並不一定比小規模企業更有活力，因為管理階層不得不疲於應付企業高速成長留下的大量後遺症。每個創業者都應該像帕特里克．凱利一樣，知道企業繼續成長需要什麼，決策是否正確。如果決定推動企業成長，企業者就需要了解本章中提到的一些重要管理技巧和策略決策，以迎接企業成長過程中的新挑戰。

12.2.2 快速成長失控

企業界人士在討論新企業成長階段時常會提到「快速成長失控」。所謂快速成長失控，通常指企業擴張以後出現的現金枯竭、重要員工離職等狀況。例如，J. Bildner & Sons 公司的創始人就經歷了企業成長失控的狀況。J. Bildner & Sons公司專門生產特殊食品。公司有一階段資金無法周轉，員工紛紛辭職，企業日常營運難以為繼。1988 年，J. Bildner & Sons 公司銷售額達四千八百萬美元，有二十多個零售點，1986 年公司公開上市，籌集了迅速成長所需的資金，以後便開始迅速擴張。但是企業很快面臨困境。隨著上述症狀的出現，利潤開始下降，存貨管理出現問題，老客戶紛紛消失，新的店面開設過多，新產品缺乏吸引力，新員工缺乏培訓，資金匱乏，管理混亂，整個企業被搞得一團糟。面對這種混亂的情況，一些企業通常日復一日地消極等待，指望隨後的措施會將它們從困境中拯救出來。它們常常不切實際地盼望能簽下新合約，能有新產品迅速打開銷售局面或有獨特的銷售計畫扭轉乾坤。但現實情況往往是，除了創業者仍然在一廂情願地盼望經營狀況迅速改善以外，企業裡的每個人都清醒地意識到不能守株待兔。

企業界人士在討論新企業成長階段時常會提到「快速成長失控」。所謂快速成長失控，通常指企業擴張失控以後出現的現金枯竭、重要員工離職等狀況。

這種情況一旦發生，通常會導致災難性後果。唯一的解決方法是採取有效的管理措施盡量防患於未然，即使糟糕的情況出現了，也不一定導致企業滅亡。應正確估計形勢才能保證企業的長久生存。

建立一些核心小組集中研究和解決存在的問題，彼德納最終得以度過難關。員工有權參與評估企業經營狀況，大家都了解到只有做好成長計畫，企業才能生存下去。今天這個公司的規模已經大幅縮小，經營區域主要集中在波士頓地區，在經歷了七年時間的成長波折後，企業最終站穩了腳跟。

12.2.3 企業成長中的問題

從彼德納的經歷可以看出，企業成長過程中的管理複雜度是成幾何級數遞增的，往往超出許多創業者的想像。為了充分了解企業成長過程中管理任務的艱鉅性，人們應該對經常遇到的問題有所了解。

邱傑爾和路易斯在 1983 年區分了企業成長過程應該特別注意的八個因素，其中四個和組織有關，四個和企業所有者或創業者有關，這些因素往往導致企業在成長中遇到問題。四個和組織有關的因素是：財務資源，如現金流量和企業借款能力；人力資源，如組織內部的人數和素質；系統資源，定義為企業資訊處理、計畫和控制系統的複雜程度；經營資源，如顧客關係、市場占有、與供應商的關係、製造和鋪貨過程、擁有的技術和水準、企業的聲譽等。另外四個和創業者有關的因素是：個人和企業的目標；企業基本經營能力，如行銷和生產能力；管理他人的能力，是否願意下放權力讓別人分擔責任；策略規畫能力，即具前瞻性思維和調動資源與人員以捕捉市場機會的能力。

也有研究者將企業成長中的問題歸結為四個：曇花一現的企業規模；自以為無所不能的信心膨脹；內部管理的極端混亂；資源的黑洞。曇花一現的企業規模會使企業員工產生不滿情緒，並使現有的技能和系統資源出現嚴重不足。自以為無所不能的信心膨脹通常是因過去的成功造成的，往往會使創業者固執己見，不願意按照實際情況調整脫離實際的策略和行為。大量招募新人常常會導致組織內部管理的極度混亂，這些新人互不了解，也不明白企業寄予他們的期望。結果企業會發現，儘管因為高速成長使得企業在大眾眼裡是非常成功的，但是，他們急需現金，各種資源奇缺，到了捉襟見肘的地步。解決這些問題的辦法包括：給予員工一定的股份，減少企業內部層級，引進大企業的運作機制和現有的動作機制互補，強調企業原有的遠景規畫，避免方向的偏離，雇用和培訓新人以備將來之需，預先考慮企業在一個更大的組織形態下的動作方式。

大量招募新人常常會導致組織內部管理的極度混亂，這些新人互不了解，也不明白企業對他們的期望。

1988年，另一位研究者卡占簡（Kazanjian）在對一些高科技企業進行調查後，找出了這些企業可能面臨的十八種主要問題，然後又進行了一次大樣本問卷調查，來評估這些問題在不同成長階段的高科技新創企業中的顯著性。收集數據後，利用主成分分析法，卡占簡區分了企業成長過程中六個方面的問題。

㈠組織系統方面的問題：開發管理資訊系統和成本控制系統；明確界定組織功能、責任和政策；開發財務管理系統和內部管理控制系統。

㈡銷售和市場行銷方面的問題：實現銷售目標；達到利潤和市場占有；開發新地區市場；提供產品技術支持和客戶服務。

㈢人員方面的問題：吸引高素質的人才；推動良好的人力資源管理。

㈣生產方面的問題：確定產量能滿足需求；發展可靠的經銷商和供應商網路。

㈤策略定位方面的問題：確立企業的市場地位和聲譽；開發新產品和新技術。

㈥對外關係方面的問題：確保融資管道暢通和外部資金支持；尋求外部智力和董事會成員的支持。

1994年，道奇等人在研究六百四十五個小企業後，發現八個內部問題常常阻礙企業發展：足夠的資本、現金流量、生產設備、庫存控制、人力資源、領導能力、組織結構、會計系統。同時，這些被調查企業的管理人員認為，還有下列八個外部問題常常困擾著成長中的企業：顧客聯繫、市場知識經驗、行銷規畫、公司選址、定價、產品選擇、競爭和擴張。過去許多人認為，小企業成長的問題主要在於內部不夠完善，但道奇等人卻發現創業者認為，企業成長中的問題主要是由處理對外事務不當而引起的。而且他們還認為，新創企業成長過程中遇到的問題，有些是和企業所處的發展階段有關，而有些則在企業生命周期的所有階段都可能出現。

總體而言，對企業成長問題的研究可以得到以下結論：

⑴成長問題可能發生在企業的所有功能部門。

⑵企業成長問題通常是因為缺乏一些特定的組織要素或子系統，或這些特定組織要素、子系統之間的不匹配引起的。

⑶企業成長問題往往和組織或者管理的不完善有關。

⑷資源缺乏通常是企業成長出現問題的主要根據。

⑸企業成長中出現的問題可能是由企業組織內部或者外部因素引起。

⑹一些問題通常只在企業達到特定規模時出現，但是有的問題只要企業繼續成長就會出現。

⑺絕大多數企業成長問題都可以利用積極和適當的管理來解決。

以上我們針對各個問題及相對管理策略分別討論。

12.3 成長階段企業組織的調整

對創業者來說，要適應企業在成長階段日趨複雜的管理事務，應考慮對企業的組織結構進行必要的調整。

組織變動可以有各種不同的方式：

（一）將問題和相關組織職責分配給新進人員或新成立部門

如在第六章討論組織計畫時所提到的，在企業規模較小時，其組織結構可以相當簡單，但隨著企業成長使得簡單結構無法有效協調組織運作時，就可以建立一個新的功能型組織結構。另外一種常用方法是，建立跨功能部門且負有特殊使命的小組，其職責就是解決企業成長中所遇到的特殊問題。這種增設員工或部門的辦法並不能減少企業管理的複雜度，而只是減輕了新的問題對現有人員或部門的壓力。

（二）著眼於設法簡化機構以降低管理難度

例如，如果將達到企業某種特殊目標所需的活動整合到一個部門，就可以降低企業管理難度，因為這種辦法能夠降低企業內部的協調成本，刪除不必要的管理層級，簡化程序以完成相對獨立的任務。組織結構隨企業策略的改變而調整也十分有利於解決問題。例如，企業採取縮減規模的策略時常會縮小經營範圍，剔除不必要的企業操作過程，從而簡化企業管理，管理階層就能集中精力來解決企業問題。此外，借助外部力量來解決企業問題也是很有效的，這樣企業內部可以避免增設機構和招聘新人。例如，許多企業現在意識到與獵人頭公司或一些臨時機構合作，可以在解決人力資源問題方面產生不少好處。採用外部業務人員和依賴外部研究力量也成為許多企業的選擇。總體而言，這種解決途徑的關鍵在於透過簡化企業內部之運作過程、重新安排內部職責和借助外部力量解決企業成長中出現的問題。

（三）透過適時的結構重組以適應企業成長需要

結構重組有利於從不同角度去考慮現存問題，並尋求企業能力可及的解決辦法，避免「頭痛醫頭、腳痛醫腳」造成的機構重置和缺乏效率。例如，生產能力不足是大多數成長企業面臨的問題，企業無法及時供應產品滿足成長的需求，但是對產能問題的分析顯示，生產規畫和產量不足的問題可以透過確定合理的銷售目標來解決。欲確定銷售目標應該依據企業的生產速度和存貨水準，這樣，企業管理者的任務就不再是新建廠房，而是設法將生產部門和銷售部門人員召集在一起共同解決問題。同樣，企業內部員工行為的問題可能必須從解決成長企業內部報酬制度的不完善入手。

（四）組織重組方法也可以用於解決企業運作方面的其他問題

例如，原料供應不足可能不是採購部門工作不力，而是出在企業對原料供應商的談判。因此，企業可能必須著手實施向後整合策略，收購一些供應商或建立自己的內部供貨業務。此時，企業組織重組的方法，就是調動企業各個部門來解決某個部門的問題。

另外，許多創業者發現，企業到了成長階段時，就必須改變「組織文化」。事實上，企業發展到成長階段後，如果所有管理決策都仍集中在創業者，將對企業成長非常不利。但限於「當局者迷」這種現象或個性原因，創業者往往很難意識到這一點。因此，為使企業成長得更好，一般需要對企業組織做一些調整。

重要的組織調整包括以下八個方面：

1. 注意與核心員工的交流。員工的信任和理解很重要，透過交流，員工會更明確職責範圍，並隨著企業成長適時調整。

2. 做一個好聽眾。了解員工的想法：如果由他們來管理企業，他們會怎麼做。

3. 適當分權。創業者不可能面面俱到，授予核心員工適當的決策權，不要怕出現問題。

4. 定時對員工的工作情況提出意見。

5. 對核心員工進行培訓，再讓他們培訓別的員工。適時舉行研討會、講座、內部培訓等，員工培訓在企業成長過程中對提升員工能力是非常重要的。

6. 制訂措施激勵核心員工，以促使其更加地投入工作。

7. 有目的地建立智囊團，在形成重大管理決策時向他們諮詢。

8. 在企業中樹立一種強調「我們」的團體精神，而不是把單個「我」凌駕於團體和組織之上。

在企業開始成長壯大的過程中，建立積極向上的組織文化可以幫助企業在困難時取得成功。有一個組織完善且運作良好的企業，創業者可以花更多時間在企業的長遠發展和策略規畫上。

12.4 經營技巧和策略

在企業成長階段，創業者必須考慮如何把握成長機會，如何控制成長。研究顯示，會計和資金控制、人力資源、市場行銷、策略規畫，都對企業獲得長期成功非常重要。下面將分別討論以上五個要素。

12.4.1 會計和資金控制

本書曾不斷提到管理資金的重要性，而在快速成長階段，財務管理問題就更為突出，因為在這一階段對資金流向保持嚴密監控是很困難的。創業者應該明白，成長階段的資金控制比其他任何階段都更為重要。

做好資金流向、庫存、收入、客戶資料、支出等項目的紀錄對任何企業都很重要。新創企業可以考慮採用合適的軟體提高這項工作的效率。關於應用這類財務軟體和建立財務資料檔案等問題已經在第七章和第十一章討論過了。

對成長中的企業來說，請會計專家或顧問提供財務軟體應用和財務資料管理控制方面的協助是非常必要的。這些外部支持可以幫助企業人員學會利用最新、最佳的技術幫助企業成長。

客戶資料方面也應建立資料庫，按購買頻率和交易額將客戶區分為活躍客戶和不活躍客戶。客戶地址、電話號碼以及所涉及的業務貨物數量和資金數額都應加以記錄。對新客戶企業應該注意一些細節，如歡迎客戶並為他們提供有關企業產品的訊息。

這裡介紹一個較成功的例子。一家工程公司施工現場的工程師和企業總部的工程師資訊溝通不良。客戶意見一直要等到現場人員回到公司後才能夠向公司反映，打電話到公司總部的客戶常常發現自己的意見，公司總部工程師並不知道。為解決這個問題，這家公司啟用了一個新的內部通訊系統。施工現場的工程師每人都帶一個小本子記錄客戶意見，並於當天將相應訊息傳真回公司總部，保存在客戶檔案中。這樣一來，當客戶向公司總部聯繫時，有關這項工程和該客戶的資料都可從檔案中查到。現在這個公司已採用電子郵件或筆記型電腦等最新技術和軟體來記錄和管理客戶資料。

12.4.2 庫存管理

新創企業成長過程中，存貨管理關係到公司成本管理和客戶服務，需要特別注意。存貨太多，會導致資金周轉不靈、流動資金枯竭，因為企業需要綜合考慮生產、運輸和倉儲等資金；另一方面，存貨太少會造成銷售量下降，需求得不到滿足的客戶會選擇其他公司的產品。

生產商、批發商、零售商之間的EDI可使他們之間充分交流訊息，訂貨和銷售訊息的回饋加速，並使企業能夠追蹤產品在各地的銷售情況。

透過電腦系統，食品雜貨業和製藥業使用一個名為ECR（快速用戶反應系統）的軟體。利用該軟體，整個供應鏈的有關企業和人員可以共同得知市場需求和銷售情況，例如算出可以滿足客戶需求的最小存貨量。這種系統通常採用電腦化的結算系統，便於使用者能夠在存貨消耗殆盡前正確地得知庫存情況。

在存貨管理中，運輸方式的選擇也很重要。有些方式費用高昂，例如空運。當客戶不要求限時時，鐵路和公路是最常用的運輸方式。透過電腦系統管理存貨並與客戶及物流業合作可大幅減少運輸費用，正確估計客戶需求量可避免存貨不足，或者避免為滿足客戶急需而不得不採用空運造成額外的運輸費用。

12.4.3 人力資源

受限於企業資源，通常新創企業都沒有專門的人力資源部專職負責員工面試、錄用及績效評估。一般這些工作大部分都由創業者或其他一兩個核心人員來承擔。隨著企業的成長，雇用新人不可避免。本章前面所討論的企業組織的調整對人力資源管理也有所幫助。

對創業者來說，比較困難的決定之一是解雇能力不足的員工。在決定解雇員工的過程中，重要的是要有一個公正客觀的員工績效評估程序。員工應能定期得到回饋，要明確指出所有問題，最後達成一個雇主和員工都能接受的解決方案。解聘員工處理不當會替企業聲譽帶來非常不利的影響，這種負面影響對一個經營還未上正軌、亟待擴大的新創企

> 解聘員工處理不當會替企業聲譽帶來非常不利的影響，這種負面影響對一個經營還未上正軌、亟待擴大的新創企業來說是很不好的。

業來說是很不好的。在這一過程中，經常出現的導致員工被解雇之因素應被詳細記錄，此資訊常常能反映出新創企業內部機制中需要改善之處。

在新創企業的成長過程中，一些員工經常會抱怨工作負荷過重，由於這些人會占用創業者的大量時間，並影響所有員工的工作態度，他們應受到嚴正警告，如果這種行為仍繼續，創業者應該立刻開除這些員工。

12.4.4 市場銷售策略

在企業成長過程中，市場策略對企業取得長遠成功是十分重要的。在競爭激烈的市場中，企業需要不斷開發新產品來保持競爭力。這是一個不斷改善的過程，建立在顧客不斷改變的偏好和市場競爭的訊息上。為了獲得這些訊息，新創企業可透過市場調查，或是公司內部人士與客戶直接聯繫獲得。一些創業者發現，與業務人員交流非常有啟發性，常會有新產品的靈感產生。

在小規模的新創企業中，由於缺乏人員和資金，企業並沒有開發新產品的正式流程。而在費用很少或幾乎不發生費用的情況下，許多大學可以以行銷研究課程的學生研究形式，提供小企業參與市場研究的機會。在第五章介紹了一些費用較低的收集市場訊息方法，第四章中，我們也提到了 Internet 網路是提供市場訊息的好方法。

第五章中討論的市場行銷計畫，作為企業經營計畫的一部分，應以年度為單位進行策畫。市場行銷計畫的內容應包括下一年度目標、所要採用的措施、核心員工、客戶等，還應考慮到代理商。計畫制訂完畢之後，應在執行中及時修訂以確保達成目標。與員工保持密切溝通，尤其是和業務人員的密切合作，是確保計畫實現的要素。

12.4.5 策略規畫技巧

我們曾經十分強調制訂計畫對於成功創業的重要性，這裡更要強調的是，制訂計畫是一個連續不斷進行的工作，特別是在企業的經營環境不斷變化時，無論短期計畫還是長期計畫都很重要。市場不斷變化，計畫也需要隨之而變。我們提到過根據不同銷售情況制定短期目標的重要性，除了短期計畫，企業還需不斷調整長期規畫，如三年至五年的目標。

長期規畫之前應對企業做全面重新評估。為使評估能反映企業的長期成長前景，應不斷對其調整。企業經營環境的分析應回答下列問題：

企業現階段的狀況如何？整個產業的狀況如何？整個國家經濟情況怎樣？什麼產業利潤最豐厚？我們的產品為何受（不受）歡迎？誰是我們的主要競爭者？

因為是長期規畫，還應對企業在未來三到五年內所面臨的潛在機會與威脅，企業自身所具有的優勢和劣勢進行全面分析。

在上述這些分析之後，創業者可以確定企業的長期目標。長期計畫偏重「長期」兩字，而市場行銷計畫一般只是側重如何實現接下來十二個月中的目標。企業的長期目標包括利潤、人力資源、企業前景、客戶關係、企業成長、新產品和新市場的開發、以及資金投入等等。

然後是策略計畫的初步擬訂。此時企業要確定，何時及如何達成所定的目標，是否應增添新目標？是否需開發新市場？是否需降價以取得競爭優勢？是否需提高產品品質以獲取較高的利潤？

在每個具體的實施項目，都要充分反映上述這些策略內容。例如：一個三年期的產品策略在正式推出前須考慮市場調查、產品設計、產品分析、檢驗等環節。這些環節都考慮成熟後，計畫才可能實施，才能考慮每一步驟的負責人，三年中每一年的完成情況和費用情況等。

計畫制訂的最後一步，是策略實施過程中的資訊回饋與策略調整。由於這是一個每隔三或五年就要重複進行的工作，每年年底都要進行評估，決定是否要中止，或制訂新目標、新策略，以適應市場變化。企業須認真分析這些修正，它們會影響每個項目的預估值，再與實際經營的結果進行比較，確定這些修正是否可行。例如，一個企業考慮將獨立的銷售代理改為企業雇用專職的業務人員，在美國東部地區實施大約需要三年時間。實施的結果是，到第一年底，一切運行良好，五名新進人員已基本掌握主要地區的銷售點，因而有望在第二年完全掌握這些銷售點，這樣，第三年企業便可在西部地區實施這一計畫。而假如這一決定實施並不順利，企業找不到高素質的業務人員，就要考慮新方法，不得不改變原訂目標。策略計畫與其他計畫一樣，也是需要不斷反覆改進，如有必要則應隨時調整。

12.5 時間的合理安排

成長企業最棘手的問題之一可歸納為一句話「假如有更多的時間」。對所有忙碌的人，這是一個普遍的問題，特別是企業剛剛起步的創業者。時間是一個很特別的東西，無法貯藏、出租、購買或替代，失去了也無法彌補。對每個人來說，它都以同樣的速度走過，對企業生命周期的每個階段，時間都很重要，而對成長中的企業顯得尤其重要。而無論對哪個企業，今天都只有二十四小時，昨天都是歷史。

能充分利用時間的企業很少。創業者應學會充分利用時間，如此企業才能得以成長，正如每個人的生命一樣。

在不增加工作時間的情況下，每個人都可能提高效率至原來的三至四倍，提高時間利用率的關鍵在於做好安排，訂好每項工作何時完成。

如何有效地利用時間？根據生活和事業各自的目標合理安排時間，創業者需考慮好自己的企業、工作、家庭、社會活動，資產和個人的先後順序和重要性。

為什麼企業中存在提高效率的問題呢？根本原因在於缺乏適當的方法，缺乏主動性。創業者想提高效率，就應尋找合適方法，了解提高效率的必要性。

12.5.1 時間管理的好處

提高時間利用率，創業者將獲益頗多。表 12.1 做了簡要的歸納。

㈠提高生產率，這將使創業者有足夠時間去完成最重要的工作。經過努力，提高效率，創業者可以確定對企業成長最為重要的因素，集中做這些事情，而不是被一些無關緊要的事所困擾。經營必須學會集中於要點，而不是細枝末節。

㈡增加成就感。重要工作井井有條，企業成長一帆風順，創業者對工作會有更大的滿意度。

㈢在時間壓力小、工作效果好、工作滿意度高的情況下，有利於創業者和員工形成團隊精神。雖然，創業者與員工相處的實際時間少了，但效率提高

表 12.1　創業者的時間管理

時間管理的好處	時間管理的基本原則
1. 提高生產率	1. 個人偏好原則
2. 更高的工作滿意度	2. 有效性原則
3. 改善人際關係	3. 事先周密分析原則
4. 減少焦慮和緊張	4. 團隊合作分工原則
5. 改善健康狀況	5. 優先排序原則
	6. 事後分析原則

了，更可增進了解和默契。這也使得創業者有更多時間與家人和朋友相處。

㈣減少創業者的憂慮、緊張、擔心、內疚等降低工作效率的情緒，加快決策過程並使之更有效。

㈤對創業者來說，所有這些可以歸結為一句話：良好的健康情況。企業的起步和成長需要大量精力和持久努力，創業者必須健康狀況良好。時間安排不合理會導致精神和身體疲憊。創業者要發展企業，必須有健康的體魄，而健康正是合理安排時間的產物。

12.5.2　時間安排的原則

創業者如何安排時間？

㈠要意識到自己是一個不珍惜時間的人。應該珍惜時間，必要時改變一些生活方式和習慣。這表現在表 12.1 中個人偏好這一條中。合理地安排時間需要有意志力，能自我約束，創業者要有提升時間安排的強烈要求。

㈡創業者要堅持「有效」這一原則，即應自覺先做最重要的事。只要可能，應盡量完成每一階段的每項任務。當然，這需要足夠的時間。雖然品質很重要，但不必追求完美以致拖延。當時間用於別處更好時，不應將它浪費在某一個領域的一個小改進上。

要提高效率，創業者必須清楚現在自己的時間是如何安排的，合理分析準則的好處就在於此。企業者可用十五分鐘仔細記錄並考慮過去兩周的時間安排。這樣會改進一些浪費時間的地方，為各項工作如何合理安排順序提供建議。提出方案改善現狀非常重要，隨時列出清單，向大眾及參觀者介紹企業及運行情況，所有例行性事務都要有標準形式和步驟。合理安排時間的一種基本方法是，每天列出需要做的事，標明每件事的重要程度。例如，採用 1 為最重要，2 為重要，3 為次要。然後在 3×5 的卡片上標明一天最重要的事情，做完這些後，可以再考慮那些相對不重要的事情。時間安排應列好先後順序，先做最重要的工作，這是基本原則。另外，有人是上午效率高，有人是下午，還有人是晚上，因人而異，應將最重要的工作放在效率最高的時段。

每個企業開始運作時，由於團體運作，所以時間管理對創業者而言更加重要。創業者必須了解一個事實：完全由自己支配的時間只有一小部分。創業者需幫助管理階層，使他們與其他人交流時具有更強的時間效率概念，每個管理者都應當合理安排時間，提高效率。

對所有的計畫安排，創業者都應定期查看實施情況，這是「事後分析原則」。應培訓職員和助理，鼓勵他們採取積極主動的態度處理事務，以節省大量時間。如將信件歸類，選出需要上級處理的；辦公室內備有每日記事簿、記事卡索引、備忘錄、工作日記及完備的近期檔案紀錄、所有電話的時間和大致內容；分析所有會議內容，監督其進行情況，如果會議流程不順暢，那麼主席將接受訓練以把會議主持好。此外，應仔細審查企業裡各個委員會。委員會往往限制員工的積極性，阻礙決策速度，且有很多冗員。透過以上這些方法，創業者可以成為時間的支配者，而不是時間的奴隸。不僅能使企業迅速成長，擴大產量，而且還能使創業者擁有更多的屬於自己的時間。

創業者可以成為時間的支配者，而不是時間的奴隸。

12.6 客服規畫和控制

在企業成長過程中，除了財務和管理控制等之外，創業者還需要建立一個客戶服務和控制系統。

滿足客戶的市場需要對企業是極其重要的，愈來愈多的企業不僅更重視客戶，而且建立了後續客戶服務的程序。調查客戶滿意度會採用許多定性指標，目的在向創業者對一些可能帶來嚴重後果的潛在客戶問題提供預警。客戶問題直接影響企業的財務狀況和銷售收入，因此應重視這個攸關企業生存的滿意度調查工作。調查客戶滿意度有多種方法，而且並不一定需要昂貴的費用。

下面介紹幾種主要的方法：

㈠投訴和建議。客戶所有的投訴、建議和批評，無論是口頭還是書面形式都需要加以記錄並及時反應。企業應設立一個資料庫，並由專人管理，定期召開會議討論這些不滿出現的原因和解決方法。注意，不必在意看起來漫無目的的投訴，畢竟無法讓每個客戶都滿意。不過，創業者應注意分析這些無目的的投訴究竟是起因於未被察覺的問題，還是由其他相關問題衍生的。

㈡焦點小組（Focus Group）。我們曾建議用這種方法進行市場研究，這對監控追蹤客戶滿意度是一種較為經濟的辦法。焦點小組常由八至十人組成，他們可以是目標市場的典型客戶，也可是銷售管道的成員。焦點小組應由創業者以外的人來領導，採用討論的形式對某一主題進行公開討論。例如，檢測客戶對一項改進措施、新產品、新銷售策略或產品服務的反應，記錄參與者的意見（錄音或錄影），以便日後重新檢查。如本章前面所提到的，當地的大學通常會歡迎企業共同舉行一些市場調查。

㈢客戶問卷調查。創業者需定期進行客戶問卷調查，可以透過信件、電話或面訪等方式。這種調查必須利用經過精心設計的問卷，使得客戶意見能夠以標準化的形式反應出來。列表顯示這些回饋並歸類總結後，創業者應再仔細閱讀一遍，並在內部管理會議上進行討論。這種調查也可由當地大學的學生來設計和完成。第一次問卷調查完成以後，後續的調查就可以模仿第一次調查以節省人力財力。

與資金、銷售、庫存等量化管理系統一樣，客戶服務及滿意度具有類似的步驟。收集資料，仔細審閱並與期望值做比較，任何與期望值有偏差的地方都要採取相對措施。我們只能相信事實數據，因為它們是直接取自於客戶意見、不滿及建議。同時，創業者應有一個可以為客戶接受的期望服務標準，如果實際未達到這個標準，應立即採取措施。創業者要讓客戶感到企業十分重視客戶意見，這有助於建立良好的客戶關係。

12.7 談判

今天，每個企業都存在於一個複雜的關係網路中，而這個網路的任何連結都是透過談判建立起來的。供貨合約是和供應商談判，行銷合約是和國內外的經銷商談判，產品形式等則是和顧客談判，很難想像創立和發展一個企業不需要任何形式的談判。

談判的定義是什麼？談判是持有不同觀點的團體或個人為達成共識而進行的過程。雖然並不一定能達成一致意見，但在談判過程中各方分析了意見不同的問題，因而可集中解決。在學習和應用談判技巧時，需要知道對於競爭和合作各自所需的談判技巧和策略。

談判是持有不同觀點的團體或個人為達成共識而進行的過程。

12.7.1 合作性談判和競爭性談判

經營企業就需要談判技巧，談判技巧很重要，但並不是每個創業者都很能掌握。一位女創業者曾經說過：「作為女性創業者，應盡快提高談判能力。這在企業起步，尤其是擴大規模階段非常重要。女性在這方面通常比男性差一些，這可以從家庭事務的解決中看出。當然談判技巧可以學習，同時必須不斷應用才能不斷進步。」

一般說來，參加談判的每一方都希望對方贊同自己的方案，而對方總是要得到一定的利益後才會讓步改變自己的方案，無論談判是合作性的還是競爭性的，都是如此。

合作性談判的討價還價需要談判雙方進行合作，在確定自己的目標得到一定程度的支持後，創業者願意讓對方也獲得滿意結果。在一定意義上，整合型的談判是在理性決策基礎上解決雙方之共同關心問題，過程包括確定目標、制定規範標準，分析因果關係、提出和評估可選擇方案、決定方案（圖 12.2），同時還要求方案一經實施，盡快檢驗結果。最終參與決策的各方所承擔之義務，決定了決策的有效性。

在實施理性決策方案時有三個步驟：

㈠參加談判各方在不歧視對方、不要求自己享有特殊待遇的基礎上交換意見，並在此基礎上仔細分析問題。每一方都必須認真對待所需解決的問題，了解對方的要求，經常召開交流會議，並提前通知與會各方準備。每次會議都準備議程，擬定可能的解決方案，每一項都應提出進行公開討論，認真達成一致的解決方案。

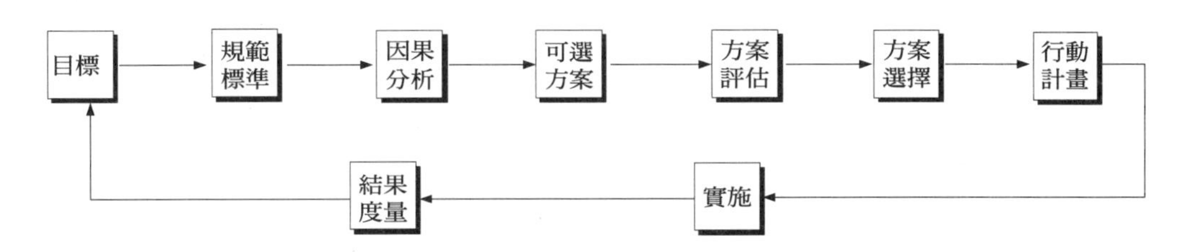

圖 12.2　理性決策模型

㈡尋找可供選擇的方案。參加談判各方應盡量公開共識，以便界定仍存在的分歧。這需要採取實質措施，並制訂鼓勵互信和尊重等基本原則，而且經常討論，提出暫時性解決方案，並在正式討論前不斷修正。這種對可行方案的探索性討論可減少其被立即否決的可能性。所採用方法和標準因問題不同而異。當參與各方感到成功的可能性在增大時，談判進程將會加快。談判時，可以暫時將遇到阻力的事項擱置，先解決簡單事項，生搬硬套不可能產生任何創造性的解決方案。

㈢正如我們前面所提到的，應選擇最佳方案。這須建立一種公開且誠實的關係，當進行問題分析或各個方案分析時，參與談判之各方都需要這種良好的關係。然而，此種關係不易建立及維持。

企業要成功地擴大規模，就必須在同行競爭中取得成功。與整合型談判相比，競爭型談判通常不可能讓對方達到目的，如同分一塊餅，對手得到的愈大，自己得到的就愈小。由於參與談判者相互之間毫無信任可言，不能利用協議或讓步找到解決方法。在相互競爭的交易場上，每一方都想知道對方的目標、價格和手段。當創業者與對方有不同的經濟目標時，只有對方做出一些妥協讓步，競爭才可能成功。例如，要收購某一企業的全部股票，需要對每個持股人進行協商。

競爭成功的關鍵在於創業者能否了解對方的目標和手段。間接的方法包括與以前與之有接觸者討論對方的決策者，這個人可以是創業者的下屬、對方的下屬或其他人；仔細查看對競爭者以前的報導和往來信件，大體了解對方的生意，感受一下其發展情況和方向等。創業者應充分利用這些間接方法，以了解對手的目標和行動，在談判開始之前定好方案。

創業者還可採用直接方法。對競爭狀況進行細緻分析，利用所有機會與其他企業代表進行非正式交流，觀察他們談判準備的完備程度，你會發現，重要資訊經常會在不經意甚至無關的交談中獲得。

還有幾種可能提供重要資訊的直接方法，其中一種是要求談判者具有很好耐心，使對方提早暴露自己的談判底線。另外一種方法採用破序原則，也就是在談判進行到緊要關頭時，擺出與前面階段完全不同的姿態，靈活處理，可以改變態度、理由及要求。例如，若一直利用拖延戰術，此時可採用突襲，迅速得手。

無論採用直接還是間接方法，一個具有熟練談判技巧的創業者都會盡量明瞭對手的底線，底線是指能讓雙方都能接受的價格範圍。如果雙方的底線存在重合的區間，雙方一般都不希望中止談判；相反，如果不存在重合範圍，那麼要達到雙方都能接受的協議就很困難。

談判成功的關鍵在於創業者能正確地掌握對方對可能的解決方案的認識，使自己處於更加有利的位置。具體來說，可以透過表明比實際更高的最初需求，對某一談判結果持異常強硬的態度，或者透過針對性地研究對方的策略，使對方沒有機會形成一種明確的談判方案，或透過迫使對手修改一個已定好的談判方案等手段來達到這一目的。

> 對創業者而言，最好的談判策略是讓對方感受到自己的誠意和靈活性。這意味著在整個談判過程中都願意適當地讓步，尤其是雙方分歧較大時。

對創業者而言，最好的談判策略是讓對方感受到自己的誠意和靈活性。這意味著在整個談判過程中都願意適當地讓步，尤其是雙方分歧較大時。所有讓步都要造成對方一些反應，至少使對方明白在達成協議的過程中這些讓步十分重要，這樣可促成一個雙方均可接受的解決方案。

12.7.2 如何衡量談判的成功與否？

一個企業用於衡量談判成功與否的標準，通常會左右談判者談判時採用的方法和行為。雖然許多企業強調，與一些重要的供應商和經銷商形成夥伴關係的重要性，但是在絕大多數情況下，這一目標並沒有成為衡量談判結果的重要標準。絕大多數衡量標準都以達到最好的價格或者最低成本為中心。畢竟，用一分一角來衡量談判結果是最簡單的，實際的經濟效益也是企業預算規畫的基礎，並且談判者的收入通常也取決於談判的實際經濟績效。

用財務標準衡量會導致談判者過分注重成本。從大多數企業採購部門的運作方式來看，每一年制訂的預算目標實際上是規定了採購商品的購買價格。採購人員知道他們的績效取決於如何達到或者低於這些既定價格，部門經理教導採購人員如何從供應商那兒拿到最好的可能價格，評估採購人員業績時，基本上是完全根據得到的折扣。因此，絕大多數採購人員把採購談判看做是一種零和遊戲，他們賺了，供應商就肯定得有所損失。即使公司總體政策是追求一種雙贏結果，採購人員還是認為幫公司拿到大折扣才能讓主管滿意。

過分專注於折扣可能會帶來一種極不好的後果，採購人員可能會對與供應商之間存在的任何機會視而不見。例如，採購人員原來可以設法和供應商一起減少企業的庫存，開發更高品質的零配件，或者利用通訊工具聯繫等。由於過分強調折扣，採購人員不可能幫助企業隨著成長狀況，而策略性地調整與供應商間的合作關係，例如建立零庫存系統時，供應商的合作是成功關鍵，而且企業在遇到突發狀況時也會由於缺乏供應商幫助而束手無策。例如，當供應商覺得在採購合約中由於對方的拚命壓價而無利可圖時，那麼當企業遇到問題，供應商完全可能袖手旁觀，甚至落井下石。

新的談判標準應該包括：良好的關係，談判過程是否有利於建立良好的關係，使雙方能夠共同合作直到順利結束；充分的交流，談判是否形成一種有助於雙方進行建設性對談的氣氛，以利於解決問題；合理的利益，如何達成協議，使自身利益得到保證的同時，並且其他各方的利益也能保持在合理或者可以接受的水準；創新選擇，談判過程中，是否找到了全新或更有效的解決方案使雙方都從中獲益；可接受性，在尋求新的解決方案時，是否使用雙方都能接受客觀的標準來評估和選擇方案；合作誠意，是否仔細地考慮了實際能夠投入的精力和努力，對方是否能夠從中體會到我們的合作誠意。

這些標準都非常難以量化，它們要求談判者與其主管不能執迷於一時的得失，而必須全面且創造性地考慮他們的談判，無論是在最初確定談判策略時還是討價還價開始時。當談判變得複雜和困難的時候，談判者不能簡單地去考慮在什麼地方讓步來換取對方的讓步。談判者必須設法協調各種考量，以探索新的選擇方案和進行廣泛深入的討論。

當然，新標準必須和左右談判者行為的激勵機制相結合。為了鼓勵更廣泛深入且更富有創造性的談判，創業者必須將這些標準與採購人員和業務人員的獎金或分紅相結合。在採購部門，管理者傾向不將採購人員的薪酬建立在得到的折扣之上，而是與採購物品總成本相關，綜合考慮使用供應商所降低的企業營運成本、供應產品不良率的降低，甚至供應商在產品和服務創新方面的影響。在銷售部門，創業者也可以探索將業務人員與顧客關係維持時間的長短、與顧客交流時發現的創意多寡、顧客對企業服務的評價高低，以及顧客介紹來的間接顧客人數作為業務人員薪酬的基礎。

12.7.3 交易和關係的區分

採用剛才這些更定性且更寬泛的談判衡量標準，能夠使談判者的視線超越眼前交易，著眼於更長遠的相互關係。但是如果不能區分交易和關係的不同，談判者可能會陷入麻煩。

談判者將交易和關係混淆的情形很常見，他們擔心如果今天為了爭取一個好的交易而殺價太狠的話，可能會替公司留下不好的聲譽，影響和其他生意夥伴之間的往來；或者他們擔心一廂情願地注重長遠關係，而導致手上交易讓步太多變得不合算。這種對於交易和關係的混淆是危險的，可能會被對手趁機操縱。讓我們來看一下經常發生在會計師事務所身上的事。通常一個大客戶會告訴它公司不得不削減支付的費用，否則公司會去尋找其他要價更低的事務所。面對這樣的威脅，會計師事務所通常先會強調其提供的服務品質，然後一針見血地指出調換會計師的高額成本，這樣往往能夠使對方考慮到雙方的關係而不再要求壓低成本。低價也許能使對方在短期內繼續交易，但是很快的對方會再次要求降價才給予訂單，因為開了先例，會計師也許只能再次讓步。

當許多企業主管被問及：對什麼樣的顧客，會做很大的讓步，願意犧牲利潤的大部分？絕大多數的主管都會無可奈何地說：「最難打交道的，當然是那些我希望改善關係的。」但是這種努力幾乎永遠是徒勞無功的，一旦顧客發現他們只要保持關係就可以得到折扣和好處，他們為什麼不找機會繼續索取好處呢？沒有意識到這種失衡的關係，許多創業者實際上在無意識地

許多人認為關係和交易兩者不可兼得。實際上雖然兩者密切相關，但是他們完全可能是一致的。

教導顧客伺機敲詐自己。

問題的根源在於，許多人認為關係和交易兩者不可兼得。實際上雖然兩者密切相關，但是他們完全可能是一致的。一種緊密的關係能夠培養相互的信任，從而相互之間可以更方便地共享訊息，這樣有可能達成一些意想不到的有價值合作，雙方因而更有合作動力。反過來，當一個交易對一方或者雙方都不是很有吸引力時，雙方往往可能會投入很少的時間和努力，並且因此在今後的交往中變得非常審慎，雙方的關係會逐漸緊張甚至解體，雙方也就不可能抓住能夠創造更多價值的機會。

為了建立良好的工作關係和達成好的交易，創業者應該改變過去兩者折衷的做法，而試著將兩者加以區分。他們應該讓談判對手明白，存在雙方關係上的問題不可能以交易上的讓步來解決，同樣的，交易問題也不應該被看成是對雙方關係的考驗。區分眼前交易和長遠關係，談判對手之間可以進入一種良性循環，良好的關係可以幫助雙方解決眼前交易的困難，同樣的交易達成替雙方帶來的價值也會進一步加強和拓展雙方的關係。

如果談判策略是在交易獲利以及與談判對手關係之間做取捨，那麼這種策略從一開始就是有缺陷的。同樣地，如果接受了類似「為了保持雙方關係，在價格上只好做了較大讓步」的談判結果，往往只能得到不好的交易結果和脆弱的關係。

12.7.4 談判方法

雖然談判過程中有很多策略可選，但最重要是採用最合適的策略。一般的談判進程包括八個步驟：準備、討論、方案提出、方案建議、方案回饋、正式談判、商討交易、達成共識。其中最重要但也最易被忽略的是準備過程。特別是在時間緊迫的情況下，經常會忽略要先確定什麼是必須做的，下一步目標是什麼，談判的迴旋範圍，可供選擇的方案等。談判目標的優先順序和備選方案必須事先準備好。

> 一般的談判進程包括八個步驟：準備、討論、方案提出、方案建議、方案回饋、正式談判、商討交易、達成共識。

第二步是初步接觸，這一階段中創業者需仔細聽取對方的要求，當然，整個談判過程中都應如此。

方案提出是談判中檢驗對方誠意的重要環節。透過提出方案，談判者可仔細辨別對方的真正目的，估計對方是否願意改變初衷。可從「這種方案我們無法接受」之類的話中得到訊息，談判者需掌握提出技巧及從對方所提方案中獲得訊息的技巧。

在雙方認同最初的談判結果後，需提出進一步的建議方案進行討論。這些方案為達成最後協議提供基礎。

下一步是對對方方案的回饋，一旦提出新建議，訊息回饋尤其重要。回饋應將對方的利益和要求考慮在內，但不一定要做出讓步，應在對方執意堅持之處做出適當的讓步。

談判的另一個難點是討價還價的過程。在談判桌上，為得到某些東西必須放棄另外一些。最初技巧不熟練時，可以套用常用的「如果我們……，那麼你們……」之類的外交辭令。任何談判都要有個結果，談判結果通常是一方做出讓步或雙方都做出某種讓步。在需要解決的問題較多時，對每一個問題都應做出明確結論。

談判的理想結果是達成雙方都滿意的協議，這是談判的最終目的。畢竟絕大多數談判的目的是達成協議，協議擬定中應盡量運用最精準的文字將各種細節和意思表達清楚。

透過談判，創業者可以擴大原有企業的規模，可以採用合資、合併、收購、槓桿收購或者取得特許經營權等方法擴大企業，加速成長。

本章小結

本章討論了企業迅速成長階段，創業者應特別注意和解決的一些問題。也許首要的是創業者根本應該考慮是否選擇迅速成長的策略，企業成長的空間受限於市場容量、創業者偏好以及組織能夠調動的資源等多種因素。

選擇迅速壯大策略的創業者應該意識到，快速成長的企業會面臨一些急待解決的嚴重問題，創業者應該了解成長過程中可能遇到各種問題類型。成長太快或無法控制企業的成長會導致「快速成長失控」的現象，即出現資金、庫存、客戶及利潤管理失控。雖然不一定會導致企業破產倒閉等災難性後果，但創業者應採取有力的措施加以控制，而不是任其胡亂發展。

創業者在企業成長階段的重要任務之一是靈活調整企業的組織，以適應成長的要求。同時應努力建立一個有效的組織文化，包括良好的人際互動，善於傾聽，適當分權，定期且前後一貫地給予員工回饋意見，設立激勵機制，集中精力完成計畫中的任務和目標以確保企業的方向，建立團隊精神而不是個人主義等。

創業者還應清醒地意識到在這一階段，必須掌握的幾項重要技能和策略。這些管理技能和策略與資訊、資金、庫存、人力資源市場、策略、時間、談判等領域有關，這些技能對管理成長階段的新創企業是十分重要的。合理安排時間，可以增加工作滿意度、提高生產率、減少緊張焦慮、有利於身體健康。創業者應檢視自己時間安排是否有不合理之處。採用本章介紹的方法，創業者可以更有效地安排時間。

本章還討論了管理控制，我們主要強調顧客服務和顧客滿意度監控及相對技巧。談判是創業者與員工、投資者、企業顧問及客戶打交道的另一種重要技能。談判分為合作性和競爭性兩種，單一地用財務標準衡量談判成功與否是有害的，關係和交易兩者之間應該做出明確的區分，具體的談判步驟分為八步。

討論題

1. 「快速成長失控」的涵義是什麼？查閱近期的報刊雜誌，舉一個例子進行分析，企業面臨什麼問題？如何解決這些問題？
2. 在什麼情況下創業者應選擇不擴大企業規模？舉例說明。
3. 應採取什麼措施使員工和睦相處？若成長中的企業沒有此類措施會出現什麼情況？
4. 對新創企業來說，策略計畫為何如此重要？說明制訂策略計畫的基本步驟。
5. 對創業者來說，合理安排時間有什麼益處？安排時間的基本原則是什麼？
6. 列舉創業者用以解決客戶滿意度的方法。
7. 合作性談判和競爭性談判的區別是什麼？創業者在何種情況下需要利用談判技巧？
8. 何種衡量談判成功與否的標準是合理的，應該如何看待關係和交易？

第十三章

新創企業的擴張：問題與策略

本章學習目的

1. 了解新創企業擴張規模的方案。
2. 界定合資企業的類型和用途。
3. 掌握收購與合併的概念。
4. 了解槓桿收購的利弊。
5. 了解幾種類型的專營權。
6. 評估特許權經營的步驟。

在不斷擴大規模中，持續注入新的創業精神

1976年6月5日在紐約街與百老匯街交界的一個小辦公室內，正式成立美國國際組合電腦股份有限公司，英文簡稱CA公司。CA的創始人就是被美國廣播公司評為「美國最具創意與效率經理人之一」的王嘉廉先生，他也被美國《商業周刊》雜誌評為「全球最富潛力的二十五名總裁之一」。而他創辦的CA現在市值為三百億美元，為全球第二大軟體公司。全球前一千家企業中有98%的公司使用CA的軟體。CA的股票收益超過微軟、可口可樂和吉列等著名跨國公司。

王嘉廉，美籍華人，出生於中國上海，八歲時隨父母移民美國。三十二歲白手起家成立CA公司。CA公司一開始便快速發展，同年八月，辦公室就搬至紐約麥迪遜街655號，以經營資訊服務和軟體產品為主。1979年CA關鍵性的一年，它利用其主要競爭對手萊托公司的疏忽而奮起反擊，取得銷售的輝煌業績。短短半個月裡公司就得到五十萬美元的獲利，從而大幅改善公司的資產結構，為公司下一步利用合併和收購迅速擴張奠定了基礎。同年，公司總部從紐約麥迪遜街搬到了紐約占地約兩萬五千平方英尺的Tericho Turnpike125號，公司所有的部門都移到了新總部。

1979年，CA的營業額超過一千萬美元，利潤達一百五十萬美元，比1978年成長24%。但是王嘉廉卻仍覺得這樣的發展速度過慢，因為按照24%的成長速度，公司利潤要超過一億美元，大約需要二、三十年，王嘉廉想到利用兼併等方式達到快速成長。雖然王嘉廉是學電腦出身，但勤奮好學、不肯服輸的性格彌補他專業上的缺陷。這一年的聖誕節和元旦，他刻意推掉了許多應酬，而是從紐約市立圖書館捧回一大堆有關兼併的書籍，潛心研究兼併問題。他還故弄玄虛地對妻子說，自己的公司快要倒閉了，所以靠這些書另謀出路。

1980年新年，王嘉廉就確定年內一定要兼併一家公司。果然，在1980年，CA購併了一家在歐洲各國有營運、總部設在瑞士的公司，從而擴展了它在歐洲的銷售網。這次的購併使CA在瑞士、義大利、德國、英國、荷蘭、比利時、澳洲、日本各地擁有了子公司和辦事處。而且這個新購併而成的組織還控制著許多其他國家的銷售網路。

1981年，王嘉廉的CA公司正式上市，募集到一千兩百萬美元。在這一年裡，王嘉廉沒有任何購併動作，只是在法國和德國成立了子公司。截止到1981年底，公司總共有二十種不同的產品，在全球擁有一萬三千個以上的客戶。

稍做修整的CA在1982年又有驚人之舉，利用在股市炒作自已和另一家與CA規模相當、產品互補的卡培茲公司（Capers Corporation）股票，成功地購併了該公司，使得CA的資源、生產線及營業額都加倍成長。這一次，王嘉廉又以實際行動向世人證明了其過人的膽識和靈活的應變能力。

此後，王嘉廉嘗到了兼併的甜頭，不斷利用兼併擴大和發展CA公司。1983年，CA購併Steart P. Orr and Associates, Inc，使其在商業應用套裝軟體市場上邁出了堅實的一步。透過購併 information United Software（IUS）進入個人電腦市場。1984年，購併Sorcim Corporation以增加對個人電腦產品的投入。公司在同年還購併了強森系統公司，為公司大型電腦添加了一項會計軟體產品CA-JAKS。另外，公司還收購了亞凱電腦公司，開始銷售大型電腦產品CA-CONVERTOR，專門提供給從VES作業系統轉換成NEWS作業系統的客戶使用。到1984年底，CA產品已達到五十多種。1985年，公司收購了加拿大培茲軟體公司，更加強了它在個人電腦市場的地位，同時公司也結合了北美個人電腦之銷售力量，成立個人電腦產品部。同年四月，CA購併價值軟體公司，十月收購管理和電腦服務公司。十二月CQA公司。這一連串的收購使CA在大型電腦產品中不斷強化及發展。……這樣讓人眼花撩亂的兼併活動一直持續到現在，公司的發展速度似乎從來沒有放慢過腳步。到1998年，CA公司的市值已超過三百億美元，營業額超過四十億美元，年股值成長達30%以上。難怪當今世界首富比爾·蓋茲也驚呼：「他在九〇年代發展快速，我都害怕他要超過我。」

和王嘉廉不同，許多創業者認為，同時做好管理且成功地擴大新創企業的規模非常困難。為了擴大企業規模，創業者需要客觀地評估自已在管理方面的能力，找出擴大企業規模的方法，並且在必要時願意請別人來掌控企業。隨著新創企業不斷發展和走向成熟，企業需要不斷加強管理並適時注入新的創業精神。

13.1 合資企業

隨著企業經營風險日益加大，市場競爭加劇，企業經營失敗增多，各種形式的合資企業開始盛行。合資企業並不是一個新概念，已經有相當長的時間被新創企業用於迅速擴展規模。

合資企業是包括兩個或更多合夥人的企業個體。

什麼是合資企業？合資企業是包括兩個或更多合夥人的企業個體，有時被稱為策略聯盟，通常包括各種各樣的參與者，如大學、非營利性組織、企業、政府部門等。

一些大型跨國企業也常常採用合資企業的方式來拓展業務，如通用汽車和豐田、通用電器和威斯汀豪斯這些巨人之間也都發展了合資企業。為了進入國際市場，不同國籍間的合資企業也不斷地在建立，成立合資企業已經成為一個創業者進入國際市場的有效手段。一旦兩家企業建立了密切的合作關係，創業者應該考慮其潛在合作者的道德倫理。

13.1.1 歷史回顧

追根溯源，合資企業最初是由古代商人巴比倫（Bobylon）提出的，但在美國，合資企業最早用於大規模項目的投資，如十九世紀的礦業和鐵路系統；到二十世紀又應用於航運、石油、金礦開採中，這一時期最著名也是最大的合資企業是由四家石油公司組成的ARAMCO，主要是為了開發中東的石油儲備。到1959年，美國一些大公司成立了約三百四十五家合資企業，這些通常是競爭者們之間的縱向合作。這種類型的合資可以大幅降低企業運營成本，實現規模經濟。從1960年到1968年，美國新成立的合資企業有五百二十個，主要是出現在製造業，由1,131家美國公司合資成立。到八〇年代，又湧現出各種不同類型的合資企業，尤其是跨國性合資企業。九〇年代，合資公司數目大量增加，主要是由小型新創企業引發的。

13.1.2 合資企業的類型

從建立的目的來看，合資企業有多種類型，如波音、三菱、富士、Kawasaki四家公司組成的一家生產小型飛機的合資企業，其目的是為了共享技術和降低成本。為了降低成本，福特和Mesasurex在工廠自動化方面達成協議，通用汽車和豐田在汽車生產上達成協議。其他合資企業的成立目的還包括進入新市場（如Corning、Ciba Geigy、Cetus、柯達）、進入國際市場（AT&T和Olivetti）、增加資本擴大市場（和美國鋼鐵公司、Phong Iron and Steel公司）等。

有些合資企業成立的目的是合作進行研發，其中最著名的是微電子及電腦技術公司（簡稱 MCC），該公司於 1983 年成立於德州的奧斯汀，是由十三家美國大企業共同出資組成，由一些借調到 MCC 達四年以上的研究人員和科學家做長期研究工作。在返回他們各自的公司之後，他們可以將研究成果應用於各自的公司。MCC 對所有研究成果和專利擁有所有權，並保證參與該項的各公司能夠授予其他公司技術使用許可。還有另一種致力於研究的合資企業，像位於北加利福尼亞的半導體研究公司，是一個非營利性研究組織，由十一家美國晶片製造公司和電腦公司聯合組成。自 1981 年該公司創建以來，參與公司的數目已增加到三十五個。公司的目的是為了資助基礎研究，並培養專業人才和工程師成為未來企業的領導者。

為進行研發而達成的企業與大學協議，是另一種發展迅速的合資協議。營利性企業必須利用研究投資以獲得日後成果如專利權，並希望取得相關的所有知識產權。大學雖然也希望透過獲取專利得到一定的經濟利益，但大學裡的研究者們更希望透過研究獲得知識和發表文章。儘管存在這些問題，仍有大量企業與大學之間的合資企業成立。例如，在一項機器人研製協議中，西門子享有專利權，卡內基梅隆大學則提取一定比例的專利使用費，並有權出版或發表這些研究成果，但不能公開對專利有重大影響的重要資訊。

塞萊尼斯公司（Celanese Corporation）與耶魯大學的合作是研究蛋白酶的成分和合成，但是合作採用了另一種方式——費用分擔。塞萊尼斯承擔研究所需的實體設備和博士後研究人員的薪水，耶魯負責參與教授的薪水。研究結果在研究結束四十五天的等待期以後才可以發表。

W. R. 格蕾斯公司與麻省理工學院（MIT）合作研究微生物，雙方組成了一個研究委員會，委員會包括 W. R. 格蕾斯的四名管理人員和 MIT 的四名教授。雙方商定由 MIT 的研究人員提議需要資助之項目，公司建立研究基金承擔所有費用。在經過公司管理人員審查後，MIT 才可以公開發表研究成果。

跨國性合資企業由於其特有的優點也得以迅速發展，在第十七章中我們將討論不同國家的收益和企業發展方面的合作，如果一些專業知識或專利可以折算成為資本入股的話，跨國合資企業只需要有較少的現金需求量，而且企業較容易進入國際市場。另外，由於人員和資金來自各個參與合夥的公司，跨國公司會比開設分公司更不占用各公司的管理和資金資源。

但是，成立跨國合資企業也有很多缺點。

㈠各合夥人的商業目的常常不一致，可能導致在企業發展方向上意見不同。

㈡各個公司文化不同會造成新企業的管理困難，政府政策也會對跨國合資企業的經營方向和日常營運產生負面影響。

儘管存在以上這些問題，眾多跨國合資企業的成立足以證明其優點還是大於缺點。例如，通用汽車與一家日本公司合資，以生產通用汽車實現其工廠自動化所需的兩萬個機器人。兩家公司各投資一半，通用提供最初設計，日本公司提供工程人員和技術，共同開發這種汽車上漆儀器。

Cy/Ro是美國薩安米德（Cyamid）公司和德國羅開姆（Rochm）公司合作生產丙烯酸塑料的一家公司。薩安米德提供銷售網路及生產場地，而羅開姆則提供新型丙烯酸塑料的生產技術。雖然Cy/Ro有很大的營運自主權，但仍不斷出現員工離職的現象，這對德國主管來說是一個很棘手的問題。

美國道（Dow）化學公司與日本 Asaki 化學公司則建立了另一種類型的合資企業，這兩家公司一起在國際市場上開發和銷售化工產品。Asaki 提供原料並擁有產品的獨家銷售權，道公司提供技術並保留在日本市場銷售的權利。後來由於日本政府的干涉及雙方目標不同。道化學公司主要關心合資企業的利潤，而Asaki公司的主要目的是為自己的石化產品找買主，合資企業最終被解散。

13.1.3 合資企業成功要素

並不是所有的合資企業都能成功，投資者需仔細考慮採用這種方式發展企業的可行性，了解能促成成功的因素和需要解決的問題。

㈠要想合資企業獲得成功，就必須正確評估各參與公司，考慮在以後的合作關係中如何經營新成立的企業。如果經營主管們能夠合作愉快，合作會更有效，否則，合資企業往往會遇到很大困難，甚至徹底失敗。

㈡合作者的「對稱性」。這種對稱性是從經營目標和資源能力角度衡量的，也就是說，合作雙方的關係應該是相對平衡的。當一方感到自己付出得更多，或者一方追求利潤而另一方為產品尋找出路（如 Asaki Dow 跨國公司），那麼問題很快就會出現。合資企業要取得成功，母公司的經營管理人員及新合資企業的經營人員，必須在目標及所能提供的資源上取得共識。母公司和合資企業的管理者之間也必須建立良好的合作關係。

㈢對合資企業經營結果有合理的期望。合資企業中，經常至少有一方合資者，將合資企業看成是解決企業所有存在問題的靈丹妙藥，這顯然是不切實際的，對合資企業的期望一定要務實。

成功建立一家合資企業的最後一個因素，對建立任何類型的新企業都很重要，這就是時機的把握。環境不斷變遷，產業狀況不斷改變，生產條件和市場條件也不斷變化，今年是一個成功企業，明年就可能一團糟。不斷加劇的競爭使投資環境變得極端惡劣從而大幅加大投資風險。在有些投資環境下取得成功幾乎是不可能的，創業者需要看清合資企業是為本企業提供發展機會，還是反而會帶來不利，如阻礙其進入某個市場。

合資企業並不是擴大企業規模的靈丹妙藥，它應該被看做是彌補企業擴張時的資源不足，快速因應市場競爭和市場機會的眾多方法之一。作為一種擴張策略，有效地利用合資需要創業者認真的評估形勢和合作者。其他策略如收購、兼併、槓桿收購，也應該仔細地加以斟酌。

13.1.4 合資企業的結局安排

> 合資企業的成功取決於誠實公開地溝通以及出資各方之間的共同努力。

在合資企業成立之初考慮其結局並予以安排，是保證合資企業成功的一種有效辦法。許多人把合資企業比喻成一樁婚姻，這種比喻很有吸引力，也很貼切。就像婚姻一樣，合資企業的成功取決於誠實公開地溝通以及出資各方之間的共同努力。但是這種比喻有時候也非常危險，它使許多企業管理者產生一種誤解，那就是合資企業的終止就像婚姻的終止一樣，表示合資企業經營失敗。

傑福理・魯爾（Jeffrey Reuer）的研究卻表明了不同的看法。魯爾調查了於 1985 到 1995 年之間終止經營的近三百家跨國合資企業後發現，和上述婚姻的比喻不同，合資企業的終止是絕大多數合資企業的自然結局。即使合資企業經營的期限很短，其經營的終止並不一定就意味著失敗，而只是意味著原先合資企業存在的理由已不再存在。

在許多跨國合資企業中，外來一方通常用特殊產品或技能來換取當地合作夥伴在市場行銷方面的經驗和管道。一旦市場的新進入者了解了當地市場，或者當地市場開始開放國外直接投資，這種合作關係自然就走向終結。

在其他情況下，企業也會將合資作為一種評估特殊市場或技術的手段。例如在生化產業中，大型製藥企業常常投資於擁有好技術的小企業並建立合資企業。一旦原先看好的技術確實有前景，大企業會注資到小企業中以收購合資企業。合資企業可以是企業收購的前奏，透過合資，收購方可以更清楚地了解收購目標的實際價值，從而避免支付過高的收購價格。因此，這對於將合資企業當做發展契機的小企業而言，合資可能並沒有想像中那麼有吸引力，因為它會導致僅有的核心技術人員或關鍵商業祕密喪失。

雖然合資企業的終止是企業生命周期中的一個必然階段，但絕大多數合資企業的母公司不能夠在成立合資企業時，就為其終止做出合理有效的規畫。管理人員通常花費許多時間在考慮是否要成立合資企業上，例如選擇合資對象以及合資各方之間分配管理職責，但是他們通常對合資關係的終止不予考慮。結果是，當要結束合資企業時，沒有任何可以指引此一過程的機制安排。

為了防止這種現象出現，企業可以在成立合資企業時就安排好有關定價方面的條款。例如，合資各方之間可以事先商定收購條款或者賣出合資企業權益的價格。這種方案可以在一定期限或者在一定事件發生時實施。例如，西門子就曾經以類似的方式，收購了其與另一家企業在 1985 年建立的能源工程方面之合資企業，並且強調收購方案是當初合資協議的最關鍵部分之一。另外一種方式是允許合資的一方有權指定一個價格，另一方可以選擇以這一價格收購或賣出合資企業。

除了定價機制以外，合資企業的母公司還可以採用其他方法順利地終止合資企業。母公司可以在商定合資協議時規定績效評定、爭端解決、資源和產權配置和處分權力等等。母公司也必須考慮終止合資企業對其經營的影響。收購的一方往往試圖使合資企業能夠被順利地融入現有組織中，而出讓的一方則試圖將失去合資企業的影響減到最小。

總體而言，合資企業往往只是一種過渡性的組織形式，企業確保合資企業成功的最好辦法，是在合資企業成立之前就考慮到結局安排。

13.2 收購

創業者擴大企業規模的另一種方法是收購現有企業。在進入新市場和新產品領域時，收購能夠為企業擴張提供了很好的途徑。例如，清楚一個化學製造公司的問題所在和內部運行機制後，創業者可買下它作為自己公司的原料供應者。收購是買下一個企業或其一部分，被收購的企業完全屬於其買主，不再是一個獨立實體。根據交易目的和參與各方情況、投入資金金額、購入公司類型的不同，收購可有各種各樣的形式。

> 收購是買下一個企業或其一部分，被收購的企業完全屬於其買主，不再是一個獨立實體。

雖然收購企業的一個重要問題是在價格上達成共識，但是除了價格談判之外，成功地收購一個企業有許多事情要做。實際上，價格協定只是整個企業收購行動的一部分，眾多交易行動的結構安排對於交易的成功比價格更重要。例如，有一家廣播公司被一家公司收購以後經營非常成功，主要是因為給原來業主的款項到第三年才開始付出本金，而在此之前只付利息。

從策略角度來看，新創企業必須注意的是，保持企業總體經營的一貫性和業務的相對集中。無論購入企業是成為整個企業的核心，還是滿足拓展企業能力所需，例如銷售通路、銷售團隊或生產設備，創業者必須使它能融入企業現有的發展策略及方向中。

13.2.1 收購策略的優越性

收購一個現存企業有很多益處，列舉如下：

㈠正常運作的企業。收購一個正常運作的企業有很大優點，主要是，這種企業通常已經建立了一定的社會知名度，並且有完備的經營業績檔案。如果該企業經營能夠獲利，創業者只需在原有客戶基礎上繼續沿用現有策略即可。

㈡已有的客戶基礎。收購現有企業，創業者就無須考慮吸引新客戶的問題，因為企業原來已有一定的客戶基礎。

㈢已有的市場行銷架構。通常影響被收購企業價格的最重要因素之一，是它已建立的行銷管道和銷售額。與原料供應商、批發商、零售商、生產商的關係都是企業的重要資產。如果這些都已經具備，創業者就能集中心力對企業進行改造和擴大企業規模。

㈣成本。收購現有企業的實際成本比用其他擴張方式更低。

㈤現有員工。在收購過程中，現有企業的員工是一項重要資產，他們知道如何使企業保持良好的運作狀態並幫助企業繼續成功營運。另外，他們與客戶、供應商、銷售通路人員已有聯繫，當企業易主時，他們有助於保持這些關係。

㈥更多的創造者。利用收購，創業者往往不必再費心去尋找原料供應商、銷售通路、雇用新員工、尋找客戶，創業者可以有更多的時間和機會擴大企業規模。

13.2.2 收購帶來的不利

雖然利用收購進行擴張有很多優點，但是也有不利之處，創業者在收購中也可能陷入困境。因此，創業者必須將收購與其他擴大規模方法相比，必須對這種擴張方式的每種優點和缺點仔細衡量。

㈠勉強合格的檔案紀錄。許多企業銷售業績紀錄混亂，只能勉強算得上成功，甚至從來沒有獲利過。在這種情況下，非常關鍵的是重新審閱這些紀錄，與企業重要人員一起從未來經營前景的角度評估這些紀錄。例如，如果店面設計非常平庸尚可糾正，店面所處地點不好，創業者只好放棄收購。

㈡對自己的能力過於自信。有時創業者常常會覺得自己能夠在別人失敗的地方取得成功。因此，在開始任何收購活動之前，客觀的自我評估尤其重要。即使創業者採用新思路、高品質管理，由於其他一些因素難以矯正，企業經營仍然不可能成功。

㈢重要員工流失。通常企業易主時，重要員工會隨之離開。對創業者來說，重要員工離開帶來的損失可能會是災難性的，因為企業的價值往往是員工努力的成果。這在服務業尤其明顯，因為服務業很難將實際提供的服務與服務人員區分開來。為防止這種現象出現，在收購過程中，收購者最好能與全體員工面對面溝通，並告訴員工們他們對企業的未來有多重要，盡量說服他們留下。同時，可適當採取獎勵措施鼓勵員工留下來。

㈣收購價格過高。由於所收購企業的知名度、客戶基礎、市場通路及原料供應商網路等因素，企業實際收購價格很可能被高估。若創業者付出的價格過高，投資報酬很可能會低得難以接受。正確估計收購所需投資額，及收購後所能獲得的利潤，才能使收益和投資金額比例趨於合理。

13.2.3 收購價格的確定

決定價格的主要因素是實際收益（過去及未來的可能收益）、資產、股東所持股數、股票價值、客戶基礎、銷售網路、員工團隊和公司形象等。如果這些因素的價值難以確定，創業者應該尋求外部幫助。所定價格應留有餘地，使投資者能得到合理償付和投資報酬。

創業者常用於確定合理收購價格的方法有三種：資產估價、現金流量估價和收益估價。

㈠資產估價方法是指創業者在計算資產的基礎上，估計企業的潛在價值。有四種方法可以估算此潛在價值：帳面價值、調整後的帳面價值、清算價值、重置價值。雖然最簡單的方法是帳面價值，但所獲得的數據只能作為一個參考數據，因為它只反映了該公司的會計實務。對此數據的修正是調整後帳面價值，對已有帳面價值進行調整使之反映實際市場價值；另一種反映公司資產價值的方法，是假定公司被賣出或清算資產及償還債務所需款項，清算價值反映了某一特定時間的公司價值。若公司一直運轉良好，按照清算價值法計算的結果要低於實際資產的價值；若公司遇到困難，清算價值則可能會高於實際資產的價值。最後一個方法是重置價值，即當前重新購置公司所有有形資產的實際成本。

㈡對於重視投資收益和投資回收時間的創業者，另一種很好的估算方法是計算公司的預期現金流量。有幾種不同的現金流量：現金流入、現金流出、現金流量終值（Terminal Value）。現金流入是公司現金收入減去費用（折舊除外）；現金流出（意味著收購是一種損失）對企業和個人稅收是有益的；最終現金流量價值，是創業者賣掉企業所得現金。

㈢收益估價。這一方法是將收益乘以適當的價格收益成長係數來估計公司價值。在這個過程中有兩個要素，收益和成長係數。確定收益所涉及的問題包括：應將哪一階段的收益及何種類型的收益包括在內。收益階段可以分為在目前管理和所有權情況下的過去或未來潛在收益，或者是在新管理措施和新業主情況下的未來收益。收益的類型可以是稅前息前盈餘EBIT，或是營業收入、稅前利潤、或稅後淨利。通常用EBIT，因為它在沒有利息和稅款的影響下，反映了企業獲利的能力和企業價值。

確定了時間階段和收益類型後，就要選擇合適的價格收益成長係數。如果收購方式以股票轉售進行，那麼可以選擇股票交易價格成長率，還可以選產品、企業性質、期望收益、發展狀況、股票市場狀況來進行估計。雖然這樣做較為困難，但通常至少可以確定成長係數的大致範圍。

無論用資產估值、現金流量估值還是收益估值，在考慮收購合理性時，價格是一個相當重要的因素。在決定收購過程中，還需考慮其他因素：整合效果、具體的估價方法、交易安排、法律事務及對所收購企業的管理計畫。

13.2.4 整合效果

「整體大於部分之和」這句話也適用於收購對象與原有企業間的關係。在財務及經營兩方面都應有整合作用，收購是實現共同目標的工具之一。收購企業對企業經營底線、長期收益和企業未來發展都有重要影響。收購企業往往難以達到預定目標的主要原因是缺乏整合。

在今天不斷變化的環境中，對企業進行評估不僅要考慮經營狀況和市場潛力，還要考慮企業的成長潛力、潛在風險、對市場和技術變化的適應能力。在考慮收購一家企業時，需特別注意被收購企業存在的問題，如：員工之間缺乏溝通互動合作、經營管理方式落後、財務狀況不佳、產品陳舊等等（見表13.1），這些問題有可能對收購後的企業運作帶來不利影響。

> 對企業進行評估不僅要考慮經營狀況和市場潛力，還要考慮企業的成長潛力、潛在風險、對市場和技術變化的適應能力。

評估收購對象的過程從財務分析開始，需要分析利潤和虧損、經營狀況、年度資產負債表等等。主要應分析最近幾年的企業經營狀況，尤其是最近三年的經營情況，了解公司未來的潛力，分析各種比率及經營數據，以清楚公司運轉是否正常，其中負債比率過高、資金管理控制不完善、庫存產品過時和周轉過慢、信用等級不佳、呆帳過多等缺點都應認真考慮，仔細斟酌。

表 13.1　評估公司價值須考慮的因素

1. 管理原本十分集權的企業；
2. 公司內部溝通困難的企業；
3. 管理手段落後的企業；
4. 財務管理失控的企業；
5. 負債比例過高的企業；
6. 財務報表帳目不清的企業；
7. 銷售額成長卻沒有相對改善經營狀況的企業；
8. 庫存管理混亂的企業；
9. 有大量呆帳的企業；
10. 產品或用戶亙古不變的企業。

此外，對公司過去、現在和將來的產品生產線也應仔細考慮，應從設計特色、品質、可靠性、獨特優勢、知識產權等方面來評估產品的優缺點。產品的生命周期和市場占有也應考慮在內。市場占有是相對分散還是集中於少數廠商手中？從前、現在、未來的客戶如何評估產品？競爭、價格、邊際利潤各對市場有什麼影響？創業者應認真考慮企業產品銷售、設計、生產前景，估計產品生產線的潛力，市場占有增加或者萎縮的情況。競爭者數量、競爭程度、新引進產品數量、技術情況的發展趨勢如何？企業生命周期的變化會不會使競爭對手有可趁之機？

估計生產線價值的一種方法，是描畫出過去每種產品銷售額和利潤狀況的 S 曲線，又叫生命周期曲線，這種曲線能清楚地揭示產品估計壽命和發展過程中的缺陷。S 曲線可以顯示公司產品可能達到最高利潤點的時間。

產品研發直接會影響企業的產品和市場地位。創業者仔細探究收購對象的研究、開發、工程設計能力之高低和競爭力，仔細評估每一項優缺點。雖然用於研發的資金規模應該仔細審查，更為重要的是，這些投入是否滿足公司長期計畫的要求。開發新產品所得收益應該與投入相比較。開發新產品過程中產生的專利之質與量各如何？研發是否有助於增加銷售和利潤？

同樣，創業者應考慮收購企業的總體市場行銷能力。雖然有關市場行銷所有方面都應考慮，但已建立的銷售體系、銷售團隊和生產商的素質和能力尤其重要。一個創業者收購企業主要是看中該企業的銷售隊伍，另一個收購企業主要是為了獲得一個銷售網路以迅速打入新市場。利用市場研究工作，創業者可以清楚地明白該企業的市場取向和市場敏銳性。企業是否掌握有關客戶滿意度、市場趨勢、產業先進技術狀況的訊息？這些訊息是否及時地傳送至相對經理人員手中？是否有完善的市場資訊系統？

生產流程的品質，如所採用的設備和技術在收購決策過程也有重要的影響。設備是否已經過時、是否具有相當的柔性使所生產產品的品質和價格在未來三年中仍然有競爭力。

創業者應仔細評估收購對象的管理階層和重要員工。

最後，創業者應仔細評估收購對象的管理階層和重要員工。應該設法找出那些曾對企業過去的銷售及利潤有重要貢獻的員工，一旦公司被收購，他們是否還願意留在公司裡？他們是否已經醞釀了切實可行的公司發展目標，並為這些目標制定了實施計畫？調查跳槽主管的級別和員工的離職狀況，就可以洞察管理階層的管理能力和員工士氣。離職率是高還是低，離職員工是否相對集中於一個部門，還是限於某種類型的個人？企業是否制定了主管人員的職場生涯發展計畫？公司有沒有強悍的管理團隊？

13.2.5 具體估價方法

具體估價方法是用以確定收購對象的現有價值。這裡我們舉一個例子來說明，假設已掌握了一個收購對象企業的下列資訊：

- 本期總收入 [R] 是 200 萬美元
- 預計年收入成長率 [r] 是 50%
- 預計收購價格 [K] 是 250 萬美元
- 預計從現在到投資清償之日 [n]，即財產持有時間為五年
- 預計清償時的銷售利潤邊際 [a] 為 11%
- 清算時預期收購價格和公司收益之比是 15
- 在該時期創業投資和流動性下投資的折現率 [d] 為 40%

根據以上資訊，可用下列公式及步驟計算該企業現階段價值：

$$公司價格 = v = \frac{R(1+r)^n aP_e}{公司現值利率因子}$$

$$v=\frac{R(1+r)^{n}aP}{(1+d)^{n}}$$

第一步：本期收入 200 萬美元以 50%年成長率成長，五年後清償時收入達 1,519 萬美元。

第二步：將預計年收入 1,519 萬美元乘以銷貨利潤邊際 11%，得到清償時預計收益 167 萬美元。

第三步：預計年收入乘以預計現值收益比 15 得到未來企業市場價格 2,506 萬美元。

第四步：公司現值利率因子等於折現率加 1（即 1.4）的 5 次方（5 為財產持有時間），得到的數值為 5.378。

第五步：以企業未來市場價格 2,506 萬美元除以 5.378，得企業現值 466 萬美元。

第六步：將收購資金 250 萬除以現值 466 萬，收購者得到所購企業所有權 53.7%。

在這種估計現值方法中，假定收入成長率固定，並且沒有考慮將來節稅金額大小。

13.2.6 交易安排

一旦選定了收購對象，就要建構交易談判，收購企業要用到許多技巧，每一種都會替買主及賣主帶來不同利益。交易過程涉及到交易的參與各方、支付形式和支付時間安排。一個企業所有或部分資產被另一個企業以現金、有價證券、股票、雇用合約或這幾種方式的組合收購，付款可在收購時進行，或在第一年內支付，或其後幾年內付清。

收購的兩種主要方法是：直接購入企業的所有股票或資產；根據自己的能力購入相對的資產。直接購入時，收購者通常需要得到外界貸款或賣主的貸款。收購方用公司營運產生的資金在一段時間內付清貸款。雖然這是一項並不複雜的交易，但它通常會給賣主帶來長期的資本效益。

為了避免這些問題，創業者在收購時可量力而行，只買下企業的一部分，用現金先購入 20%至 30%，接著以長期有價票據購入剩餘部分，長期有價票據可在一時間內利用購入企業的收益償付。這種交易方式從稅負的角度來看，對買主和賣主都更有利。

13.2.7 確定收購對象

若創業者確實需要尋找收購對象，可以找專業經紀人，這種經紀人類似於房地產仲介，他們通常掌握賣主情況並透過口頭詢問、廣告或直銷的方法積極地尋找買主。由於交易成功後會付給經紀人一定比例的成交額作為佣金，他們會為促成較好的交易付出更多努力。

會計師、律師、銀行家、生意夥伴、企管顧問都可能了解一些收購對象，而且他們都有豐富的收購經驗，在談判過程中會很有幫助。

還可以從報紙的分類廣告或商業雜誌獲得有關訊息，由於對這些企業通常一無所知，可能風險較大。

經過長時間了解和努力，創業者才能選出最佳的收購對象。創業者盡可能多收集有關資訊，認真閱讀，尋求顧問和專家指導，結合自己目前情況，最後做出明智選擇。

一個包括收購標準和各種預期數據的詳細文件，有助於尋找目標和最初的篩選。要形成這樣的文件，創業者必須對目標企業進行調查，企業經營的歷史、管理階層狀況、產品、財務、市場行銷、生產、人力資源和勞資關係，並對這些方面扼要評估。目標企業的各種情況可由內部專職人員調查得到，也可透過向會計師、經紀人、投資銀行家、律師諮詢得到。若目標企業通過了初審，還需要進一步嚴格調查分析評估收購的可能性。

13.3 合併

企業擴張的另一種方法是合併，兩個或兩個以上的公司併為一個。合併和收購很相似，甚至有時這兩個詞可以互換，合併或收購的主要問題是購入的法律程序。在美國，司法部常常就水平合併、重直合併、聯合合併發布各種指南，這些指南為執行舍曼法案和克萊頓法案時提供詮釋基礎。由於指南涉及廣泛並具有相當的技術性，創業者應在出現爭端時尋求足夠的法律支持。

創業者為什麼要合併？如圖 13.1 所示，合併策略有防禦性和進攻性之分。合併常是為了使企業生存、保護企業免受競爭威脅、促使企業多元化經營和擴展企業經營規模等。當技術過時、失去市場或原材料供應、財務狀況惡化等情況發生時，合併可能是使企業生存的唯一有效辦法。合併可以防止市場被競爭者侵占，企業現有產品被創新產品替代。合併可以推動企業的多元化經營，為企業提供市場、技術、財務和管理能力進一步發展的機會。

防禦性◄--►進攻性

企業生存需要	抵禦	多元化經營	得益於
資本結構惡化	入侵目標市場	防止衰退周期	市場地位
技術過時	低成本的競爭	消除季節性需求影響	技術優勢
失去原材料供應	他人的產品革新	經營國際化	財務狀況
市場的喪失	惡意吞併	經營策略多樣化	管理天賦

圖 13.1　合併動機

如何著手合併呢？它需要創業者精心策畫，必須兩個公司的所有者都明確合併的最終及未來收益。同時創業者應仔細考慮合併對象的經營狀況，以便確保原企業管理階層在未來發展中仍保持相當實力，還應考慮現有資源的價值和適用性。創業者也需要對合併對象進行詳盡分析，確保其缺陷不會對合併後企業產生很大的負面影響。最後創業者應盡量營造互信的關係，消除可能存在的任何隱患。

合併企業與收購企業之定價方式雷同，包括考查整合後產品及市場情況，最新國內國際市場競爭地位，可能被低估的企業財務狀況，在相關產業中企業是否具有足夠技能，有無尚未充分利用的資產。常用的定價方法是預計合併後經調整的現金流量和稅後收益。在各種不同的合理報酬率估計值下，考慮現金流量和公司收益的樂觀估計值、悲觀估計值及其他可能狀況。

13.4 惡意吞併

從卡爾・伊肯和 T・布恩・彼肯斯採用突襲的企業收購方式後，非善意接收這種收購方式已受到廣泛重視。惡意吞併有三個主要原因：

㈠與績效相比股票價值過低；

㈡低股本負債比率使創業者能夠利用企業資產幫助吞併；

㈢大量機構投資者持有公司股票。

由於機構投資者投資是為了追逐利潤，而非善意接收會為其帶來股票價格和公司價值方面的利益，他們通常贊成這種違背目標企業意願的收購方法。

在違背目標企業意願的情況下，進行收購的最佳方法是採用分步發行垃圾債券。襲擊者首先購入一小部分企業股份（約 5%），然後找到足夠的資金後盾，利用發行垃圾債券高價收購目標企業51%的所有權，使目標企業現有股東拋售手中股份獲利。但若不採取後續相對措施，一旦接管，其擁有股票將會貶值，因為花了高於實際價值的價格買下了51%的股權。

創業者也可以在得到原有股東同意的情況下進行吞併。當大部分股東對現有經營業績不滿時，會出現這種非善意接收，股東願意支持吞併者選出新的管理隊伍。

非善意接收的增加，促使各企業採用各種防範措施：

㈠延長董事會任期，每年只能改選其中三分之一，這樣吞併需經過兩個年度的股東大會才能取得董事會控制權。

㈡改變公司性質，在意見一致的情況下，取消公司股東採取行動的自由。

㈢公司設置「毒藥丸」，一種保護現有股東利益的機制。「毒藥丸」規定在出現非善意接收的威脅時，現有股東有權得到股票升值補貼。當企業吞併者出價時，股票升值補貼將可自動增加股東股票價值。此時向吞併者出售股票的股東將會損害自身利益。

㈣企業立約限制公司債務規模，控制債券發行量。這種保護性約定可以大幅減少甚至杜絕公司出現額外的債務，使得吞併者很難利用公司資產作為槓桿進行吞併。

㈤利用公司債券進行「投毒」。一旦債券的原發行企業被收購，債券持有人有權將其兌現。這一條款不僅打擊了吞併行為，而且有助於穩定債券價格。在吞併中，債券通常會貶值，且使債券評等下降。

即使不採用吞併方法收購一家企業，創業者也應了解這些防範措施。一旦創業者自己的企業成功，這些了解就會有幫助，創業者可在企業中採用一種或幾種防範措施，防止日後企業被惡意吞併。

13.5 槓桿收購

創業者（或員工團體）利用借貸以現金收購企業，即為槓桿收購（LBO）。創業者採用LBO往往是因為他們認為自己可以比舊業主經營得更好，或者是舊業主想退休，或是大公司想放棄自己企業的一個分支機構。

槓桿收購即利用借貸以現金來收購一個企業。

由於個人資產太有限，購買者需要大量的外部資金融資。由於不可能額外發行股票增加資金，創業者一般利用五年以上長期貸款籌資，以所購企業資產作為抵押，提供長期貸款的可以是銀行、創業投資者、保險公司，LBO中通常由這些機構提供資金。

在LBO中，創業者實際採用的財務方案，往往必須反映貸款者的風險收益偏好。銀行通常主要採用債務形式，而創業投資者通常採用有擔保或有選擇權的債券。無論用什麼金融工具，確定的償還計畫須與預期現金流量一致，貸款利率通常是浮動並基本上與目前的創業投資利率一致。

大多數LBO中，負債權益比一般為5：1，也可高達10：1。伴隨如此高債務的是高風險，因此槓桿收購的實施目標通常是財務狀況良好的企業。在LBO中，負債比率通常較普通企業更高，雖然這增加了投資風險，但LBO成功的關鍵不是債務比率，而是創業者能否擴大銷售增加利潤，以償還本金和利息。這有賴於創業者的經驗及企業的競爭力和穩定性。

許多 LBO 的目標公司長期經營狀況良好，擁有強大的管理團隊與較高市場占有的市場地位，這些有助於減少槓桿收購失敗的風險。槓桿收購通常要求創業者將大部分個人資產投資到新公司中，這也有助於進一步減少風險。

槓桿收購通常要求創業者將大部分個人資產投資到新公司中，這也有助於進一步減少風險。

創業者如何確定一個企業是否是理想的槓桿收購對象呢？通常可採用以下評估程序：

㈠確定目前業主的要價是否合理，可採用許多主觀的和定量的方法評估。主觀評估包括該產業競爭程度及該公司在產業中所處的競爭位置、公司產品的獨特性及所處的產品生命周期階段、管理階層及留在公司內員工的經營管理能力等等。前面討論過的定量方法也可以用於評估要價，例如計算LBO預期的價格收益比與類似企業相比較，折算預期未來收益及帳面價值的現值等等。

㈡合理的收購價格決定以後，創業者需估計企業的負債規模。由於創業者盡量以長期債務的方式籌措所需資金，債務規模顯得十分重要。預期的LBO能承受多少長期債務？這取決於未來企業的經營風險及未來現金流量的穩定性。未來的現金周轉必須能夠支應因LBO所產生的長期債務，由於流動資金不足而無法以長期債務籌資時，都應由創業者或其他投資者增加股本。

㈢長期債務確定了，接著的是制訂合適的各種財務計畫。財務計畫必須綜合考慮資金提供者、企業和創業者三者的利益需求和目標。雖然財務計畫大都根據實際情況制訂，但是通常有一些限制條件，如不付股利。與資金提供者達成LBO協議一般都保證過一段時間後其債務可以轉換成普通股，並往往要求成立長期債務的償債基金。

有許多成功的與失敗的LBO例子。最有影響的是R. H. 莫西有限公司，一家著名的連鎖百貨公司。以傳統標準來衡量，莫西的每平方英尺的銷售量、利潤、資產報酬都不錯，它曾經歷過一次利潤大幅下滑，失去了一批有才能的中階管理者。有三百四十五個管理人員參與完成了對莫西的槓桿收購，分享這價值四十七億美元零售商的20%股份。槓桿收購後發生了一些好的變化：經營管理方面出現了新的企業創業精神，提高了員工忠誠度；改革了原有的激勵機制，中階管理人員可以利用休息時間參與銷售，可以與銷售人員一樣獲得獎金。董事會開會延長至一年五次，而不是一個月一次，以為企業制訂有效的長期計畫。

13.6 特許經營

特許經營是創業者擴大企業規模的一種有效方式。有了特許經營權，創業者在市場銷售中可以得到授予特許者的培訓和支持，可使用已有相當知名度的商標。創業者還可利用授予特許權的方式讓其他人使用自己的商標、生產流程、產品、勞務等來擴大企業規模。

1980 年 1 月，吉姆．福勒決定對外授予其擁有的家庭清潔公司「快樂女僕」的專營權。起初大眾很難接受這種每周一次或每兩周一次的家庭清潔服務，結果是，企業利用擴大授予專營權贏得了聲譽，反過來又促進了特許經營。現在的「快樂女僕」已經在美國的四十八個州和幾個國家擁有業務，有五百六十家分公司，八千萬美元的營業額。透過統一的工作服，對加盟特許者進行專業培訓，以及一系列經過嚴格檢驗的清潔產品，創業者已將一家簡單的家庭清潔公司擴大成為跨國企業，並為許多創業者提供了成功的機會。

特許經營可定義為「有註冊商標產品或勞務的生產者或總經銷，將某地區排他性的營運權授予獨立的分銷商，被授權者需要繳納許可費和實行標準化的營運程序」。提供特許權的人稱為特許權授予人，特許證持有人是買下特許經營權的人。透過購買特許證，特許證持有人就獲得一個進入新市場的機會，成功的可能性比從零開始經營一個新企業要大得多。

特許經營即擁有註冊商標產品或勞務的生產者或總經銷，將某地區排他性的營運權授予獨立的分銷商，被授權者需要繳納許可費和實行標準化營運程序。

13.6.1 特許經營的種類

特許經營有三種類型，每一種各不相同。

第一種是經銷商體系，在汽車製造業中最多。生產商利用特許經營權銷售系列產品，經銷商為生產商的零售點，有時他們還要完成生產商分配的額度。當然，與任何特許經營一樣，他們也從授予人提供的廣告宣傳及管理幫助中得益。

第二種，也是最普遍的一種類型是提供名字、品牌形象以及經營方法，如麥當勞、肯德基、Subway、Midas、Dunkin、Donuts 等。

第三種是提供各式服務，如獵人頭公司以及房地產經紀人等等。這些專營企業已建立較為響亮的信譽和經營方法。有些行業如房地產業，特許證持有人事實上是先成立並營運企業，然後申請成為特許經營組織的一員。

特許經營有其發展淵源，其根源於一些環境變化及市場趨勢，具體舉例於下：

㈠對良好健康的需求。現在人們對食品衛生和營養要求愈來愈高，在保持健康方面也花費更多精力，許多特許權經營是因應此趨勢而產生的，如創建於1983年的Bassett的原味火雞，是為了滿足消費者對低膽固醇食品的需求。如酸乳酪的特許經營者，新英格蘭的TCBY和佛羅里達的Nibble-Lo's也是如此。洛杉磯有一家獨特的餐館「健康快車」，為顧客提供了100%的純蔬菜菜單。

㈡節省時間。愈來愈多的消費者希望能送貨到府而不是自己去購買，因而許多食品店展開送貨服務。1990年，美國Auto Critic公司起初是一個提供機車檢修服務的公司，幾乎在同時，羅納德．托什（Ronald Tosh）創辦了Tubs To Go公司，進行全國各地的jacuzzi運輸服務，收費標準是每晚一百到兩百美元。

㈢環境意識。氡檢測服務特許權，是由於消費者需要保護自己和家人免受有害氡氣體的損害而發展的。1987年，一家禮品店「生態屋」開始向消費者供應節水設備、可充電池、節能燈具等。

㈣生育高峰。美國上一次嬰兒潮的出生者現在也都有了自己的孩子，這導致了一系列與孩子有關的服務特許權。照顧孩子的專營公司日益興旺，如"Kinder Care and Living and Learning"公司。1989年，兩個律師，戴維．皮科斯（David Pickus）與李．森得樂斯凱（Lee Sandoloski）在一個兩萬到兩萬七千平方英尺大的建築中開了一家名為"Jungle Jim's Playland"的室內娛樂場所。Computertot也提供一項特許權，產品是用以教導學齡前兒童的電腦，目前這個特許經營的公司已發展到在美國十五個州有二十五個特許經營點。

13.6.2 特許經營中特許證持有人的好處

購買特許經營權最重要的好處是，創業者不必承擔從零創業的所有風險。表13.2列出了特許經營的一些重要優點。顯然，在開創新企業時，創業者所碰到的首要問題在於使產品被顧客接受，以及其經營管理技能、籌集足夠的資金、市場行銷知識、企業運行調整控制機制等。在特許經營下，與上述相關的每一項風險都可以被降為最低。下面將逐項進行討論。

表 13.2 特許經營權的內涵

表 13.2 特許經營權的內涵
1.已建立市場形象或良好知名度的產品或勞務
2.一項已經申請專利的配方或設計
3.產品名或商標
4.管理財務收支的財務管理系統
5.該領域專家提供的經營管理諮詢
6.宣傳廣告和原料購買的規模經濟效應
7.總部機構提供的服務
8.已經被市場接受的經營思路

㈠產品接受程度。特許證持有人所著手的業務已是有相當知名度的產品、勞務或名字。例如Subway，任何人買下了特許權都可以使用“Subway”這個享譽全美的名字。特許證持有人不必再耗費資源去建立聲譽，多年的授權經營早就為該業務建立足夠的名聲。Subway還在廣告宣傳上花費了大量的資源，藉此建立良好的產品和服務形象。但是，若一個創業者打算從頭開一家沒沒無聞的三明治快餐店，創業者就需要花費大量的精力在市場上建立產品的可信度和信譽。

㈡經營管理技能。對於特許證持有者而言，另一益處是特許證授予人在管理上的協助。每個特許證持有人都必須參加授予人的全方位培訓，包括會計、員工管理、市場行銷及生產等課程。如麥當勞，要求所有特許創業者到他們自有的培訓學校上課。另外，一些特許證授予者還要求新進持有人與已在經營的持有人一起工作，或在企業自有的店面中工作以進行實地培訓。多數特許證授予人會協助新加入企業經營管理，而且是免費的，持有人可隨時諮詢。較大的特許業者會設置辦事處，經常提供建議給持有人，並將特許產品的最新訊息及時告知持有人或授予人。

這些培訓和教育是創業者在考慮特許經營時的重要衡量標準。若開始階段的這些協助並無實質效益，創業者應另謀機會，除非他（她）在這個領域已有實務經驗。

㈢資金需求。我們知道，啟動一個企業需要大量的時間和資金。特許經營企業在啟動時的各方面條件和經營培訓，可為創業者節省許多時間和資金。特許證授予人指導選址和地區市場調查，包括交通狀況、人口統計、商業條件和競爭狀況。有時，特許證授予人甚至提供企業最初投資以加快企業營運。購買特許經營的初期投資通常包括購買特許權費用、建築費用及設備購買費。

設施的設計、庫存量的控制、整個特許經營企業的潛在購買力，可以為創業者節約大量資金。母公司的規模較大，在購買醫療保險和企業保險方面占優勢，因為創業者被整個特許經營組織視為其中一員。啟動階段資金的節約還反映在母公司利用廣告以提高銷售量。宣傳廣告可在一個地區或全國範圍內進行，提高企業信譽和企業形象。這些對單一企業而言幾乎是不可能的。

㈣市場行銷知識。已建立知名度的特許經營企業，通常會為新起步的創業者提供企業經驗和市場知識。市場知識常反映在給特許證持有人的計畫裡，其中詳細列出了目標客戶，及企業開始運行應實施的策略。由於市場的地域性差異，這一點非常關鍵。每個市場的競爭、宣傳的有效性和消費者口味大相逕庭。憑藉所累積的經驗，特許證授予人能夠提供經驗建議和幫助，使創業者能更快的適應市場環境。

特許證授予人一直在監控市場條件，確定最有效的市場策略，並及時與特許證持有人交流，反映整個市場新思路和新動向的刊物常會源源不斷地送到持有人手中。

㈤企業營運調控機制。創業者著手創立新企業之際碰到的兩個主要問題是：產品品質的控制及建立有效的管理機制。特許證授予人，尤其是食品業的，將監測各供應商的產品是否達到品質標準。有時候產品由特許證授予人負責提供，如本章前面提到的「快樂女僕」。產品供應、產品品質及服務的標準化進一步幫助企業創業者保持產品品質標準。而且標準化有助於確立特許經營企業的一貫形象，企業擴大規模完全有賴於此。

管理問題包括財務問題和人事問題，財務包括成本、庫存、現金流量；人事管理包括雇用和解雇標準、時程安排、保持一貫服務的培訓。這些管理標準通常被編成手冊分發給特許證持有人。

以上這些好處都是針對特許證持有人的，它們同時也展現了希望透過授予特許權而擴大企業規模的經營策略。對創業者而言，有許多特許權可選擇，要想使特許經營產品銷售成功，特許證授予人須提供上述服務以利特許權銷售。麥當勞、Burger King、肯德基、波士頓炸雞、Subway、Midas、Jiffy Lube、Mail

Boxes、快樂女僕等等，這些專營店之所以如此成功，是因為這些公司建立了良好的特許經營服務培訓系統，替特證證持有人提供了必要的服務和幫助。

13.6.3 特許經營給予特許證授予人的益處

對特許證授予人的益處是購買力不斷增強、企業擴展風險減小、資金需求和成本降低。很明顯的例子是 Subway 公司，若佛萊德・迪魯克不推行特許經營權的話，他不可能獲得如此成就。企業要有如此規模，授予人必須建立良好的產品信譽和形象，贏得特許權持有人的青睞。

㈠規模擴張風險。特許經營最大的優點在於創業者可在不需要很多資金的情況下，迅速擴大企業規模。這個優點很重要，因為經營一個新企業，創業者必須面對許多問題，特許證授予人可以透過在某些地方授權並出售特許證，不僅使企業在國內發展，還可進一步使之國際化，且所需資金比單打獨鬥少得多。想想迪魯克是用了多少資金建立八千三百家 Subway 三明治店。特許證授予人的業績紀錄及向持有人所提供的服務形式和品質，決定特許證的價值。Subway 的低轉讓費用，許多人都承擔得起，這無疑增加了其擴展機會。

相較而言，特許經營企業所需員工數量少，總部及各地分部應配備最少人力，減少工資費用及人事問題。

㈡成本優勢。特許經營企業的規模不需太大，這給特許證持有人帶來很多好處。授予人可以大量買進原物料，可以運用規模經濟的優勢。許多特許經營企業自己生產零物件、外包裝及原料，再賣給特許證持有人，持有人再根據合約以優惠價格買下這些產品。

特許經營企業的成本優勢最顯著之處，是不必由一個企業單獨支付龐大的廣告費用。每個特許證持有人抽出銷售額的一定百分比（1%至 2%）組成宣傳廣告基金，授予人用這筆基金在各地區進行宣傳。

槓桿收購通常要求創業者將大部分個人資產投資到新公司中，這也有助於進一步減少風險。

13.6.4 特許經營的缺點

當然，取得特許經營權並不一定是最好選擇，在投資特許經營以前必須進行詳細調查。特許證授予人和持有人之間的問題很多，最近已引起了政府和有關單位的重視。

對持有人而言，不利之處主要在於授予人可能不提供服務、廣告和選址。若授予人不履行合約，創業者在很多重要之處得不到幫助，常常會一籌莫展。例如，科特斯・賓（Curtis Bean）從Checkers of America公司買下十二項特許權，該公司提供自動檢測服務。結果賓損失了二十萬美元，他與其他持有人一起訴諸法律，起訴該特許證授予人不當處理廣告費用，並向持有人聲稱特許經營不需任何經驗培訓。

若授予人破產或被另一家公司買斷，持有人將面臨更為棘手的問題。文森特・尼格魯（Vincent Niagru）是三項特許證所有者，文森特為之投資了一百萬美元。1988 年，該特許權被賣給 Apogee 實業公司，1992 年又被再一次賣給另一些投資者。這期間，很多特許證持有人經營失敗，最後只剩下大約五十家特許證持有人，尼格魯無法繼續他的生意，客戶們擔心他也會失敗。在這過程中授予人沒有給予任何承諾。

用授予特許證的方法擴大企業規模，也有一定的風險和不利之處，有時，特許證授予人很難找到高素質的合適對象。除了培訓和監控問題，管理不善也會導致企業經營失敗，這對整個特許經營系統都會產生嚴重的負面影響。隨著特許權持有人數量的不斷增加，進行有效管理控制變得愈來愈難。

13.6.5 投資特許經營

> 成功的特許經營需要付出努力和時間，因為企業雇用員工、制定計畫、採購、會計等等仍需特許證持有人來完成。

特許經營有很多風險，雖然麥當勞成功了，Burger King 也成功了，但每一個成功後面都有許多失敗。它與其他類型的企業一樣，不適合於被動悲觀的人。成功的特許經營需要付出努力和時間，因為企業雇用員工、制定計畫、採購、會計等等仍需特許證持有人來完成。要想減少特許經營投資風險，可採用下列方法。

創業者首先進行自我評估，確定加入特許經營企業是正確的選擇。回答下列幾個問題，可幫助你判斷決定是否正確：

- 是一個主動工作的人嗎？
- 喜歡與人合作嗎？

• 有能力領導那些和你一起工作的人嗎？

• 能安排組織自己的時間嗎？

• 願意冒險並能做出正確決策度過難關嗎？

• 在企業經營狀況上下波動不穩定時，能帶頭堅持經營下去嗎？

• 身體狀況是否良好？

如果你對上述問題的回答為「是」，那麼加入新的特許經營企業或許是正確的。

但是並不是每一種特許經營權都適於任何創業者，必須經過考量來確定哪一種最合適。在做出最後決定之前，必須考慮下列四個因素：

（一）事實證實已成功經營的與尚未成功的特許經營權

投資已證實成功與未證實成功的特許經營權是不同的。成功與否還有待證實的特許權價格較低，但風險較大，隨著企業擴展，特許證授予人容易出現錯誤，這些錯誤無疑會導致企業失敗，特許權的不斷轉移通常會導致混亂和不當處置。當然，未經證實的特許權具有更大的挑戰性，它使創業者有機會獲得更大利潤，並使企業迅速擴大。事實已證實經營成功的特許經營風險小，但所需投資金額往往較大。

（二）特許經營的投資基金穩定性

1. 購買特許權必須考慮特許證授予人的財務穩定性。購買特許權之前，必須回答下列幾個問題：

• 該組織中已經有多少特許權持有人？

• 組織中每個特許經營成員經營狀況如何？

• 特許經營所得利潤大部分來自最初的特許權出售，還是來自基於特許證持有人產生利潤後繳納的特許證使用費？

• 特許證授予人在生產、財務、市場方面有無專業管理知識？

2. 上述資訊可從特許經營組織的損益表中獲得，與授予人直接溝通也可獲得組織的經營狀況。若有機會，還應與一些特許證持有人直接溝通，看一下他們的成功之處，分析出現的問題。如果無法知道特許權授予人的財務狀況，創業者還可以從類似 Dun & Bradstreet 的機構購買到其財務狀況評等資料。下列所列均為較好的資訊來源：

- 特許經營權協會
- 其他特許證持有人
- 政府機構
- 會計和律師
- 圖書館
- 特許經營指南及期刊
- 商展

（三）新特許權經營者的市場潛力

創業者應從交通流量和地圖上的人口密度著手，估計特許經營產品能夠吸引的市場占有。交通流量及方向、通往商業區的便捷程度、行人和汽車交通數量可由實地觀察估計，地區人口密度可從當地圖書館查閱或從政府的統計數字得到。在地圖上標出競爭者位置，考察他們在該特許經營行業中的位置和影響。

市場行銷方面的研究也對競爭有很大幫助，創業者應考慮市場對新企業的態度和興趣。有時，特許權授予人會在指導持有人銷售的同時進行市場調查。

（四）新特許經營者的獲利潛力

任何新成立的企業，都應制定預估收益表和預估現金流量表，由特許權授予人進行預測以計算所需資料。

總體而言，以上資訊都應以說明書形式公開。美國聯邦貿易委員會要求特許權授予人以文件形式公開銷售前的一些資訊，文件必須從二十個不同構面描述該特許權。這二十個構面綜合列於表 13.3，其中有些是綜合性的，有些是概略性的。形成購買決策之前，總有一些不足之處需要認真考慮。這個公開文件是了解特許經營權的一個很好途徑。當然，還應評估本章前面提到的服務。

先期費用、特許權費、各種經費開支及其他訊息應與同業或不同業其他特許經營相比。若該特許權可以作為一項投資，創業者可以向特許權授予人索取特許經營資料，包括特許經營協議或合約草案。通常這些資料要求付三百到五百美元的保證金，保證金應可全部償還。

表 13.3 說明書應包含內容

1. 授予人身分，其分支機構及商業經驗情況
2. 授予人的每個辦事人員、指導者、負責特許證服務和培訓及其他管理人員
3. 授予者及其辦事人員、指導人員、管理人員曾參與過的訴訟案件
4. 授予者及其辦事人員、指導人員、管理人員曾涉及過的銀行破產事件
5. 特許經營初始費及為獲得特許證所需其他初始費用
6. 特許經營權取得，企業開辦後，持有人需繼續支付的費用
7. 對特許經營產品品質和購買地點的限制
8. 特許證授予人及其分支機構是否會資助特許權的購買
9. 特許權對其產品有何限制
10.對特許權涉及的顧客有何要求
11.對特許證持有人進行的地域保護
12.在何種情況下特許權可以被授予人買回，拒絕授予人的修改，由持有人轉讓給第三方，或者是由任一方結束使用或修正
13.對持有人的培訓
14.特許權中牽扯到哪些著名人士或公眾人物
15.在選擇經營地點時授予人所提供的幫助
16.現有所有特許經營企業數量的統計數字，未來計畫中預估的數字，已終止企業的數量，授予人決定不再更新的數量，及過去授予人重新買回的特許證數量
17.授予者的財務報表
18.持有人必須參與特許證經營中的程度
19.以持有人收益為基礎的全面報表，包括有多少企業達到了既定目標
20.其餘特許證持有人的名字和地址

合約或稱特許經營協議是購買特許權的最後一步，應找一位在特許經營方面有工作經驗的律師。協議包括持有人所有的特別要求和義務。地區排外性可以保護持有人，使授予者在一定商業範圍內不再將特許權售予他人。財務條款規定了特許權的最初價格、支付計畫及特許權稅。特許權終止條款規定了若持有人喪失了勞動能力或死亡該如何處理，對其家屬該如何處理。終止特許權比其他方面事務引起更多的訴訟案。條款還包括為持有人提供合理的特許權市場價格。即使協議已標準化，持有人仍應就重要條款協商以減少投資風險。

本章小結

擴大企業規模有五種方法：合資、收購、兼併、槓桿收購、特許經營。

㈠合資企業是由兩個或兩個以上合作者組成。合資目的：分享技術，降低成本，進入新市場，進入國外市場。合資企業成功有賴於合作者的關係和對稱性、合理預期及時間安排。

㈡擴大企業的另一種辦法是收購。收購是將一個企業買下來使之完全屬於進行收購的企業。收購過程包括評估待收購企業，組織收購過程。評估又包括分析企業財務狀況、生產線、研究與開發、市場銷售、生產過程和管理。待收購企業通過了評估以後，就要組織適當的收購步驟。

㈢兼併。由兩個或兩個以上企業參與兼併，只有一個企業存在。目的是為了維持企業生存、保護企業、產品和市場多樣化及企業發展。

㈣槓桿收購。即用收購企業的資產作為抵押來進行收購。

㈤利用特許經營。由有經驗的特許證授予人幫助，可使企業盡快步上正軌。既有的知名度、強大的廣告力量和經營管理建議都減少了新企業的風險。

在達成特許經營協議之前，創業者應進行自我評定，確定適合自己特許經營的形式，並認真調查特許經營權，尤其是知名度未打開之特許經營權。在採用特許經營這種方法之前，財務穩定性、市場潛力、利潤潛力都應認真考量。

討論題

1. 確定一個企業價值時，為什麼有如此多不同的方法？在特定情況下，對一個公司的價值有無一個「肯定的」答案？對進行收購的創業者而言，此回答會產生什麼效果？
2. 大學與企業組成以研究為目的的合資企業，可能出現什麼問題？合資企業是如何解決這些問題的？
3. 中國大陸政府最近鼓勵其國內企業與國外公司合資，作為一家美國公司，在中國建立一家合資企業各有何利弊？
4. 為什麼對一家待收購企業進行評估要收集許多詳盡資料？
5. 特許經營與收購相比，有何優點，有何缺點？

6. 分析你所知道的一個區域特許經營企業，找出其競爭者的位置及同一特許經營的其他企業所處位置，估計該特許經營權價值。
7. 在決定進行特許經營時，為什麼創業者一定要進行自我評估？
8. 在對特許經營進行評估時，主要應考慮哪些因素？為什麼？

第十四章

企業的終止與重組

本章學習目的

1. 界定美國1978年的《破產法》（曾於1984年修正）規定的不同破產類型之間的差別。
2. 了解在不同破產情形下債權人和作為債務人的創業者之權利。
3. 幫助創業者了解破產預警信號。
4. 討論創業者如何將破產企業轉變成一個成功企業。
5. 考察由家族成員或非家族成員繼續經營的各種選擇。
6. 了解收割創業成果的策略。

識時務者為俊傑

1985 年，貝絲放棄了自己的工作，加入了她未婚夫德萊克塞・萊特（Drexel Wright）創建的公司貴格飾板公司（Quaker Siding Co.），這是一家成長迅速的承包企業，1984 年營業額一百萬美元。在 1984 年這一關鍵年中，德萊克塞開始實施快速成長策略，包括進入新建築工程市場實行多元化經營，增加了一倍的員工至三十二人，並開始施行大規模的培訓。

然而，此時貴格公司正面臨一些問題。公司業務量龐大，有很大的銷售額，卻無利潤。儘管新興行業有利於公司成長，但是花費在實施新策略的資金已經使公司無法正常維持，並使公司處於虧損的地步。這種情形在貝絲能了解公司到底出了什麼問題之前，就已經很糟糕，並且不斷在惡化。

評估公司狀況後，她發現平均應付帳款付現天數超過了一百二十天。資金狀況簡直就是一個大災難，債權人整天都打電話來，想要知道什麼時候才能收到款項。一些人甚至威脅說，如果款項不能立即兌付就要提出告訴。德萊克塞試圖安撫這些債權人，以進一步拖延付款時間，這樣他能夠繼續支付員工工資。他甚至停止提列稅款保證金，以便手頭持有可應急用的現金。很快地他發現公司所欠稅款超過了七萬五千美元，公司面臨的壓力變得難以承受。

貝絲的第一個決定是將員工由三十二人減到二十五人。但是實施非常艱難，因為許多員工都是德萊克塞的好朋友。然而，別無選擇，因為公司已經失控了。除了上面的問題，貝絲還發現財務報表準備得一塌胡塗，數據常是不準確的，並且支票帳戶已經透支。公司重新雇用了一個會計，但是一個更有效的會計系統能順利地運轉是需要時間的。

在這種情況下，貝絲開始尋求破產律師，一個當地大學的退休主管研究中心（senior core of retired executives, SCORE）的幫助。她調查了各種資料試圖找到解決公司問題的方法。選擇開始變得明確，尤其是最大的債權人國內收帳服務公司（internal Revenue Service）不願意就任何類型的付款計畫進行談判，公司資產看來隨時會被扣押用做抵債，因此貝絲很快開始考慮破產這一選擇。破產，儘管會帶來失敗的恥辱，但看起來卻是得以立即擺脫債權人困擾的唯一方法。實際上，一旦要求破產的文件提交給法院，所有的收帳活動和法律訴訟都會被終止。

一位律師推薦進行破產清算，即美國《破產法》第七章所敘述的破產，這種方式允許公司在簽署出售部分資產以清償債務的協議後重新開張。貝絲否決了這種選擇，並於 1987 年 8 月 7 日選擇了美國《破產法》第十一章所敘述的破產方式。這種方式允許公司重組債務，並準備一個經法院和公司債權人認可的還款計畫。

接下來，貝絲和德萊克塞將企業的經營集中在基本業務並賺取利潤。由於所有的債務均被凍結，催債的電話鈴不再響了，這就給了貝絲和德萊克塞時間以實施復興公司的新計畫。更多的員工被辭退了，應收帳款的收帳過程和存貨控制均加以改進。儘管有一些供應商不再與貴格公司做生意，但也有一些繼續和他們維持生意往來，因為現在他們以貨到付款方式付帳。顧客也同樣支持他們，並同意新的付款計畫，即 30%貨款在訂立合約時支付，30%在工作開始時支付，30%在工作完成一半時支付，最後 10%在完全結束時支付。這一付款程序儘管對貴格公司來說很新穎，但卻是一般業界標準。這一程序加快了現金流動，加強了貴格公司償債能力。過去公司在工作前期只收取 30%的款項，剩下的 70%直到工作完成後才收到。

為了讓法院了解公司正處於一個改進狀態，並保護公司免於陷入《破產法》第七章所敘述類型的破產，每個月貝絲都要為法院準備財務報表。貝絲和德萊克塞又回復到只進行裝修業務的策略，放棄了進入新建築市場的任何企圖，保持了公司的傳統和特色優勢。

逐漸地，公司開始獲利了。1987 年，貴格從五十三萬七千美元的營收上賺取了兩萬一千美元的利潤。到 1988 年淨利成長了近 13%，五十一萬四千美元的營收中淨利高達六萬六千美元。然而，公司擁有超過四十萬美元的債務，需要比現在的小額利潤更高之利潤來清償，因此貝絲開始尋求用公司現有資產（土地和建築物）做抵押來獲取銀行貸款。他們花費了大約一年時間進行談判，並多次就新計畫遊說，才找到一家願意貸款的銀行。最後，他們獲得十五萬美元的貸款，這筆款項用於清償國內收帳服務公司和其他較大債權人的債務。到 1993 年，公司償還了這筆銀行貸款的最後一筆，並將債務減少到 3 萬美元。公司終於起死回生，並將很快擺脫所處的《破產法》第十一章所敘述破產類型的情況。

許多企業都不能從破產的困境中生存下來，然而貴格飾板公司的經歷卻顯示，憑藉艱苦奮鬥和破產法規的了解，破產也能成為企業東山再起的機會，危機也可以成為轉機。

創業者通常都力圖避免企業破產，但同時又對破產了解甚微。雖然沒有任何簡單的方法可以避免破產，但是創業者可以採用一些策略來減低破產的可能性，關於這些策略將貫穿在本章中。由於破產總是被誤解，因此作為任何創業學教科書的一部分，認識破產的涵義，以及介紹在某些情況下如何利用破產幫助創業者扭轉困境是很重要的。

破產並不完全等於經營失敗。貝絲・布魯姆就是一個利用破產扭轉新創企業困境的很好例子。最初她的新創企業陷入了美國《破產法》第十一章所敘述破產類型的泥沼中，但透過努力最終這一破產案卻有一個令人滿意的結局。

本章提供了在需要申請破產時，創業者可以使用的各種破產選擇，也說明了造成破產的主要原因，以及創業者應採取什麼手段將破產發生的可能減低到最小。破產通常是創業者被迫地調整或終止企業經營，但是創業者也可能在經營的一些時點，有意識地變更企業的所有權，例如移交企業的所有權，或採用收割企業創造的價值。雖然各國在破產立法方面有差異，但是國內的創業者還是可以從中得到很多啟迪。

14.1 破產概述

經營失敗對創業者來說當然是痛苦的，但對企業經營中的一些關鍵因素多加注意，失敗經常是可以避免的。

在眾多的新創企業中，經營失敗的並不罕見。根據美國小型企業管理局（Small Business Administration）的資料，大約有半數的新創企業在第一年即經營失敗。經營失敗對創業者來說當然是痛苦的，但對企業經營中的一些關鍵因素多加注意，失敗經常是可以避免的。圖 14.1 對美國 1987 年到 1996 年之間按《破產法》第七章清算、第十一章重組、第十三章延期付款類型的破產申請數做了比較。這些申請既包括企業破產申請，也包括非企業（個人）破產申請。但是很難將個人破產申請從中明確分離出來，因為許多個人破產申請者可能是個人業主。然而，從圖 14.1 中可以看出，重組類型的破產申請數從 1991 年 23,989 件的高峰降低到 1996 年 11,911 件。但是這一大幅減少卻被清算類型破產的大量增加所抵消。這可能顯示了這樣的事實，即企業和個人沒有能力扭轉困境，因此只好選擇了清算類型的破產。

在 1995 和 1996 兩年中，清算類型的企業破產申請大約有三萬起，重組和延期付款類型的破產申請各有約一萬一千起。然而，欠債金額卻從 1994 年的九・九六億美元增加到 1995 年的十三億美元，這表示有更多的由投資者支持的公司，而不是傳統的夫妻共同創業的企業申請破產。

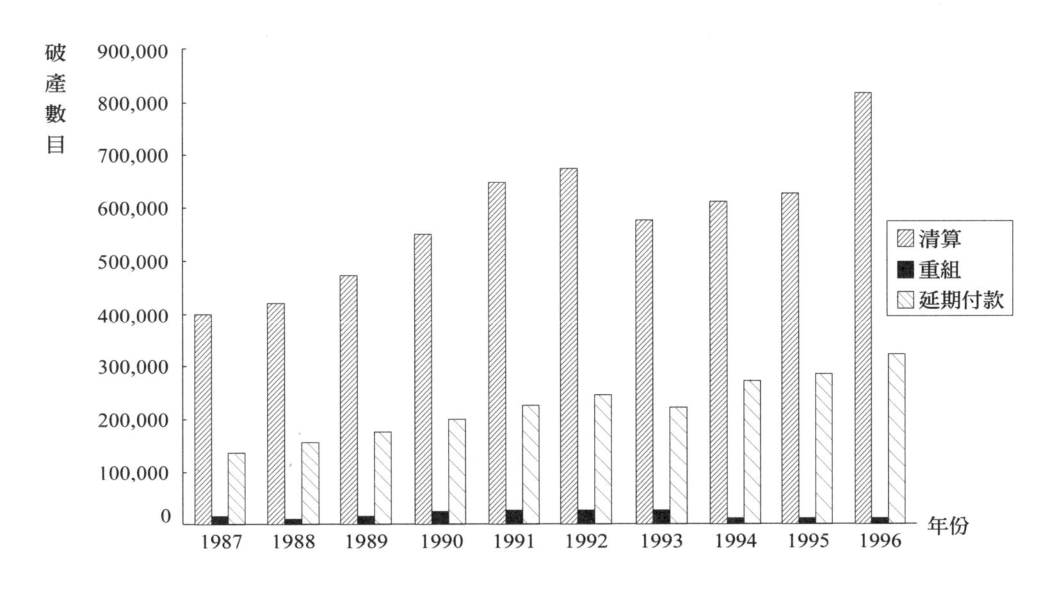

圖 14.1　美國企業破產申請數（1987-1996）

破產這個名詞我們常在創業者的言談間聽到，然而實際情況並不如一般人所想像的那樣，破產申請並不一定導致企業真的破產，破產也未必就讓創業者的雄心破滅。從下面的例子中可以看到，創業者破產後果會隨環境的變化而變化。

> 破產申請並不一定導致企業真的破產，破產也未必就讓創業者的雄心破滅。

美國聯邦再籌資股份有限公司（Federal Refunds, Inc.）的創建人和 CEO 比爾．路易斯（Bill Lewis）曾經兩次申請破產。但現在他又建立了一家新公司，幫助油品購買商重新得到資金以支付過期未付的帳款。迄今為止，沒有再犯在他早期事業中所犯過的同樣錯誤，他的新創企業一直保持獲利。類似的例子是，最優技術股份有限公司（Optimum Technologies Inc.）的創建人戴夫．格羅夫（Dave Grove）同樣已經從重組類型的破產中恢復過來。在他的企業成長至擁有四百五十萬美元資產時，1994 年他遇到了嚴重問題，一個主要客戶迫使公司申請破產。兩年後公司重建，現在正在進行一項交易，將公司的 50%出售給一個主要的競爭對手。

當然，也有一些創業者的結局不如以上兩位那麼幸運，但他們卻仍保持著初始的創業精神，這一點十分重要。例如，保羅．波金斯（Paul Perkins）在他的航海者國際旅行公司（Voyages International Travel Co.）於 1989 年破產之後，現在在開校車，但他正在努力創建另一個新企業。1992 年高登・瑞克達爾（Gorden Reykdal）失去了他創建的融資租賃公司（Rentown），這是加拿大最大的融資租賃連鎖商店。公司向無法承擔負債的顧客提供家具和工具，向他們出租這些物品，承諾一旦租金達到出售價格，顧客就可以擁有這些物品。他的破產起因於一筆兩千九百萬美元的貸款，這筆貸款被用於快速擴張企業。然而，儘管公司正在還款，銀行還是決定收回貸款，瑞克達爾無法支付這筆貸款，於是他被迫宣布破產。他被徹底擊垮了，但並不願意輕易放棄。他岳母抵押了自己的房子，將錢借給他開了一家新的融資租賃商店，這家商店以他妻子的名字命名，很快他就找到一種方法來為新公司融資，即讓私人投資者資助每個由個人合夥成立的商店。這家新公司現在已擁有八十四家商店和三百名員工，1995 年獲利達六百四十萬美元。

從這些經歷過破產的人身上，我們可以得到以下一些教訓：

㈠許多創業者花費了太多的時間和精力，試圖在他們缺乏了解的市場中進行多元化經營。這是一種危險的策略，他們應當集中開發自己了解的市場。

㈡破產只能保護創業者免受債權人的糾纏，而無法保護他們避開競爭者的競爭。

㈢很難將創業者與其開創的企業區分開來。創業者將一切都投入到公司中，包括為員工未來的安排。

㈣許多創業者直到一切都太遲了，才意識到他們的企業正在走向失敗。他們應該更早申請破產。

㈤破產使創業者在感情上備受痛苦的折磨。破產之後退隱則是一個大錯誤。破產應由員工和有關的每個人共同分擔。

如上面的例子所示，破產是件嚴肅的商業活動，作為創業者，應該對涉及破產的各個重要構面都有所了解。美國的《破產法》是在 1978 年制定的，1984 年進行修正。其基本精神是，確保公司資產在債權人之間的公平分配，保護債務人免受不公平的資產損耗，保護債務人免受債權人的不公平索賠。美國的這一法案為接近或已處於資金周轉不靈的企業提供了三種可供選擇的破產方式，這三種破產方式是：

㈠重組（或稱第十一章類型）破產；

㈡延期償付貸款（或稱第十三章類型）破產；

㈢清算（或稱第七章類型）破產。

所有這三種方式都試圖保護陷入困境的創業者，並提供一種合理方法償付債務或使企業終止。

14.2 重組類型的破產

14.2.1 以重組作為破產方式

相對其他兩種方式來說，重組是一種最不嚴厲的破產方式。從某種意義上來說，這有點像法院判決的「緩刑」。在這種情形下，法院盡力給企業時間和空間以償還其債務。如果企業現金流量出現問題，債權人已開始提起訴訟向企業施加壓力，而創業者認為只要有足夠的時間，企業就能夠恢復清償能力並償債的話，重組就是最合適的破產方式。

在美國，破產訴訟通常由一個主要的債權人、任何享有利益的團體或一個債權人團體向法院提起。當企業面對破產訴訟，而企業準備申請重組類型的破產時，企業就需要準備重組計畫，以闡明企業將如何扭轉困境，企業有能力扭轉困境。計畫將把負債和所有者權益分成兩組：會受計畫影響的負債和所有者權益，以及不會受計畫影響的負債和所有者權益，然後指明誰的權益會受影響，以及付款將如何進行。

計畫一旦完成後必須得到法院批准。現在所有的破產案均由美國破產法院受理，法院擁有的權力主要根據 1984 年《破產修正法案》的規定。

計畫在被批准前，也要求所有的債權人和股東都同意遵守提交給法院的重組計畫。重組計畫中的決策一般來說是下列一種或幾種的組合：

㈠延期償付債務。這是指一個或數個主要債權人同意延遲債務的索求權。這也是促使較小的債權人同意此計畫的動因。

㈡債務替換。如果企業的未來經營前景良好，就可以用債權換股票或其他方式處理現有債務。

㈢組合償還清算。按一定比例償還債務給債權人，對任何債務的償還均按照該比例進行。

在申請進行重組類型破產的企業中，儘管只有20%到25%的企業能夠在這一過程中成功，但它確實提供了一種解決企業問題的機會。如果沒有重組類型破產的保護，這20%到25%的企業也永遠不可能有機會起死回生。

有些新創公司未能成功地從重組破產中解脫出來，專家們一般認為，其首要原因是這些公司往往在等待了太久之後，才申請破產保護。1990年，家具零售商耶德商行公司申請重組。在此之前，其財務狀況已經變得非常不利。重組期間公司的策略是淘汰一些不獲利的產品、增加低成本的家用家具、改進郵購商品目錄和關閉獲利差的商店等來改善公司狀況。儘管成本下降了，但公司的郵購目錄卻更直接地針對更高消費階層的顧客。這一策略帶來了高效率和獲利能力，使得耶德公司很快擺脫了瀕臨破產的境地。

創業者們往往犯一個同樣的錯誤，即忽視了一些破產的預警信號，例如流動資金耗盡。事實上，及早識別這些信號可以給創業者重新制定策略或計畫的機會，正如耶德公司所做的一樣。

14.2.2 破產的預警信號

創業者應對企業和環境中的一些信號保持敏感性，這些信號可能成為破產的早期預警。

創業者應對企業和環境中的一些信號保持敏感性，這些信號可能成為破產的早期預警。表14.1列出了一些關鍵的破產早期預警信號。一般來說，它們都是互相關聯的，一個信號的出現經常意味著另一個信號也將出現。

表14.1　破產的預警信號

・財務管理鬆弛，以至於沒有人能夠解釋錢是怎麼花掉的。
・董事們不能夠提供重要交易的文件，也不能解釋重要交易。
・由於現金狀況糟糕，不得不給予顧客很大的折扣，促使其盡快付款。
・為了能產生現金，低於正常價格的合約也不得不接受。
・銀行的貸款有附加條件。
・關鍵人員離開公司。
・缺少原物料，無法滿足訂單。
・薪金稅金未予支付。
・供應商要求以現金付款。
・關於服務和產品品質的顧客投訴。

例如，當財務管理鬆懈時，就會有不惜一切代價以獲得現金的傾向，比如降低價格，壓低供應商價格以達到訂單要求的價格，或者解雇重要人員如業務代表。一家針對中小企業的辦公家具公司向我們顯示了這種情形是如何發生的。企業的高階管理人員把增加銷售量（而不是銷售額）放在第一。業務代表每次銷售均可獲得佣金，而且可以在必要時任意降低價格促成銷售。結果是，由於沒有任何成本意識或盈虧平衡意識，業務代表經常將價格降到直接成本以下，而且還照樣可以收到佣金。這樣一來，公司最終損失了可觀的資金，不得不宣布破產。

當創業者看到表 14.1 中的任何一個預警信號時，就應立即尋求會計師或律師的建議。為了改善企業的現金流量和獲利能力，要立即進行經營整頓，透過這種方式防止破產還是有可能的。

14.2.3 從破產困境中謀求生存

在競爭激烈的市場經濟中，企業破產已經變得十分平常，因此，對創業者來說，如果發現企業可能瀕臨破產，那麼盡早制定因應計畫應該是有所幫助的。下面列出一些如何從破產困境中堅持下來的建議。

㈠把破產作為一個談判手段來加以運用，在某些情況下，這使創業者在與債權人的談判中占據有利地位。

㈡在企業現金用完或沒有收入前申請破產。

㈢除非企業有足夠信心能扭轉局面，否則不要申請重組類型的破產保護。

㈣做好準備讓債權人檢查最近十二個月的所有財務紀錄，債權人通常要檢查債務人是否有欺詐行為。

㈤保持良好的紀錄。

㈥了解如何保護公司免受債權人糾纏，以及維持這種保護的必要措施。

㈦如果有任何訴訟，就將其移交給破產法院，破產法院對創業者來說可能是最為有利的法院。

㈧將精力集中在準備一份理想的財務重組計畫上。

如果破產是必須的，就可以採用上面的一些建議並做好準備。有所準備將會防止一些不利的情況，也能夠增加企業成功地擺脫破產的可能性。

14.2.4 預破產（Prepackaged Bankruptcy）

在二十世紀九〇年代早期的惡劣經濟環境下，美國出現了一類新的重組計畫，稱為預破產。基本目的是向創業者提出其企業將在不久的將來破產之預警。其意圖是要使重組類型的破產申請更可預測，因而希望使破產程序更加順利。

預破產計畫允許創業者在法律程序開始前與債權人協商解決債務。在這種情況下，創業者向所有的利益關係人（債權人、貸款人和所有權人）提出一個重組計畫和一份財務報表，這一報表應詳細披露關於企業財務狀況的所有訊息。然後在計畫提交給法院之前進行談判，解決分歧。大多數情況下，債權人都會同意這種訊息揭露，因為他們還沒有到必須用法律訴訟解決債務，和承擔高額訴訟費用的地步。

預破產計畫可以允許一家公司在四到九個月內擺脫破產，而透過正常途徑的話，這段時間將是九個月至兩年。實際上，由於預破產的過程更簡化，創業者可以將精力集中在企業上而非法律訴訟上。這樣，就可以大幅節省債權人和貸款人的時間以及訴訟費。

然而，預破產也有缺陷。一旦創業者宣布了重組計畫，就給創業者和企業貼上了經營失敗的標籤，這使得企業的產品銷售和與通路商訂立合約變得很困難。

14.3 延期付款計畫

如果創業者有固定的收入，那麼，只要未擔保的債務少於十萬美元，已擔保的債務少於三十五萬美元，就可以申請延期付款。但這種選擇只允許個人業主選用，這完全是一種自願的破產方式。根據這種方式，創業者必須提交一個未清償債務的分期付款計畫。如果法院批准了這一計畫，債權人就要遵守此計畫，即使他們並不同意這樣的分期付款方式。

創業者必須向法院提交計畫，計畫中要安排好未來收入對任何未清償債務的開支預算。任何根據美國《破產法》判定為擁有優先權的債權，計畫中都必須做好支付準備。另外，計畫也要指出完成所有的付款時共要支付多少金額。計畫同樣允許創業者在執行延期付款的過程中繼續擁有和經營企業。

要支付的債權按下面的優先順序支付：①已有擔保的債權；②行政管理費用；③企業經營過程中引起的索賠；④工資，最高至每人兩千美元；⑤對員工福利計畫的支出；⑥買方信貸人的債權；⑦稅金；⑧普通債權人。

在正常情況下，重組類型的破產或延期付款計畫都要花費大量的時間。在這一期間，創業者可以積極主動地向已有擔保的債權人推銷這一計畫，與債權人們進行交流以及避免開空頭支票等方法加快這一進程。

加快破產過程的關鍵，是在這段期間讓債權人隨時了解企業動態並強調債權人支持的重要性。改善創業者在債權人心中的信用評價，將有助於企業擺脫財務困難，而不用背負經營失敗的恥辱。但是，與債權人的集體會談通常會導致混亂和敵意，因此這種會議應盡量避免。

破產應該是創業者最後的一步。之前應該做出各種努力，以避免破產並維持企業的經營運作。

14.4 清算

破產的最極端情形，是要求創業者將企業所有的未予豁免的資產進行清算。

如果創業者根據美國《破產法》第七章的要求提交一個自願破產申請書，就使其企業啟動破產程序了。通常，法院會要求提交一個目前的收入和費用報表。

表 14.2 總結了非自願破產申請書的一些關鍵問題和要求。如表中所示，非自願破產可以是非常複雜的，要花費很長的時間來解決。然而，如果沒有希望從破產困境中恢復，創業者就會對資產的清算方式感興趣。

表 14.2 非自願破產方式下的清算

要 求	債權人的數量和債權	創業者的權利和義務	受託管理人
債務到期時未能支付。	如果有十二個以上的債權人，至少有三個持有合計達五千美元的未擔保債務之債權人在申請書上簽字。	如果債權人提出申請，損失還是可以彌補的。	由債權人選舉。臨時的受託管理人由法院指派。
託管人要在申請書提交的一百二十天內指派好。	如果少於十二個債權人，那麼其未擔保債權至少是五千美元的債權人必須在申請書上簽字。	如果非自願申請未被法院批准，那麼成本、費用或損失可以判還。	根據法律規定成為所有資產的所有者，考慮將未予豁免的資產進行清算。
當所有資產的實際合理價值少於負債時考慮破產。進行資產負債表檢驗。	債權文件必須在第一次債權人會議的九十天之內提交。	必須向法院提交一個債權人清單。 必須提交一份目前的收入和費用報表。	可以不必理會申請書；在一定的條件下將資產移交給債權人。

14.5 走出失敗的陰影

14.5.1 降低失敗的風險

我們永遠不能保證成功，但可以學會避免失敗。

任何創業者都應該關注其他創業者的錯誤，並從中吸取教訓。有一些特定因素有助於維持新創企業的運作並降低經營失敗的風險。我們永遠不能保證成功，但可以學會避免失敗。

表 14.3 總結了一些可以降低企業失敗風險的關鍵因素。不論企業的規模和類型如何，創業者都應對這些因素保持敏銳性。

表 14.3 降低失敗風險的關鍵因素

・在企業表現成功時避免過度樂觀。
・一直準備具有清晰目標的市場行銷計畫。
・制定良好的資金規畫。
・追蹤並隨時關注市場形勢。
・識別那些可能將企業推入危險境地的時點。

許多創業者都對自己的能力有充分信心，這對他們能在各自的領域中成功是必要的。但是他們同樣必須清楚的是，企業的環境在變化，而他們必須做好

因應環境變化的準備。保羅・費歇爾（Paul Fisher）就是一個很好的例子。他是費歇爾太空筆公司（Fisher Spacepen Co.）的創始人。費歇爾發現他曾經表現極佳的公司進入九○年代之後不得不苦苦掙扎，而公司在八○年代曾經非常興旺，原因在於產業的技術變化。但費歇爾卻一直沒有隨技術變化而有任何改變。八十四歲高齡的費歇爾，不願意聽取於八○年代後期加入企業的幾個兒子們所提建議，而是繼續使用過去的方式來行銷鋼筆。他的兒子們試圖說服他改變一些財務和市場行銷上的做法，並在企業中使用電腦。然費歇爾拒絕了這些請求，直到他發現企業已經陷入困境。應該感謝他那些同樣執著的兒子和一個電腦顧問，他現在已經完全修改了公司的技術政策，帶來了一次漂亮的經營轉變，1996 年公司的銷售收入增加了兩百多萬美元。費歇爾吸取的教訓是，企業策略需要隨時間做出改變。利用可得到的最有效之技術系統，持續修正特定的企業行為，如市場行銷和財務計畫是很有必要的。

對創業者來說，準備一個用於今後十二個月的有效行銷計畫是不可少的。對此我們在第五章中已經做了較充分的討論。創業者應該收集足夠的市場資訊。資訊對任何創業者都是一項重要的資產，特別是在考慮未來的市場潛力和預測可以立即達到的市場規模時。創業者還應該經常猜測市場中將會發生什麼，忽視正在變化的市場可能會帶來災難，尤其是在競爭對手正在更積極地因應市場變化的時候。

同樣，良好的資金規畫對創業者來說也是非常重要的。現金短缺是迫使創業者不得不宣布破產的主要原因之一，因此，在準備資金計畫時創業者應尋求來自會計師、律師或像小型企業管理局這類聯邦機構的幫助，這會防止企業狀況陷入到沒有任何轉機的境地。

在新創企業的早期階段，弄清楚壓力點對創業者會很有幫助，壓力點即當企業在改變規模時採用策略的那些時點。早期銷售收入的快速上升可能被誤解，而使企業增加工廠產能、與供應商簽署新合約或者增加存貨，這就導致了毛利減少和負債比率過高。如果為抵消這種效果而提高價格或降低產品品質，就可能帶來營收的減少，終使企業陷入可能導致破產的惡性循環。

壓力點可以根據銷售收入的金額來判斷。例如，一百萬美元、五百萬美元和兩千五百萬美元的營收可能代表一些關鍵決策時點，這些時點可以以重要的資本投資和營運費用（如雇用新的關鍵人員）的形式存在。創業者應了解不同的資本投入和營運費用上的收支平衡點。

14.5.2 再創業

破產和清算對創業者來說並不必然是其事業的終結。我們可以在企業發展史中，發現許多在最後成功之前經歷過多次失敗的創業者。

吉爾．波登（Gail Borden）的墓碑上寫著：「我多次嘗試都失敗了，因為沒有氣餒，繼續嘗試最後才成功。」

吉爾．波登（Gail Borden）的墓碑上寫著：「我多次嘗試都失敗了，因為沒有氣餒，繼續嘗試最後才成功。」他最早的發明之一是水陸兩棲車，設計的車輛可以同時在陸地上或水面上行駛。但他設計出來的兩棲車首航即告沉沒。波登擁有其他三項沒有獲得專利的發明。第四個發明取得了專利，但是最後因為缺少資金和銷售狀況不佳而破產。然而波登是個執著的人，他確信他的真空濃縮過程會成功，這一過程能夠延長牛奶的保存期限。五十六歲時，波登憑藉濃縮年奶獲得了首次成功。

多年來，其他著名的創業者在最終獲得成功前，同樣經歷過多次的失敗。邁西（Macy）零售店的羅蘭德．赫塞．邁西（Rowland Hussey Macy），國家影像（National Video）公司的榮．伯格（Ron Berger），以及托馬斯．愛迪生（Thomas Edison）等都曾經在一次次的失敗中苦苦掙扎。

關於創業者的性格和個人素質將在第十五章中討論。從那一章的分析中我們將知道，即使在經營失敗之後，創業者也有可能繼續開設新企業。證據顯示他們從錯誤中吸取教訓，而投資者經常是以支持的態度看待以前曾經失敗過的人，只要他不會再犯同樣的錯誤。

一般說來，失敗後繼續創業的創業者傾向於對市場研究、更多的初始資本和更強的企業經營技巧有更深入的了解和重視。不幸的是，不是所有的創業者都能從經驗中學到這些技巧，許多人會一再地失敗。

當尋求創業資本的時機到來時，過去的企業經營失敗並不一定就是恥辱的印記。

然而，當尋求創業資本的時機到來時，過去的經營失敗並不一定就是恥辱的印記。新企業在經營過程中會顯示出過去的紀錄，但是細心的創業者會對失敗原因以及如何防止提出解釋，以恢復投資者的信任。我們在第四章討論過，企業經營計畫書有助於向投資者宣傳企業的想法，在企業計畫書中，創業者應說明即使經過多次失敗之後，這次企業將如何取得成功。

14.5.3 扭轉企業經營狀況

我們經常只會聽到關於企業經營失敗的消息，而忽略了那些像貴格飾板公司（貝絲・布魯姆）那樣，能夠從破產或接近破產的困境中堅持下來，並且成功的例子。歷史為我們提供了一些起死回生的很好例子。

1990 年 5 月，卡爾・艾勒（Karl Eller）從 K 環公司（Circle K）辭職，這是一家便利連鎖商店，他使其從一個死氣沈沈的連鎖店成長為擁有三十五億美元資產的企業，卻不得不宣布進行重組。艾勒利用負債經營使企業快速成長，直到他失去了對市場和企業的控制。然而，艾勒雖然破產了但卻無所畏懼，他發現在接管K環公司的許多年前，他賣掉的另一家公司正在苦苦掙扎，於是他策畫了一次收購（由一家加拿大銀行支持），然後扭轉了企業的經營狀況，並向另外一個購買者出售了 50%的股權。1996 年，在一家創業投資企業的資助下，他又購買了一家芝加哥的戶外廣告公司——帕特里克媒體公司（Patrick Media）。結果現在卡爾・艾勒擁有美國最大的戶外廣告公司，收入達二・五億美元。儘管有那一段在 Circle K.公司的不愉快經歷，他還是重新找回了自我。他承認自己是一個冒險者，是一個不想在歷史上以失敗告終的人。

在一個財務人員攜帶三萬五千美元潛逃，同時由於AT&T的解體造成市場混亂之後，托馬斯・肖耶（Thomas Sawyer）不得不為他的企業「國家應用電腦技術股份有限公司」（National Appiled Computer Technology Inc., NACT）申請了重組類型的破產。這家企業利用AT&T未用的電話交換系統，並向顧客以極低的價格提供長途電話服務，經營的第一年公司獲利五十萬美元。隨著AT&T的解體，顧客在他們覺得市場穩定之前停止了購買打折系統的服務，這樣公司連續兩年虧損，被迫申請重組。肖耶決定保留公司並保留員工的工作，他說服法官相信他的重組計畫，然後他給留下的員工一分錢一股的股票選擇權。其後他開發出一種能夠同時承擔六十個電話通話的新型交換機，經過每天工作十四 個小時的那些日子之後，他終於領導公司在 1995 年取得了七百六十萬美元的營收，1996 年又獲得了大約兩千萬美元的利潤。

存儲技術公司（Storage Technology）是一個非常成功的例子。它從重組類型的破產中起死回生，沒有被其他公司所收購。1984年，這家電腦硬體企業無力支付六．四五億美元的債務，因此其六千萬美元的資產包括一家電腦晶片工廠被迫出售。這家企業再次集中生產電腦存儲設備，1987年7月28日公司擺脫了重組類型的破產狀態。1990年公司在十一億美元的營收上賺取了七千萬美元的利潤。

許多創業者認為，實實在在地找到一家就要破產的公司，可以是開始創業的一種很好方式。肯思．馬丁（Keith Martin）和克里斯．達恩（Chris Dunn）購買了一個位於路易斯安那州（Louisiana）查爾斯湖（Lake Charles）的電台KTQQ-FM，因為這樣比從零開始建立更便宜、更容易。他們的策略是收購並重新編排節目和安排人員，扭轉這家幾乎要破產的鄉村西部電台的經營狀況。重新培訓銷售人員，使其更積極主動工作以及將成本壓到最低，公司的收入得以增加。最終公司扭轉困境，並在最初兩年的小虧之後於1990年首次獲利。

如本章開始所示，破產申請的數目在持續增加。經營失敗在衰退期間或在多變的經濟中看起來是在增加。借債更加容易以及企業解雇事件不斷增加，也是造成破產申請增加的首要因素。儘管破產申請增加，但是1996年大約只有一半的企業失敗是因為負債超過兩萬五千美元。負債超過一百萬美元的破產案只占總經營失敗案例的3%至5%。美國的加利福尼亞（California）、亞利桑那（Arizona）、馬里蘭（Maryland）和內華達（Nevada）是企業經營失敗數量較多的州。北達科他（North Dakota）、密西西比（Mississippi）、愛荷華（Iowa）、特拉華（Delaware）和懷俄明（Wyoming）是企業經營失敗數量較少的州。

考慮到經濟狀況，許多人相信，未來可能是新成立企業會減少，或者是將有更多的企業破產，而破產正在成為保護企業免受債權人催逼的普遍策略。實際上，究竟有多少公司能從破產境況中堅持下來，是很難知道確切答案的，因為許多公司在重組完成之前就被收購了。然而，正處於或曾經處於破產困境中的恥辱，不應影響創業者的創業決心。

如果有必要申請破產，創業者就應在適當的時候尋求律師、會計師和投資銀行家的建議。儘管他們的費用可能很高，但創業者沒有其他選擇。如上所述，依靠預破產計畫，盡力使債權人預先同意重組，從而減少企業保持破產狀況的時間和尋求顧問建議的必要性，創業者或許可以將這些費用減到最低。

14.6 企業延續（Succession）

許多新創企業將被傳給家族成員。如果家族中沒有人對企業感興趣，創業者可能會將企業出售或者培養企業接班人。這個問題對於中國大陸的許多創業者十分重要，因為中國仍有許多新創企業屬於較為典型的家族企業，而且許多創業失敗的原因也與此因素密切相關。

14.6.1 移交給家族成員

要成功地將企業移交給家族成員，常常會面臨一些難以克服的困難。據專家估計，從第一代到第二代移交的過程中，有半數是以失敗告終的；而在向第三代轉移時，只有 14%獲得成功。在向家族成員移交的過程中，經常造成的狀況是感情上和財務上的混亂，因此，從某種意義上可以說，能夠將這種混亂降低到最小的解決方案即是很好的移交計畫。

> 據專家估計，從第一代到第二代移交的過程中，有半數是以失敗告終的，而在向第三代轉移時，只有 14%獲得成功。

一般來說，一個有效的移交計畫需要考慮下列因素：

- 移交過程中所有者的角色——願意繼續做全職的工作，還是兼職，還是退休？
- 家族的力量——是否有一些家族成員無法一起工作？
- 努力工作的家族成員和股東之收入。
- 移交期間時的企業環境。
- 忠誠員工的待遇。
- 稅收的影響。

企業移交家族成員也會產生與員工相關的內部問題，這常發生在創業者的兒女未經足夠培訓就掌握了企業權力時。年輕的家族成員在接手企業後可能會更成功，如果他早就承擔了各種經營責任。為了獲得對總體經營狀況的良好把握，對家族成員來說，在企業的不同部門輪換工作是有益的。這些部門或領域的其他員工也能夠協助培訓並逐漸了解未來的領導者。

如果創業者能夠在企業中繼續待一段時間，並作為接班人的顧問，同樣也是有幫助的，這將有助於企業的決策。當然，如果相關人員的性格並不合，也有可能導致一些重大的衝突。另外，從企業設立開始就一直留在企業中的員工，可能會對年輕的家族成員掌握企業而感到不快，特別當這些員工擔任一些比較重要的管理職位時。然而，移交期間繼任者除了在企業中工作外，也要能夠證明他的能力，調整未來的角色。

14.6.2 移交給非家族成員

經常會發生的一種情況是，家族成員對擔負經營責任不感興趣。此時創業者可以有三種選擇：培養一個關鍵員工並保留一部分權益；保留控制權並找個左右手；或者是將企業公開出售。

將企業移交給舊員工，能夠確保新任主管熟悉企業和市場，這個員工的經驗可以將一些移交問題減到最少。另外，創業者可以花費一些時間來使移交過程更加平穩。

將企業移交給員工時涉及的關鍵問題是所有權的轉移。如果創業者計畫保留一部分所有權，那麼保留多少就成為談判的一個重點了。新任主管可能更喜歡擁有控股權，而讓原來的創業者作為少數股東。該員工的理財和管理能力是決定移交多少所有權的重要因素。

如果企業在家族的控制中已有一段時間了，並且將來更可能由家族成員來接管，那麼創業者就要找一個左右手來經營企業。然而，要找到一個與創業者按同樣方式、擁有同樣專長來管理企業的人可能是很困難的。如果找到了某個人來管理企業，也可能產生一些問題，如新任管理者是否會延續所有者的政策，以及這個人是否願意在未來可望獲得企業股權的承諾下，從事不確定時間長度的管理。獵人頭公司在尋訪左右手過程中會有所幫助。為協助選擇合適的人選，有必要制訂一個界定清楚的工作要求及說明。

最後的選擇方式經常被稱為「收割」，是指將企業公開出售給員工或局外人。這種選擇的首要考慮是財務，可能會需要會計師或律師的幫助。這種方式同樣需要確定企業的價值。

14.7 「收割」的策略

> 創業投資者與創業者在收割問題上的差別在於，前者大多在企業進入成熟期之前就退出，即在企業潛在經營風險日趨明確前就取得投資報酬；而創業者多將企業看成自己的事業，雖然實施收割策略使他們獲得了盼望已久的資金，但往往也會對企業易手充滿感傷。

從企業的生命周期看，企業早期的初創是創業者播種的時候，一旦企業的經營趨於穩定，創業者應該考慮收割企業創造的價值，甚至在創業早期創業者就應該考慮如何收割企業創造的價值，這有利於創業者對企業形成一種更全面的認識和獲取更多價值。

從感情上看，收割對創業者來說是一個非常艱難的決定。創業者的一些收割方法也被創業投資者用做獲取收益的退出機制。創業投資者與創業者在收割問題上的差別在於，前者大多在企業進入成熟期之前就退出，即在企業潛在經營風險日趨明確前就取得投資報酬；而創業者多將企業看成自己的事業，雖然實施收割策略使他們獲得了盼望已久的資金，但往往也會對企業易手充滿感傷。對創業者來說，管理資金要比管理企業難得多，成就感也要差得多。

創業者在「收割」時有許多方案可供選擇，這些方案中有一些簡單明瞭，其他一些則涉及較複雜的財務策略。創業者應根據其目標仔細考慮這些方案，並選擇其中較為合適的一種。創業者的收割方法有很多種，主要包括：重新設計企業的目標和策略，以增加企業的現金流量作為股東和投資者的紅利；被更大的公司收購或兼併；將企業私下直接出售給另一家公司或投資團體、管理階層（通常採用槓桿收購買斷）、員工（以員工股票選擇計畫或認股計畫的形式）、家庭成員等以換取現金、債券或者股份；公開發行股票等。在這裡主要介紹直接出售這種收割方式。有關公開發行股票的問題已在第十章討論過，企業合併的問題則已在第十三章中討論。

14.7.1 直接出售

儘管這是「收割」企業最常見的方法，但是直接出售並不是最後手段。許多創業者選擇將企業賣掉，是因為這樣他們就可以去開創新的事業。企業出售過程中所涉及的因素，可以從史蒂文・羅森道夫（Steven Rosendorf）的例子中獲得了解。

1976年，史蒂文的兄弟兼合夥人突然死亡，留下了一個價值兩百萬美元的人造珠寶企業。此時，史蒂文即開始計畫公司的出售。這一計畫包括展示廳的升級，和一些包括降低自己薪水在內的削減成本措施，也就是企業出售前的包裝。在後續的幾年之內，公司在一千三百萬美元的銷售收入中賺取了兩百萬美元的利潤。史蒂文覺得是出售企業的時候了，一年之內，他就以一千六百萬美元的價格將企業出售了。

正如史蒂文的例子一樣，除非創業者不惜冒險，否則將企業公開出售是需要時間和詳細計畫進行包裝的。一些希望利用收購擴大規模的企業需要那些經營成功的小企業，大企業常常發現它們在管理細緻多變的創業過程上缺乏優勢，但是它們可以利用自身龐大的資金優勢、銷售網路，使小企業創新產品達到規模經濟。將企業賣給大企業是一種主要的收割策略。隨著對多元化經營策略的研究和實踐，大企業對採用多元化策略，尤其是非相關性多元化日趨謹慎，待售企業的包裝就顯得更加重要。

企業與潛在購買者之間溝通的最佳方式是企業計畫書。一個五年期的綜合計畫書，可以向購買者提供對企業未來經營前景以及公司價值的說明。

絕大多數創業者依賴其員工或顧問確定其企業的售價。這些人的估價通常以現金流量或企業營收為基礎，很少以企業未來現金流量的現值為估算基礎。實際上，大多數創業者對他們願意接受的價格心中有底，而且這種直覺往往比絕大多數的計算結果更具影響力。另外，價格談判實際上一般不會構成企業出售的嚴重障礙。

企業出售過程中的另一個重要考慮是，購買者使用的付款方式。購買者經常會利用未來利潤來收購企業。如果新的所有者經營失敗，那麼出售者可能收不到任何現金支付，並會發現自己不得不收回正在為生存而苦苦掙扎的公司。

正如史蒂文的例子所示，準備出售時，可能有必要重新做一些財務上的考慮，主要目的是包裝企業形象和擴大現金流量。現金流量往往是企業估價的重要基礎。許多創業者給予他們自己很高的薪水和很高的費用額度，這顯然會降低利潤，這也使得公司的獲利能力看起來大幅低於實際。如果創業者必須或計畫出售企業，就應當緊縮開銷，避免較高的個人薪水和費用，並盡可能將利潤投入到企業中，如此將會帶來一個更好的出售協議。

企業仲介可能會對企業出售有所幫助，因為實際上出售一家企業將需要花費較多的時間。仲介對於出售企業會很謹慎，並可能擁有一個既定的關係網路來散布出售消息。仲介從企業的出售中收取佣金，一般這些佣金從10%起跳，在一定範圍內變動。實際上，許多出售企業的創業者往往對所謂的專家建議很失望，他們覺得應該在出售前多請教其他有出售經驗的企業家。

如果企業收購最終沒有達成，確實會給企業帶來很多的負面影響。談判期間，管理階層的精力會從原先的企業營運轉移到收購談判上。管理階層的一些成員會得到承諾在收購以後將被晉升，這些承諾在談判失敗後自然不可能兌現。結果，對公司來說，確實存在失去管理階層一些精英的危險，而且企業不得不花費幾個月的時間將精力重新收回到企業經營上。

一旦企業被出售或是移交給家族成員或員工之後，創業者的角色就有賴於出售協議或與新所有權人訂立的合約了。許多購買者會希望賣方短期內仍留在企業中，以維持平穩的移交。對牽涉在企業交易的各方來說，各方在文化上的差異會成為嚴重問題，對於一手創立企業的創業者來說，這種文化上的變遷會使他非常難受。在這些情形下，賣方（原創業者）應要求訂立雇用契約，指明其工作時間、薪水和責任。如果不需要創業者留在企業中，有可能新所有人會要求創業者簽署一項在一定年限內不再涉足相同企業的協議。這些協議在範圍上有所不同，並且可能需要律師來澄清一些細節。

創業者可能計畫將企業保留事先規畫好的一段時間，意圖是將企業出售給員工。這可能採用涉及所有員工的員工認股計畫或者利用管理人員買斷合約，後者允許公司只出售給企業的一些特定管理人員。

14.7.2 員工認股計畫

在員工認股計畫（ESOP）方式下，創業者將企業經過一段時間經營之後出售給員工。這段時間可能是兩年、三年或更久，這得視創業者退出企業的意圖。ESOP 目的是將企業股權授予員工並早日澄清新創企業的移交決定。

ESOP 有許多優點：

㈠提供了一種獨特激勵方式，讓員工報酬和企業績效產生直接關聯，並賦予員工行使股東投票權，從而使其在企業管理中扮演一定的角色，誘使員工投入更多的時間和精力。員工意識到他們是在為自己工作，因此就會將精力放在有助於企業取得長期成功的創新上。

㈡提供了一種補償忠心員工的機制，尤其是在企業比較困難的期間。

㈢允許企業按照一個經過精心計畫的書面協議進行移交。

㈣允許員工投資公司股票，根據美國的法律，能給員工帶來稅負上的好處，這是其他任何退休計畫都沒有的。

員工舉債購買股票能夠幫助創業者收割企業。這種槓桿收購計畫使員工能一次購買企業大批股份且擁有公司控股權。這種計畫將創業者的收割策略、員工的退休計畫聯繫在一起。具體操作時，通常是公司先計畫 ESOP 並向債權人保證所借資金只用於購買公司股份。接著，ESOP 利用所借的現金購買公司股份，這些股份由信託人持有，然後公司每年向信託人支付一定數額且可節稅的資金以償付借貸資金，一旦貸款償付完畢，股份將由信託人分發到員工手中。

然而，儘管有這些令人滿意的性質，ESOP 也還有一些缺點，不能適用於所有的企業。ESOP 必須將所有員工納入，創業者必須揭露公司訊息，例如公司的經營業績、主要主管人員的收入，有的創業者並不一定願意這麼做。另外，員工會處於比較尷尬的處境中，因為他們的工作和退休金全都繫於企業的成功經營。

總體上，為了確定 ESOP 的金額，需要對企業價值有一個完整的評估。另外，它也會產生一些問題，例如稅負、支出比率、每年移交的股本數量，以及實際上由員工投資的金額。協議同樣要載明一旦計畫完成後員工可以購買或出售的額外股票數量。不管怎麼說，從這類計畫的複雜性中可清楚看出，即創業者需要專家建議。一個更簡單的方法，是由企業的關鍵員工直接全權買斷。

14.7.3 管理人員買斷（Management Buyout, MBO）

可以想像，創業者可能只想將企業出售或移交給忠誠且關鍵的員工。由於上面描述的 ESOP 可能相當複雜，創業者會發現直接出售給管理階層能夠更簡單地達到出售企業的目的。

從已有的實證研究顯示，管理人員買斷的企業，通常能夠大幅提高效率並且持久改善企業經營，因此，管理人員買斷是一種很有吸引力的所有權轉移方法，而且無論對大企業或小企業來說都是。對大企業的所有權轉移而言，管理人員買斷所採取的槓桿收購方式，和外部惡意收購襲擊者採用的方式大致相同。管理人員買斷在很多時候被用來趕跑惡意的襲擊者，也被用來重組企業。在新創企業中，管理人員買斷通常也被用做創業者收割的一種辦法。

管理人員買斷是一種很有吸引力的所有權轉移方法，而且無論對大企業或小企業來說都是。

管理人員買斷通常跟出售房地產很類似。為確定價格，創業者要對所有資產進行評估，然後確定由過去狀況建立的商譽之價值。

企業對關鍵員工的出售可以是以現金支付的，或是以任何方式融資。如果企業的價值相當大，那麼現金就是不可能的了。雖然在新創企業中的管理階層常擁有一定的權益，並對購買企業非常感興趣，但通常缺少足夠的財力購買企業，這意味著他們不得不忍受實施槓桿收購過程中債權人的無情審查。買賣企業的融資可以透過銀行來完成，或者創業者也會同意接受票據，這可能對創業者較有利，在此方式中銷售收入會在一段期間內分攤開來，不僅增加了現金流量次數，也減少了稅負的影響。出售企業的另一種方法是使用股票作為支付方式。購買企業的管理人員向其他的投資者出售股票，然後利用這些資金支付購買企業的全額或部分款項。其他的投資者有興趣購買股票或銀行願意向管理人員貸款的原因是，企業在相同的管理方式下因循已經建立的經營軌跡繼續運作。

值得注意的是，當管理人員買斷成為創業者的收割方式時，新的所有者和原先的創業者都要冒財務風險。在原先創業者接受將股權轉債權的情況下，交易必須重組，以將潛在的代理問題最小化。也就是說，如果採用槓桿收購的管理人員在收購過程中，自己只付出了很少的錢，他們採取的政策也許會違背原先創業者的利益，因為如果企業經營失敗，他們幾乎毫無損失。尤其是交易的條款規定，企業最終轉讓價格決定於後幾年的經營利潤時，收購企業的管理人員可能故意減少這段時間的利潤。因此，出售企業的創業者必須非常注意交易的安排，否則難免對交易的最終結果失望。

在確定適當的「收割」策略前，創業者應尋求一些局外人的建議。而每個企業環境都是不同的，實際決策仍有賴於創業者自己來判斷。

本章小結

本章討論了涉及企業終止和重組的一些決策、問題和爭議。儘管所有創業者的意圖是建立一個長期企業，但是許多問題會造成失敗。在美國，由於近半的新創企業在經營的前四年內即告失敗。因此對創業者來說，對終止企業或是挽救企業的選擇有所了解是很重要的。

美國的《破產法》為創業者提供了三種選擇。在1978年《破產法》（1984年修正）規定的重組類型破產方式中，企業將根據一個經法院批准的計畫進行重組。現在這種破產方式的新規定，使創業者有提請一個預破產計畫的機會。此計畫避免了更大的費用，並在法院介入之前預先準備與債權人進行談判。

第二種類型的破產，提供了一個支付未清償債務的延期付款計畫。這種方式是自願的，合夥企業或股份有限公司不能選用這種方式。這兩種選擇有助於創業者挽救企業並維持企業的經營運作。在發生清算類型的破產情況時，企業要進行清算，這可以是創業者自願的或者是非自願的。

維持企業運轉是所有創業者的首要意圖。避免過度的樂觀，準備良好的市場行銷計畫，制定良好的資金規畫，始終跟上市場形勢，以及對企業經營中的壓力點保持敏感等做法，都有助於維持企業運轉。

創業者同樣要對一些潛在問題的關鍵預警信號保持敏感。財務管理的鬆弛、實行折扣以產生現金、關鍵人員的流失、原料的匱乏、薪金稅金的未付、供應商要求以現金支付，以及顧客對於服務和產品品質的投訴增多等現象，都是可能導致破產的一些關鍵因素。然而，如果企業確實經營失敗了，創業者就應該考慮重新創業了。經營失敗可以成為學習過程，這已經被眾多的經歷多次失敗後才成功的知名創業者證明。

創業者可能面臨的另外一個關於企業終止的決策，是企業的移交。如果企業是由家族持有的，創業者可能找一位家族成員來移交。如果沒有一位家族成員可託付或是感興趣，其他的選擇就包括將企業的部分或全部移交給員工或局外人，或是雇用一位局外人來管理企業。直接出售、員工認股計畫或管理人員買斷也是銷售企業的一些可選擇方案。

討論題

1. 說明《破產法》重組類型、延期付款計畫類型和清算類型破產的主要區別。
2. 向債權人提出預破產計畫有什麼優點和缺點？
3. 破產發生時創業者在加快重組速度方面扮演怎樣的角色？請討論。
4. 在新創企業的早期階段，一些特定的壓力點對決定未來方向是不可少的。請解釋一下這些壓力點，並解釋這些壓力點如何影響企業經營的各個環節。
5. 創業者應對導致破產的一些特定識別信號保持敏感。請說明一下這些預警信號。
6. 為企業移交做準備有哪些關鍵問題？
7. 找到一篇關於企業所有權透過ESOP方式轉移的文章。自從轉移後這家公司取得了怎樣的成功？使用這種計畫可能導致的問題是什麼？
8. 討論員工股票選擇權計畫和管理階層人員買斷這兩種方式的利弊。

第五篇

創業前沿問題

第十五章

創業者的個人素質

本章學習目的

1. 界定幾種主要的創業動機和創業情結。
2. 了解創業者背景的主要內容。
3. 討論角色偶像支持系統的重要性。
4. 界定男性與女性創業者的異同。
5. 區別創業者與發明家。

|天|生|我|材|必|有|用|

孫正義，韓國人，1957 年出生於日本佐賀縣鳥棲市，1981 年加入日本籍。孫正義從小便有不服輸的個性，他說自己「不分出勝負，不發揮得淋漓盡致就不能安心，自小時候起就沒有改變」。進入有名且升學率很高的久留米大學附屬高中後，第一學年的暑假，為進修英語，孫正義去美國加州遊學一個月，住在加州大學柏克萊分校內。孫正義一踏上美國就被那自由寬鬆的氣氛深深吸引，便下定決心要去美國念書。去美進修旅行回國半年後的 1974 年 2 月，從高中退學的孫正義不顧家人和朋友的反對，執意前往美國，當時年僅十六歲。

孫正義到美國後，進入加州霍利・耐姆茲大學的語文學校接受專門為外國學生開設的英語課程。九月進入賽拉蒙特高中就讀二年級。高中入學兩星期後，就通過了大學入學測驗。1975 年 9 月，當時他才十八歲，進入離舊金山不遠的霍利・耐姆茲大學。讀了兩年後，孫正義轉入加州大學柏克萊分校經濟系，插班進入三年級。柏克萊的生活徹底改變了孫正義後來的人生。

在加州柏克萊分校時，因不想依賴父母的匯款生活，便要求自己「每天有一件發明」，其目的是利用發明獲得專利費。他把每天用於發明的時間定為五分鐘。他用鬧鐘定好時間，鈴響時間到。如果五分鐘內沒想出什麼點子，當天就不做了。就這樣，一年以後，孫正義的「發明方案筆記本」上寫滿了兩百五十個發明。從中，他挑選一個做成了「語音翻譯機」，就是將電子詞典和聲音合成器組合在一起，即在鍵上輸入日語，英語翻譯就以語音形式輸出。1977 年，孫正義帶著自己的發明回了一趟日本，準備遊說家電廠。雖然他當時還只是個十九歲的學生，卻想要和夏普公司談判，最後他把他的專利賣給了夏普公司。

1979 年 9 月 2 日，孫正義在柏克萊分校附近成立了自己的公司「和音世界」。他把在日本用舊了的遊戲機帶到美國，以新軟體加以改造後，將其安裝在餐廳、綜合休息室、自助餐廳、學生宿舍等處。最多曾擁有三百五十台以上的遊戲機。這生意很賺錢，他一時還成了柏克萊最大的遊戲中心老闆。畢業時，扣除一些經營支出，「和音世界」還為他賺了一百萬美元。畢業後，他將「和音世界」的經營權賣給了共同出資的副社長，於 1980 年回到日本。

孫正義十九歲剛到美國時，就決心要成為一個事業家，為此，他制定了「人生五十年計畫」：二十歲時打出旗號；三十歲時儲備至少一千億日圓資金；四十歲時決一勝負；五十歲時完成自己的事業（營業額達一兆日圓）；六十歲時把事業傳給下一代。回到出生地九州後，孫正義立刻在西鐵大牟田線的大橋站附近、父親的土地上開辦了個人事務所。為了決定在日本做什麼生意，他整日埋頭工作，對市場做徹底的調查。他要找到自己後半生的工作。孫正義想到四十個自己可能從事的項目。對這四十個項目，他都做了十年的預估損益表、預估資產負債表、資金周轉表及組織結構圖。每一項資料都有三、四十公分厚，四十項合起來，文件共有十幾公尺高。經過毫無漏洞的調查分析，他把目標放在電腦軟體批發業。1981 年 9 月，孫正義以一千萬日圓為資本，創立了「日本軟銀公司」。

1982 年 1 月底，僅一個月孫正義就從近百家軟體銷售店中賣出四千五百萬日圓的軟體。日本軟銀公司在僅兩三個月裡，成功地築起了堅固的基礎。自從和上新電機及哈德森簽訂了獨家代理合約後，各地的零售店、軟體公司不斷來電，「希望成為日本軟銀公司的加盟店」。於是，加盟店猛增，公司的業績亦呈倍數成長。

1983 年春，孫正義在接受健康檢查時，得知自己得了嚴重的慢性肝炎，孫正義便辭去社長職務，保留董事身分，專心治療。而在治療期間，他還開發了一種新產品「NCC-Box」，這項專利共計為他賺取了二十億日圓，這筆資金幫助軟銀公司還清了因為商品價格資料庫失誤而擔負的十億日圓債務。三年後，孫正義康復回到軟銀公司。

孫正義決心使軟銀公司的股票公開上市，1994 年 7 月如願以償。公開上市的價格是每股 11,000 日圓，最初市價為 18,900 日圓。孫正義持有公司約 70%股份，相當於兩千億日圓。由於股票上市，使孫正義開始受到世人的關注，新聞媒體稱之為「日本的比爾·蓋茲」。

股票上市後，孫正義的軟銀公司加快了發展速度。公司不斷地收購其他企業，擴充實力，如 1994 年 12 月收購 Ziff Davis 展示會部；1995 年 4 月，收購界面（Interface）公司；1995 年 6 月收購 UCA 公司；1996 年收購 Ziff Davis 出版部門；1996 年收購王石公司……

1996 年，已經成為世界電腦業最大的展示會主辦者和最大的出版商，孫正義想進一步拓展業務。恰逢此時，「媒體帝王」羅伯特·默多克欲在日本開辦類似於英國蒼穹廣播公司的衛星節目，此舉可使日本原有的九個電視頻道一舉增至一百五十個，並在一定的時期內達到五百個。孫正義抓住良機，與默多克達成協議，雙方各出資一百億日圓成立提供衛星廣播的日本蒼穹公司（JskyB）。

孫正義代表了一種典型的創業者形象，本書中提到的其他創業者則代表了其他類型。是不是創業者有典型的個性和背景呢？研究創業者個性和素質是創業學非常重要的構面，創業者的素質往往是決定新創企業成敗的關鍵因素。最早著手研究創業者個人素質和背景的是創業投資機構，創業投資者發現投資前更應著重考察創業者的素質和背景，而非單純針對新企業所擁有的技術。但是什麼樣素質和背景的創業者更可能成功呢？本章主要研究有關控制欲、獨立性和成就感、風險承擔的創業情結；家庭教育和職業背景；創業動機；能力；性別；創業者和發明家，以及一般的創業者形象等問題。

15.1 創業情結

雖然孫正義確實是一個非常成功的創業者，但是他並不是一個典型的創業者。實際上，既沒有典型的新創企業，也沒有所謂的「典型的創業者」。如果把創業看成登山的話，那麼，有的創業者希望征服喜瑪拉雅山脈的珠穆朗瑪峰，像軟體的比爾．蓋茲；而有的人所想的只是爬上自己屋後的小山坡，就像許多在街頭巷尾開設小店的人一樣。雖然兩者完全不可同日而語，但是從某種意義上看，兩者確實都是在創業。創業者往往有不同的教育背景、家庭條件和工作經歷。一個未來的創業者現在可能是一個護士、秘書、作業員、行銷人員、機械技師、家庭主婦、經理或工程師；一個未來的創業者可以是任何種族或民族的男性或女性。

15.1.1 控制欲

創業者需要具備旺盛的鬥志和充沛的精力和動力，以克服惰性、管理新創企業並推動其成長。自己是否能夠保持旺盛的鬥志和充沛的精力是準備創業者所必須考慮的問題。是內心對成功的渴望促使你去開創企業嗎？你可以利用回答表 15.1 中的十個問題來進行初步測試。回答這些問題之後，並將答案與以下的描述相比，就可以大致確定，是外部因素還是心理因素促使你選擇創業。

> 是否能夠保持旺盛的鬥志和充沛的精力是準備創業者所必須考慮的問題。

表 15.1　控制欲的心理測試問卷

1. 你是否經常感到：「事情本來就是如此，我也無能為力。」	是	否
2. 當事情進展順利，且極其成功時，你是否會想：「運氣太好了！」？	是	否
3. 你是否覺得應該去經商，以時間賺取更多收益，因為你從外界接受的所有訊息都鼓勵你這麼做？	是	否
4. 你是否打定主意要做什麼事情就一定會做，任何事情都阻攔不了？	是	否
5. 雖然嘗試新事物多少讓人有點害怕，但仍勇於嘗試？	是	否
6. 你的親友都告訴你找份工作不是明智之舉，你是否會聽從他們的建議待在家裡？	是	否
7. 是否覺得讓每個人都喜歡你很重要？	是	否
8. 當出色地完成了工作，是否就會因此而沾沾自喜？	是	否
9. 如果需要什麼，是否會主動要求，而不是等別人發現而給予？	是	否
10. 儘管人們說這件事幾乎不可能做成，是否仍然想要試一試？	是	否

對問題4、5、8、9、10回答「是」，表示你具備成為創業者所需自我控制特質。對問題 1、2、3、6、7 回答「是」，表示你較順應外部控制，這往往會阻礙創業企圖及不利於保持創業鬥志。

在評估這些問卷結果和自己的控制欲時，要注意的是，現有研究成果對於個人控制欲對創業的影響還未弄清楚。例如，在羅特的創業者個人控制欲的九項研究中，只有三項顯示創業者個人希望能夠控制與把握自己的命運；也就是說，人們創業是出於個人的心理訴求。一項研究表示，創業意向和個人內心的心理訴求有關。兩項關於創業者壓力的研究結果很不明朗：一些創業者面臨壓力時更堅定地希望把握自己的命運，而另一些人則相信個人命運應該順應外部環境。以聖路易斯三十一位創業者為標本的研究顯示，愈成功的創業者自我控制性愈強，創業者比一般人具有更強的自我控制性，但是與管理者並沒有顯著的差異。

15.1.2 獨立性和成就感

和控制欲密切相關的是對個人獨立性的追求。創業者往往是喜歡按自己方式做事、獨來獨往的人，這種人很難循規蹈矩地按別人的指令做事。渴望獨立，通常被認為是創業者最強烈的心理需求之一。而對成就感的需求，一方面指的是一個人需要被社會認同，另一方面指一個人希望自我實現。可以透過回答表 15.2 來評估自己對獨立性的需求。

創業者往往是喜歡按自己方式做事、獨來獨往的人，這種人很難循規蹈矩地按別人的指令做事。

表 15.2　獨立性的心理測試問卷

1. 我討厭一個人逛街買衣服。	是	否
2. 如果朋友不肯陪我去看電影，我就自己去看。	是	否
3. 我想要在經濟上獨立。	是	否
4. 選擇一些重要的事情時，總要先聽一下別人的意見。	是	否
5. 最好讓別人來決定晚上上哪兒去玩。	是	否
6. 當我來負責時，我從不道歉；我只是做必須做的事情。	是	否
7. 我會支持不受大眾歡迎的事務，只要我個人相信它。	是	否
8. 我害怕與眾不同。	是	否
9. 我需要別人的贊同。	是	否
10. 通常會等別人叫我出去玩，而不是主動提出。	是	否

答完上述問題以後，將答案與下列結果進行比較：對問題 1、4、5、8、9、10 回答「是」，就表示你並不強烈地渴望獨立。

一個更具爭議性的創業者特質是其對成就感的需求。麥克克里蘭（McClelland）對成就感需求的研究，使人們開始從心理學角度認知創業者的特質。其在成就感需求的理論中描述了創業者個性的三個特質。

㈠自認有責任去解決問題、確立目標和努力達成目標。

㈡願意為了提高個人技能，而非攫取機會去承擔適當風險。

㈢想獲知關於決策實施和任務完成的後果。

麥克克里蘭認為，高成就感需求者較可能從事創業。後來有不少學者在此基礎上展開進一步研究。一些研究認為，對成就感的渴求與創業有相關性，但另一些研究則認為兩者沒有聯繫。也許採用不同的衡量方法來修正麥克克里蘭的概念，會幫助我們更加了解成就感的需求和創業之間的關係。

麥克克里蘭後來又發現，單純追求個人成就感的創業者，常常面臨個人成就和組織成功之間的矛盾。在企業規模較小時，創業者個人的力量也許就足以保證企業的運轉，但是企業發展到一定規模，創業者個人的精力就不足以維持整個企業的正常運轉，在這種時刻，如果創業者不能致力於建立高效率的組織，創業者個人有限的能力，就會成為企業繼續發展的瓶頸。有的創業者很有能力，但是不善於將自己的能力外化為組織的能力，結果整個企業就變成創業者個人唱「獨角戲」的舞台，創業者不得不獨自勉力支撐整個企業的運轉，而其他成員愛莫能助。這種創業者個人是非常成功的，但是基於創業者個人能力的企業，其生存和發展基礎就非常脆弱，許多盛極一時的企業在創業者去世之後，就一蹶不振。創業中的這種「成也蕭何，敗也蕭何」的現象屢見不鮮，王安電腦公司就是典型的例子之一。企業創業中的個人成就和組織成功應該是既聯繫又獨立的兩個事件，個人成就應該建立在組織成功的基礎上，而不應讓組織的成功完全依賴於個人成就。

有的創業者很有能力，但是不善於將自己的能力外化為組織的能力，結果整個企業就變成創業者個人唱「獨角戲」的舞台，創業者不得不獨自勉力支撐整個企業的運轉，而其他成員愛莫能助。

15.1.3 風險承擔

目前，幾乎談到創業者都會提到風險承擔這一因素。承擔風險，無論是財務、社會的風險，還是心理的風險，是創業過程不可分割的一部分。可以透過回答表 15.3 的問題，然後將答案與下列內容做一比較來評估自己的風險承擔能力。

表 15.3　承擔風險意願的心理測試問卷

問題		
1. 敢於為錢冒風險嗎？即敢投資於未來收益不確定的項目上嗎？	是	否
2. 每次外出旅行時你會帶傘嗎？熱水壺呢？溫度計呢？	是	否
3. 如果害怕什麼東西，是否會努力克服這種恐懼呢？	是	否
4. 喜歡品嘗新的食物，去新的地方，嘗試新的經歷嗎？	是	否
5. 在回答問題之前，是否想要知道答案？	是	否
6. 在過去的六個月中是否冒過險？	是	否
7. 是否能主動向陌生人攀談？	是	否
8. 是否嘗試走過一條不熟悉的路？	是	否
9. 在嘗試做事之前，是否想知道這件事已經有人做過了？	是	否
10. 有沒有參加過由第三者安排的約會？	是	否

如果你對問題 2、5、9 回答「是」，表示需要強化承擔風險的意願。

到目前為止，我們還不能斷定風險承擔和創業之間的因果關係，現有的實證研究也還不能斷言，樂於承擔風險是創業者不同於其他人的特性。對不同性別的創業者承擔風險能力的實證研究，所能形成的結論實際上非常有限。

值得一提的是，促使許多人決定創業的也許並不是單純對風險的偏好，而是對自己降低風險能力的信心。面對各種潛在的不確定性，許多創業者堅信兵

> 幾乎沒有一個成功的創業者是遵循創業之初的規畫，按部就班地去成立和發展企業的。正是在解決問題的過程中，創業者逐漸增強自己的抗風險能力。

來將擋，水來土掩，在解決各種不可預料問題的過程中，激發自己的創造性和潛力。幾乎沒有一個成功的創業者是遵循創業之初的規畫，按部就班地去成立和發展企業的。正是在解決問題的過程中，創業者逐漸增強自己的抗風險能力。創業過程是一個學習和創造的過程，沒有比做到連自己都不相信自己能做到的事情，更能給創業者帶來個人成就感了。

15.2 創業者的背景和特性

雖然創業者背景的許多構面都已有仔細的研究，但是只有在相當有限的一些方面，創業者和企業管理者不同。創業者背景一般包括：兒時的家庭環境、所受的教育、個人的價值觀、年齡和工作經歷。

15.2.1 兒時的家庭環境

和創業者家庭環境有關的一些研究主題包括，在家裡兄弟姊妹中的排行、父母的職業和社會地位，以及與父母的關係等。

海寧（Henning）和加丁（Jardim）的研究發現，女性主管往往是家裡的老大，由此引發了對排行的研究爭議。研究者認為，排行老大或者獨生子女往往得到特殊照顧，從而培養出更強的自信心。例如，在分析由全美採集的四百零八位女性企業家的樣本時，希斯瑞克（Hisrich）和布魯西（Brush）發現其中的50%是排行老大。但是在類似許多對創業者的研究中，老大效應並不明顯。既然排行與創業兩者的關係還不能確立，就需進一步的研究來確定個人在家中的排行，是否會影響一個人能否成為創業者。

從創業者父母的職業來看，有明顯的證據顯示，創業者往往有一個自雇（Self-employed）或自主創業的父親。在這一方面，男性和女性的創業者幾乎沒有差別。一個自雇的父親能促使子女從小立志創業。這樣的父親實際上在子女很小時，就向他們灌輸自雇的獨立性和靈活性，就像一位創業者所說的：「我父親是那麼執著於他所開創的企業，這為我們樹立了一個印象極為深刻的榜樣，我從來就沒有考慮過為其他人工作。」這種對獨立性的追求，往往進一步被自主創業的母親強化。

無論父母是否為創業者，總體而言，與父母的關係也許是兒時家庭環境中影響個人對創業喜好的最大因素。創業者的父母往往全力支持子女的選擇，並鼓勵子女追求獨立性、成就感和責任心。現有的研究顯示，父母尤其是父親的支持對女性創業者極為重要。女性創業者通常是在中上階層社會環境中長大的，在這種環境中往往比較重視子女，而且子女在個性上更像父親。

15.2.2 教育

研究人員對創業者的教育程度也進行了深入研究。雖然許多人認為，創業者的教育程度應該會低於平均水準，但已有的研究結果並未證實這一點。事實上，教育對於創業者的成長是十分重要的。教育主要會影響創業者解決問題的能力。

> 正式學位並不是創立新企業的必要條件，安德魯．卡內基、威廉．杜蘭特、亨利．福特等這些高中輟學的成功者反映了這一點。

正式學位並不是創立新企業的必要條件，安德魯．卡內基、威廉．杜蘭特、亨利．福特等這些高中輟學的成功者反映了這一點。但儘管如此，我們仍可以說，教育確實能為創業者形成一個有說服力的個人背景，尤其是所受教育和創業領域有關係時。從所受教育的類型和品質來看，以前女性創業者往往有明顯的劣勢。雖然近70%的女性創業者擁有大學文憑，而且其中許多還有碩博士學位，但是其專業往往是英文、心理學、教育學及社會學，很少有工程學、物理學或數學的教育背景。但是現在就讀商學院和工學院的女性已經大幅增加了。無論男性創業者還是女性創業者，都表現出接受財務、策略規畫、市場行銷（尤其是推銷學）和管理方面教育的強烈意願。此外，善於處理人際關係、能以用口頭或書面清楚溝通，在任何創業行為中都是相當重要的。

15.2.3 個人價值觀

雖然有很多研究表示，個人價值觀對創業者非常重要，但這些研究並不能夠顯示，成功創業者的個人價值觀與一般管理者、不成功創業者或者普通大眾的價值觀有什麼顯著不同。

像其他衡量因素，如勇於進取、樂於助人、創造性、尋求資源等一樣，衡量個人價值觀有助於我們鑑別真正的創業者。研究顯示，總體上創業者對管理程序和一般商務本質有一套不同的看法。新創企業的組織、商機、制度以及個性在本質上十分不同於官僚組織，以及這些組織中的管理計畫、理性思考和可預測性。也許是所有這些特質整合在一起而形成一個贏者的形象，而這種形象有助於創業者創立和穩固新企業。在一項研究中，「贏」被認為是用於描述擁有良好聲譽公司的最好術語。在消費者和主管群中一致認為極重要的五種特質是：超常的產品品質、對顧客的優異服務、靈活性（即因應市場變化的能力）、優秀的管理、誠實和遵循倫理的企業運作。一個成功的創業者通常被描述為一個勝利者，也許成功是一個人步入創業家行列的必要前提。畢竟成者為王！

在消費者和主管群中一致認為極重要的五種特質是：超常的產品品質、對顧客的優異服務、靈活性（即因應市場變化的能力）、優秀的管理、誠實和遵循倫理的企業運作。

個人價值觀的另一構面是，創業者或股東的倫理道德，這對創業者很重要。什麼時候說謊是可以的？知識和意圖構成了謊言的核心，謊言一般都企圖誤導他人。大多數人要判斷一段陳述是否是「謊言」，通常先要確認陳述者是否明白所說的話其相對真偽，以及陳述者是否有意蒙騙聽眾。但是，許多時候一些蓄意欺騙性的說詞又被經商者認為是可以接受的。請看下列的兩個例子，你會如何決定？

㈠你剛剛被通知，廠裡產生的一些劇毒副產品被錯誤地裝進了鋼罐裡。幸運的是，公司及時反應避免了過多的洩漏。過去你曾經承諾不會產生類似的不幸事件而危害大眾健康，地方媒體已經聽到一些毒物洩漏的風聲並且提出採訪要求。律師提醒你，儘管下屬正確且迅速地處理了事件，但無疑的是你仍然會被起訴，而且必須認罪接受懲罰。面臨這種情形，你該怎麼辦呢？是否應該斷然否認洩漏事件和相關的危害性呢？

㈡你的公司為大型建築工程供應特種鋼料。一個中美洲國家下了兩千萬美元的訂單，但是你需要從一個當地官員那兒得到最終的許可。在和該官員的一次會見中，他口頭索取兩萬美元的賄賂。你感到非常驚異，因為在當地倡導改革的政府領導下，賄賂是被嚴厲禁止的。你指出行賄有違國家法律和自己公司的規定，而那個官員只輕輕地聳聳肩說：「那麼我們會把訂單給你們的一個競爭者。」很巧的是，一個你平時用於聽取會議紀錄的錄音機正好在你的公事包中。雖然你沒有按下錄音鍵，但是那個官員肯定不知道這一點。你會不會從公事包中拿出錄音機給他看，然後說：「錄下與中南美洲政府官員的對話是我們公司的政策，你是想讓我把這錄音帶送給你的主管部長，還是想在有關我們進口許可的文件上簽字呢？」

15.2.4 年齡

有許多研究針對年齡與創業經歷的關係。在評估這些研究成果時，區分創業經歷的年限是十分重要的，即創業者在創業經歷中所花的年分，和實際年齡的區別。就像在下一段中所討論的，創業經歷往往是將來創業成功的保障，在新創事業和過去從事的業務屬於同一領域時尤其如此。

從實際年齡看，大多數創業者在二十二到四十五歲之間開始創業。雖然進入職場可以在二十二歲之前或四十五歲之後，但創業需要實際運作經驗、財力支持與足夠精力以創立和管理一個新事業。雖然創業者的平均年齡不能說明任何問題，但早動手創業通常要比晚創業要好得多。當一個人傾向於創立自己的企業時，一些時點（如二十五、三十、四十和四十五歲）看起來像里程碑。就像一位創業者所說的：「當我快三十歲時，我的感覺是，就創業而言，要嘛立即開始，要嘛永遠放棄自己創業。」總體而言，男性創業者往往在三十歲剛出頭就開始自己的第一次創業，而女性創業者則傾向於在三十五歲左右開始創業。

15.2.5 工作經歷

> 經驗對創業尤其重要：融資、產品開發、生產管理、銷售管道開拓及行銷計畫擬訂。

工作經歷是指一個人過去的工作類型和職位的變化歷史。工作經歷不一定只會對創業產生負面影響，但可能對新創企業的成長和成功有重要的影響。雖然一個人對自己工作不滿是促使他創立自己事業的重要原因，但過去的技術和產業經驗，在一旦決定自己創業以後就變得異常重要。特別是在下列領域中，經驗對創業尤其重要：融資、產品開發、生產管理、銷售管道開拓及行銷計畫擬訂。

一旦新創企業上了軌道開始快速成長，管理經驗和技巧便變得日益重要。大多數新創企業開始時只管理自己一個人或者少數幾個員工，但是隨著員工增加、企業規模擴大、營運複雜程度增強、業務地域拓展，創業者原有的管理技能就開始發揮作用。這在其他一些管理人員加入以後就變得更加明顯。

除了管理經驗以外，創業者過去的創業經驗隨著企業的複雜程度提高也變得非常重要。許多創業者認為，他們最成功的創業往往並不是他們的首次創業。

15.3 創業動機

是什麼原因促使創業者冒各種失敗的風險去創立一個新企業呢？雖然許多人對創建新企業感興趣，並且擁有相當的背景和財力支持，但很少有人真正著手創業。對自己的職場生涯感到舒適和安全，有家庭需要負擔，喜歡自己目前的生活方式和合理有序的空閒時間者，往往不願意承擔獨自創業的風險。

促使自主創業的因素有許多種，但最常被提及的因素是獨立性，也就是不願意為別人工作。做自己的老闆，這是促使全世界所有的創業者願意接受各種社會、心理和經濟風險，與為創立和發展自己新企業不得不超時工作的原因。如果沒有這種追求獨立的因素，就不能讓一個人去承受各種挫折和艱辛。

促使創業的其他動力，往往隨性別和國家的不同而有差異。對男性創業者來說，金錢是第二位的激勵因素；而對女性創業者來說，工作的滿意度、成就感、抓住個人的發展機會和金錢則依次是她們著手創業的原因。這些比較其次的創業動力部分反映了創業者的工作、家庭境遇以及社會角色。

15.4 角色偶像和創業支持系統

創業者的角色偶像指的是，影響創業者選擇個人職業和生活方式的人。成功的創業者往往是潛在創業者心目中的偶像。正如一位創業者所說的：「在仔細研究了泰德和他成功的創業經歷之後，我知道我比他更聰明，可以做得比他更好，所以我開始了自己的事業。」

在創業者開創新企業的整個過程中，角色偶像都成為他們的導師。在新創企業的每一階段，創業者都需要強有力的支持和諮詢系統。在初創階段，這種支持系統是十分重要的，因為它能在組織設計、獲取必要的財務資源、行銷策畫和市場細分等方面提供資訊、建議和指導。由於創業者是社會系統內的社會角色，因此，創業者在初創企業的早期就能與這些支持系統建立關係無疑是很重要的。

在新創企業的每一階段，創業者都需要強有力的支持和諮詢系統。

隨著拓展最初的聯繫和交流，創業者就能形成關係網路。創業者與其他關係網路中個體之間關係的密切程度，取決於交往的頻率、深度和互利性。交往愈頻繁、愈深入，對雙方就愈有利，創業者與關係網路中個體之間的關係就愈密切和持久。雖然絕大多數關係網路並不是非常正式地加以組織，一個非正式的關係網路，能在道義和專業上對創業者有很大的支持。

15.4.1 精神支持網路

家庭成員和朋友組成類似啦啦隊的精神支持網路，對每一位創業者來說都是很重要的。在創業過程中的許多艱難孤獨時刻，這種啦啦隊都能有十分重要的影響力。大多數創業者指出，他們的配偶給予他們最強有力的支持，讓他們得以在創業過程中投入大量的時間。

朋友同樣在這一網路中扮演著重要的角色。朋友們不僅能提供最可信的建議，而且能給予鼓勵、了解甚至資助。創業者可以毫無顧忌地向朋友吐露實情，而不用擔心會招致批評。

其他的一些親屬，如孩子、父母或其他長輩等也能提供精神鼓勵，特別是當他們自己也是創業者時。一位創業者曾經說過：「整個家庭的支持是我成功的關鍵之一，因為有這樣一個了解我的啦啦隊給予鼓勵，使我得以克服道路上的無數困難險阻。」

15.4.2 專家支持網路

除了精神上的鼓勵以外，創業者還非常需要各種建議和諮詢，這些建議很能彌補創業者自身的不足或缺陷。這些建議可以從專家網路中各種不同成員那裡獲得，如導師、同業公會、創業協會和創業者的個人關係網路等。

導師和學生的關係，是獲得專家指導的途徑之一，同時也是重要的精神鼓勵源泉，很多創業者也都承認他們有導師提供指導。那麼如何找到為自己創業提供強有力支持的導師呢？這件事情聽起來似乎很難。因為導師是教練，是權威人士，是宣傳者和鼓動者，是可以與創業者探討問題並共同分享成果的人。簡而言之，導師是這一領域的專家。尋找導師的過程可以從不同領域裡的專家名單開始。例如在一些基本企業功能領域如財務、行銷、會計、法律和管理等方面，列出可以提供「如何做」建議的專家。在這份名單上，創業者可以確定並接觸可以提供最多幫助的那個人。如果被選中的人願意充當創業者的導師，他將會定期收到事業進展的情況報告，這樣導師與學生關係就能夠慢慢建立起來。

另一訊息支持的源泉是創業協會。這一組織的成員往往有已經開創事業的創業者、潛在顧客、諮詢師、律師、會計師等專家，以及風險企業的原料供應商。顧客是需要重點培植的對象，這一群體是新創企業利潤的源泉，能使企業產品在很短時間內以口頭相互介紹迅速傳播開來。沒有什麼能比滿意顧客的口頭宣傳更能樹立企業知名度和商譽了。當顧客發現創業者非常願意開發滿足他們需求的產品時，他們往往也樂意對現有、甚至還在開發中的新產品提供回饋意見。原料供應商也是專家支持網路中的主要成員，因為他們能幫助創業者提高在顧客和信貸者心目中的可信度。一個新創企業必須與供應商保持穩定的業務往來紀錄，以建立良好的關係，保證原物料的充分供應。供應商還能提供產業狀況和發展趨勢的訊息，包括競爭者的寶貴訊息。

除了導師和創業協會，同業公會也是良好的專家支持網路。公會追蹤最新的產業動態，能為其成員提供全面的產業數據。

創業者的個人關係網同樣能為創業者提供有價值的幫助。在個人愛好、運動活動、俱樂部、民間活動、以及同學會等方面發展的關係群體是絕佳的諮詢、指導和資訊來源。

每個創業者需要建立自己的精神和專家支持網路，這些聯繫能帶來信心、支持、建議和資訊。正如一個創業者指出的：「在開創自己的事業時，一開始往往是個獨行客，無疑需要建立支持群體，能分擔困難，並為新創企業贏得各種支持。」

每個創業者需要建立自己的精神和專家支持網路，這些聯繫能帶來信心、支持、建議和資訊。

15.5 男性創業者和女性創業者

在美國，近年來女性創業者的人數急劇增加，約為男性的三倍。人們對創業者的個性、動機、背景、家庭、教育程度、職場經歷和性別對創業者的影響都有了較深刻的認識。

儘管人們普遍認為男女性創業者的性格非常相似，但女性創業者在動機、商業能力和職場經歷方面仍有所不同。對男女創業者來說，影響創業前期因素也有些不同，特別在支持系統、資金來源和面臨問題等方面。不同性別創業者的主要不同點歸納在表 15.4 中。男性通常為控制自身命運的動機所驅動，想要創造奇蹟。這種動機通常基於對上司的不滿，或基於自己可以把事情做得更好的信念。而女性多半是受到在原先工作崗位上不受重用的打擊，而想要有更好的成績所驅使。

表 15.4　男性和女性創業者比較

比較內容	男性創業者	女性創業者
動機	創造奇蹟的成就感；想要受到尊重的獨立性；想要控制一切的欲望。	達到目標的成就感；想為自己工作的獨立性。
起點	對現有工作不滿意；大學期間或現有崗位上曾兼副業；被公司解雇或離職；兼併的機會。	在工作崗位上不受重用；在某個領域發現機會或對其很感興趣，想改變個人環境。
資金來源	個人資產和存款；銀行借貸；私人投資；向親朋好友舉債。	個人資產和存款；個人舉債。
職場背景	公認的專家或在某領域獲得很高的成就；在諸多管理崗位上表現出眾。	擁有商務經驗；有中階管理或行政管理上的工作經驗；有服務業工作的經驗。
個性特點	固執己見且善於說服他人；目標導向；堅持創新和理想主義；熱情、精力充沛；不甘屈居人下。	有彈性和耐力；目標導向；有創造性且非常務實；適度的自信；熱情、精力充沛；有能力因應社會和經濟環境。
背景	開始創業的年齡：二十五至三十五歲；父親也是創業者；大學學歷，專業通常是管理或工程技術類；家中的長子。	開始創業的年齡：三十五至四十五歲；父親也是自己創業的；大學學歷，專業通常是文科類；家裡的長女。
支持系統	朋友、專業人士（律師、會計師）；商業合作者；妻子。	好友、丈夫、家庭、婦女專業組織、商會。
新創事業類型	製造業或建築業。	服務業，如教育服務、諮詢或公共關係服務等。

對男女性創業者，起點和開創新企業的原因是大致相同的。兩者通常都對企業所涉足的行業有濃厚興趣和豐富經驗。然而，對於男性創業者，如果新創企業與現有的職業、副業或興趣愛好有關，那麼從現在工作轉換到新創企業的過程就會很容易。另一方面，女性創業者則帶著強烈的挫折感離開現有工作崗位，急於開創新企業，而她們往往缺乏這方面的經驗，所以轉變過程多少更困難一些。

男女創業者在開始創業時的財務管理方面也不盡相同。除了自有資金以外，男性創業者往往還會借助私人投資、銀行貸款或個人借款等募集啟動資本，而女性創業者一般只依靠自己的資產和儲蓄。這一差別揭示了許多女性創業者比男性更難以獲得信貸額度。也就是說，在傳統的創業融資管道眼裡，往往男性創業者比女性創業者有更高的信用評價。

男女性創業者的背景大致相同，除了女性稍晚開始創業以外（女性多在三十五至四十五歲之間，而男性在二十五至三十五歲之間）。他們的教育背景也有些不同，男性多具有技術和管理背景，而女性則以文科類居多。

在職業方面，女性和男性有天壤之別。儘管兩者在各自涉足的行業中都有一定經驗，但是男性更偏向於擁有製造、財務和技術方面的經驗，而女性則一般擁有局限於中階或基層行政管理經驗，而且其專業背景決定了女性大多從事服務業。

至於個性方面，男女創業者有著極其相似的地方。他們都很能幹、目標明確，而且十分獨立。然而，相較之下男性更加自信，但也更加頑固，更少耐心，因此導致兩者在管理風格上大相逕庭。

創業支持系統可以為我們提供另一個角度來觀察男女性創業者的差異。男性創業者通常把外部的諮詢力量（律師、會計師）視為最重要的支持者，妻子相較之下被認為是次要的支持者。而女性則把丈夫當做最重要的支持者，好友次之，商業的合作夥伴再次之。而且，女性比男性更加地依賴外界支持和資訊，如同業公會和婦女聯合會，而男性卻一般沒有如此廣泛的外界支持者。這顯示男女各自不同的社會角色，不可避免給其創業帶來更大影響。

最後，男性和女性創業者的行業有很大差異。女性傾向於服務業如零售、公共關係和教育服務業創辦新企業，而男性多在製造業、建築業和高科技領域開始自己的事業。然而，從創業成功的機率看，女性要高於男性，因為在當今經濟快速發展的社會裡，服務業是發展最快的行業。而原先男性主導的製造業在已開發國家中的地位卻不斷下降。值得一提的是，研究顯示男性和女性創業者的許多差異，都是因為行業差異而衍生的。

15.6 少數民族創業者

到目前為止，對不同民族、種族創業者的研究仍微乎其微。因此對不同種族者在特定環境背景下和面對不同的經濟機會時，所產生的行為差異還不夠深入了解。

這方面為數不多的研究，主要集中在少數民族創業者的個性研究上。一些學者研究了少數民族業主的比例和趨勢，一項有關少數民族業主的研究顯示，美國黑人的比例最低，拉丁裔美國人的比例占第二位，但上升速度最快，比重最高的是亞裔美國人。一項最早的研究指出，美國黑人和白人創業者彼此的共同點要多於不同點。白人創業者家庭分居和離婚率較小，較多擁有本科學歷背景，從事商務活動的時間也較長，而且他們創業大多是基於某個特殊的想法。後來又有一項研究表示，少數民族創業者開始創業的年齡更小，且教育程度更好，而且家庭成員往往也有創業經歷。一項對少數民族和非少數民族女性創業者的比較研究發現，在九項個性調查研究中，有六項有明顯區別。典型的少數民族女性創業者都是年紀更大且已婚的婦女，開始事業的年齡也稍大，很少有大學教育背景。還有一項僅針對少數民族創業者的研究指出，少數民族創業者大多是藍領家庭的長子或長女，他們大都已婚，並且有了孩子，有大學教育背景和相關行業的工作經驗，其創業主要是為了獲取成就感和工作滿意度以及抓住商機。

在對美國三個城市地區的黑人和白人創業者的比較研究中，黑人創業者的教育程度更低，經營活動的經歷更短。儘管黑人的事業更小，利潤較低，但兩個群體的失敗率卻相近。另一項研究針對不同少數民族創業者及其事業起點加以比較，亞裔創業者大多具有大學學歷（84%），而黑人和拉丁裔的相對比例為54%和51%。

儘管對少數民族創業者的研究還不夠充分，但它還是發現了不同種族創業者之間的差異，以及各種族文化背景對其成員的不同影響。為了從這一角度更加理解企業創業的特點和地位，今後這方面的研究應該集中在不同種族者的創業全程上。

15.7 創業者和發明者

人們對於創業者與發明者間的區別還有很多疑惑，對兩者的差異和共同點也仍不甚了解。發明者是創造新東西的人，是受他個人想法和工作所驅動。除了需要有很高的創造性以外，一個發明者往往受過很好的教育，一般有大學學歷，甚至不少人具有碩博士學歷。他們的家庭、教育背景和職場經歷，都能促進他們的研究開發和自由思維。他們是問題的解決者，能將複雜的問題加以簡化。他們有極強的自信心、敢於冒險、勇於承受不確定且模稜兩可的情況。一個典型的發明者極其嚮往成為有成就的人，並且常常用完成的發明數量和獲得的專利數來衡量成就。但是他們一般不喜歡用金錢來衡量成功與失敗。

從以上的描述中，我們可以看出發明者和創業者的區別。從企業能力（capability）的角度看，發明者能夠幫助企業確立技術能力，但是技術能力對於一個新創企業的成功來說，只是一個必要條件，技術能力需要與行銷能力和組織管理能力等相輔相成。創業者往往要能清醒地意識到必須靈活調整企業的生產技術和組織結構，設法使產品符合市場需求，才能實現新技術產品的潛在商業價值。創業者對組織本身即新創企業的成功情有獨鍾，他們會竭盡全力地保證企業的生存和發展。因此從對企業組織的了解而言，創業者往往比發明者更全面和均衡。

發明者往往更熱愛發明本身，不願為了商業成功而調整自己的發明，而沒有市場需求的產品絕不可能帶來商業上的成功。創業投資者仔細研究以後發現，擁有一流管理團隊加二流技術的新創企業，常常比擁有一流技術和二流管理團隊的新創企業更容易生存和發展，因為一流的管理團隊往往更靈活、更有彈性地協調組織和技術以適應環境變化。

> 發明者往往更熱愛發明本身，不願為了商業成功而調整自己的發明，而沒有市場需求的產品絕不可能帶來商業上的成功。

因此，新創企業的發展雖然往往建立在發明者的成果之上，但還需要創業者與其團隊的管理和經營。

15.8 非創業者的一些類型

除了發明者的上述特質之外，還有一些性格特質常常成為創業成功的絆腳石。從資源提供者的角度來看，如創業投資者、銀行、原料供應商和顧客，這些性格特質可能會導致擁有最好創意且最聰明的創業者破產。表 15.5 總結了八種類似的性格：莽撞的薩姆、頭腦簡單的蘇、自負的道納．保羅、缺乏實際經驗的拉爾夫、追求完美的瑪利、性格懦弱的埃德、漫無目標的哈利，以及發明家埃文。每一種個性都有明顯的缺陷，如缺乏恆心（性格莽撞的薩姆），把所有的事情加以簡化（頭腦簡單的蘇），對自己的觀點過於偏愛（自負的道納．保羅），缺乏經驗（缺乏實際經驗的拉爾夫），完美主義（完美主義的瑪利），缺乏將觀點付諸實現的能力（性格懦弱的埃德），沒有明確的動機（漫無目標的哈利）和偏愛發明甚於企業（發明家埃文）。儘管在一般情況下，這些個性傾向不會造成什麼麻煩，但是如果它們在企業者身上十分明顯的話，就要注意加以改正，否則創業成功的可能性會大打折扣。

表 15.5　八種非創業者類型

個性類型	個性描述
性格莽撞的薩姆	對於有潛力的商業機會眼光敏銳，但是卻缺乏持之以恆的毅力，將創業成功寄託在幸運女神的偶然青睞上。
頭腦簡單的蘇	把什麼事情都看得過於簡單，以為用一兩種簡單方法就可以解決新創企業的所有問題。這種人往往是非常能幹的推銷員。這類人能使最不可能實現的理想變得似乎唾手可得。
自負的道納．保羅	這類創業者過分偏愛自己的想法，以至於總是擔心別人偷取他的想法或利用他的成果。這樣偏執的念頭會妨礙與別人建立任何互信的關係，因而不可能從外界獲得幫助。
缺乏實際經驗的拉爾夫	這類創業者的理論基礎很好，但是缺乏實際操作的經驗。
追求完美的瑪利	追求完美的創業者，想把所有的事情都置於自己的控制之下，但這反而會使他面對較大變動時束手無策，難以控制混亂或不確定的局面。
性格懦弱的埃德	此類創業者實際上沒有能力將想法轉化成實際的商業成功。他們喜歡參加各類研討會，討論問題，但卻不喜歡將想法付諸實施，所以他們需要一支能幹的管理團隊來幫助他們實現想法。
漫無目標的哈利	這類創業者對新創企業的目標和動機還不甚清楚。
發明家埃文	與其說他們是創業者，還不如說他們是發明家。他們更關心的是發明創造本身，而不是創立一個企業。

本章小結

創業者身上是否具有一些明顯的特徵使其不同於其他人呢？這一章總結了對成功創業者個性特質的研究和思考。研究認為創業者個人的性格和背景，是鼓勵潛在創業者創業和提高成功可能性的重要因素。

從個人經驗和家庭背景的角度，刻畫典型創業者的形象已經比較清晰具體了。個人的心理需求、父母成功創業的榜樣、鼓勵獨立和崇尚成就的家庭氣氛，都與日後的創業行為密切相關。儘管在有些成功創業者身上有這些個性和能力，如領導才能、創造性、機會主義和直覺，但到目前為止，仍沒有研究發現有某種優點、個性和經歷的獨特組合，能區分成功創業者與不成功創業者或普通的管理者。

研究人員明確指出，有很多因素影響人們決定是否創業。有許多在公司管理職位上表現出色的管理人員，也許他們缺乏合適的角色偶像或支持系統。目睹他人克服初創企業時的風險，常會鼓舞自己創業，但是創業畢竟還需要有人或一組人能提供資訊、建議和指導。在這方面有許多人可以提供幫助，如朋友、家人到專業人員、顧客和工商業組織等。

出外謀職的婦女愈來愈多，為研究人員開闢了一個新的空間：女性員工、管理人員和創業者與男性是否不同？很明顯，男性和女性創業者有許多相似的地方，但是，儘管兩者可能在背景和個性方面有所相似，但在創業動機、起點和商業能力仍有顯著的差別。兩者所涉足的行業差別，可以歸因於雙方受的教育和工作經歷不同。

在刻畫一個創業者的形象時，有些特點是他們獨有的。其中一點特別值得注意，如果某個新創企業源自於一項發明，那發明者可能成為創業者。但是必須注意的是，不要將發明凌駕於企業之上。另外，一些可能阻礙創業的性格，有追求完美、缺乏毅力、常將事情簡化和偏執等。

討論題

1. 從討論創業者的個性中我們得到什麼啟示？

2. 回顧第一章對創業者下的定義，你認為一個典型的創業者應具備哪些特質？將這些特質與本章提到過的特質加以比較。
3. 討論為什麼標準化的測試問卷，無法對創業者的研究得到確定結論？
4. 在現代社會裡，有哪些因素導致男女性創業者的不同？你認為男性和女性創業者在十年內會有哪些不同？

第十六章

企業內創業

本章學習目的

1. 了解什麼是企業內創業。
2. 說明企業內創業的必要性。
3. 描述妨礙企業創新的障礙。
4. 討論企業內創業過程中要考慮的企業再造問題。
5. 描述企業內創業策略的獨特性。
6. 概述企業內創業的特徵和誤解。
7. 說明企業內創業的互動過程。

不斷培育、不斷保持創業精神

許多人將全錄（Xerox）公司視為《財富》雜誌前五百大中的一個大型科層制企業。這一看法部分正確，全錄確實是一個巨大的企業，其銷售額高達一百五十億美元，但全錄卻未必是一個刻板的科層制企業。實際上，全錄公司試圖透過某些措施將具有創新能力的員工留下，為全錄創造更多的利潤。1989年，全錄在公司內部創立了全錄技術創業公司（Xerox Technology Ventures, XTV），其目的在開發公司內部具有市場前景的技術，以增加公司利潤，這些技術以往常被忽視。XTV的總裁羅伯特．V．亞當斯說，全錄希望透過建立這樣一個「防止技術外流的系統」來避免過去曾經犯過的錯誤。

全錄投入了三千萬美元來支持公司內部的技術創業。至今為止，公司支持了十餘項技術開發項目，其中僅有兩項失敗。XTV的運作完全類似於一個典型的創業基金，它為技術創業提供種子資金，必要時還尋求外部投資者參與投資。一個典型的例子是由在全錄工作了二十五年的員工丹尼斯．司戴穆爾（Dennis Stemmle）所創立的考德馬科公司（Quad Mark）。司戴穆爾的創意是生產一種電池驅動平面影印機，這種影印機能與手提電腦一起裝在一個手提箱裡。這一創意一直未能獲得全錄公司相關委員會的批准，最後，終於在十年後獲得了XTV的支持，同時還贏得了台灣高科技公司的部分投資，後者向新公司——考德馬科公司投入了三百五十萬美元，並持有該公司20%的股份。此外，XTV所支持的公司均有20%的股份由創業者或關鍵員工持有，這對創業者來說是一個重要的激勵因素，同時也讓他們承擔了創業的部分風險。

XTV同時在財務和非財務方面替母公司全錄帶來利益。另一方面，全錄公司現在不僅對公司內部技術十分重視，同時也愈來愈重視員工的創意。

全錄公司意識到，對一個企業來說，在企業內部培育和保持創業精神對於公司成長和創新是十分重要的，這也成為眾多企業高階主管的共識。在一個大公司內部，最容易產生的問題就是壓制創造性和新發明，特別當這些創新並不與公司主要業務直接相關時。大公司的成長和多元化經營的成功十分依賴於其創造力與靈活反應力，大公司內部的合作也必須比市場更有效率，才能使得公司常盛不衰。

16.1 企業內創業：定義與性質

16.1.1 企業內創業的定義

我們看到，企業策略在過去十年中較多集中在創新上，而創新是與創業緊密聯繫在一起的。特別是對大公司來說，創新則是與企業內創業更有關聯。著名管理學家彼得．杜拉克在1984年發表論文談到這種大趨勢的出現背景。杜拉克提出，這一新經濟的出現主要與四個因素有關：

㈠知識與技術的快速演進，促使高科技企業創業的風行；

㈡雙薪家庭、青年人的後續教育、人口高齡化等趨勢加速了新創企業的產生和發展；

㈢創業資本市場成為企業創業的有效融資機制；

㈣美國的產業開始學會如何管理企業創業。

正是這些因素，使企業創業在八〇年代的美國有了很大的發展。

同時，企業創業是否即為美國近年來發展的主要動力也存在爭論，而這種爭論掀起了一股熱潮並進一步推動了企業內部的創業活動。一些研究者認為，創業與企業內的官僚科層制度是相互排斥、不能共存的，但另一方面，在實務上，一些成功的企業內創業已在許多不同的公司中出現，如 3M、貝爾亞特蘭大（Bell Atlantic）、美國電話電報（AT&T）和拍立得（Polaroid）等公司。為什麼企業內創業這一概念會變得如此流行？一個原因就是，企業內創業是企業開發其員工和管理者創新才能的有效途徑，正如史蒂文．博蘭特（Steven Brandt）所指出的：

「相對而言，挑戰是很直接的，美國必須改進自身的創新才能。要做到這一點，美國公司就必須開發其成員的創造力。創意來自於人，創新是一種能力，這種能力只有在為企業目標和生存而努力奮鬥時才被使用。不思創新是過時管理行為的代價，而不是缺乏才能。」

近年來，企業內創業的話題相當流行，但並非所有人都能了解這一概念。大多數的定義認為，企業內創業是指為了獲得創新性的成果，而得到組織授權

企業內創業是指為了獲得創新性的成果，而得到組織授權和資源支持的企業創業活動。

和資源支持的企業創業活動。企業內創業的關鍵是，如何在組織內倡建企業家精神，使得創新和創業活動得以在企業內部形成氣氛。

16.1.2 企業內創業的必要性

今天，已經有許多公司都意識到了推動企業內創業的必要性。商業雜誌（如 *Business Week, Fortune, Nation's Business*）上的文章都在報導企業創業思考對科層結構的衝擊。在最暢銷的《追求卓越》一書中，Peters 和 Waterman 用了一整章的內容來闡述企業內創業。非常明顯，營利事業諮詢專家和管理學家等都意識到企業內創業的必要性。這種必要性起源於三個問題：

- 新競爭對手的快速增加；
- 對傳統企業管理方法的不信任；
- 一些離職員工日後創業成為小企業的所有者。

㈠競爭問題。這是每一個企業都必須面對的問題。然而，目前是一個巨變的時代，今天的高科技經濟正面臨著更激烈的競爭，企業也面對比以往更多的競爭對手。與以前的幾十年相比，現在市場消費者需求的變化、技術的創新和進步是非常普遍且快速的，在這樣的競爭環境中，企業要嘛創新，要嘛就過時。

㈡第二個問題與第一個問題有著密切的關聯，或者可以說，環境的劇變是傳統企業管理方法過時的基本原因。當然，任何一種管理方法都不會完全過時，現代管理方法仍是建立在傳統方法的基礎上，但當管理理論和方法基礎的客觀環境已發生巨變時，自然會對傳統的管理方法產生懷疑。

㈢失去企業中最優秀的人才，對於現代企業，特別是大型公司會造成相當的傷害。由於自主創業逐漸形成潮流，成功的創業者成為當代「新英雄」，這對年輕和經驗豐富的員工來說十分有吸引力。同時，在最近幾年，創業投資也已經成長，能夠比以往提供更多的新創企業融資，形成了一個能替創業者提供重要資金的資本市場。種種變化和發展都在鼓勵那些具有創新想法的人脫離大公司，為自己而奮鬥。

由於自主創業逐漸形成潮流，成功的創業者成為當代「新英雄」，這對年輕和經驗豐富的員工來說十分有吸引力。

因此，現代企業不得不開拓企業內創業的途徑，否則就是在等待停滯、人員流失和衰退。這是一場新的企業革命，反映出對在企業組織內部創業的了解與渴望。

16.1.3 企業內創業的障礙

儘管企業內創業已經成為眾多大企業的管理重點，但企業內創業也並非沒有障礙的。我們可以從企業內創業障礙的分析中來觀察，應該如何推動和促進企業內創業。

一般而言，企業內創業的障礙主要是來自於，將傳統的管理技術套用在新創企業之發展上。儘管並非有意將傳統管理技術應用於企業內部創業，但是仍會產生負面影響，反而使企業盡力避免企業內創業行為。表 16.1 列示了一系列傳統的管理技術、套用這一技術時的負面效果以及推薦的變更或調整方案。

表 16.1 企業內創業的障礙：來源和解決方案

傳統管理方法	負面效果	推薦方案
實施標準過程以避免失誤	妨礙創新方案，浪費資金	制定每種情況下相對的實際規則
過分強調資源利用的效率	失去競爭領先地位	關注一些關鍵問題如市場占有
過於重視控制而不是計畫	忽視了那些應取代原假設的事實	修改計畫以反映新的學習結果
制定長期計畫	鎖定了不可行的目標，較高的失敗成本	擬定一個目標，然後設定一些中期任務，每一個任務完成之後再重新評估
職責管理	創業者的失敗或新創企業的失敗	支持具有管理才能和多種才能的創業者
規避給基本業務帶來風險的行為	錯過一些機會	小步走
不惜一切代價保護基本業務	基本業務受到威脅時新創企業就被砍掉	大力進行新創企業，使其成為主流，接受可承受的風險
根據以前的經驗評估新事務	導致競爭和市場的錯誤決策	採用學習策略，檢驗各種假設
齊頭式平等的酬勞	激勵效果低	平衡風險和收益，採取專案報酬
提升較好相處者	創新者離去	接納「搗亂者」和「努力者」

了解這些障礙對於促進企業內創業是非常關鍵的，為了獲得對內部創業的支持和培養內部創業的興趣，管理者必須掃除已經發現的障礙，並尋求可行的管理措施以支持企業內創業。

認識這些障礙之後，管理者必須適應成功創新公司的原則。創新領域的專家 James Brian Quinn，列出這些在成功創新大企業中常見的要素：

㈠氣氛和願景：擁有創新公司應有的明確願景，和支持創新的氣氛。

㈡市場導向：創新型公司將其願景與真實的市場地位聯繫在一起。

㈢小型的扁平化組織：大多數創新型公司都保持整個組織的扁平化，和開發團隊的小型化。

㈣並行方法：創新型的管理者鼓勵幾個創新項目同時進行。

㈤相互學習：在創新環境中跨功能部門的相互學習和交流。

㈥另類組織：每一個高度創新的企業都會利用各種跨層級團隊，以杜絕官僚的影響，允許快速的變革、灌輸、溝通及形成共識。

16.2 企業內創業策略的獨特性

一個企業要成功的推動企業內創業，首先要從策略面來確立企業內創業的地位。為此我們要了解這種策略的獨特性。

企業在試圖建立內部創業策略時，應考慮下列因素：

㈠支持個人成長的企業將會吸引優秀人才；

㈡如何只保留管理者的導師和顧問身分，將是一大挑戰；

㈢優秀人才將會要求擁有企業所有權，好公司也都願意與員工分享所有權，同時提供分紅、股票激勵計畫、員工選擇權計畫、利潤共享。

㈣集權情況正在消失，取而代之的是跨功能工作小組的管理網路；

㈤企業內創業允許員工滿意地開發其想法，而不必冒離開公司的風險；

㈥一些大公司正在從小企業中吸取教訓，並學習如何靈活經營、促進創新和建立士氣。

當建立一套企業內創業策略時，將大幅改變企業性質和文化。傳統方式被扔到了一邊，以支持新的創業過程。一些不習慣這種環境的員工會離去，其他人會在組織中發現一個鼓勵創造性、創新設計、風險承擔、團隊工作和非正式網路的新激勵機制。而所有這些都被用來提高生產力和企業的靈活性。一些人在內部創業環境中取得成功，一些人則會很討厭這一切。

要確立企業內創業策略，四個關鍵的步驟是：①建立願景；②鼓勵創新；③塑造企業內部的創業氣氛；④建立創業團隊。下文詳細討論這幾個步驟。

16.2.1 建立願景

確立企業內創業策略的第一步，是建立企業主管所希望達到的創新願景，並使其成為企業員工所共享的願景。一般認為，企業內創業來自於企業內部人員的創造才能，因此員工們需要知道並了解這一願景（見圖 16.1）。共享的願景是否具有足夠號召力，是否能夠激發員工對未來的憧憬並進而為此奮鬥，是追求高成效策略的關鍵因素。因此，願景確立前，應先了解企業內創業的獨特目標以及如何達到目標的程序。

> 共享的願景是否具有足夠號召力，是否能夠激發員工對未來的憧憬並進而為此奮鬥，是追求高成效策略的關鍵因素。

研究企業者 Rosebeth Moss Kanter 描述了企業內部創業的三個主要目標和相對程序，概括如表 16.2 所示。

表 16.2　企業內部創業的目標和程序

目標	程序
確保當前的體制、結構和經營不會妨礙創新所需的靈活性和快速行動。	減少不必要的官僚，鼓勵跨部門和層級的溝通。
為企業創業提供激勵和工具。	使用內部「創業資本」和特殊預算編列（「內部創業資本」一詞表示企業內創業的專用資金）。允許自由決定項目時間（經常指私自開發時間）。
在業務領域之間尋求 synergies，如此可以在新的聯合過程中發現新機會。	鼓勵事業部、部門及公司間的聯合創業。允許和鼓勵員工討論和運用腦力激盪產生新想法。

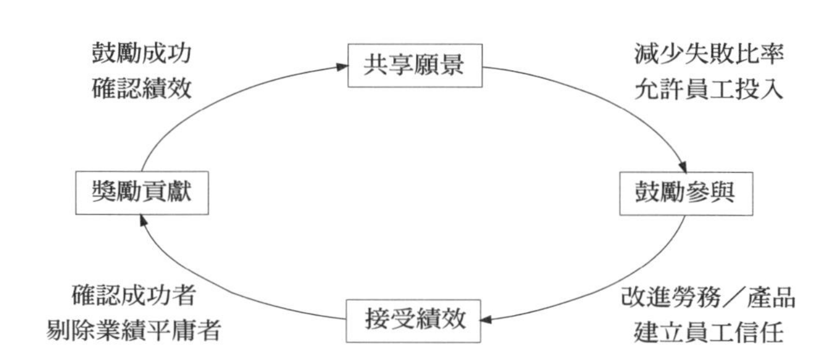

圖 16.1　如何由共享願景開始取得好績效

16.2.2 鼓勵創新

我們知道，創新是企業創業者的獨特工具。因此，企業必須從策略角度來了解和展開創新。許多研究者都探討企業環境對內部創新的重要性。

創新被一些研究者描述為混亂且未經計畫的，而其他研究者則堅持認為創新是一種系統方法。事實上，可以認為這兩種觀點都是正確的，它取決於對創新本質的了解。了解這一概念的方法是重點研究兩種不同類型的創新——激進創新和漸進創新。

激進創新是指在既有商品或服務中，產生具有突破性的進展（個人電腦、Post-it Notes、紙尿布、快遞等等）。這些創新都需要試驗和確定的願景，是必須要了解和培育的。

漸進創新則是指推動產品或服務，進入更新或更大市場系統的演進過程，例子包括了可用微波爐加熱的爆米花、凍乳酪等。在很多情況下，一次激進創新帶來了科學突破之後就開始漸進創新（見圖 16.2），企業的結構、行銷、融資和正式制度都有助於進行漸進創新。SAS 航空公司的 CEO Jan Carlzon 解釋說他的公司（指員工）並不是要把事情做到 100%那麼好，而是要每一件事情都做得更好一些。

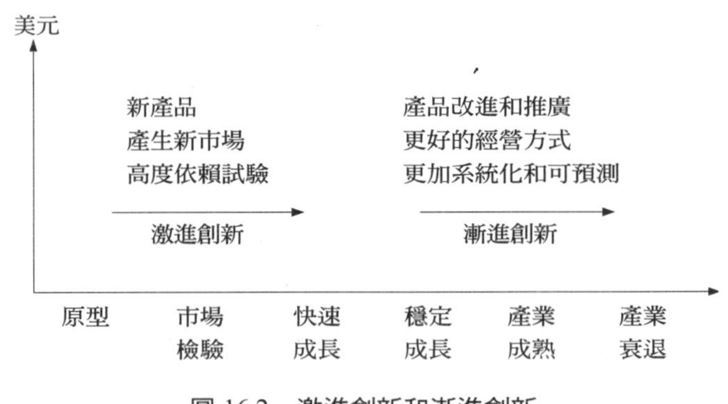

圖 16.2 激進創新和漸進創新

㈠兩種類型的創新都需要有願景的支持，這種支持對有效的開發過程來說可以採取不同步驟（見表 16.2）。

表 16.2　開發和支持激進和漸進創新

激進創新	漸進創新
利用挑戰和難題來加以刺激	設立系統目標和最後期限
可能時免去預算約束和最後期限約束	利用競爭壓力來加以刺激
鼓勵技術培訓和向顧客揭露	鼓勵技術培訓和向顧客披露
允許技術共享和腦力激盪會議	每周召開包括關鍵管理人員和行銷人員的會議
關注個人——建立信任關係	授予更多的責任
鼓勵來自團體之外的讚揚	設立完成目標和最後期限的財務激勵機制
擁有可靈活運用的資金	
對新項目和創意提供獎勵和資本	

㈡兩種創新都還需要有優勝者——具有願景和有能力使他人共享願景者。

㈢兩種類型的創新都需要高階主管支持，且特意栽培那些關心創新和創業的員工——這一概念稱為高階管理機構支持。

鼓勵創新不僅要能容忍失敗，而且還要能從失敗中學習。例如，3M 公司發起人之一 Francis G. Oakie 曾經有以砂紙取代刮鬍刀的想法，當時他確信男人可以用砂紙而不是用鋒利的刀來刮臉，他錯了，這一想法也失敗了，但他繼續提出其他想法，直至開發出一種汽車業用的防水砂紙，這是一次巨大的成功！

3M 公司的管理哲學就這樣誕生了。創新是一個數字遊戲，提出的想法愈多，創新成功的機會就愈大。換句話說，要想掌握創新就必須容忍失敗。半透明牙齒矯正器、人造膝外科手術帶、建築標示用反射板以及 Post-it Notes 只是 3M 開發成功的創新產品之一小部分，事實上，這家公司擁有六萬種產品，所帶來的銷售收入超過一百零六億美元。

現在的 3M 公司遵循著一系列的創新規則，這些規則鼓勵員工提出各種想法。這些關鍵規則包括以下六條：

㈠不要扼殺任何創意，如果一個創意不能在 3M 中得到任何部門支持，提出員工可將其 15%的工時投入到開發該創意中。對於那些需要種子資金的員工，每年會獎勵五萬美元的資金。

㈡容忍失敗，鼓勵多次試驗和風險承擔，使新產品成功機會加大。在過去的五年中，3M 公司規定所有事業部必須提撥 25%營收作為研發之用，而且此比例最高可提到 30%。

㈢保持事業部的小型化，事業部主管必須知道每個員工的名字。當一個事業部變得太大，銷售收入可能達到二．五億到三億美元時，就必須進行分割。

㈣激勵優勝者，當 3M 員工提出一個產品想法時，他就可以建立一個工作小組進行開發。薪水和升遷與產品開發成果相關。優勝者將來有機會經營自己的產品線或事業部。

㈤與顧客建立聯繫，研究人員、行銷人員和管理人員要經常與顧客交談，並邀請顧客一起進行腦力激盪。

㈥共享財富，技術一旦開發出來就屬於每一個人。

16.2.3 營造企業內創業的有利環境

高階管理者是否重視這種創新氣氛的形成是十分重要的，它不僅將影響創新者發揮潛力，而且將對創新能否成功有重大影響。

在重建現代企業創新驅動機制的過程中，最關鍵的一步可能是將大量資金投入到企業創業活動中，以促使新創意能開花結果。結合創新策略的其他特性，才能激發企業員工成為內部創業者。實際上，研究者羅伯特．D．希斯瑞克發現，在將員工作為企業創新源頭而加以開發的過程中，公司需要展開一些更能培養人才、更能促進資訊共享的活動。除了確立企業創業方式和培養企業內創業者之外，還需要建立一種有助於具有創意人員發揮其潛能的氣氛。高階管理者是否重視這種創新氣氛的形成是十分重要的，它不僅將影響創新者發揮潛力，而且將對創新能否成功有重大影響。

另一位研究者 Deborah V. Brazeal 建立了企業內創業模型，進一步強調企業內創業氣氛的重要性。圖 16.3 顯示了該模型對創新者和組織因素間互動的說明。Brazeal將企業內部創業定義為「運用開發新產品、組織流程和技術開發，以達到成長目標的內在過程」，這一過程應該加以制度化。為了使員工提倡創新，要非常注意個人的態度、價值觀、行為導向以及組織的結構和激勵機制的結合。最後，利用一個支持這些創新者的組織環境來提高企業的創新能力。

（一）企業內創業培訓計畫（ITP）

對於企業內部創業來說，一種能夠改善其關鍵環境的方法就是企業內創業培訓計畫（ITP）。這裡我們不準備詳細說明培訓計畫的內容，只列出其概要介紹，以便讀者了解這類培訓計畫。這個對潛在創業者進行的培訓計畫，試圖

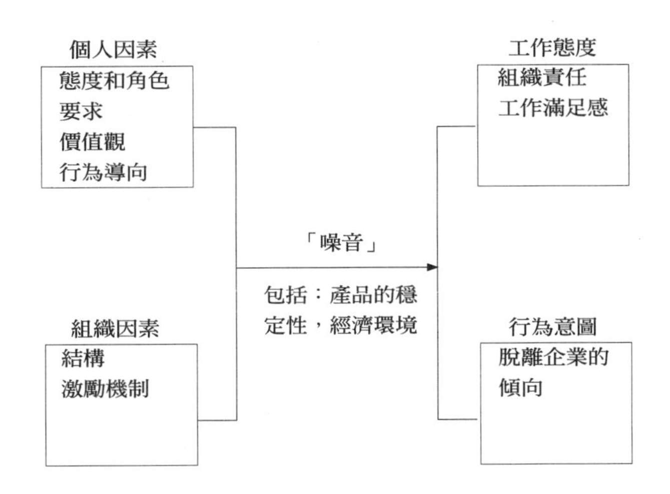

圖 16.3　企業內創業的發展：個人因素和組織因素的互動

增進其對內部創業的認識。此計畫包含六部分，每部分包括四小時的課程，課程內容旨在培訓參與者在其工作領域內支持內部創業。各部分的內容簡單介紹如下。

1. 概述。此部分包括對管理和組織行為概念的回顧、企業內創業和相關概念的定義，以及幾個企業內創業案例的討論。

2. 個人創造力。定義個人創造力，如何激發個人創造力。包括一些激發創造力的練習，參與者建立其個人創造力計畫。

3. 內部創業。列出有關這一主題的文獻回顧，以及深入分析幾個內部創業的個案。

4. 評估企業前文化。為了對當前企業中各種變化的催化劑和障礙展開討論，這裡為培訓組提供一個趨勢展望。

5. 制訂業務計畫。概述和解釋企業內創業之業務計畫的制訂過程。說明業務計畫書的各個要素，提供完整的業務計畫書範例。

6. 制訂行動計畫。在此部分中，參與者以團隊工作方式建立行動計畫，該計畫用於在其工作崗位上促進內部創業。

（二）企業內創業評估工具（IAI）

為了確認培訓計畫的有效性，研究者還開發了一份名為「企業創業評估工具」（IAI）的調查表，經過對IAI的調查結果進行統計分析，確認了五個較為顯著的因素，這些因素涉及企業管理者能夠控制的一些方面。以下列出每個因素的簡單定義，並附帶企業環境相對於每個因素的說明。

1. 管理階層的支持。即管理階層對員工內部創業活動支持的程度。管理者是否讓員工相信，創新實際上是為公司所有成員設定的重要事務。反映管理階層支持的一些情況有：員工想法的迅速採用、對提出想法者的賞識、對小試驗的支持和提供啟動的種子資金。

2. 自主權／工作決定權。員工能夠自行決定以何種方式完成自己工作。公司允許員工自行決定工作進度，並避免批評員工在進行創新時所犯的錯誤。

3. 獎勵／支援。獎勵和支援員工致力於創新。公司必須獎勵可能的成績、提出挑戰、增強責任和在公司內宣傳創新者的想法。

4. 充裕的時間。創新想法需要有一定的時間來形成。公司必須合理分配員工負擔，避免在員工工作上增加時間約束，允許員工與其他人一起解決長期問題。

5. 組織邊界。這個邊界阻止員工關注自己工作之外的問題，這是一個負面因素。員工必須以廣闊的眼光來看待企業，企業應避免將所有主要工作都設計成標準化過程，也不應過於依賴範圍狹窄的工作說明書和僵化的績效標準。支持創新活動意味著組織邊界的模糊化，甚至消失。

那些試圖建立內部創業策略的企業需要集中關切這些因素。以前的研究也提到，這些因素是涉及建立內部創業氣氛的關鍵基礎。

（三）促進企業內創業

另一位研究者 Vijay Sathe 提出了一種理論，認為企業如果想要使內部創業更容易，就必須集中注意四個方面：

1. 鼓勵而非命令進行創業活動。為了鼓勵企業內創業，管理者應運用的手段是財務獎勵和公司認可等，而不是各種規則和限制過程。鼓勵會比傳統方法提供更有力的內部控制和指導。

2. 人力資源政策的適當控制。管理人員需要在一些崗位上工作夠久，才能了解某行業和某特殊部門。Sathe建議「有選擇的輪調」，即管理人員從事不同但相關領域的工作，而不是像許多公司一樣將管理者在相似崗位之間換來換去，這有助於管理人員獲得開立新創事業的足夠知識。

3.管理階層對一項創業投資要承諾夠長的時間以等待結果。出現失敗是很自然的，從中吸取教訓才是最關鍵的。維持承諾是管理企業內創業的一個重要因素。

4.「賭注」要下在人身上，而不是分析上。由於分析對於判斷是否投資是很重要的，因此分析要以支持的方式而不是強制的方式進行。這種支持能幫助創業者發現錯誤、檢驗其判斷和完成自我分析。應當提到的是，如何有效激勵內部創業者，至今大多數研究人員的看法仍相當分歧。一些人相信，讓創業者負責新風險事業是最好的激勵；其他人則認為，最好的激勵是使內部創業者有更多的可自由支配時間，以繼續進行未來的創業；還有的人認為，應建立用於企業內創業的特殊資本即內部創業資本，使得不論在何時，只要內部創業者需要，他們就可為實現想法而獲得資金。

分析了這些要素之後，有一點就很清楚了，即如果企業內創業活動能夠存在並要取得成功，將不可避免地改變企業內部結構。這種變革常要重組一系列的人員、企業目標和現有要求。簡單地說，企業可以透過廢除原有的控制系統和更改傳統的官僚結構來鼓勵創新。

16.2.4 建立創業團隊

創業團隊及其產生創新結果的潛能，被認為是二十世紀九〇年代美國生產力大幅度上升主因之一。採用創業團隊的那些公司，經常將其經歷的變化稱為一種「質變」，甚至一種「革命」。建立這一類型的工作團隊，已經成為許多企業的新策略。

在觀察企業創業發展的過程中，Robert Reich發現，企業創業並不只是企業創建者和高階主管的職責。在許多大公司甚至小公司中，創業活動遍及整個公司，當公司積極尋找一些累積知識的新方法時，試驗和開發活動仍總是在公司裡持續進行著，因此Reich發展出所謂集體創業的概念。

在集體創業中，個人的技能被整合在團隊中，而這種集體創新能力要大於其各個部分之和。

Reich 指出，在集體創業中，個人的技能被整合在團隊中，而這種集體創新能力要大於其各個部分之和。隨著時間的流逝，由於團隊成員在工作中共同解決及嘗試各種問題和方法，他們也學會了其他人的才能。他們學習如何互相幫助以完成工作，得知彼此的專長，學習如何利用其他人的經驗。每一個參與者都不斷地進行調整，而這會加快整個團隊的進化並使進化平穩進行。綜合許多這種遍及整個企業的小規模調整，將會推動企業的前進。

正像 Reich 對集體創業的強調一樣，創業團隊一般具有自我導向、自我管理和高績效的特徵。

創業團隊是一種小型且以半自主方式運作而開發新創意的團體。這種團隊有相對獨立的預算，其主管擁有對大方向的決策權，因此它是半自主的。有時團隊的主管也被稱為「產品優勝者」或「內部創業者」。這種團隊通常不同於企業的其他部門，尤其是與那些處理日常活動的部門有明顯差異。這樣，就可以防止創業團隊陷入那些會扼殺創新活動的程序當中。然而在團隊的一個創業項目成功後，就可以將新產品納入與公司其他產品同樣的程序中，將其整合到總體企業運作範圍中。在此意義上，創業團隊似乎有一定的臨時性，是因某個創意而存在的，當一個創意完全實現或完全失敗時，它就完成了使命。而當新創意出現時，將有另一個創業團隊因而誕生。

從許多方面來看，創業團隊都可說是在大企業經營中進行運作的小企業。各種企業內創業策略隨企業的不同而變化，但它們都具有類似的模式，都主動尋求更新現狀，都對運營管理有一套新的柔性方法。

16.3 企業內創業的互動過程

16.3.1 誰是企業內創業者？

誰是企業內創業者，或者說誰是企業內創業的主體，這個問題對推動企業內創業具有重要意義。

一般來說，企業內創業者不一定就是新產品的發明人，而是能夠將創意或產品原型轉變成可獲利的實際產品者，他們是支持產品的人，具有強烈意願將想法付諸行動的團隊創建者。令人驚奇的是，他們大多只具有平均或中上的智商，也就是說，他們並不是天才。

大多數企業內創業者都是從一個創意開始建立其「內部企業」（intraprise）的，這個創意基本上是始於一個幻想，或一般所稱的「白日夢階段」。在這一階段，企業內創業者首先在心裡演練將創意轉變為現實的過程。各種不同的途徑都要考慮到，潛在的干擾和障礙也要在心裡盤算著。Pontiac Fiero公司的內部創業者 Hulki Aldikacti 提供了這一過程的例子。當 Aldikacti 向 Fiero 公司提出他的創意時，還不能確定這種車會是什麼樣子，因此他建造了一個車廂的木製模型，然後他就坐在這個模型中，想像著駕駛的是一輛成品車會有什麼感覺。這幫助他開發和完成了最終的產品。

通常，企業內創業者最初可被視為是並不存在的一個新創事業之總經理。開始時，個人可能只專注於某個領域，如行銷或研究與開發，然一旦內部創業開始，就要快速學習各方面之能力，內部創業者很快就會變成具備多項技能的通才。

企業內創業者大多是行動導向的，他們能迅速地把事情做好。他們也是目標導向的，會盡一切努力達到目標。他們身上一般也結合了思想家、行動家、計畫制定者和勞動者的各種優點。他們能夠將夢想和行動結合。將精力專注於新的創意上是最重要的，因此企業內創業者往往期望一些不可能的事情發生，也不認為任何挫折都將造成失敗。

當面對失敗或挫折時，企業內創業者大多保持樂觀態度。首先，他們並不承認被打敗了，他們將失敗視為暫時的挫折，從中吸取教訓並加以解決，失敗並不是退卻的理由。其次，他們認為自己要對自己的命運負責，並不將失敗歸咎於其他人，而是進一步集中精力學習如何做得更好。客觀地處理自己的錯誤和失敗，內部創業者學會了如何避免再犯相同的錯誤，而這又進一步幫助他們取得成功。

客觀地處理自己的錯誤和失敗，內部創業者學會了如何避免再犯相同的錯誤，而這又進一步幫助他們取得成功。

16.3.2 消除關於企業內創業的誤解

企業外部的自主創業與企業內創業在很多地方非常相似，因此，關於一般創業者的一些誤解，也會成為對企業內部創業者的誤解。有時這些誤解會影響同事和上級主管對內部創業者的印象，因而不利於企業內部的創業。下面是關於這些誤解的探討：

㈠認為創業者（內部創業者）的主要動機是追求財富——因此金錢是其主要目標。但事實往往是，創業者（內部創業者）的主要動機是創新，是將其創意加以實現，創新的自由和能力是主要動力，金錢只是一種工具和成功象徵。

㈡認為創業者（內部創業者）都是高風險承受者，他們都是職業賭徒。但事實上，用「有限的風險承受」來描述創業者（內部創業者）行為應該更為恰當。對成功的無盡追求並不意味敢冒任何風險，只有一定程度的、經過計算和分析的風險才是這些人所偏好的。

㈢認為創業者（內部創業者）缺乏分析才能，行事都很鹵莽，這就導致他人認為「萬事都靠運氣」的觀念。但實際情況是，創業者（內部創業者）通常都非常具有分析才能，雖然可能出現他們很「幸運」和做事鹵莽的情況，但關鍵是他們能夠被確認創新、能夠很好地界定市場需求，因而他們的目標往往是十分明確的。

㈣認為創業者（內部創業者）由於其強烈渴求成功而缺乏道德。他們不在乎如何取得成功，只要能夠成功可以不擇手段。但實際上，在現代社會中，創業者（內部創業者）必須嚴格遵守道德約束，必須擁有與社會預期一致的道德信念，如果不具有這些信念，就會無法生存下去。

㈤認為創業者（內部創業者）都是渴求權力的人，最感興趣的是建立一個「帝國」。但事實是，大多數創業者（內部創業者）的企業都很小、很保守。他們更感興趣的是利潤和成長，而不是所謂「帝國」的建立，重點是做好而不是做大。

表 16.3 比較了內部創業者、傳統管理者和一般創業者的特徵和技能，從中可以進一步了解內部創業者。

值得強調的是，表中種種對企業內創業者的特徵表述都不是絕對的，只能適用於大多數情況。世界是繽紛多彩的，任何個別的創業者或企業內創業者都可能具有其獨特之處。

表 16.3　創業者、企業內創業者與傳統管理者的比較

特　徵	傳統管理者	一般創業者	企業內創業者
主要目標	提升和獲得傳統的企業獎勵，如工作條件、部屬人數和權力	獨立、創造機會、金錢	獨立和對企業資源的使用、在績效表現中領先他人
時間導向	短期——完成定額和預算；每周的、月度的、季度的和年度的計畫範圍	企業生存，實現五至十年的企業成長目標	在傳統管理者與創業者之間，取決於自定和企業的時間表
行動傾向	授權，大量精力用於監管和報告	直接行動	直接行動多於授權
技能	專業管理，通常受過商管教育；使用抽象的管理工具、人員管理和政治技巧	具有比管理或政治技能更大的商務洞察力。通常接受過技術培訓	非常像一般創業者，但其地位要求其具有在企業內取得成功的能力
對勇氣和命運的態度	視其他人的命運為其掌握；可能是強有力和野心勃勃的，但可能害怕其他人的能力	自信、樂觀、富於勇氣	自信、富於勇氣；許多內部創業者對制度持嘲笑態度，但對他們瞞騙制度的能力很樂觀
關注的焦點	主要是企業內部的事件	主要是技術和市場定位	兼顧企業內外的事件；向內部人員傳遞市場需求，也關注顧客的要求
對風險的態度	小心謹慎	喜歡適度的風險；大量投資，但期望獲得成功	喜歡適度的風險；一般不害怕被解雇，因此並不注意個人風險
市場研究的運用	進行市場研究以發現需求，並指導產品概念化	創造需求；創造不能被市場研究所檢驗的產品；潛在顧客還不知道有這些產品；與顧客交談並形成自己的觀點	像創業者一樣，自己進行市場研究和主觀的市場評估
對地位的態度	對地位的象徵很在意（如大型辦公室等）	只要工作完成，喜歡坐在黃木箱上	將傳統的地位表徵視為玩笑，珍視自由
對失敗和錯誤的態度	努力避免錯誤和令人吃驚的事情；會推遲處理已發覺的錯誤	將錯誤和失敗作為一種學習經驗	為從錯誤中學習而不付出公開失敗的政治成本，總是試圖隱藏有風險的項目
決策制定的類型	支持掌權者的意見，會拖延制定決策直至獲得老闆的想法	服從個人的想像，是性格堅決、行動導向的	是精通說服他人同意自己願景的高手；比企業創業者略微有耐心、更願意妥協，但仍是一個努力踏實者
為誰服務	取悅其他人	取悅自己和顧客	取悅自己、顧客和贊助人
對組織系統的態度	將組織系統視為培養和保護人的處所，在其中尋找自己的地位	在組織內會迅速成長；當遇到阻撓時可能會離開組織而成立自己的公司	不喜歡組織系統，但會學著控制
解決問題的類型	在組織系統內部解決問題	在大型正式的組織中利用辭職和獨立創業的方式來逃避問題	在組織系統內部解決問題，或者不辭職而繞過問題
家族史	家族成員曾經為大企業工作	創業型小企業，專業或農場背景	創業型小企業，專業或農場背景
與父母的關係	獨立於母親；與父親關係良好但有些依附	沒有父親或與父親關係緊張	與父親關係較好，但仍有些粗暴
社會經濟背景	中產階級	在一些早期的研究中為下層階級，在最近的研究中為中產階級	中產階級
教育程度	受過高等教育	在一些早期的研究中沒有受到很好的教育，在最近的研究中有一些碩士生，但沒有博士生	通常受過高等教育，尤其是在專業領域，但有時也並非如此
與其他人的關係	將管理階層視為基本關係	將交易和簽訂協議視為基本關係	將管理者的交易視為基本關係

16.3.3 個人和組織的互動過程

應該強調的是，企業內創業的整個過程是眾多因素互動的過程。

在了解了企業內創業的組織策略以及內部創業者的個人特徵之後，就可以很清楚地知道，企業內創業活動是一個許多因素互動的過程，而其成敗也就是這些因素互動的結果。研究者 Jeffrey S. Hornsby、Douglas W. Naffziger、Donald F. Kuratko 和 Ray V. Montagno 等認為，企業內創業行動的出現是組織特徵、個人特徵和一些突發事件的互動結果。他們發展出一個說明幾種活動互動關係的研究模型，圖 16.4 說明了此過程的一些關鍵因素。當其他條件有助於這種互動時，此條件就為企業內創業提供了原動力。

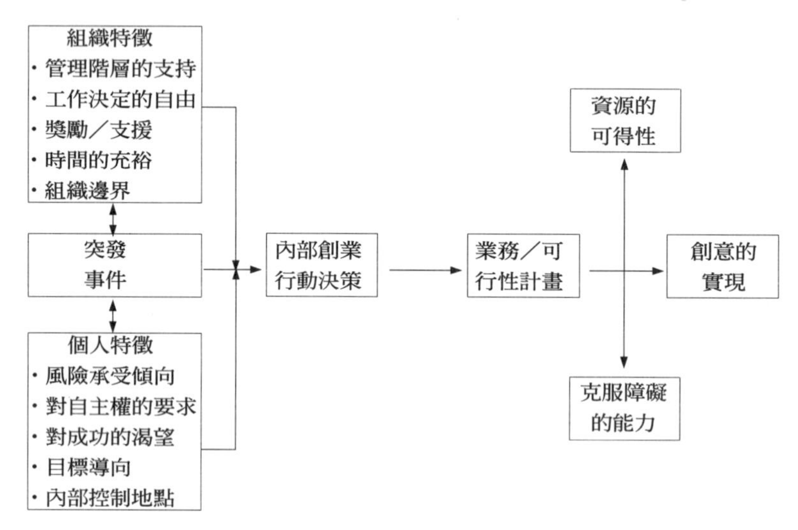

圖 16.4 企業內創業的互動模型

研究者 Shaker Zahra 揭示了一些企業內創業過程中，可以被視為突發事件的影響因素，主要包括三個，即環境因素中的敵意（競爭過程中對企業目標的威脅）、動態性（由於各種變化造成企業市場的不穩定性）和異質性（對企業產品需求市場中的發展變化）。

一般而言，影響因素多半來自於環境或組織內的變化，更具體地說，影響企業內創業的突發事件可能有：新產品的開發，公司管理階層的變更，兼併或收購，競爭者市場占有的增加，新技術的開發，成本降低，消費者需求的變化和經濟變革等。

在決定進行內部創業活動之後，緊接著的主要任務是制定一個有效的業務計畫，整個業務計畫應包括新內部事業所涉及的所有發展階段。

一個精確的業務計畫是必不可少的，其實施和內部創業的最終成功取決於兩個關鍵因素：第一是，組織是否能夠提供所需的資源；第二是，內部創業者是否能夠克服可能造成妨礙的組織障礙和個人障礙。

內部創業想法能否實現需視上述這些因素互動的結果。在完成了開發可行性分析、了解資源對新事業的必要性和克服了所有現有的組織障礙之後，內部創業者就可以推行其想法並正式開始創新了。

我們強調，了解企業創業過程比了解創業者更為重要，了解創業者只是了解企業內創業過程的一部分。企業內創業涉及多個變數，即取決於一些組織和個人活動的成功互動。

16.4 再造企業的思考

企業內創業需要個人與組織互動，也需要許多因素互動，從組織角度來說，它對組織運作提出了更高的要求。在一定意義上可以說，一個組織要能夠成功地推動其內部創業，就需要對組織進行某種程度的再造。

要推動企業內創業，組織需要為內部創業者提供自由和鼓勵。這經常會成為企業中的一大問題，因為許多高階管理者不相信在組織內可以培育和開發創業思想；他們也常認為很難實施鼓勵自由和無組織活動的政策。事實上，這就需要組織建立一系列有助於創新者發揮潛能的政策。要實現這一點，通常可以採取四個重要步驟：

㈠明確目標，這些目標需要由員工和管理者共同認可；

㈡建立回饋和積極支援的制度，為了使潛在發明者、創造者或企業內創業者了解會得到認可和獎勵，這是必須的；

㈢對個人義務的強調，信心、信任和責任是任何創新計畫成功的關鍵特徵；

㈣以成果為基礎的獎勵，必須建立鼓勵員工去冒險成功的獎勵制度。

當然，每個企業都應根據自身的情況，建立一套最適合自己且有利於內部創業的制度，但也還存在有許多關鍵問題，了解這些問題可以幫助組織建立有效的運作制度。下面列出一些可用於評估企業風險事業的問題，這些問題的提出有助於企業考慮是否進行某種程度的再造。

㈠公司是否鼓勵自作主張的企業內創業者？企業內創業者會賦予自己一定的角色，並要求得到公司的支持。儘管這樣，有些公司並不能給予創業者有效支持，而一些公司則愚蠢地試圖利用任命去進行一項創新。

㈡公司是否為企業內創業者提供能夠發揮的自由空間？這涉及到組織結構的調整或變動。一般情況下，可能涉及組織內各個部門的交叉運作。

㈢是否允許公司內部人員按自己的方式來工作，或者他們是否要經常停下來對自己的行為進行解釋並獲得許可？一些企業做決策時要經過逐層批准的過程，而執行者與決策者甚至從來都沒有見過面。

㈣公司是否採用一些迅速且非正式的方法為新想法提供所需資源？顯然，這會對科層制組織中的權力結構提出挑戰。企業內創業者需要一些可自由處置的資源來探索和開發新想法，一些公司給予員工將一定比例工時用於開發的自由，但卻拒絕提供探索新想法所需的資金。一些公司嚴格控制資源，以至於新的、非期望的想法得不到任何資源，其結果只能是企業的一成不變。

㈤公司是否已建立一套管理小型實驗性產品和業務的方法？企業文化是否支持各種經過仔細研究和計畫的嘗試？實際上，對一種嘗試來說，如果沒有經過仔細準備，沒有投入足夠資金，即使試一千次或更多也不足為奇。

㈥公司是否已建立一套鼓勵冒險和容許錯誤的體制？創新的成功過程中不可能沒有風險和錯誤。即使是成功創新的開始，一般也要碰幾次壁。

㈦公司是否能承諾對某項嘗試做長期試驗以驗證其是否有效，即使要花費多年和經歷多次錯誤時？創新是要花費時間的，甚至要幾十年，而企業的運作計畫是逐年更改的。

㈧公司員工關心新想法，還是對維護自己的工作權限更關心呢？因為新想法幾乎總是要跨越現有的組織內部邊界，如果這種邊界十分僵硬而沒有任何彈性的話，無疑會對企業內創業形成障礙。

㈨在企業內成立完善且自治的工作團隊是否容易？對企業內部風險事業全權負責的小型工作團隊解決了創新的許多基本問題，但一些公司不願意成立這種工作團隊。

㈩公司中的內部創業者是否面臨到壟斷問題，或者他們在需要時能否自由使用其他部門或組織之外的資源？企業創業者也生活在一個有多種選擇的世界中，如果一個創業投資者或供應商不能或不願滿足他們的需求，仍會有其他更多的創業投資者或供應商可供選擇。然而，企業內創業者經常面臨只有一種選擇的情況，這可以稱為內部壟斷。必須有指定工廠生產其產品或由特定銷售機構進行銷售。若這些機構缺乏動力或根本就不適任，一個很好的想法就不幸地夭折了。

一個企業要有效地培養企業內創業，檢查和修改其管理觀念是非常重要的。許多企業仍保持著一些過時的管理技術和價值觀，不幸的是，更有效地做好舊工作不足以適應新挑戰，必須建立一個具有新價值觀的文化。組織中的掌權者必須學會如何與內部創業者共存或為其開路。可惜的是，說比做要容易得多。然而，企業也可以採取一些措施以幫助重塑企業文化和鼓勵企業內創業。例如，盡早識別出潛在的企業內創業者；高階管理者資助企業內創業；建立策略活動的次序和拓展其廣度；透過試驗發掘企業內創業者；仔細建立參與內部創業者與企業的合作關係等。

建立企業內創業觀念有許多優點：

㈠這種氣氛經常會促使新產品的開發，有助於企業擴展和成長；

㈡促進工作壓力的產生，有助於企業維持其競爭態勢；

㈢促進一種能夠導致高成效，並有助於企業激勵和留住人才的氣氛。

本章小結

企業內創業是在組織內部進行創新和發明並創造更大利潤的過程。大多數公司已經意識到，企業內創業對公司的未來發展非常重要。對企業內創業的需要來自日益增強的、愈來愈複雜的市場競爭，來自對傳統管理方法有效性的懷疑，還來自對優秀員工離職的擔憂。

一個企業要成功地推動企業內創業，首先要從策略角度來確立企業內創業的地位。這種策略的獨特要包括建立願景、鼓勵創新、營造有利環境和建立創業團隊等幾方面。

企業內創業者具有許多共同的特質。大多數企業內創業者是行動導向和自我導向的，對於目標的實現有極大熱情，熱中於將創意轉化為實際產品，並對接受失敗和糾正錯誤有充分的準備和承受能力，還具有很強的學習能力。

企業內創業是一個多種因素互動、個人和組織互動的過程。為此，組織必須為內部創業建立一個有效激勵的環境。在一定意義上，要成功推動企業內創業需要組織進行某種程度的再造，而其中有最為關鍵影響力的是組織的高階管理者。

討論題

1. 簡要說明，什麼是企業內創業？它與一般的創業有何異同？
2. 通常內部創業在組織中會遇到哪些障礙？
3. 簡要說明一個推動企業內創業策略所具有的四個獨特要素，並說明為什麼這些要素十分重要。
4. 激進創新和漸進創新有什麼區別？如何區別？如何對創新進行有效的鼓勵？
5. 建立有利於企業內創業的環境有哪些要素？如何具體建立這種環境？
6. 建立創業團隊對企業內創業有怎樣的重要性？設想一些具體的操作方法，如何在企業中建立創業團隊？
7. 闡述企業內創業的相互作用過程，如何有效推動這種過程？

第十七章

國際創業

本章學習目的

1. 了解國際創業相關的各種知識及其重要性。
2. 了解國際創業中重要的策略問題。
3. 了解進入國際市場時可採用的方案。
4. 介紹國際創業中的問題和障礙。

跨越國境，走向新興市場

早在二十世紀七〇年代，瑞士青年丹尼爾・博若爾就播下了他創業的種子，當時他正在史丹福大學學習電腦工程。他與一位來自義大利的同學皮爾若瑞吉・薩帕克史塔一起，想將美國矽谷那種創業熱情引入歐洲。但實際上在歐洲並不存在創業投資者，銀行家們也不會把幾百萬美元借給幾個二十七歲的年輕人。因此，他們先去其他公司擔任顧問，尋找可使他們參與歐美技術轉移的市場機會。當博若爾和薩帕克史塔獲得一種瑞士設計的滑鼠在美銷售權時，機遇就展現在他們面前。在另一位義大利人吉奧科莫・麥林尼（Giocomo Marini）的幫助下，邏輯技術（Logitech）公司誕生了。

從一開始，邏輯技術公司就違背了一般人所固有的公司如何建立，如何成為全球競爭者的信念。一般人的想法是，公司應先從事國內經營獲得經驗並成熟起來，然後再基於這種經驗進入全球市場。一項投資馬上就以國際經營的方式出現是很不符合常規的，但這正是邏輯技術公司的所作所為，它在瑞士、美國和台灣地區投資進行生產和市場經營。博若爾相信，在不斷發展的電腦業中，必須要盡量靠近最重要的市場，這就需要向全球展開運營。他還相信，如果緩慢地進入這個正在擴大的市場，他們將很難成功。1981 年，邏輯技術公司在瑞士組成，幾個月後又在美國登記。當一些已經建立的公司，正在努力確定適合全球化經營的組織形式時，這個新生的公司就已經擬定了「三角策略」：

㈠積極地尋找機會和保持靈活性；

㈡從位於亞洲、歐洲和美國的最先進供應商那裡獲取資源；

㈢把產品賣給全球各地的客戶。

早些年有一幅掛在辦公室的字中寫道：「我不知道去哪兒，但我正在去的路上。」這幅字早已不在了，但這個啟示卻一直讓人記得。邏輯技術公司的原始產品本來會是印表機之文字處理系統。當這家在瑞士創業的公司突然被出售後，發展基金擱淺了，博若爾和合夥人不得不尋找別的市場。儘管他們還年輕，卻擁有良好的聲譽，並取得了與理光（Ricoh）公司在美國合作開發圖像工作站的合約，合約金額達兩百萬美元。許多新創企業可能對發掘到這樣一次機會已感到滿足，進一步拓展的事可以放到以後再說，但博若爾的目標是創建一個全球性動態組織。他回憶道，「我們是一小群有著遠大理想的人。從一開始，我們就夢想有這麼一天，邏輯技術公司不再只是其他公司的顧問，它要在世界市場中揚名立萬，提供有趣且創新的產品。」

設在瑞士的洛桑生態綜合技術聯盟（EPFL）從事電腦設計實驗。透過與 EPFL 的教授建立聯繫，博若爾對利用滑鼠簡化電腦操作的潛力著了迷。博若爾認為，滑鼠將會有龐大的市場潛力，他的這個判斷是邏輯技術公司成功的關鍵。

1982 年，邏輯技術公司獲得了 EPFL 的本納德・尼科特（Benard Nicoud）教授獨家開發的光學機械滑鼠之國際經銷權，並立即著手進行市場研究。儘管供應商還未達到他們嚴格的品質要求，但邏輯技術公司相信能夠擴展市場，仍在瑞士洛桑建了一個小廠，並且獲得了可以改進滑鼠設計的權力。這個廠的年產能為兩萬五千個滑鼠，那時被認為超過了全球市場需求——因為滑鼠曾經僅限於大學和實驗室裡使用。在瑞士進行生產，但主要市場在美國。而當個人電腦市場出現時，它以驚人的速度和產量膨脹，快速地拓展市場，同時也引來了許多競爭者，包括滑鼠系統公司（Mouse System Corp.）、滑鼠屋公司（Mouse House）和微軟公司，在美國市場與邏輯技術公司競爭。與邏輯技術公司同時生產或稍晚一點的，如蘋果電腦、KYE（一家台灣公司），和日本的 MISUMI 也進入了滑鼠市場。早期的市場優勢屬於微軟，因為它把滑鼠包裝成軟體的附件。但邏輯技術公司有能力獲得惠普的合約，因此取得了關鍵的外包加工市場（OEM），以及來自惠普的設計和製造之幫助。邏輯技術公司意識到，客戶都希望他們的供應商就在附近以便檢查，於是在美國建了一家製造廠，隨後就從諸如奧利費體（Olivetti）和 AT&T 這樣的公司得到了外包合約。這家設在加利福尼亞的工廠很快擴大，成為年產能達三十萬個滑鼠的主要生產廠。

邏輯技術公司進攻零售市場最初並沒有成功。一般消費者還不知道邏輯技術公司這個名稱，邏輯技術公司也未開發零售管道，承擔不了開發傳統管道的廣告和促銷費用。為了繞過這一障礙，邏輯技術公司開始在《拜特》（Byte）和《PC 雜誌》（PC Magazine）這樣的電腦雜誌上刊登促銷廣告，以九十九美元的特別贈送價格提供它們的 C7 滑鼠，此時另一個滑鼠領導品牌零售價為一百七十九美元。這一策略立即引起市場關注，把邏輯技術公司抬升到郵購零售領導者的地位，同時樹立了聲譽。這使得它可以透過傳統零售管道進入零售市場。

邏輯技術公司一直在繼續它的多角策略，在取得零售市場占有的同時也沒有忘記追求委託加工市場。邏輯技術公司意識到，較大的合約需要更低成本和更高產量。為了對抗日本競爭者，它在贏得新的大訂單前，在台灣新竹科學園區買下了一塊地。在贏得蘋果公司合約時的訂價是無法獲利的，但管理階層仍接下訂單。台灣工廠很快變得比美國工廠更有效率，年產量達到一千萬個。由於具備了高品質和產能，邏輯技術公司於 1988 年成功地贏得了 IBM 的委託加工合約。

邏輯技術公司以成為真正的全球公司為己任。他發現歐洲零售市場與美國完全不一樣。美國零售市場對價格敏感，而歐洲主要市場則對品牌敏感，這使得IBM和微軟這些著名公司有很大的優勢。邏輯技術公司認為他們低價策略在歐洲不會像在美國那樣有效，因此僅依靠已有的管道銷售。結果，一家台灣的公司以他們三分之一的價格進入歐洲市場，這使得邏輯技術公司處於高價狀態，迫使他們迎頭趕上。邏輯技術公司對此的反應是，在冰島的Cork開設製造工廠，就在他們的台灣工廠建成後十八個月完成。

不同市場會出現不同的問題。正如博若爾解釋的，「竅門在於送貨迅速，但不增加庫存，只在必須時備貨。這要權衡兩個問題，『如果明早收到一張二十四小時內交五百個滑鼠的訂單，我該怎麼做？』和『我應該以多快的速度準備？』」美國市場所呈現的季節變化（如聖誕大購買）是庫存控制系統能夠管理的，而愛爾蘭工廠則面臨要在多種語言環境中送貨的問題，而且沒有季節性。同樣，委託加工市場的困難也不同於零售市場。到 1990 年，邏輯技術公司已擁有滑鼠 27%的全球零售市場和 35%的全球委託加工市場。邏輯技術公司並不想成為單一產品生產者，而將經營範圍擴大到其他周邊產品上，1988 年引入手持掃描器，很快又跟著推出桌面掃描器，1994 年接著開發數位相機系統。以前以靈活和開放管理結構為特徵的小型組織已經不適用了，邏輯技術公司先前的管理資訊系統跟不上發展速度，結果是採取傳統的國際管理結構，去管理分散在四個國家的兩千三百名員工。整合公司散居各地的地區和功能部門時，博若爾希望找出一條道路，使大家能夠保持對創業精神、創造性和技術革新的重視。擴大了的產品線，和幾個錯誤的產品投資機會，削弱了他們的市場重心，再加上全球電腦設備市場中緊張激烈的價格戰，造成邏輯技術公司雖擁有 40%的市場占有率，卻創下了 1995 年虧損一千七百萬美元的紀錄。

邏輯技術公司已利用市場行銷方面的幾個變革加以因應，提出一個作為所有產品的共同核心：「人們所喜愛的產品。」建立一個全球品牌是一個困難且昂貴的過程，利用改變生產線和減緩代表高科技產業的迅速演化來建立全球品牌更甚於此。丹尼爾・博若爾和皮爾若瑞吉・薩帕克史塔因忠於全球策略而獲得成功，而不是抱著初始產品不放。博若爾證明了靈敏因應全球不同市場特徵的好處，證明了對國際競爭靈活反應的需要，證明了運用聯合國際化策略（如許可合資企業和直接投資）獲取市場占有的可能性。

17.1 國際創業的涵義

簡單地說，所謂國際創業就是創業者跨越國境從事商務活動的過程。跨越國境的商務活動可以包括產品出口、特許經營、在其他國家設立銷售機構，甚至在國外出版的某個雜誌上刊登廣告。為了滿足目標市場的需求，創業者必須了解國外市場，且在多個國家進行國際商務活動。當創業者在多個國家開展業務時，就意味著他們正在進行國際創業活動。

國際創業就是創業者跨越國境從事商務活動的過程。

如本章的創業者案例所揭示的，經營國際企業和進行國際創業的地點已變得愈來愈重要。已開發國家，如美國、日本、英國和德國等的創業者們，必須在其企業發展早期就把產品賣往多個新的、不同的市場區域。由於全球經濟一體化成為當今世界發展的主要趨勢，因此與歷史上任何其他時代相比，從來也沒有過如此多且令人興奮的國際經營機會。曾一度實行計畫經濟體制的中東歐、前蘇聯和中國大陸走向市場經濟，以及太平洋周邊國家的進步，為想要在國際市場上起家的創業者提供了許多機會。

在全球經濟一體化的大背景之下，國際市場與國內市場的差別變得愈來愈小。美國只有三百年的商務歷史，是國際商務競技場中的新人。當新大陸開始開發，美國商業界就開始積極與歐洲進行國際貿易。當時外國投資者幫助美國建立了與歐洲之間的貿易關係，以及許多早期的工業基礎。目前，美國已有許多排名世界前列的大型跨國公司，這些公司所進行的國際商務活動占全球相當大的比例。美國經濟的成長十分仰賴美國創業者和美國公司利用國外市場的能力。

對各種規模的企業來說，而不只是對大型公司，國際業務都變得日益重要。可以說，每個公司現在都是在全球經濟中競爭。曾一度只在國內生產的產品現在都進行國際化生產。例如，山葉鋼琴現在美國製造，雀巢巧克力則在歐洲生產。生產國籍已變得虛擬化，愈來愈多產品在企業生命早期就走出國門。

今天的創業者必須有能力在國際業務領域中展開活動，對於這一點已沒有什麼可懷疑的。成功的創業者都有這種本領，他們能完全了解國內業務與國際業務的異同，而且根據這種了解而行動。一個進入國際市場的創業者應能回答下面問題：

1. 管理國際業務與管理國內業務有不同嗎？
2. 國際業務管理中需要解決的策略問題是什麼？
3. 從事國際業務有哪些選擇？
4. 如何評估進入國際市場的決定？

17.2 國際創業與國內創業的比較

儘管國際創業與國內創業都要注意銷售、成本和利潤等基本因素，但國際創業與國內創業仍存在許多不同。企業經營決策受到各種因素的影響，大多數因素在國內創業和國際創業中都是共同的，但在國際創業中，許多因素涉及的範圍更廣，如經濟、政治、文化和科技等因素也更難預測和把握，因此，總體而言，國際創業決策要比國內創業更複雜。

以下就一些主要因素做簡要討論。

17.2.1 經濟環境

> 當創業者設計一項國內業務策略時，焦點會放在某個特定經濟水準下的單一國家。

當創業者設計一項國內業務策略時，焦點會放在某個特定經濟水準下的單一國家，其在一個單一的經濟體系之下，使用單一貨幣。然而，在多國範圍內制訂業務策略就意味著要應付不同經濟發展水準、不同經濟體制、不同貨幣、不同價格、不同政府法令、和不同的銀行系統與行銷、配送系統等，這些不同點將影響創業者的國際業務計畫和開展業務的方法，並使計畫制定難度增加。

17.2.2 經濟發展階段

創業者在開發中國家進行商務活動時，有可能受到因基礎設施條件不足而帶來的限制，也可能遭遇因教育體系不夠完善而帶來的人力資源不足。而當創業者到已開發國家如美國開拓市場時，因美國是一個發達國家，基本上不用擔心其基礎設施的欠缺，美國的公路、電力、通信系統、銀行設施均相當完善，也具有充分發展的教育體系、更為完備的法律體系和更為良好的商業信譽。另一方面，美國存在著地區性差異，創業者在美國做生意，有必要根據地方差異來調整商務計畫。這對於成功開展國際業務有著重大影響。

17.2.3 國際貿易差額

在浮動匯率體系下，一國的貿易差額（即一國在一段時期內的進口額與出口額之差）影響著該國的貨幣價格，即該國貨幣的匯率。匯率則影響該國企業在其他國家的商務活動。義大利曾經因巨大的貿易赤字而導致里拉（義大利貨幣）大幅度貶值，飛雅特（Fiat）公司因而大幅度降低飛雅特汽車在美國的銷售價格。汽車降價對飛雅特造成的損失非常小，因為由於里拉的貶值，更少的美元能買到更多的里拉。

17.2.4 制度類型

制度類型不同對於企業的業務活動具有重要影響，在某些情況下甚至是十分關鍵的。因此，展開國際商務活動時必須將此作為重要考慮因素之一。早在美國副總統 1959 年訪問前蘇聯時，百事可樂公司就開始考慮進入前蘇聯市場。當時的前蘇聯總理柯西金表示他喜歡百事可樂的味道，於是東西方貿易的車輪便開始轉動了。然而直到十三年後，百事可樂才進入前蘇聯市場。當時，他們並沒有採用其傳統的特許裝瓶商之運作方式，而是採用了一種以貨易貨的安排，使得前蘇聯和美國都感到滿意。百事可樂把生產技術和可樂濃縮液提供給前蘇聯，前蘇聯則把伏特加酒及其在美國的銷售權給了百事公司。採用這種貿易方式大幅促進了前蘇聯、中東歐國家與美國等西方國家之間的商業活動。

17.2.5 政治法律環境

國際市場中政治與法律環境的複雜性，帶來了十分不同的商業問題，它為創業者創造一些市場機會的同時也限制了另一些機會。例如，美國的環境保護標準使得創業者不能進口某些歐洲車型。另外，作為政治協議的一部分，日本接受了其產品向美國出口的配額，這對日本國際商務活動形成一定的限制。政治法律環境中的另一重大因素是石油和其他能源產品的價格波動。如石油價格的波動受到 OPEC 產量限制、其他國家的石油產量和國際政治多種因素影響，石油價格的波動使得許多國際商務活動不確定性加大，但同時也可能帶來巨大的商機。

國際創業者制訂的企業策略中，每一個因素都有可能受到政治法律環境的複雜影響。同樣一種產品，在有增值稅的國家與在沒有的國家裡定價會有所不同。不同國家對廣告的限制也不同，廣告中能說什麼，和必須要說什麼都有不同的規定，這使得廣告策略受到影響。產品決策則受到關於標籤、成分和包裝等方面的法律規定影響。各國的企業所有權類型和組織形式也有差別。在一百五十多個不同的法律體系中，關於商務協定的法律規定更有著巨大差異。

17.2.6 文化環境

文化對創業者和企業策略也有相當大的影響。創業者必須確認企業規畫中的每個要素能契合當地文化。例如，在美國，零售店可以對所販售的陳列品收費，而一些國家則不允許。

一些文化為新企業提供了特別的機會。如艾律克・豪特蒙（Eric Hautemont）創立的日光夢幻公司（Ray Dream Inc.）就說明了這一點。豪特蒙曾花了兩年時間開發 3D 繪圖程序，1988 年訪問矽谷之後，十分渴望在矽谷所見到的那種創業熱情，那兒容易獲得風險創業資本，那兒有勇於冒險的天才組合。於是，他把四位年齡全在二十六歲以下的法國同鄉找來，開辦了日光夢幻公司。接著，豪特蒙說服了讓・路易斯・蓋斯（Lean- Louis Gassee）投資日光夢幻公司。讓・路易斯・蓋斯是法國僑民，後來成為蘋果電腦公司產品部總裁。由於蓋斯的名聲，公司又從矽谷的一家法資投資公司那兒弄到三十萬美元，第二年又從溫洛克合夥公司（Venrock Associates）那裡獲得兩百萬美元，公司運作得十分成功，而特別令豪特蒙感到驚訝的是，矽谷大企業阿多布系統公司（Adobe Systems）中最傑出的員工也願意減薪25%加入日光夢幻公司。「如果你在法國已有四十多歲了，而且已在一家大公司中當副總裁，不可能跟妻子和兒女說你想去一家新公司。」三十歲的豪特蒙說。他又補充道，即使少數人想這麼做，也不會為比自己年輕的老闆工作。「這不可能。」豪特蒙說。這種障礙有助於解釋為什麼歐洲前五十大軟體公司中有20%把總部移到矽谷。日光夢幻的收入自從創建以來，每年成長一倍。「你在這兒成功、失敗和犯錯的速度要比在法國快上五倍，」他說：「頭三年，我感覺好像老了十歲或十五歲，你能看見每人臉上的緊張神情，但在法國你可能早就無聊透了。」

創業者在制訂國際策略和計畫時必須了解當地文化。在全球計畫中，有多少採用標準程序，有多大程度的修正，關鍵在於對文化的了解，同時也是創業者在開辦國際企業時必須決定的。

創業者在全球計畫中，有多少採用標準程序，有多大程度的修正，關鍵在於對文化的了解，同時也是創業者在開辦國際企業時必須決定的。

17.2.7 科技環境

像文化一樣，國與國之間的科技環境也相差很大。科技環境的差異不僅表現在科技水準上，還表現在結構方面。例如，許多人很難理解，在前蘇聯這樣科技高度發達的經濟中怎麼會缺乏食物和一般日用品，其通訊系統又怎麼會像第三世界國家一樣差。已開發國家的產品大多經過標準化，有相當的一致性，這樣就能夠滿足工業標準。但許多國家則不同，因此較難達到穩定的品質水準。

科技水準並不是唯一決定產品的條件，一個國家新產品的出現還取決於該國其他現實條件，包括其基礎設施。例如，如果以美國的消費者為對象，可以假設有較寬的道路和較便宜的汽油來設計汽車，如果是為世界其他地方的消費者進行設計時，假設條件可能就要改變。

17.2.8 策略問題

在策略方面，對國際創業者或正在考慮國際創業的人來說，有四個重要問題需要考慮：

㈠在國內和國外業務間分配責任；

㈡在國際經營中運用計畫、報告和控制系統；

㈢適於國際經營的組織結構；

㈣可能的標準化程度。

以下就其中的一些主要問題進行討論。

在總部和分支機構間分配責任關鍵在於分權的程度。當創業者隨著國際經營的經驗增加，他們可能會改變分配責任的方式。這一般隨著發展階段的不同而不同：

階段一：當創業者第一次進入國際業務中，一般都會採取集權方式。因為在此階段中，創業者一般只擁有幾個有國際經驗的人，所以通常採取集中的決策網路。

階段二：當獲得初步成功之後，創業者往往會發現再也不可能採完全集權了，因為環境的複雜性將不是一個中央總部就能控制得了。因此，此時創業者常常會將權力分散。此時的理念會是：「我無法了解所有那些市場間的差別，讓他們自己去決定吧！」

階段三：一旦企業有了進一步成功時，階段二所執行的分權方式又將變得無法忍受。不同國家的業務經營最終會相互衝突，企業總部常常是最後才得悉這些衝突的相關資料。當發生這種情況後，經營總部可能又需要在一定程度上恢復以往的權責集中。事實上，此時需要在總部和分支機構之間達到一種權力平衡，總部對重大的策略性決策應合理地緊密控制，每個市場內的營運單位則對落實、推動公司的策略負有責任。此階段國際經營成功的一個非常重要關鍵是計畫、報告和控制系統。

為了了解國際經營中有效的計畫、報告和控制系統有什麼要求，創業者應考慮下列問題。

（一）環境分析

1. 每個國家的市場有什麼不同特點？每個市場與其他國家的市場有什麼相同特徵？

2. 為了經營或規畫，哪些國家的市場可合併在一起？合併市場時應考慮哪些市場因素？

（二）策略規畫

3.誰來做市場決策？

4.對目標市場有什麼主要的假設？這些假設是否與實際狀況吻合？

5.在目標市場中公司產品用於滿足何種需求？

6.在目標市場中公司產品給消費者帶來什麼好處？

7.在什麼條件下公司產品可吸引目標市場的注意？

8.目標市場購買公司產品的能力如何？

9.與目標市場中現有或潛在競爭者相比，公司的主要優勢和劣勢是什麼？

10.公司是否該為目標市場而延伸、改變或重新設計產品、廣告和促銷程序？

11.目標市場的匯率和物價狀況怎樣？公司能夠將贏利匯回嗎？政治氣候合適嗎？

12.在考慮了一些機會及評估了相對風險和公司能力後，公司的目標是什麼？

（三）結構

13.在既定的技能和資源下，組織如何設計才能最有助於實現既定目標？每個組織層級的責任是什麼？

（四）經營計畫

14.在既定目標、結構和市場評估下，如何有效地執行經營市場計畫？應以什麼價格、透過什麼管道、採用何種溝通方法和在哪個目標市場銷售什麼產品？

（五）控制市場行銷程序

15.公司如何衡量和監督計畫的執行？為確保達成市場行銷目標，應採取什麼步驟？

對一個策略規畫來說，評估市場是其成功的關鍵。以上所列的十五個問題中，第 1 和第 2 個問題關注於規畫過程中的市場評估。要對市場進行分析，考慮是否合併幾個國家的市場，就需要對每個國家做更細緻的分析。一般應分析下列六個領域的數據。

1. 市場特性。
    - 市場大小；成長率
    - 發展階段
    - 產品生命周期的階段；飽和水準
    - 購買者行為特徵
    - 社會／文化因素
    - 自然環境
2. 市場行銷機構。
    - 配送系統
    - 溝通媒介
    - 市場行銷服務（廣告和研究）
3. 產業條件。
    - 競爭規模和競爭活動
    - 技術發展
4. 法律環境（法律、管制、法規、關稅和稅收）。
5. 資源。
    - 員工（可獲得性、技能、潛力和成本）
    - 資金（可獲得性和成本）
6. 政治環境。
    - 當前政府的政策和態度
    - 長期的政治環境

17.3 創業者進入國際業務

創業者進入國際業務並在國際行銷產品的方法有多種。創業者要根據自己和公司的優劣勢來選擇進入方式和海外經營模式。進入或從事國際業務的方式可分為三類：出口、非股權安排和直接對外投資。

17.3.1 出口

一般而言，創業者大多利用出口來開始其國際業務。出口就是將在一個國家生產的產品裝運並銷售到另一個國家。出口一般還可分為兩類：間接出口和直接出口。

（一）間接出口

間接出口是指在國內市場上將產品賣給外國買者或出口管理公司。對某些日用品和製造品，外國買者積極地尋找貨源並在世界各地設立採購辦事處。創業者如果想把產品「出口」到海外市場，可以與這些買者做生意。在這種情況下，即使產品最終會被裝運到國外，但整個交易就好像是在做國內貿易一樣。這種出口方式，創業者需要掌握的知識和承擔的風險最少。

間接出口的另一種方式是透過出口管理公司，在大多數商業中心都有這樣的公司。這類公司一般都有派駐代表在國外市場。典型的情況是，他們代表了一群國內的製造商，而這些製造商沒興趣直接參與出口。出口管理公司處理所有的銷售、行銷和配送業務，並處理出口過程中的任何技術問題。

> 間接出口是指在國內市場上將產品賣給外國買者或出口管理公司。

（二）直接出口

如果創業者想更參與國際業務，可以透過獨立的經銷商或公司自己的海外銷售機構來從事直接出口。獨立的國外經銷商通常為希望快速進入當地市場的公司銷售產品。這些獨立經銷商直接與國外客戶和潛在客戶簽訂合約，十分留意出口文件和財務金融安排中的所有技術細節，並按已約定好的銷售率銷售。

> 直接出口即透過獨立的經銷商或公司自己的海外銷售機構來出口產品。

採用獨立經銷商會削弱創業者對海外市場的控制，如果創業者不希望這樣的話，可以設立自己的海外銷售機構，僱用自己的銷售人員，派駐市場代表。在剛開始時，創業者可能會派國內銷售人員或雇用當地人作為國外市場的代表，當銷售業務擴大到一定規模，就會興建自己的倉庫。當銷售達到值得進行投資的更高額時，就會在當地建組裝廠。過程最終會演變成在國外建製造廠，而創業者可將這家製造廠生產的產品出口到其他國際市場上去。

17.3.2 非股權安排

當市場和財務條件允許時，創業者進軍國際時可採用非股權安排的三種方式：特許經營、交鑰匙工程或管理合約。每種方式都讓創業者能在國外市場上不直接投資股權而能進入市場，並得以銷售和獲利。如果創業者既不能出口也不能直接投資，或不願意採用這兩種方式時，還是可以利用非股權安排進軍國際。

（一）特許經營

特許經營即作為生產方，創業者授予國外生產者使用專利、商標、技術、生產工藝或產品的權利，並從對方獲得相對的報酬。

特許經營是指作為生產方（授予人），創業者授予國外生產者（持有人）使用專利、商標、技術、生產工藝或產品的權利，並從對方獲得相對的報酬。當創業者沒有興趣利用出口或直接投資進入某特定市場時，特許經營方式是最合適的了。這種方式風險較低，又可增加收入，因此特許經營是從事國際業務的創業者可採用的一個手段。然而，有些創業者沒經過深入分析就採用這一方式，後來卻發現他們將特許經營權授予了本業中最大的競爭對手，或是需要投入大量的時間和金錢來教導持有人運用被許可的技術。

一個成功的例子是，貂熊世界公司（Wolverine World Wide Inc.）授予皮金公司（Pikin）許可權在比利時的索菲亞開了一家哈什木偶（Hush Puppies）店，第二年又與前蘇聯一家鞋業公司凱羅（Kirov）簽訂了類似協議。透過特許經營方式，這些店都經營得很好。

（二）交鑰匙工程

創業者不冒較大風險就可獲得國際經驗的另一個辦法是交鑰匙工程。開發中國家意識到其對製造技術和基礎建設的需要，但又不願意將經濟中的重要部分拱手讓給外國企業時，解決辦法就是讓外國創業者建設工廠或其他設施，訓練工人操作設備，訓練管理人員如何管理，一旦投入運作就移交給地方所有者，這就是所謂交鑰匙工程。

> 讓外國創業者建設投資，經培訓並投入運作後移交給地方所有者，這就是交鑰匙工程。

創業者已發現交鑰匙工程是個很有吸引力的選擇。利用交鑰匙工程可以獲得初始的利潤，還能得到出口銷售，而且在工程進行期間，地方公司或政府還能定期付款，提供資金。

（三）管理合約

創業者可用在國際業務中的最後一個非股權方法是管理合約。一些創業者透過簽訂管理技能合約成功地進入國際業務。在有些情況下，國外所有者在獲得交鑰匙工程的「鑰匙」之後，還希望獲得供應商的管理技術，就可能在交鑰匙工程完成後緊接著簽訂管理合約。

> 創業者經簽訂管理技術合約進入國際業務，即管理合約。

管理合約讓購買國不必將資源所有權交給外國人就可獲取外國的特長。而對創業者來說，管理合約是他們進入國外市場的另一種方式，而且他們不用進行大筆股權投資就能獲利。

17.3.3　對外直接投資

設立完全獨資的國外分支機構，是創業者以直接投資開拓國際市場時最喜歡的一種方式，此外，也可採用合資和少數、多數股權的對外直接投資方式。創業者在外國企業中擁有的所有權比例與其國籍、海外經歷是否豐富、所投資行業的性質和地主國政府政策有關。

（一）少數者權益

日本公司在對外直接投資中經常採用少數者權益這種方式。少數者權益能為公司提供原料供應源或一個可探索的市場。創業者在採取大行動之前，可以用少數者地位在市場中獲得立足點或經驗。另一方面，儘管少數者股東並不擁有大多數股權，但當他擁有對企業經營十分有價值的東西時，其對決策的影響力常常超過其所持股權。

（二）合資公司

創業者進入外國市場採用的另一種直接投資方式是建立合資公司。合資公司有多種形式，最傳統的形式是兩家公司（例如，一家美國公司和一家德國公司）一起組建第三家公司，雙方分享這家公司的股權。

在兩種情況下，創業者最常採用合資方式：

1. 創業者想購買當地的專有知識和已建立的市場行銷體系或生產設施；
2. 創業者試圖快速進入某個市場時。

即使採用合資進入外國市場是一項關鍵性決策，但人們還不是很明白它對成功的影響。今天組成合資公司的原因與以往有所不同，最早的時候，合資公司是用來滿足貿易目的的，如古巴比倫、埃及和腓尼基商人採用合資企業來進行大型貿易活動。此做法一直延續到十五、十六世紀，那時英國商人用合資企業在全世界做生意。

合資公司在美國的形式則稍有不同。美國合資公司最早在1850年被運用在礦業和鐵路業中。合資公司數量在二十世紀五〇年代開始快速增加，當時大多數為縱向合資公司。透過縱向合資，下游公司能夠接收上游公司的產出，因而為公司帶來較大的利益。

合資公司快速增加的原因是什麼？對合資公司成敗的研究指出了合資之不同動機。

創業者設立合資公司的最常見原因之一是分擔投資成本和風險。一項新投資如果需要十分昂貴的技術，常常需要他人來分擔。特別是當創業者從事資本密集型的活動而又沒有財務資源時，資源分擔就變得更重要。

創業者成立合資公司的另一個原因是複合作用。複合作用是指被收購公司中擁有的互補因素將對收購公司產生正面影響。在人員、顧客、倉庫、工廠或設備上的複合作用為合資公司帶來正面效益。複合作用的程度決定了合資會給參與公司帶來多大利益。

成立合資公司的第三個原因是獲取競爭優勢。利用合資可以讓創業者搶在競爭者之前贏得顧客並擴展市場。合資公司還可成為比原公司更有競爭力的實體，既然是兩家公司的混血兒，它能擁有雙方的長處。

創業者在面對有進入障礙的市場和經濟時，或當公司沒有國外經營的經驗時，也常常採用合資方式。在東歐和前蘇聯的過渡經濟中就是這種情況。這些國家對於合資公司的政策法規差別很大，相對而言，在匈牙利建立合資公司更為容易，因為匈牙利對於公司登記的要求低於其他國家。

創業者在面對有進入障礙的市場和經濟時，或當公司沒有國外經營的經驗時，也常常採用合資方式。

一個有趣的例子是，微型專利公司（Micro Patent Inc.）由於沒有任何國際經營的經驗和國外銷售網，所以採用合資方式進入了英國市場。

微型專利公司是一家設在康乃狄克州的專利資訊服務公司。公司需要一位海外合夥人將CD-ROM銷售到國外，總裁彼得・H・切西（Peter H. Tracy）設計了兩階段做法。

第一階段可追溯到1989年，公司與英國出版商簽訂了一個五年合約。公司保留北美銷售權，把其他地方的銷售權給了這家英國公司，微型專利公司對每筆海外銷售都收取特許費。到合約終止時，公司每年六百萬美元的營收中有一百萬來自特許費。

第二階段包括微型專利最近開展的國際市場業務。儘管英國的出版商設法延長合約期限，所提條件對公司也有誘惑力，但在近幾年裡，公司已進入了不同市場，尤其是在Internet上。因此切西認為最好還是自己來銷售。

過程很順利，因為切西早就為公司計畫好了退出策略。「我們已有準備，因為我們一直堅持要求海外合夥人告訴我們每個簽約的新客戶。」而微型專利公司在接下來的三年內，會提撥「前合作者帶來的顧客」部分特許費，付給前合夥人，以作為回報。

在成功的同時，切西也感到遺憾，他說：「亞洲市場如此之大，成長如此之快，我想如果當時我們簽訂兩個這樣的合約就好了，一個是與歐洲合作者，一個是與亞洲公司。但現在我們準備自己來解決亞洲業務了。」

（三）多數者權益

創業者進入國際市場的另一個股權方式是，購買某外國企業的多數者權益。從技術上講，超過50%的公司股權就有多數者權益。多數者權益讓創業者獲得管理控制，同時又維持了被收購公司的當地身分。當進入不穩定的國際市場時，一些創業者會先保持少數者地位，等有了銷售額和利潤後，再把權益增加到 100%。

（四）100%所有權

在從事國際業務時，創業者若採用 100%所有權方式則可確保對企業的完全控制。在對外投資中，美國創業者傾向於希望獲得完全所有權和控制。如果創業者擁有成功進入市場所需的資金、技術和行銷技巧，那麼就沒有理由讓別人分享所有權。

在國際上和美國國內常採用的方式是收購與合併。在合併期間，創業者會花大量的時間尋找合併對象並決定這項交易。交易應遵守所有投資決策的基本要求，並應增加股東財富。一項特別的合併是否值得常常難以確定，不僅必須確定合併的收益和成本，還要考量特殊的會計、法律和稅收問題。如此可使創業者更加體認合併的好處和問題，以及將公司合併後的經營複雜性，有整體的認識。

有五種基本的合併形式：橫向、縱向、產品延伸、市場延伸和無關多角化的活動。

有五種基本的合併形式：橫向、縱向、產品延伸、市場延伸和無關多角化的活動。

1. 橫向合併是指在同一個地理區域內，生產相同或相近產品的兩個公司合併。他們受到在市場行銷、生產或銷售方面規模經濟的吸引，如 7-Eleven 便利店（7-Eleven Convenience Stores）兼併另一家便利連鎖店就屬於這種橫向合併。

2. 縱向合併指在生產流程中，上下游公司的合併，這些公司間常常是買者與賣者的關係。這種形式的合併穩定了供應和生產，更能控制關鍵流程。例如麥當勞兼併他們的特許經營店，飛利浦石油（Phillips Petroleum）兼併他們的特許經營加油站。在這兩個例子中，那些零售店成為了公司直營店。

3. 產品延伸指合併公司間的產品或銷售活動有關聯，但產品之間沒有直接競爭關係。如美樂啤酒公司（Miller Brewing）被飛利浦・莫里斯公司（Philip Morris，香菸公司）兼併，西部出版社（Western Publishing，出版兒童讀物）被馬特爾公司（Mattel，玩具公司）兼併。

4. 市場延伸是指生產相同產品但在不同區域銷售的兩家公司合併，兼併公司的動機是想與被兼併公司在管理技能、生產和市場行銷上因合併而產生經濟性。德頓哈森公司（Dayton Hudson，明尼亞波利斯市的零銷商）兼併鑽石鏈公司（Diamond Chain，西海岸的零售商）就是一例。

5. 合併的最後一種形式是無關多角化合併。這種合併是由兩個完全無關的公司聯合在一起的混合合併。通常兼併公司不喜歡用現金來增加股東財富，也不喜歡積極地經營和管理被兼併公司。如希冷布蘭特工業公司（Hillenbrand Industries，壽材和醫用家具製造商）兼併美國旅行者公司（American Tourister，旅行包生產商）。

當複合作用出現時，兼併對創業者來說是個好策略。有些因素可產生複合作用，使兩家公司合併比分開更有價值。

第一個因素是規模經濟，這可能是合併最主要的原因。規模經濟能出現在生產、協調與管理、分享中央服務（如會計、財務控制以及高階管理）中。規模經濟提高經營、財務和管理效率，產生更多的收入。

第二個因素與稅收有關，更具體地說，涉及未使用的稅收信用。有時一家公司在前幾年有虧損，但日後利潤並不高而無法很好地利用這一虧損的在稅收上好處。當兩家公司合併時，公司所得稅法允許一家公司的淨經營虧損抵消另一家公司的應稅所得。將虧損公司與有獲利的公司加以合併，稅收虧損留存就可以派上用場了。

合併的最後一個重要因素是，從互補資源的合併中得到利益。許多創業者與其他公司合併是為了確保關鍵原料的供應，為了獲得新技術，或避免那個公司的產品日後成為競爭對手。一家公司合併了另一家開發出新技術的公司，並把這項技術配合上原公司的工程和銷售，常常比自行開發技術要更有利。

合併的最後一個重要因素是，從互補資源的合併中得到利益。

17.4 國際貿易壁壘

對於自由貿易各國態度不盡相同。要求自由的態度始於1947年左右，那時各種貿易協定開始發展，關稅和其他貿易壁壘都減少了。

17.4.1 關貿總協定（GATT）

時間最長的貿易協定之一是 1947 年建立的關貿總協定。GATT 是一項旨在消除或減少關稅、政府補貼和進口配額以達到自由貿易目的多邊協議。關貿總協定的成員包括一百多個國家，已進行了八次削減關稅的談判，其中最近的一次是 1986～1993 年的烏拉圭回合。在每次會議中，成員國就共同的關稅削減進行談判，並受共同同意的系統監督。如果成員國覺得有人違反協定，可以要求設在日內瓦的管理機構進行調查。如果調查顯示確實存在違反協定的行為，各成員國將被要求向違約國施加壓力，促其改變政策，遵循所同意的關稅協定。但有時，這些壓力還不足以使違約國改變政策。關貿總協定可促使國際貿易更不受限制，為達成此一目的，關貿總協定需要有權力，但其自願成員所給予的權力並不足。

17.4.2 日益增多的保護主義者的態度

對 GATT 的支持經常在發生變化。對 GATT 的支持在二十世紀七〇年代降低了，但由於許多工業國家增加對貿易保護主義者施壓，導致在八〇年代對 GTAA 的支持又上升了。這種變化反映出三件事情：

㈠世界貿易體系受最大經濟體——美國的持續貿易赤字之影響，導致在諸如汽車、半導體、鋼鐵和紡織等行業的調整。

㈡一個沒有遵守遊戲規則的國家（如日本），其在經濟上的成功也影響了世界貿易體系。日本成功地成為世界上最大的貿易國，但其國內市場實際上對進口和外國投資是關閉的，這就產生了許多問題。

㈢為因應這些壓力，許多國家規定了雙邊自願出口限制以繞過GATT。九〇年代的經濟前景也削弱了對世界貿易組織（WTO）的興趣。

17.4.3 國家貿易集團和自由貿易區

在全世界，有許多國家聯合成貿易集團，以增加集團內各國間的貿易和投資，並將集團外的國家排除在外。美國與以色列在 1985 年簽署了一份鮮為人知的協議，在兩國間建立了自由貿易區（FTA）。除了某些農產品外，所有的關稅和配額將在十年內逐步取消。1989年，加拿大與美國間的自由貿易區生效，此自由貿易區將逐步取消這兩個互為最大貿易夥伴國之間的關稅和配額。

美國組織了許多貿易聯盟。1991年，美國與阿根廷、巴西、巴拉圭和烏拉圭簽署協定，旨在發展更開放的貿易關係。美國還與玻利維亞、智利、哥倫比亞、哥斯達黎加、厄瓜多爾、薩爾瓦多、宏都拉斯、祕魯和委內瑞拉等簽署了雙邊貿易協定。更為大家所熟知的是美國、加拿大和墨西哥之間的北美自由貿易協定（NAFTA）。該協定降低了關稅和配額，鼓勵在三國間投資。

此外，美國、阿根廷、巴西、巴拉圭和烏拉圭簽署了亞松森條約，根據條約產生了默科索貿易區。這是一個國家間的貿易區。

另一個重要的貿易集團由歐洲共同體（EC）發展。不同於WTO或NAFTA，歐盟是根據超國家原理建立起來的，成員國不能獨自加入與歐盟規定不一致的貿易協定。隨著歐盟成員日漸增加，歐盟貿易集團將成為創業者開展國際業務的重要考量。

17.4.4 創業者的策略和貿易壁壘

很明顯地，貿易壁壘對想參與國際業務的創業者提出了許多難題：

㈠貿易壁壘提高了創業者出口產品或半成品的成本。如果成本增加使創業者在與本土產品競爭時處於劣勢，那麼在這個國家直接生產會更經濟些。

㈡出口配額的限制，使創業者出口數量受限，為了競爭，創業者常考慮直接在該國生產。

㈢為遵守該國法規，創業者不得不在該國設廠生產。

17.5 合夥創業

創業者進入國際市場的最好方法之一，就是與當地創業者合夥。這些外國創業者了解當地市場和文化，方便創業者在當地商業、經濟和政治條件下進行交易。美國的創業者對三個地方特別感興趣：歐洲、遠東和經濟體制正在過渡轉變的國家和地區。

17.5.1 歐洲

直到最近，歐洲才變得對創業精神感興趣。大多數歐洲文化一般不鼓勵冒險，因為商業失敗被認為是件丟臉的事。但社會和政治氣候中的一些變化，已在悄悄地改變這種傳統較重視安全意識的文化。成功的創業者，衝破了與失敗畫上等號的污名，其中一些還成了文化上的英雄。儘管有過多的法規，但一些國家的新稅法還是在鼓勵未來的創業行為。

證明這種新想法的一群人是學者，尤其是科學家和工程師。以前，歐洲的許多學術界不喜歡現實的商業世界，即使對於在企業工作的科學家和工程師來說，創業精神也不怎麼吸引人，因為他們所在的私人公司和公共研究組織能提供安全、高待遇、無風險的環境。今天，有更多人跳出學術界和大公司裡，他們尋求挑戰並在創業中找到了挑戰。政府新政策使得創業更容易籌資。當德國和義大利創業者難以獲得所需的銀行財務支援時，可以在英國和法國得到一大筆投資資本。

1983 年，英國政府制定了企業擴展計畫（BES），為新的小型企業提供外部資金。對於投資者在未上市企業中用以擴展規模的投資，政府給予減稅優惠。

在法國，有抱負的創業者還是會面臨一些障礙。法國的投資資本由銀行管理，但法國銀行是風險迴避型的，而且不了解小企業的需要，也不重視新企業的創造性。創業者的第二個障礙是，法國人不管對失敗還是對成功都不重視，他們重視的是世襲財富，面對個人創造的財富，都認為不那麼有價值。

在愛爾蘭的研究畫出了當地創業者的輪廓。典型的創業者是四十歲的男性，出身於中產階級家庭，已婚，有三個孩子。儘管父母沒受教育，但他一般讀完高中，在他所從事的領域裡富有經驗，是一個性格獨立、精力充沛、目的性強、敢於競爭和靈活的人。

對北愛爾蘭創業者的研究則發現，不管英國在北愛爾蘭對創業者投入大量教育和財務支持，也不管工業發展委員會和北愛爾蘭經濟理事會所做的各種努力，創業精神仍沒產生。許多人不願創業，除了因為動盪的政治環境外，還有高稅收、高資金成本和海關條例。

在瑞典曾進行了一項全國性調查，一千五百名女創業者和三百名男創業者接受了調查。他們被分為三個層次：單身婦女（16%）、已婚婦女（37%）和夫妻組合（47%）。女性創業者的年齡分布在十九到六十五歲。儘管在每個商業戰線上，在每個地理位置上幾乎都能見到女性創業者的身影，但她們仍傾向於在零售、餐館和服務業活躍，而在製造、建築和運輸業則不如男性創業者活躍。另一項則針對某產業中員工數二到二十人的企業進行研究，該研究發現，創業者想使企業成長的意願受到三個因素的影響：預見企業將失去控制（阻礙因素），企業成長將帶來的獨立性（激素）和財務上的利益（激勵因素）。

17.5.2 遠東

一些亞洲國家的創業者十分成功，原因是當地的文化和政治經濟體制。例如，馬來西亞和新加坡在地理位置上十分接近，擁有相同的歷史，也曾是英帝國的一部分，都經歷了相似的發展路程。

馬來西亞半島的居民在十五世紀放棄了伊斯蘭教，此後的四百多年都處於歐洲統治之下。傳統上國內的人住在郊區，把城市留給了外國統治者，因此工業化被拖延了，在這個國家裡也缺少了社會流動性。政府設立了馬來西亞工業發展局，旨在促進經濟發展和穩定以消除貧困、重建社會環境，但是進行得並不順利。

新加坡的創業精神可追根溯源到十四世紀。在 1819 年，史丹福．萊佛士（Stamford Raffles）爵士買下了這個島，把它建為一個對任何民族商人都開放的自由港，新加坡因此變成創業者的天堂。當 1965 年新加坡從馬來西亞獨立出來時，這個島已經成了多民族的國家，把非宗教主義寫入憲法，並給創業者稅收優惠。1985 年，成立了新加坡小型創業署，為開辦企業和擴大企業的創業者們提供資訊和指導。新加坡的社會流動性高，創業成功也得到很大的尊重。

日本的社會結構並不鼓勵創業精神。大公司支配著日本經濟已有一段時間了，絕大多數的創業活動僅限於服務業和資訊業。即使一些龐大組織鼓勵員工進行革新和發明，但研究發現，在日本開創高科技公司所需的五個最重要動力，全都集中於對自我實現和創造的渴望，而這些條件在這個追求一致的社會裡是稀有的。象亘大橋和一彥仁司這樣的先驅者們，漸漸地打碎了限制創業精神的觀念障礙。大橋於 1981 年開始包裹快遞服務，後來這項業務發展成為直銷奢侈品的公司，收入有一半以上是來自於銷售甜瓜、新鮮鮭魚、魚子醬和毛皮。類似地，仁司在他二十歲時，拒絕進入早稻田大學，而開了一家自己的公司。最後，他與微軟的威廉姆·格茲（William Gates）合作，幾年內他的公司，ASCII，就成為日本最大的PC軟體供應商。

相對而言，香港是創業活動的溫床。香港許多創業者在開創自己的企業前是大公司的經理。既然是投資資本中心，香港也造就了一些聞名於世的富人，如包玉剛爵士，1948年從大陸到香港後，最初在進出口業建立了家族事業。到八○年代中期，他買了第一條船，一條燒煤的蒸汽船。此後，包玉剛建起了他的船隊，成為世界上最大的私人獨立船主，累積了十億美元的個人財富。李嘉誠十二歲到香港，兩年後他的父親去世，李嘉誠承擔起養家餬口的責任。二十歲不到，李嘉誠成為他最初工作塑料廠的經理，幾年後他賺的錢夠他開辦自己的塑料廠。李嘉誠現在的淨資產據估計有兩千三百多萬美元，旗下控股公司總值達十億多美元。

17.5.3 轉型經濟

在改革開放之前，中國大陸屬於集中的計畫經濟，在當時的體制下，創業精神並不受到重視。1978年以後，整個經濟社會環境發生了巨大變化，這有利於對創業精神的肯定與鼓吹。例如，有一個叫本溪的工人，就是許多創業者中的一個。這位早期的創業者在1985年承包了八家國營商店，並迅速地把這些企業轉虧為盈。她是如何做到的呢？裁減了 50%的管理人員，以業績為敘酬標準，並建立了對違反紀律者的罰款制度。她工資是普通業務人員的二十倍，因而引發了爭論，這個收入與傳統大鍋飯制度背道而馳。在大鍋飯體制下，不管貢獻的質量如何，每個人收益都相等。經過二十餘年的改革開放，這些傳統的價值觀已經逐漸淡化，當然，仍然存在傳統觀念的影響，但毫無疑問，對於獎勵有貢獻者，按照對企業和社會的貢獻計酬已經成為社會共識。

她是中國大陸日益增多的女性創業者之一。一項對女性創業者的研究指出，中國大陸女性創業者主要集中在紡織和服裝業，所擁有的企業已經營了十幾年，主要在沿海地區。大部分女性創業者的年齡在四十到五十歲，受到中等技術培訓或更高的教育。

儘管中國大陸女性創業者的教育程度低於其他國家，但所遇到的難題卻是一樣的。缺少資金，需要接受管理、行政和人員協調能力的培訓與教育，最後還需要政府的支持性政策和完善的基礎設施。

在波蘭，過渡中的動盪以及不充分的改革導致黑市繁榮，尤其是貨幣換匯的黑市。有一個人發現了其中的機會，他叫伯哥旦．科森奈（Bogdan Chosna），三十六歲，是推銷者公司（Promotor，一家總部設在華沙的貿易公司）之波蘭經理和共有者。八〇年代，科森奈利用投資者貯存的西方通貨貨幣，從台灣和新加坡購買便宜的個人電腦而致富。然後他溢價賣給企業，取得茲那提（波蘭貨幣），再在黑市上把高額利潤由茲那提換成美元。

另一個成功的創業者是前蘇聯的列奧里．莫南米德（Leonid Melamed），他是拉脫維亞的里加人。莫南米德原先的職業是軍事律師，但自從改革開始後，他已建立了十五家企業，其中包含三家報社、一家不銹鋼刀具廠和一家女性內衣店。當政府開始允許合資企業時，莫南米德迅速再投資四百萬盧布到一家與波蘭公司合資的企業，後來又在德國和美國找到合夥人。

在轉型經濟和開發中國家內進行投資，一直受到美國政府的海外私人投資公司（OPIC）支持。海外私人投資公司提供多種服務，如：

㈠可投保政治風險，包括貨幣不能兌換、被侵占和政治動亂（長期政策，長達二十年）；

㈡向個人提供高達六百萬美元的直接貸款；

㈢提供多達兩億美元的貸款保證；

㈣組織海外考察團，幫助美國商人發掘投資機會；

㈤提供投資資訊服務。

部分由於海外私人投資公司的影響，而產生更多創業者的國家是匈牙利。匈牙利的改革一直在強調分權、個人主動性和經濟市場導向。一項對匈牙利創業者的調查發現，他們年齡大多在三十歲到五十歲間，平均分為三個教育層次：職校、高中和大學。創業者大多在服務業，儘管員工數從一到三百不等，但公司規模一般都不大。

本章小結

對愈來愈多的創業者和其國家經濟來說，國際業務變得日益重要。當過度競爭的全球市場上出現機會時，國際創業——創業者在國與國之間從事商業活動，將在新企業成長的更早期出現。許多因素（經濟、經濟發展階段、貿易平衡、體制類型、政治法律環境、文化環境和技術環境）使國際創業比國內創業更複雜。

對創業者十分重要的是，在進入國際市場之前要考慮四個策略問題：在國內與國外經營之間的責任分配；所採用的計畫、報告和控制制度類型；合適的組織結構；和標準化的程度。

一旦決定參與國際業務，需要在三種進入市場的一般模式中進行選擇：出口、非股權方式和股權方式。每種模式中又有幾種具體的選擇方案，具有不同程度的風險、控制和所有權。

在眾多不同的經濟體中都可以發現創業者。從都柏林到香港都有著生生不息的創業精神，它能帶來新產品和新工作，也帶來合作的機會。

討論題

1. 為什麼國際業務對創業者和一個開發中國家如此重要？
2. 管理國際與國內業務有何異同？
3. 討論創業者進入國際業務的各種方案及其優缺點。
4. 討論如何採用合資方式進入匈牙利、俄羅斯、泰國和伊朗等這類市場。
5. 美國、歐洲、遠東和其他地方的創業者有何異同？

第十八章

創業的法律問題

本章學習目的

1. 識別新創企業的各類知識產權資產（intellectual property assets）。
2. 了解專利（patents）的特徵及其賦予創業者的權力。
3. 說明申請專利的程序。
4. 了解商標（trademark）的作用及其申請程序。
5. 了解版權（copyright）的作用及如何申請。
6. 界定保護新創企業商業機密（trade secrets）的程序。
7. 了解許可授權（licensing）對擴大企業經營和創業的價值。
8. 了解與產品安全和可靠性有關的重要問題。
9. 解釋如何聘用律師。

|遵|守|遊|戲|規|則|

專利是創業者自我保護的一個重要武器，美國戴爾布特（DaleBoot）公司的創始人梅爾・戴爾布特對此有切身體會。1972年，戴爾布特根據其一項發明創辦了自己的企業，該項發明替滑雪靴業帶來了一場革命。

戴爾布特的創業生涯到四十歲才開始，他是一個滑雪及滑雪比賽非常狂熱的愛好者。從猶他大學畢業以後，他到Inland鋼廠擔任銷售工程師。雖然銷售生涯十分成功，但他的興趣仍在滑雪方面，並建立了自己的企業。在這過程中，他經歷了多年的困苦，他的專利被侵權，幾近破產。

一天，當戴爾布特與一個朋友滑雪時，他的朋友抱怨說：「應該可以先穿上靴子，按個人的腳來剪裁，然後做成合腳的靴子。」戴爾布特認為這是個不壞的主意，因為他知道大多數滑雪者都難以找到舒適的滑雪靴。於是他花兩年時間開發了一種新的滑雪靴原型，靴子內部有合成橡膠，能夠往靴中注入泡沫使靴子合腳，提高舒適性。這個「配腳」的過程能在一個小時內完成，可以生產出消費者嚮往的合腳滑雪靴。

由於這一注入靴中的液態松脂反應混合物的發明，戴爾布特獲得了專利。他的成功和這個獨特的概念吸引了一批競爭者和模仿者，並引出了一些法律問題。諾迪卡（Nordica）和蘭格（Lange）——兩個滑雪靴的大製造商被戴爾布特控告侵犯專利。這項訴訟案花了戴爾布特五年多艱難的時間，最終獲得勝訴。在訴訟期間，戴爾布特始終堅持他的畢生目標——對滑雪的熱愛和經營自己的企業。戴爾布特把所得的賠償用於一個新的行銷策略：內靴的零售。

到1979年，戴爾布特公司重新步入正軌，在全國擁有超過兩百家的經銷商，他獨特的靴子大約每年銷售一萬雙。但是正如其他新創企業一樣，公司常受惡劣的經濟及不利的氣候條件波及。八○年代初的經濟不景氣以及持續幾年的少雪天氣，許多小經銷商被迫停業，戴爾布特幾乎破產。

隨後的幾年裡，戴爾布特意識到他需要尋找一個更有效的方式以爭取顧客——去掉中間商。到1985年，公司因推出郵購方式而再次興旺。為了不產生測量上的誤差，戴爾布特又開發了一種腳樣，以便在現場訂製靴樣，待靴子製成後再發貨給顧客。這個獨特的「在家配腳系統」也獲得了專利。經過顧客口頭傳播及郵購系統的不斷改善，公司開始迅速成長。這種雪板靴的發明為這個新創企業提供了一個大機會，戴爾布特因而進一步提高市場占有率。到1996年底，美國戴爾布特公司銷售了六萬雙雪板靴，比過去的年銷售量高出了許多倍。

梅爾·戴爾布特運用知識產權的法律途徑來保護發明，最終使自己的企業獲得成功。他的經歷對創業者來說非常有借鑑意義，任何創業者的成功都將吸引競爭者進入其市場，而創業者有效保護自己的方式之一便是在目標市場中設置進入障礙。雖然專利及其他知識產權協議不能提供完全的保護，但至少可以提供創業者一定的時間，以便其在市場上建立信用和優勢。隨著知識產權等無形資產逐漸成為競爭力的主要源泉，對知識資產的正確應用也成為新創企業生存和發展的前提。

18.1 什麼是知識產權

知識產權包括專利、商標、版權及商業機密，是創業者的重要資產，創業者在尋求律師幫助前應該對它們有充分的認識。以往創業者常常因為缺少對知識產權的認識，因而忽略了對這類資產進行有效保護的重要步驟。本章將描述知識產權的所有重要類型，包括軟體在內。軟體已經成為專利管理部門〔在美國是專利和商標局（the Patent and Trademark Office, PTO）〕所面對的一個特殊問題。

> 知識產權包括專利、商標、版權及商業機密。

所有的企業都要受到法律約束，因此，創業者應該對那些可能影響企業經營的法規有所認識。在創業的不同階段，創業者都需要相對的法律協助，這些協助將隨新創企業進入不同的階段而有所不同。

法律領域劃分非常細，大多數律師都只具備某個領域中非常專業的法律知識，故創業者在聘用律師前應仔細考慮自己的需求。對法律的了解及敏感性對創業者來說非常重要。本章將分析創業者在哪些方面需要律師的協助。此外，創業者如果能夠意識到何時需要何種法律建議，就能節省大量的時間和金錢。本章還將對如何選擇律師，從哪裡獲得法律建議和資訊等提出一些建議。

組織的創建以及特許權協議等問題曾在第十三章中提及，這裡不再討論，但其中仍有不少法律問題。一個創業者在決定創建一個組織時將會面對許多選擇，對每個選擇，創業者有必要了解其優勢與劣勢，諸如責任與義務、稅收、持續性、利益的可移轉性、初建成本、融資能力等。創業者有必要請法律專家就所有相關協議提供法律建議，以形成最恰當的決策。

18.2 專利

18.2.1 專利與專利法

專利指專利證書或專利權，也指獲得專利的發明創造，即專利技術。

專利這個詞有兩個涵義，一是指專利證書或專利權；另一個是指獲得專利的發明創造，也就是專利技術。如果個人或者單位有了發明創造，經過專利機構的審查批准，授予專利證書，該發明創造就成了專利技術，申請人就為其發明創造取得了專利權，即獲得了專利。因此可以說，專利是政府與發明者之間的一個契約。

專利法是在申請、取得、使用、轉讓和保護發明創造專利過程中，用以調整所發生的多種社會關係之法律規範。專利法所要解決的是發明創造的權利、歸屬與使用上之問題。

為了鼓勵創新，政府給予發明者一定期限可獨占應用其發明，在此期限結束後，政府將公布該發明使其成為社會共有的知識財富。之所以公布發明是希望能因而激發人們創新，從而開發可替代原產品的更好產品。

基本上，專利權給予專利擁有者否決權，以禁止其他人製作、使用、銷售該發明專利。甚至，即便發明者擁有專利，在生產及行銷該發明的過程中，發明者也許會發現自己的專利侵犯了其他人的專利權。發明者應該要了解功能專利（utility patents）和設計專利（design patents）之間的區別，以及與本章後面將討論的國際專利之區別。

（一）功能專利

談起專利時，大多數是指功能專利。在美國，功能專利有十七年的期限，自專利授予之日算起。北美自由貿易協定（North American Free Trade Agreement, NAFTA）規定，最短獨占時期為申請專利之日起二十年或授予專利之日起十七年。任何需要FDA批准的發明，其評估批准所需時間也要列入考慮，以相對延長其專利期限。

功能專利保護專利擁有者，阻止其他人製造、使用、銷售該發明。通常是對新的、有用的、不明顯的過程加以保護，如電影膠卷的開發，機器如影印機，組合物質如化合物或混合物和製造物如牙膏等。

（二）設計專利

設計專利反映一個物品的外觀，指製造新的、原始的、具裝飾作用的、不明顯的設計。美國給予這種專利十四年的保護期，如功能專利一樣，發明者有否決權，排除其他人製造、使用以及銷售與該專利設計有相同外觀的物品。這種類型專利的申請費從一百五十美元到三百美元不等，取決於公司規模。此外，還有頒布費，根據申請項目規模的不同可能超過四百美元。這些費用遠低於上面所討論的功能專利。

以傳統觀點來看，設計專利常被認為是無用的，因為很容易產生與專利相仿的設計。然而，對這類專利也應有一些新的認識。例如運動鞋業中的Reebok和耐吉（Nike），就愈來愈對獲得設計專利感興趣，利用設計專利來保護他們的外觀設計。這類專利對於那種需要保護其塑料模具組件、壓出品及產品和容器之設計參數的企業也具有價值。

（三）植物專利（Plant Patents）

對於各種新植物類型在美國被授予十七年的專利期限。這類專利適用面有限，因此很少授予這類專利。

（四）發明專利

發明是指對產品、方法或其改進所提出的新技術方案，發明是專利法保護的主要對象。發明應同時具備下列三個條件：①前人所沒有的；②先進的；③經證明是可以應用的。

（五）實用新型專利

所謂實用新型，是指對產品形狀、構造或者以上兩者所提出的新技術方案。由於實用新型只是在原來的基礎上進行改革，因此，實用新型與發明相比，其技術層次要低一些，故也把實用新型稱為「小發明」。

（六）外觀設計專利

外觀設計是指對產品形狀、圖案、色彩或其結合所做出的富有美感並可應用的新設計。外觀設計是產品外表的裝飾性設計，可以是立體也可以是平面的，其與實用新型的主要區別在於，它只涉及美化產品的外表和形狀，而不涉及產品的製造和設計技術。

在美國，專利由專利和商標局（PTO）授予。除專利以外，該局還管理其他項目，其中一個就是公開文件項目（Disclosure Document Program），發明者提出申請對發明予以公開，這樣可以使人們知道誰是第一位發明者。在大多數情況下，公開後發明者將隨後取得該創意的專利。第二個項目是防禦性公布項目（Defensive Publication Program），該項目對發明者不想獲得專利的創意予以保護，它阻止其他人獲得該創意的專利，但允許大眾使用這項發明。

18.2.2　國際專利

於 1996 年 1 月生效的新關貿總協定規定，任何由外國公司提出的申請都將與美國公司享有同等待遇。過去，如果有一個外國公司與美國公司同時提出申請，只要能夠證明美國公司提出申請日早於外國公司，美國公司就會獲得這項專利。但現在這個規定則完全根據提出專利申請的公司，包括外國公司，開始該創意工作的時間。由於有此變化，創業者盡早準備公開文件將顯得更加重要。

關貿總協定中部分條約也將對創業者尋求法律保護產生影響。關貿總協已於 1995 年納入 WTO 體系，而 WTO 於 2000 年共有 134 個會員國。新的規定將在國際市場上給予創業者及其新企業更強的保護，因為它規定所有簽字國對商標有七年的保護期，對專利有二十年的保護期，對電影、音樂和軟體有五十年的保護期。

然而，對這一新條約，仍然有一些新創企業懷疑其法律效力。弗蒙特鑄件公司（Vermont Castings）是一家位於弗蒙特（Vermont）的新創小企業，最近它在遠東贏得了一個設計專利訴訟，這場訴訟案花費了該公司近兩百萬美元的法律費用，這幾乎使公司破產。將來，關貿總協定條約的成功，有賴其是否能有效解決發生在弗蒙特鑄件公司上的這類問題。

對創業者來說，另一個需要慎重考慮的問題是，到底應不應該申請專利？對於這一問題有幾點值得注意。

據美國專利和商標局資料顯示，自 1985 年以來，專利申請的數量每年穩定成長 6%，有 23%專利和商標被獨立的發明者擁有。市場成長吸引了大量不道德的「發明行銷公司」，想從那些不會懷疑別人的發明者那裡竊取錢財。在過去的幾年中，美國政府已經制裁了一些掠奪者，但是專利律師們認為掠奪的數量仍然沒有減少。普利茅斯藥業公司（Plymouth Pharmaceutical）的 CEO 唐納德・拜爾斯（Donald Byers）警告說：「當有人說，『那是我見過最偉大的創意』時，你一定要看緊錢包，整個行業都在等著從創意者那裡得到好處。」因為拜爾斯知道，他的老闆花了四年時間用於研究與開發，已經在五大產品系列中的兩個系列取得二十二個國際專利，而且還有許多專利正在形成之中。要確保這些專利權益不受損害並不容易，他說：「由於不了解任何有關專利的事務而找錯了尋求幫助的地方，我們的創始人就把七萬美元沖到了廁所裡。」

對於尋求幫助的發明者，拜爾斯推薦托馬斯・莫斯利（Thomas Mosley）的書：《推銷你的發明》，他說：「當你在申請專利過程中面臨困難時，這本書將可提供一個清晰的觀點。」

18.2.3　專利權的爭議

當有兩個以上的申請人分別就同樣的發明申請專利時，世界各國專利法規定的專利授予有兩種方法：一種是不管何人何時提出申請，只要提供經公證的實驗紀錄或類似文件以證明其發明在先，專利權就歸他；另一種方法是把專利權授予最先申請者。前者被稱為「發明優先原則」，後者被稱為「申請優先原則」。

有些國家採用的是「申請優先原則」，此時申請日的確定就非常重要。一般而言，專利局收到專利申請文件之日為申請日，如果申請文件是郵寄的，則以寄出的郵戳日為申請日。

美國實行的是「發明優先原則」。根據美國情況，建議創業者應先提出公開文件的申請，以便確立發明概念形成的日期。這個文件很重要，當專利爭議發生時，特別是當有外國公司參與專利申請時，這個申請日期將攸關專利歸屬。在這種情況下，誰能證明他是該項發明的首位提出者，誰就將獲得專利權。

要提出公開文件的申請，創業者必須對發明有一個簡單且清楚的描述。除了書面介紹以外，還應加入一些必要的照片，發明說明書還應在封面附上申請信及其副本。一旦收到這些資料，PTO將蓋印並把申請信的副本還給創業者本人，以此作為憑證。提出申請也需付費，可用電話詢問PTO以確定費用金額。

但是，公開文件並不是專利申請。在實際申請專利之前，有必要聘請專利律師進行相關的專利檢索。在律師完成檢索後，就可以決定該項發明是否可以申請專利。

18.2.4 專利申請

在美國，申請專利時必須對該項發明做完整的有關歷史說明，而且要闡明該發明的用途。通常，申請書將分為三個部分：

㈠引言。這部分主要介紹發明的背景及其優越性，以及該項發明所能解決的問題。引言需清楚陳述該發明與現有類似產品的區別。

㈡發明的描述。申請表中應有對附圖的簡單描述。這些附圖應遵照PTO的要求繪製。隨後是發明的詳細描述，包括工藝規範、採用原料、組件等等，這些描述乃是針對發明的實際製作。

㈢專利權範圍界定。這也許是申請專利最困難的部分，因為範圍界定是用以判定任何專利侵權的標準。範圍界定詳細說明創業者試圖申請的專利是什麼。發明的關鍵部分，應盡量用涵義寬泛的詞彙來描述，以避免其他人規避專利權。同時，對範圍界定的描述也不應太一般化，而無法反映出該發明的獨特性和優點。這種權衡很困難，應與專利律師仔細討論。

除了上述幾部分，申請書還應包括由發明人簽署的宣誓書，標準的宣誓書由律師提供。完備的申請資料被送往PTO後，發明就處於專利未決的狀態。這種狀態對創業者來說非常重要，因為其能提供完全的保護直到申請被批准。一旦專利得到批准，專利將會被公開，大眾都可以知曉。

專利將為申請者提供保護，以防止競爭者針對有關專利進行任何可能的動作。一旦被授予專利，對任何專利違反行為，專利所有者都可以提起告訴。

專利申請的文件準備所需費用不等，取決於專利檢索及專利申請書中專利權範圍界定的難易。律師費也是完成專利申請的一個成本因素，專利申請平均成本一般在一千五百美元到兩千美元之間。然而，在專利年限期間還需定期支付專利維護費。

18.2.5 專利侵權（Patent Infringement）

到目前為止，已經討論了申請專利的重要性及程序。對於創業者來說，既要防止他人侵犯自己的專利，同時也應對自己是否侵犯其他人的專利保持敏感性。所謂專利侵權是指在專利權的有效期內，行為人未經專利權人許可，以營利為目的的實施專利行為。

其他人已經擁有了專利，並不意味著該就此打消創業的念頭。許多企業的發明或者創新，是在現有產品的基礎上加以改進的。複製並改進產品是完全合法的（不侵犯專利），而且可以作為很好的經營策略。如果為了避免專利侵權，而不能對產品進行複製和改進，那麼，創業者可以試著從專利持有者手中獲得產品的經營許可證。表 18.1 列舉了創業者想經營一種可能侵犯現有專利的產品時，應遵循的決策步驟。

表 18.1　專利風險極小化要點

・尋找一個對產品線有專業知識的專利律師。
・創業者應該考慮申請設計專利以保護其產品設計及外觀。
・當創業者準備向外公布發明時，應先尋求法律諮詢，因為對外公布有可能導致後續的專利申請無效。
・對競爭者的專利及所開發的東西進行深入了解。
・如果自認為產品侵犯了其他公司的專利，尋求法律諮詢。
・確認所有與新產品有貢獻的個人，其簽署的雇用合約中都包含這些發明或新產品歸於企業所有的相關條款。
・確信專利產品都有適當的標記，沒有產品標記會導致專利訴訟的損失。
・考慮頒發專利許可證，這可以產生新的市場機會，可以增加長期的收益。

創業者應該先確認專利的存在，這可以透過查閱該公司的相關資訊來了解。即使知道專利存在，創業者應該檢視專利之確切內容。如果存在疑問，有必要進行專利檢索。電腦軟體可以為創業者提供同類產品中現有專利的相關資訊。如果上述行動都不奏效，創業者就應考慮聘請專利律師去進行更深入的檢索。一旦專利被找到，就應該弄清楚這個專利是新的還是即將過期的。如是新的，創業者有兩個選擇：在不侵犯現有專利的基礎上試圖修改產品，或者動用專利已經過期的類似產品之舊有設計。如果不可接受或不能得到舊有設計，那就在不侵犯專利的情況下修改現有專利產品。如果不可能修改，創業者則可能考慮申請許可證，或者向專利持有者提出使得雙方都能獲益的建議。

本章後面將討論許可證問題。如果由競爭者所持有的原始專利即將過期，創業者可能試著修改它，或計畫在合法的範圍內對其進行複製。實際上，查看當時專利的批准議程紀錄，能夠就修改方式提出建議並避免侵犯專利。

18.3 商標

18.3.1 商標與商標法

商標是指商品生產者或經營者為了使自己生產或經營的商品，在市場上與其他生產者或經營者的商品有所分別，而使用的一種標誌。商標可以是一個詞、一個符號、一個設計，或者所有這些的組合，它也可以是一個口號或者是一種特別的聲音，能夠以此識別某種商品或服務。與專利不同，商標能夠無限期地持有，只要那標誌持續發揮其應有的功能。

> 商標是指生產者或經營者為使自己生產或經營的商品，在市場上與其他商品有所分別，而使用的一種標誌。

商標法是在申請、取得、使用、保護和轉讓商標過程中，用以調整所發生的社會關係之法律規範。美國的商標法規定，申請商標的目的僅僅是在州際與對外商務中使用。申請日期就是第一次使用該標記的日期。這並不意味著該標記被使用後就不能再申請登記註冊。實際上，登記註冊一個已被使用的標記很有好處。例如：如果一個企業的經營範圍還沒有遍及全國，為某個地區性的標記申請登記註冊，可以使企業日後在全國以相同名字拓展業務。

美國的商標最初有二十年的註册期，以後每二十年需重新註册。在第五到第六年，被註册者必須對PTO提交一份宣誓書以表明該標記正被用於商業活動中，如果沒有提交宣誓書，註册將被取消。

被批准的商標其保護範圍將依據標記類型而定。有四類商標：

㈠杜撰性標記（coined marks），標記與商品或勞務之間並無實際關聯，例如，拍立得（Polaroid）、柯達（Kodak），這種標記可以擴展產品適用範圍。

㈡任意性標記（arbitrary mark），但是有另外的語義，例如：Shell，這種標記常被應用於某種產品或勞務。

㈢啟發性標記，能夠使人聯想起產品或勞務的某種特徵、素質、成分或特點，如 Halo shampoo。啟發性標記與任意性標記的區別在於，它可以暗示產品或勞務的可描述屬性。

㈣描述性標記，其在某個時期內顯得與眾不同，而且在註册之前就已贏得顧客認同。這種標記有某些從屬涵義，用以描述某一特別產品或勞務。例如，Rubberoid 被用於含有橡膠的屋頂材料。

註册商標能夠為創業者帶來顯著的優勢和好處，表 18.2 列舉了其優點。

表 18.2　註冊商標的好處

註冊商標的好處
・使人們意識到，擁有者對該標記的使用具有獨占權。
・賦予擁有者對商標侵權行為向法院提出訴訟的權利。
・為商業性使用該標記，提供具有競爭性的權利。
・可以把註冊商標存放在海關，以防止有類似標記的物品進口。
・賦予擁有者運用註冊通知（notice of registration）的權利。
・能提供依據，以便申請註冊商標在國外應用。

18.3.2 商標的註册

在美國，要申請註册商標，創業者必須完成一些相關表格。如果企業是合夥關係或有限公司，申請表只在地址及申請者姓名上有所不同。對於合夥關係，所有合夥人姓名都應填入表格。對於有限公司，公司的名字、地址以及公司狀況都應填入表中。

在美國申請商標註册必須滿足四個要求：①完成表格填寫；②畫出標記；③提供五個樣品以顯示該標記的實際應用；④付費。每個商標都應獨立申請。

在收到這些資訊以後，PTO即給申請表編列一個系列號，並給申請者收據以表示已收到申請。

註冊過程的下一步是由 PTO 的律師檢查標記，以確定該標記是否適合註冊。大約三個月內，即可初步確定該標記是否適合申請註冊。如創業者有任何異議，必須在六個月內提出，否則將被視為放棄申訴。如果申請被拒絕，創業者仍然有權上訴PTO。註冊申請一旦被接受，被註冊的商標將被公布於商標官方公報（Trademark Official Gazette），允許任何團體在三十天內提出反對或要求延長反對期限。如果沒有提出任何反對，註冊商標就被批准。整個過程從最初申請到最終批准通常需要十三個月。

18.4 版權

版權即作品之原創者所擁有的保護作品權。

版權是對作者原始工作的保護。對版權的保護並不是保護構思（idea）本身，因此其他人可以以不同方式使用這些構思或概念。

版權法已經對電腦軟體公司愈來愈重要。1980 年，電腦軟體版權條例被加入美國聯邦版權法中。它在版權法下對軟體作者或出版商的保護類似於對藝術品原創者的保護。軟體的構思，如財務報表（spreadsheets），是不被保護的，但產生報表的程序是可以被保護的。

美國的版權是向國會圖書館登記註冊的，不需要律師。所需要的手續包括填寫相關表格，作品的兩個複印品，以及向版權註冊處繳納適當的費用。版權保護期限是作者的有生之年再加五十年。如果作者是一個機構，版權保護期則為出版以後的七十五年。

除了電腦軟體，版權還適用於書籍、劇本、文章、詩歌、歌曲、雕塑、模型、地圖、拼圖、紙板遊戲（board games）的印刷資料、數據及音樂。在某些情況下，可以同時運用幾種不同的保護形式。例如，紙板遊戲的名稱可以利用商標保護，遊戲本身可以利用功能專利保護，印刷資料或紙板可以利用版權保護，而遊戲附件可以利用設計專利保護。

18.5 商業機密

在某些情況下，創業者願為一個構思或流程保密，作為商業機密去銷售或進行許可證貿易。商業機密的生命長短即為該構思或流程保密的期限。商業機密不為美國聯邦法律所涵蓋，但卻為每個州的不成文理事會所承認。參與有關構思或流程開發的員工，先要簽署一個資訊保密協議，禁止其在受雇期間或離職以後洩密。表 18.3 列舉了一個例子，用以說明不許洩密的協議。創業者應該聘請律師幫助起草這份協議。商業機密的持有者，有權向違反協議的有關人員提起訴訟。

> 商業機密即企業商務活動中所涉及的祕密。

表 18.3　一個簡單的不洩密協議

位於美國某地、某街的 NVC（New Venture Corporation）公司是有關資訊的擁有者；NVC 公司願意揭露所屬資訊給協議簽署人（後面指接受人）。資訊接受人可以以 NVC 公司的員工、顧問或代理人身分使用和評估有關資訊，或進一步簽署有關協議以使用這些商業機密。
NVC 希望資訊接受人對所揭露資訊加以保密，視之為商業機密；接受人同意必須對 NVC 公司的商業機密嚴加保密。
接受人特此同意以下內容：
1. 接受人將就 NVC 所揭露的有關資訊，及接受人對此資訊的評估嚴守祕密，只能對 NVC 公司授權之接受人揭露有關資訊。
2. 在協議生效后，接受人既不能將這些商業機密及其評估應用於第三方，也不能揭露給第三方，除非 NVC 公司事先書面同意。
3. 對資訊揭露的限制不包括接受人在此以前所了解的資訊或公共領域的資訊。接受人對商業機密的任何事前了解都必須在三十天內予以書面揭露。
4. 在接受人所履行的服務完成以後，接受人應該在三十天內返還 NVC 所提供的各種原始資料和接受人所擁有的相關副件、筆記或其他文件。
5. 任何透過出版或產品發布而公開的商業機密不在此協議範圍之內。
6. 此協議在__州內被交付及執行，必須根據州法律對其分析、詮釋和使用。
7. 該協議，包括文件中的條款，不能以任何方式被修改和改變，除非協議雙方對此進行書面認可。
該協議有效自______年______月______日，______天
接受人：______________
NVC 公司：
負責人：____________
職位：______________
日期：______________

對於應該為員工提供什麼資訊或提供多少資訊，通常需要創業者的判斷。過去，創業者們為了保護企業那些敏感的機密，趨於不讓其他人了解這些資訊。現在的做法正好相反，員工掌握的資訊愈多，工作就會愈有效並愈有創造力。有些觀點認為，員工只有在完全了解企業內正在發生什麼的情況下，才能有充分的創造性。

大多數創業者只擁有相對有限的資源，因此他們明知不設防的後果，卻沒有餘力去設法保護他們的構思、產品或服務。這會為將來帶來嚴重的問題，因此除非創業者採取預防措施，否則合法地獲取競爭性資訊非常容易。例如，透過商展、短期員工、媒體訪問或資訊發布等很容易取得競爭性資訊。上述方式中，員工的過分熱情往往是問題所在。為了試圖控制這個問題，創業者需要仔細考慮下列事項：

- 訓練員工就敏感問題向主管請示。
- 所有的辦公室參觀都必須有專人陪同。
- 避免在公共場所討論業務。
- 對重要的旅行計畫保守祕密。
- 對員工有可能在會議或出版刊物上展示的資訊加以控制。
- 在必要之處運用保密手段，如文件櫃上鎖、設電腦密碼等。
- 讓員工和顧問簽署不洩密協議。
- 責令離職人員不得洩露任何機密資訊。
- 避免傳真任何敏感的資訊。
- 需要時在文件上標記保密字樣。

不幸的是，禁止洩漏商業機密很難落實。更為不幸的是，往往只有在當機密被揭露以後，才能採取相對的法律行動。創業者過於擔心每個文件或每個資訊的洩漏也是不必要的。只要多加小心，大多數問題都可事先避免，因為洩密通常是出於無心的。

18.6 許可證經營

許可證經營即為兩個團體之間的一種協議。其中一方擁有一些資訊、工藝許可證經營即兩個團體之間的一種協議，其中一方擁有知識產權。

流程或技術等知識產權，獲得專利法、商標法和版權法的保護。這種協議通常以合約方式（本章後文將討論），要求許可證持有者向知識產權的擁有者（許可證授予者）支付特許權費或其他特殊形式的費用，以取得使用專利、商標或版權的許可。

因此，發放許可證對於擁有專利、商標或版權者來說，是一個具有重要價值的市場行銷策略，儘管可能對新市場缺乏資源和經驗，卻可以利用發放許可證在新市場上拓展業務。另一方面，許可證對於創業者來說，也可以作為一個重要的市場行銷策略，如果創業者希望開創一個新企業，創業者可以利用申請許可證的方式而得以使用相對的專利、商標或版權。

專利許可證協議應特別說明許可證持有方將以何種方式使用該專利。例如，許可證授予方可能仍然製造該產品，但給予持有方在自己經營範圍以外的市場（如國外市場），使用授予方的商標以銷售該產品。而其他情況下，持有方也可能用自己的商標製造和銷售該專利產品。協議必須謹慎措詞，而且應該有律師在場以保護雙方利益。

商標的許可通常會涉及特許權協議。創業者使用該商標營運企業，同時同意支付使用費，商標使用費可以根據銷售額、從特許權授予者手中購買原料（如Shell、Exxon、Dunkin Donuts、百事可樂或可口可樂的裝瓶廠、Midas Muffler店等），或這些方式的組合。我們在第十三章中已經討論了創業者如何利用取得特許權來創辦新企業，或作為企業成長的一種方式。

版權是另一種經常被用於發放許可證的資產，它包括有權使用或複製書籍、軟體、音樂、照片和戲劇，並有權命名。在二十世紀七〇年代末，電腦遊戲的設計正是使用了一些著名電影的許可證。電視節目也將其命名權發放授予給紙版或電腦遊戲。名人也紛紛就他們的名字、肖像或形象運用到產品中而發放許可證，例如，Andre Agassi 網球衣、貓王大事記或米老鼠午餐盒。這些方式實際上類似於發放商標許可證。

一個較有說服力的例子發生在1990年。Eagle眼鏡公司從Yoko Ono取得許可，把約翰・藍儂（John Lennon）的簽名黏貼在能反射約翰・藍儂外貌的眼鏡輪廓上，此外，還許可Eagle眼鏡公司在促銷宣傳資料上使用約翰・藍儂肖像。

Eagle眼鏡公司與Bag One Arts（有權就藍儂之財產發放許可證）之間的許可協議共有二十八頁，包括許可範圍、期限、涵蓋地理範圍、關鍵詞、執行標準及賠償費。附加條款包括報告要求、培訓及支持、保障、保證和擔保、稅收以及爭端的解決。

轟動一時的電影也可以導致許可業務。如電影《兔子羅傑》（Who Framed Roger Rabbit）的成功就產生了一個與Hasbro公司的許可協議，以生產一系列絨毛玩具。而與麥當勞的許可協議，產生了 Roger Rabbit 飲料杯。實際上，這部電影的成功帶來了近五十個許可協議。其他電影如《星際大戰》、《第一滴血》、《鱷魚先生》也帶來了許多許可協議，為企業家們帶來了商機，也為電影公司挖掘了利潤潛力。1997 年初，星際大戰三部曲重映時的高票房，可以歸功於第一次放映期間許可證協議的影響。它使得電影及其角色即使在電影下片後仍然深入人心，所有的媒體報導都期望星際大戰熱潮，能打破所有過去電影附屬許可商品的紀錄。

許可證貿易也流行於一些特別的體育活動，如奧林匹克運動會、馬拉松、滾木球以及錦標賽。銷售有關的T恤、服裝及其他附屬品都需要以許可的形式獲得書面允許。

儘管許可證所帶來的機會非常多，但是以其作為新創企業計畫的一部分必須慎重考慮。一個很好的例子是羅斯．伊萬傑麗斯塔（Rose Evangelista）所創立的玩具公司——Just Toys 公司，作為一家新企業，公司從玩具和洋娃娃之許可證貿易中嘗到了特許經營的有利之處，也經歷了不利之處。1990 年，羅斯製造了五萬個小美人魚娃娃，因為她預測該電影的電視播放將推動銷售。然而，出乎預料之外，市場需求非常疲軟，而正當她幾乎要放棄繼續努力時，這個橡膠塑像娃娃的需求卻突然上升。在需求達到頂峰時，公司已經銷售了兩百萬個娃娃。到 1993 年，這個企業已經取得了四千兩百萬美元的銷售額，大多數來自這個獲得許可的小塑像和室內運動設備。然而，到 1994 年，公司經歷了錯誤的經營策略所帶來之轉變。公司冒很大的風險開發一些新產品卻失敗了，同時，公司覺得這個小美人魚塑像仍非常有利可圖，就邀請許多大型玩具競爭者如Mattel加盟。這些舉動導致公司 1994 年虧損了一千六百萬美元，董事會在 1995 年解雇了羅斯和其丈夫艾倫．里格伯格（Allen Rigberg）。他們隨後向董事會提起訴訟，官司於 1995 年底解決。目前，公司有了新的總經理，但公司只剩下幾個許可證可以作為未來發展的基礎。

一個有關小塑像許可證經營的最成功例子為忍者龜（Teenage Mutant Ninja Turtles），這個小塑像取得了超過二十億美元的許可證收益。而大多數生產這種龜產品的公司，都是小的創業型風險企業。

許可證對於缺乏資源進行 R&D 的高科技企業，具有特殊價值。透過簽約進行技術許可證的授予，而被授權企業（許可證持有方）則支付一次性費用或許可證費而從另一家公司（許可證授予方）取得營運某產品、流程及管理技術的權力。根據最近的研究，以技術許可證作為開發新產品的方式，在小型新創企業中變得愈來愈普及。研究顯示，尋求許可證的兩個重要原因是：取得競爭優勢和提高新創企業的技術能力，透過取得技術許可證可以降低 R&D 成本，降低市場行銷和法規風險，提高進入市場的速度。在著手許可證協議之前，創業者應該思考下列問題：

- 顧客能清楚了解這項許可證特許的資產（licensed property）嗎？
- 這項特許經營的資產如何補強現有的產品和勞務？
- 我有多少有關許可證經營的經驗？
- 這項特許經營的前景如何？（例如，一位名人喪失其知名度，也會導致基於此人士名字的特許經營之結束。）
- 許可證協議可以提供什麼樣的保護？
- 在支付特許費及銷售配額上，可得到授權方何種支持？
- 許可證協議有續簽的可能嗎？在什麼條件下續簽？

頒發許可證是創業者增加收益，而又可以避免風險和高啟動投資（start-up investment）的極好選擇。但這要求創業者擁有特許經營的項目，這就是為什麼透過專利、商標及版權對產品、資訊、名稱等尋求保護如此重要的原因。另一方面，當創意可能侵犯其他人的專利、商標或版權時，領取許可證也是創辦新企業的一種方式。在這種情況下，創業者試圖透過簽署許可證協議，以相當低的成本從知識產權所有者手裡獲得經營許可證。

許可證也一直是一種強有力的經營手段。透過律師的建議，創業者可以發現，許可證機會是一種降低風險、擴大經營、補充現有產品線的方式。

18.7 產品的安全性和法律責任

對新企業即將上市的產品進行評估，以確定其是否違反了消費者產品安全法案，對創業者來說非常重要。美國的該法案於 1972 年通過，並設立了一個有五位成員的委員會。該委員會有權對一萬多種產品制定安全標準，此外，該委員會也有充分的責任與權力判定哪些屬於危害產品，哪些屬於不安全產品。委員會還有權判定可能的產品缺陷是否會危害消費者，一旦出現這種情況，委員會將以書面要求製造商採取糾正措施。

該法案於 1990 年做了補充，由布希總統批准成為法令，新法令對於未申明產品缺陷以及因而造成傷亡時，說明處理原則，新法令的準則更加嚴格。如果製造商因未申明可能的缺陷而引起產品法律爭端，且在判決中敗訴的話，可能被課以高達一百二十五萬美元的罰款。製造商們已經對消費者產品安全委員會的一些報告書資訊過早向大眾披露表示關注，這些資訊可能對企業經營具有破壞性效果，即使委員會後來發現企業並無明顯的過失。

任何能幫助創業者進入某一經營領域的新產品，都應被仔細評估以斷定它是否受消費者產品安全法案的影響。如果是的話，創業者將必須遵從適當程序以保證其產品符合所有的要求。

產品的法律責任問題很複雜，而且一直是創業者所要考慮的重要問題。最近，美國國會所嘗試的立法改革是成功的，但卻很快遭到柯林頓總統的否決。大多數人認為，變革立法以幫助解決許多長期以來企業所關心的問題，是非常必要的。例如，在有些情況下，肇事者需要支付一定數量的懲罰性補償費（punitive damages），以及產品責任法適用於使用期超過十五年的耐久財之問題。全球市場的變化使變革顯得更為必要。負責風險管理的經理們宣稱，沒有新的立法改革，那些沒有產品責任履歷的新辦企業可能很難找到相對的承保險種（coverage）。

有關產品責任的索賠通常基於下列類型之過失：

㈠疏忽（Negligence）。可以引申到生產和行銷過程的所有環節，包括在運送過程中的疏忽大意、使用有缺陷的標記及錯誤的廣告等等。

㈡擔保（Warranty）。如果廣告或有關訊息對產品的優點陳述過分，或產品不能像所陳述的那樣發揮作用，顧客可以提起訴訟。

㈢嚴格的責任（Strict Liability）。在這種情況下，如顧客簽收以前發現產品有缺陷，可以提起訴訟。

㈣歪曲（Misrepresentation）。當廣告、標籤或其他訊息歪曲了有關產品特徵或品質，可以起訴。

對產品法律責任最好的保護，就是生產安全的產品，並將任何潛在的危害警告消費者。期望零紕漏是不可能的，因此創業者應該對可能會發生何種產品法律責任保持敏感。

18.8 保險

與產品法律責任有關的一些問題在上節中已經討論過。除了謹慎以外，對創業者來說，針對可能發生的事件購買保險，也是值得考慮的方式。服務業，如托兒所、中小學、遊樂園、購物中心等，已經愈來愈常發生法律訴訟。

> 對創業者來說，針對可能發生的事件購買保險，也是值得考慮的方式。

一般情況下，大多數公司應考慮如表 18.4 所列的承保險種（coverage）。每個險種提供了新企業管理風險的一種方式。主要問題在於，創業者在初期往往資源有限。這樣，對創業者來說，重要的是不僅是確定購買何種險種，還要確定購買多少，向什麼公司購買。總保險成本是一個重要的財務計畫項目，創業者需要考慮在成本估算中增加保險費（premiums）這一項目。

醫療費用的猛漲已經對保費產生巨大影響。特別是員工的補償保險費（compensation premiums），在過去的幾年中，一些企業的這項保險費已經成長了一倍甚至兩倍。史蒂夫．科爾（Steve Cole）於 1984 年創建 Cafe Allegro 公司並成為其擁有者，他發現公司三十個全職和兼職員工的補償保費每年高達一萬五千美元，此金額還是在沒有任何嚴重索賠情況下發生的。只有三個州——新澤西、德克薩斯及南卡洛林納州——還沒有要求雇主為員工負擔補償保險費，補償保險費對美國創業者來說是一個重大問題。

表 18.4 保險類型和可能的承保險種

保險類型	可能的承保險種
財　產	・火險可保障由於起火或照明引起的物品和房屋損失。 保險範圍可以延伸，具體包括與爆炸、暴動、車輛損失、風暴、冰雹及煙霧所帶來的風險。
	・盜竊和搶劫險指由於強行進入（竊盜）或在暴力強迫和威脅下（搶劫）導致財產的損失。
	・當企業由於起火或其他被保險原因而被迫關閉時，經營中斷險將支付淨利和費用支出。
傷亡災害	・一般責任險指由於人身傷害及財產損失，而向公司提起訴訟所導致的辯護及審判費用，保險範圍可以包括產品責任問題。
	・當員工因公務而使用自己的汽車而衍生之汽車責任險也包括在內。
壽　險	・壽險保護企業的連續性（特別是具有合夥關係的企業）。它也能為公司關鍵主管的死亡提供財務保護。
員工補償	・在有些州是強制性的，萬一員工受到與工作有關的傷害，可以得到補償。
契約保證	・為員工或工作的執行人轉嫁責任。如果員工竊盜資金，它將保護公司利益；如果承包商未能在雙方商定的時間內完成任務，它將保護發包商的利益。

保險公司計算員工補償保險費通常依據公司支付工資額的百分比、公司經營類型以及過去理賠狀況。由於存在欺詐或道德風險，一些州開始改善承保險種。在改革措施頒布之前，創業者可以採取某些行動，如透過關注細節來控制保險費用。例如，制定總體安全準則並利用溝通促使員工提高對安全的認識。長期來看，個人提高安全意識可以有效控制員工的補償保費。

從保險經紀人那裡尋求建議通常較為困難，因為經紀人總是試圖銷售保險。然而，尋求來自大學或小企業管理協會（Small Business Administration）的專家建議，只需花費很少的成本或根本沒有成本。

18.9 合約

> 合約是由雙方或多方簽署的，只要某些條件符合就必須強迫執行，是具有法律性質的協議。

創業者在開始創業時，就會投入於與賣方、土地所有人及顧客之間的許多談判與合約之中。合約是由雙方或多方簽署的，只要某些條件符合就必須強迫執行，是具有法律性質的協議。表 18.5 確定了合約的一般條件以及如果一方沒有履行所造成的後果。對創業者來說，了解與合約有關的基本問題非常重要，同時也應該意識到，有關合約的許多談判都需要律師參與。

表 18.5　一般合約條件和違反合約的後果

合約條件
・若為口頭或書面提議，在雙方自願接受該提議之前，該提議不受法律約束。
・提議必須自願接受。
・（對合約的價值）雙方都經過仔細考慮。
・雙方有能力並有權力代表各自的公司進行談判。
・合約必須合法。合約中任何不合法的活動都不受法律約束，例如賭博。
・任何五百美元或超過五百美元的銷售都必須簽署書面合約。
不履約的後果
・違約方將被要求履行協議或賠償損失。
・如果一方可能在合約到期之前就解體了，而第二方也同意放棄而不再履行協議，這就稱做合約的終止（contract restitution）。

通常，生意是伴隨著握手而成交的，訂貨、籌措資金、與合作夥伴達成協議等等，通常情況下都是握手而成交。一般情況下，事情進展順利時，這個程序足夠了。然而，如果雙方想法不一致，創業者會發現不但沒有達成協議，而且還得為某事承擔從未想到的法律責任。美國法院根據以往案件總結了一套指導準則，就是如果一筆交易不能在一年內完成，絕不要依賴「握手」（君子協議）。例如，一家專門培訓銷售人員的公司，要求另一家公司以生產用於培訓的錄影帶。這家培訓公司被要求承諾只能將錄影帶用以培訓而不能出售。然而，這些錄影帶出售一段時間以後，這家培訓公司開始另外成立一家新公司，並生產和銷售錄影帶。錄影帶的原始開發商提起告訴，法院裁決超過一年的口頭協議是不能強制執行的，唯一可能制止這種行為的條件是，看這家複製錄影帶的公司是否簽了合約。

除了一年的準則以外，美國的法院還強調所有超過五百美元的交易都必須有書面合約。即使是從製造商那裡得到的關於某特定數量之零件報價，也不能將其當做合法的法律合約。例如，如果一個創業者得到了購入某商品十件的報價，然後只訂購了一件，銷售商沒有必要以原始報價銷售該商品，除非有書面合約。如果商品總價款超過五百美元，但如果沒有書面合約，報價仍然可能改變。

在上述例子中，大多數銷售商並不想試圖逃避責任，然而例外情況可能發生，這些例外會強迫銷售商改變主意。這樣，做生意最安全的方式就是有書面合約，特別是當交易數量超過五百美元和成交期有可能超過一年時。

任何交易包括房地產，必須有書面協議才能生效。土地出租、房屋租賃和購買都需要某種形式的書面協議。

儘管在進行非常複雜的或大額交易時，律師有必要在場，但創業者總不能時時刻刻都帶著律師，因此，對於創業者來說，為了得到法律保護，在簽署協議時應理性注意下列四個基本要點：

㈠協議的所有各方都應署名，並註明其在交易中的角色，例如：買方、賣方、顧問、顧客等等。

㈡交易應被詳細描述，例如：土地的確切地址、日期、單位、交貨地點、負擔運費者等等。

㈢應該特別指出交易的確切價值，例如購買費用加安裝支付費用。

㈣參與交易者簽名。

18.10 如何選擇律師

律師像其他專業人士一樣，通常不是泛泛地了解一般法律事務，而是某些特殊法律領域的專家。創業者一般都沒有專業知識或技術訣竅來處理法律相關事件。一個稱職的律師，應該能夠恰當地了解任何與法律行為有關的各種可能情況。

在現今的環境下，聘用律師的費用遠遠高於聘用其他專業人士的費用。通常，許多企業聘用一個法律顧問，在被聘期間每月或每年花一定時間為公司提供辦公諮詢，這不包括出庭時間或其他有關法律行動的律師費。這為創業者提供了機會，即需要時也能得到法律諮詢，而不必花費高額的按時計費之律師費。

在有些情況下，律師也可能被一次性雇用。例如，一個專利律師可能被雇去幫助創業者取得專利。一旦這個專利被批准，這個律師也就不再被需要了，除非關於這個專利被提起訴訟。為建立組織或購買房地產而聘請的專業人士，其費用也是以所提供的服務為基礎。無論什麼樣的付費方式，創業者都應該首先考慮成本問題。

選擇一個律師就像雇用一個員工。一起工作的律師應該是那種可以與之建立個人關係的人。在一個大型律師事務所，有可能一個副手或初級律師被分配給新企業。創業者應該與這個律師接觸以保證相處和諧。

與律師建立良好的工作關係，有助於在創業初始平息一些糾紛，替創業者增添必要的自信。當資源非常有限時，創業者可以考慮給律師一些股份以交換其服務，一旦律師在企業內擁有權益會願意提供更多的個人服務。然而，如做此重大的決策，創業者必須考慮對企業失去控制的可能性。

本章小結

本章探討了一些有關知識產權的法律問題。對創業者來說，在做出任何有關知識產權，如專利、商標、版權和商業機密等法律相關決策時，尋求法律建議非常重要。在這些情況下，律師憑藉其專業知識能為創業者提供建議。本章也確定了一些在聘用律師之前所應考慮的問題。這些資訊能夠為創業者節省時間和金錢。

申請專利需要專利律師，專利律師能夠幫助創業者完成遞交給專利與商標局的申請書，申請書應該包括發明的歷史、發明的具體描述以及專利要求的界定。專利費高低有所不同，但一般花費兩千美元左右。對現有專利的評估將有助於斷定是否會侵權，有助於評估對已有專利之產品進行改進的可能性，或從專利持有人手中獲得特許權。

商標可以是一個詞、符號、設計或一些組合，或者是一個標語或聲音，以表彰某個商品或服務。商標可以為創業者帶來一些利益，商標註冊應根據所在國家法律的要求提供各種必要之法律文件，並支付所需費用。

版權是對原創者作品的保護。版權的註册通常不需要律師。版權問題已變得與電腦軟體公司非常密切。

許可證是使用其他人的產品、名字、資訊等創業的有效方法，這也是創業者在沒有大風險和投入的情況下，拓展經營的一個重要策略。

創業者也應該對可能的產品安全和責任要求具有敏感性。仔細地調查可能的產品問題以及保險問題可以降低經營風險；還應該評估其他與財產險、壽險、員工補償險和稅險有關的風險，以斷定需要何種保險。在美國，員工補償保險費已經引起密切關注，創業者也可透過建立及溝通安全政策，而有效地降低保費。

合約是創業者進行交易的一個重要部分。在美國，口頭協議對於超過一年或五百美元以上的交易無效。另外，所有的房地產交易必須有書面協議才有效。簽署書面協議且確定所有合約各方及各自的角色、描述交易細節、強調交易價值以及獲得所有合約各方的簽名，都非常重要。

討論題

1. 什麼是知識產權？為什麼它被認為是公司的資產？
2. 專利經常被模仿，這帶來了很多關於申請專利的爭議。為了保護自己的產品，創業者能夠做些什麼？申請專利必須遵守什麼程序？
3. 討論公開文件的適當性。
4. 以實例討論商標分類的方式。商標對創業者來說有何好處？
5. 在什麼情況下需要考慮許可證？
6. 可接受的書面合約其主要組成是什麼？
7. 聘用律師需要注意哪些因素？

案例六

阿依卡水晶有限責任公司

阿依卡　Crystal Ltd.

（美匈合資水晶玻璃廠——1995）

阿依卡水晶有限責任公司的常務董事曹爾頓・凱特擇（Zoltan katzer）博士面帶微笑在招呼著客人。對這些陳放在常務董事辦公室裡眾多精製的手工水晶玻璃，客人們欣賞讚歎不已。阿依卡產品是匈牙利玻璃製品中最上乘的，公司擁有許多世界上最有名的水晶製品設計品牌，包括 Lennox、Waterford、Royal Doulton、Tiffany、Dior 和 Gallo 等。

阿依卡水晶有限責任公司是富泰克斯（富泰克斯 RT.）的附屬公司，坐落於匈牙利一個名叫阿依卡的小村莊，位於布達佩斯西南方大約一百五十公里。阿依卡水晶公司有一千七百名員工，是提供阿依卡村就業機會最多的企業。公司在 1994 年的銷售額將近十五億 HUF ❶（相當於一千四百萬美元）。雖然公司仍有獲利能力，但毛利率已因國內和全球的經濟壓力而變得很小了（見表 1 近期財政總結）。

表 1　阿依卡水晶有限責任公司——財務數據

比較損益表（1991-1994）

（單位：1000 匈牙利福林）

		年末值			
		91-12-31	92-12-31	93-12-31	94-12-31
01	國內銷售收入	123,903	112,920	130,659	238,226
02	出口銷售收入	1,123,790	1,043,198	11,123,928	1,292,154
Ⅰ.	總銷售收入（01+02）	1,247,693	1,156,118	1,254,587	1,530,380
Ⅱ.	其他收入	28,179	20,176	35,546	54,513
03	自產自用資產價值	90,331	84,735	57,416	29,467
04	自製存貨變動	27,266	34,459	31,625	30,689

❶ HUNGARIAN（匈牙利）FORINTS，在 1994 年大約 1 美元 = 105HUF。

		年末值			
		91-12-31	92-12-31	93-12-31	94-12-31
Ⅲ.	自製資產價值（03+04）	117,597	119,194	89,041	60,156
05	原物料	462,006	433,517	447,546	564,342
06	原物料相關服務	128,087	117,301	146,723	152,247
07	銷貨成本	18,120	5,256	6,276	3,217
08	分包工廠工作價值				
Ⅳ.	原物料與原物料相關費用	608,213	556,074	600,545	719,806
09	工資費用	356,733	364,856	3,351,442	421,412
10	其他人工費	10,317	13,182	11,127	12,595
11	社會保險費	151,533	163,556	159,306	190,540
Ⅴ.	人工費（09+10+11）	518,583	541,594	521,854	624,547
Ⅵ.	折舊與攤銷	8,864	37,840	46,955	58,668
Ⅶ.	其他成本	35,555	21,683	29,448	31,000
Ⅷ.	其他費用	53,635	50,765	95,964	89,448
A.	營業收入（Ⅰ+Ⅱ+Ⅲ－Ⅳ－Ⅴ）	168,619	87,532	84,408	121,580
12	利息收入與利息相關收入	15,130	46,183	5,978	10,874
13	股利與利潤分配收入	12,288	3	3	3
14	其他金融交易收入	17,625	993		
Ⅸ.	金融交易收入（12+13+14）	45,043	47,179	4,981	10,877
15	利息支出與利息相關支付	24,453	12,528	15,471	18,159
16	沖銷金融投資				
17	其他金融交易費用	1,061	2,052	2,099	5,715
Ⅹ.	金融交易費用（15+16+17）	25,514′	14,580	17,570	23,874
B.	金融交易利潤（Ⅸ－Ⅹ）	19,529	32,599	(12,598)	(12,997)
C.	正常商業利潤（A+B）	188,148	120,131	71,819	108,583
Ⅺ.	營業外收入	27,429	3,971	3,318	2,183
Ⅻ.	營業外支出	14,498	13,248	480	7,786
D.	營業外利潤（Ⅺ－Ⅻ）	12,931	(9,277)	2,838	(5,603)
E.	稅前利潤（C+D）	201,079	110,854	74,657	102,980
XIII.	稅負	22,619	16,450	9,808	12,657
F.	淨利（E－XIII）	178,460	94,404	64,849	90,323
18	未分配利潤的使用				
19	支付股利和利潤分配	176,517	94,404	64,849	
G.	本年度利潤（F+18－19）	1,943	0	0	90,323

阿依卡水晶有限責任公司——財務數據（續）

比較資產負債表（1991-1994）

（單位：1000 匈牙利福林）

			日	期		
			91-12-31	92-12-31	93-12-31	94-12-31
01	A.	投入資產（02+08+14）	355,201	451,011	521,245	534,096
02	Ⅰ.	無形資產（03 到 07）	7,825	7,328	6,587	3,793
03		可計算價值權利	3,000	2,499	1,998	
04		商譽				
05		知識產權	4,825	4,829	4,589	3,793
06		R&D 之資本化價值				
07		重組之資本化價值				
08	Ⅱ.	有形資產（09 到 13）	331,799	430,803	476,539	492,640
09		房地產	166,002	224,207	229,566	228,871
10		技術設備、機械、工具	87,007	131,967	175,697	160,594
11		其他設備、輔助設備和工具	44,989	45,317	45,828	42,268
12		非金融投資	33,801	29,312	25,448	60,907
13		非金融投資預付款				
14	Ⅲ.	金融投資（15 到 18）	15,577	12,880	38,119	37,663
15		利潤分配	4,839	2,120	28,220	28,213
16		證券				
17		已承諾貸款	10,738	10,760	9,899	9,450
18		長期銀行存款				
19	B.	流動資產（20+27+33+37）	752,952	606,881	643,983	822,682
20	Ⅰ.	存貨（21 到 26）	184,377	236,395	284,103	316,183
21		原物料	70,695	95,272	109,062	110,064
22		動產（貨幣、證券、可轉）			2,295	2,812
23		與存貨形成相關的預付款	8,392	1,374	1,371	1,243
24		牲畜				
25		在製品	34,562	59,259	82,709	61,729
26		製成品	70,728	80,490	88,666	140,335
27	Ⅱ.	應收帳款（28 到 32）	251,532	264,459	270,572	303,342
28		應收帳款	205,679	242,289	235,871	292,181
29		應收票據			13,363	2,437
30		已發行而未收取的資本	12,013	3,241		
31		對發起人的要求權	12,288			
32		其他應收帳款	21,552	18,929	21,338	8,742
33	Ⅲ.	短期證券投資	236,979			3,816
34		短期債券投資				
35		自有股份、股份配額與短期持股	236,979			

			日		期	
			91-12-31	92-12-31	93-12-31	94-12-31
36		其他證券				3,816
37	Ⅳ.	快速變現流動資產	80,064	106,027	89,308	199,341
38		現金、支票	246	973	1,557	1,259
39		銀行存款	79,818	105,054	87,751	198,082
40	C.	預付費用	9,679	1,850	132	4,202
41		資產合計（A+B+C）	1,117,832	1,059,742	1,165,360	1,360,980
42	D.	所有者權益（43 到 47）	710,920	727,777	754,696	952,320
43	Ⅰ.	已發行資本	705,500	705,500	732,700	734,200
44	Ⅱ.	未發行保留資本	3,747	20,604	20,547	126,347
45	Ⅲ.	累計未分配利潤	1,673	1,673	1,449	1,450
46	Ⅳ.	以前年度虧損				
47	Ⅴ.	本年度利潤				90,323
48	E.	專項準備金（49 到 51）		2,658	7,600	6,384
49	Ⅰ.	預期損失準備金		2,658	7,600	6,384
50	Ⅱ.	預期負債準備金				
51	Ⅲ.	其他準備金				
52	F.	負債（53+60）	402,568	328,126	401,507	401,809
53	Ⅰ.	長期負債（54 到 58）				
54		投資和開發借款				
55		長期借款				
56		債券發行債務				
57		發起人債權				
58		其他長期負債				
59	Ⅱ.	短期負債（60 到 64）	402,586	328,126	401,507	401,809
60		預收貨款				
61		應收帳款	35,339	17,257	36,250	52,258
62		應收票據				
63		短期借款	149,903	167,160	256,250	298,891
64		其他短期負債	217,326	143,709	109,007	50,660
65	G.	應計費用	4,344	1,181	1,557	467
66		負債合計（D+E+F+G）	1,117,832	1,059,742	1,165,360	1,360,980

阿依卡水晶有限責任公司——財務數據（續）

比率	企業	1991			1992			1993			1994		
		UQ	MED	LQ	UQ	MED	LQ	UQ	MED	LQ	UQ	MED	LQ
速動比率	Ajka		141.24%			112.91%			89.63%			126.05%	
	SIC 3,229	300%	140%	90%	170%	110%	80%	310%	160%	80%	250%	160%	100%
流動比率	Ajka		187.04%			184.95%			160.39%			204.74%	
	SIC 3,229	480%	240%	150%	320%	200%	150%	490%	230%	160%	520%	250%	180%
產權比率	Ajka		23.15%			21.52%			22.82%			21.01%	
	SIC 3,229	26.7%	120.6%	264.8%	27.6%	76.7%	136.1%	20.2%	45.5%	157.8%	18.6%	86.5%	141.8%
平均收現天數	Ajka					81.45			77.83			68.44	
	SIC 3,229				38.0	52.6	61.4	31.0	41.3	58.1	39.4	46.0	66.1
存貨周轉率	Ajka					5.50			4.82			5.10	
	SIC 3,229				17.0	10.7	6.9	12.9	8.9	5.5	12.6	7.8	6.3
資產周轉率	Ajka		11.62%			109.09%			107.66%			112.45%	
	SIC 3,229	338%	236.4%	121.7%	413.2%	229%	129.5%	300.3%	209.6%	128%	380.2%	242.1%	159.2%

阿依卡水晶有限責任公司與美國玻璃製造企業一些財務比率的比較

SIC 3,229 指「不列入其他類型的壓製與吹製之玻璃製品」

UQ ＝高四分位值　　MED=中四分位值　　LQ =低四分位值

比率	企業	1991			1992			1993			1994		
		UQ	MED	LQ	UQ	MED	LQ	UQ	MED	LQ	UQ	MED	LQ
營運資金周轉率	Ajka					3.68			4.81			4.61	
	SIC 3,229				11.1	5.8	4.8	8.9	5.9	4.0	10.2	6.4	3.8
應付帳款／銷售收入	Ajka					2.27%			2.13%			2.89%	
	SIC 3,229				2.9%	4.2%	8.5%	2.0%	3.5%	10.4%	2.6%	4.1%	5.6%
銷售淨利率	Ajka		14.3%			8.17%			5.17%			5.90%	
	SIC 3,229	10.4%	3.8%	1.0%	7.1%	2.4%	1.2%	15.0%	3.0%	0.3%	10.6%	4.4%	1.1%
資產淨利率	Ajka		15.96%			8.91%			5.56%			6.64%	
	SIC 3,229	12.8%	5.7%	0.5%	17.8%	5.8%	2.2%	11.4%	3.9%	(0.1)%	19.7%	10.4%	1.2%
淨資產利潤率	Ajka		25.10%			12.97%			80.59%			9.48%	
	SIC 3,229	35.5%	10.0%	1.0%	70.8%	32.7%	5.0%	23.5%	7.8%	(0.2)%	35.2%	21.0%	1.8%

數據來源：Ajka Crystal：資產負債表和損益表，1991 年 12 月至 1994 年 12 月；鄧斯分析服務：行業標準與關鍵業務比率，製造業，1991-1994，鄧恩與布雷茲特里特徵信公司資訊服務社。

曹爾頓博士是一個工程師，1975 年進入了阿依卡玻璃廠❷，並升為技術董事，負責向常務董事匯報工作。1985 年，由於現任常務董事退休，工廠徵召一名新常務董事，曹爾頓申請了這份工作，但沒有被選上，當地的共產黨黨委會由於政治因素否定了他的任選。曹爾頓和新上任的常務董事意見不合。1986 年曹爾頓博士離開了阿依卡玻璃廠，去了一個離蘇聯邊境很近的小玻璃廠。1990 年，富泰克斯，由一個美籍匈牙利人控制的公司，買下了阿依卡水晶 50%的股份。富泰克斯希望曹爾頓回來掌管阿依卡。1990 年 2 月 16 日，曹爾頓成了阿依卡水晶有限公司的常務董事。

在他回來後的四年中，曹爾頓提出並解決了公司所面臨的一系列問題。現在他擁有令人驕傲的公司和一條生產線。但不管如何，公司將來的不確定性因素依然存在。它還能繼續保持在市場中獲利嗎？它有辦法獲得需要的資金嗎？阿依卡水晶公司和富泰克斯的關係將會怎樣發展？

1. 玻璃製造

人類進行玻璃製品生產已經有兩千多年的歷史了。儘管有多種玻璃製品生產的方法，也有多種不同花色的玻璃製品，但所有玻璃製品的生產包括下列幾個步驟：

- 原料的準備和混合；
- 把原料融化成為整個玻璃（液體）；
- 玻璃品的生產工藝過程——吹、壓、拉或滾；
- 退火；
- 結束並檢驗。

兩種最普遍的玻璃品材質是蘇打－石灰玻璃和鉛玻璃。這兩種類型的主要成分都是二氧化矽，即常見的沙子。蘇打－石灰玻璃由 71%～75%的沙子，12%～16%的蘇打（氧化鈉取自蘇打粉或碳酸鈉）和 10%～15%的石灰（氧化鈣

---

❷ 儘管在這個公司的歷史上，名稱多次改變，我們只把它在 1989 年被富泰克斯兼併前稱為阿依卡玻璃廠，此後稱為阿依卡 CRYSTAL。

取自石灰石或碳酸鈣）組成。在鉛玻璃中，一部分二氧化矽的比例被氧化鉛（PbO）所替代。鉛玻璃含有 54%～65%的二氧化矽，18%～38%的氧化鉛和13%～15%的蘇打。氧化鉛的含量超過 24%的鉛玻璃就是水晶。

蘇打－石灰玻璃有較好的光線透射性，其表面光滑堅硬，清潔起來很方便，經久耐用，而且一般來說不會放射有害物質，或者從另外一個角度講，也就不會影響儲存於其內的物品。鉛水晶比蘇打－石灰玻璃重，同樣有高度的折射率，這使得它磨製後特別適用於做裝飾。

原料被混合在一起，並在溫度超過一千兩百度的熔爐中被熔化成為一種液體。玻璃熔液從熔爐中取出並被製成理想的形狀，傳統上，這個製作過程以手工進行，但是現在絕大部分玻璃品的製造都是由機器來完成的。

對那些手製玻璃品，原料透過一條長長約一．五公尺的管子從熔爐中取出，工匠再往管子裡吹氣以製成中空的物品，並利用旋轉管子、用工具壓製玻璃熔液、或把玻璃熔液倒入模具中來使玻璃品成形。而要徹底成形，可能還需要加熱已成形的玻璃品的全部或部分。加熱後的玻璃品可能被剪切機修整一番以形成理想形狀和尺寸。附加的物件，例如把手或杯腳，可以在玻璃品開始冷卻時加上去。

成形後，玻璃品被放入一個玻璃退火爐中進行冷卻，在退火過程中，玻璃品內的壓力也就消除了。

玻璃品一旦冷卻，即可以驗收了。達到生產品質標準的成品會被上光，並以繪畫或切割等方式進行裝飾……這些過程可以用手工方式，也可採用機械操作。便宜點的玻璃餐具一般是由機器來完成，而精緻的鉛水晶製品大多是用手工來上光和雕刻的。

2. 玻璃品工業

水晶和玻璃餐具和裝飾品在全球有數十億美元的年銷售額，但這個行業大部分是小型企業（年銷售量是十萬至兩百萬美元），其中有許多是個人獨資企業。因此，雖然容易取得有關該行某企業的資訊，但整體數據卻難以得到。據估計，美國水晶製品市場（即美國國內生產以及進口水晶製品）大約是每年五・六億美元。美國玻璃餐具（包括水晶）的進口額大概是每年五・七億美元，而西歐則遠遠超過十億美元。據美國玻璃業生產統計顯示，美國當地玻璃餐具的生產總成本（非最終售價）在 1994 年大約是九億美元。

世界各地都在生產玻璃製品。基本的玻璃品製造是一種非常古老的工藝，既不需要非常複雜高深的技術，原料也非常容易取得。簡單玻璃餐具的生產在世界上早就很普遍了。許多國家還生產精緻玻璃和水晶製品，包括愛爾蘭、法國和瑞典。然而，精緻玻璃品的製造業在整個歐洲都很普遍，不論西歐還是東歐，而且這種情況已經持續相當一段時間了。在愛爾蘭的水晶工業開創之前，來自捷克的波西米亞水晶製品曾享譽整個歐洲。稍微看一下現在的進口統計數字就可了解玻璃餐具的生產和市場是全球性的。美國大部分進口於法國，但同樣有大量玻璃製品是來自德國、愛爾蘭、義大利、日本、波蘭、墨西哥、奧地利、印尼和中國大陸、台灣。其他還有許多國家供應大量的玻璃製品給世界各地，包括土耳其、泰國、羅馬尼亞、奧地利、葡萄牙、西班牙、巴西、比利時、荷蘭、捷克、英國、甚至美國。作為玻璃製品的出口商，東歐和東南亞已變得愈來愈重要了，因為它們以相當具有吸引力的價格來生產高品質產品。

絕大部分的玻璃餐具（大約 80%）是機器製造的，機製玻璃品比手製品便宜得多。商業機構（飯店、旅館等）幾乎清一色都使用機製玻璃品。大部分家庭購買者同樣購買機製玻璃品。手工玻璃和水晶製品由於其精緻美麗，長期以來為上流社會的購買者所青睞。製造外形美觀、柄桿細纖、雕刻華麗的水晶花瓶，使得精緻手製玻璃品成為令人嚮往的產品。然而玻璃製造技術的改進卻正影響這一領域，玻璃生產設備亦逐漸變得愈來愈複雜和能幹；人們也愈來愈難以區分手製和機製玻璃產品了。

3. 公司發展史

阿依卡玻璃廠由伯奈特・紐曼（Bernat Neumann）於 1878 年建立，他所以選擇此地區建立公司是因為這兒有充足的木材，可以滿足玻璃生產過程中燃料所需。紐曼是匈牙利人，利用國外資金組建公司，並於不久後便開始向巴伐利亞和薩克森出口產品。阿依卡玻璃廠生產各式玻璃產品，包括扁平玻璃、球面玻璃、燈泡和藥瓶，不久，便以這些玻璃製品的最好生產商之一而揚名歐洲。

1891 年，阿依卡玻璃廠被亞諾斯．寇蘇赫（Janos Kossuch）收購。在寇蘇赫掌管下，阿依卡開發了美國、印度和德國等出口市場。1914 到 1916 年間，阿依卡由於歐洲戰爭停止了生產。第二次世界大戰期間，從 1942 到 1945 年，阿依卡的生產轉向軍用物資。然而在 1945 年，生產又停止了，停產狀態一直延續到 1946 年 10 月。1946 年恢復生產時，阿依卡玻璃廠打開了對荷蘭的各種酒瓶出口市場。

1948 年 3 月 6 日，阿依卡玻璃廠被匈牙利政府收為國有，當時公司有四百零九名員工，阿依卡玻璃廠仍繼續出口，特別是對美國和歐洲。

二十世紀六〇年代是阿依卡玻璃廠大力發展的時期，公司啟用了新的生產設備，熔爐燃料由木材和煤氣轉向天然氣。含鉛水晶製品亦加入了公司的生產線。到了 1970 年，公司已有了一千五百名員工。儘管二十世紀整個七〇年代都比較穩定，到八〇年代公司開始走下坡。1989 年，隨著經互會瓦解，阿依卡的東方市場也不復存在，這導致了公司產量緊縮，員工降至一千兩百人。

4. 回到私營企業

1989 年 11 月，阿依卡水晶公司成立了，目的是管理阿依卡玻璃廠的業務。股份由下列這些公司持有：阿依卡玻璃廠占 20%，富泰克斯公司 30%和布萊克博（Blackburn）國際公司——一家巴拿馬公司 50%。1990 年 8 月，阿依卡水晶公司的股本上升到五億五千萬匈牙利福林，九月份，富泰克斯用一．三七億福林買下阿依卡玻璃廠的所有資產和債務，交易的資本所得歸於匈牙利國家財產代理處。這使得富泰克斯在阿依卡水晶公司的股份增加到 50%❸。1990 年 11 月，富泰克斯向匈牙利投資者出售股份，增加了自己的資金。1990 年 12 月，富泰克斯從布萊克博那裡收購了 0.1%的股份，最終是利用收購才得以控股阿依卡。

---

❸ 由於 Fltex 部分為 Blackburn 國際公司所有，阿依卡 Crystal 的確切相稱擁有權，比對半分的涵義要複雜得多。

1992年，富泰克斯用自己的部分股權與布萊克博國際公司所持有的阿依卡的另小半部分股權（49.9%）進行交換，使富泰克斯最終擁有阿依卡水晶公司100%的股份。

5. 挑戰

阿依卡水晶公司對前東盟國家之外的國家，具有相當高的出口比例，這提供富泰克斯一個獲取外匯收益的寶貴機會。當然，如果阿依卡打算繼續做一個成功的生產者和出口者，它會遇到一些挑戰。

在富泰克斯購買阿依卡玻璃廠之前的四十年間，投資於設備和技術上的資金非常有限。公司的部分設備已經相當老舊了，無法與國際最好的玻璃和水晶產品生產者競爭。富泰克斯大量投資升級現存設備和增加新的生產設備。1990至1993年間，阿依卡使用的熔爐從六座增加到二十二座。許多新的熔爐是電熔爐，電熔爐使溫度控制更加穩定，同時減少了燃料的消耗。

另一個阿依卡和富泰克斯在1990年面對的關鍵問題是缺少熟練工。當曹爾頓博士回到阿依卡時，他立即發現缺少熟練的玻璃吹工，而現存的玻璃吹工中有許多是已退休的。為了解決這個問題，阿依卡從當地雇用了一百五十名沒有工作的青年，並把他們訓練為玻璃吹工。1990年，公司建立了一個專為玻璃吹工和刻工用的訓練工廠。阿依卡現在開設了一個玻璃吹工和刻工的學校，目前它有一百多名學徒接受為期三年的訓練課程，阿依卡再也不會陷入缺少熟練員工的困境了。

6. 現在地位：產品和市場

1994年阿依卡的業務範圍遍布世界，所提供的產品組❹超過四萬個，客戶將近有一千五百個。阿依卡大約有90%產品銷往西方國家，美國是阿依卡最大的市場，每年有近四、五百萬美元的銷售額。愛爾蘭、德國、瑞士、日本、義

---

❹　一個產品組就是一組有著特定風格和設計的各種尺寸之玻璃製品。

大利分別每年從阿依卡購買了一百萬至兩百五十萬美元的產品。阿依卡的二級市場——斯堪地那維亞、法國、比荷盧經濟聯盟國家、新加坡、韓國以及南非分別每年購買幾十萬美元的產品。

公司現在的產品中大約25%是含鉛水晶玻璃，另外75%是無鉛的。所有的玻璃器皿都是人工吹製、手刻、手繪的。有三種基本產品型號：白色有鉛水晶玻璃、盒裝玻璃❺和蘇打－石灰（無鉛）玻璃。蘇打－石灰玻璃價格最便宜，每件產品的利潤也最小。白色有鉛水晶玻璃比較貴重一些，也是最有賺頭的產品。盒裝水晶玻璃是產品中價格最貴的，但沒有白色有鉛水晶玻璃製品的利潤高，因為製作過程中投入的難度太大。

對阿依卡不同產品的需求，隨著國家和時間的不同而變，其中一些變異是由於經濟環境的變化，例如，某些特殊國家的經濟衰退或膨脹。另外一些由於人口統計因素，年輕的購買者傾向於購買便宜的無鉛玻璃製品。再有一些原因是季節因素，較貴的水晶玻璃產品在互贈禮物節日的季節中會大賣。

阿依卡所銷售的產品品牌名稱比較多。在匈牙利，公司產品上標的是阿依卡水晶，匈牙利手工製造；在其他歐洲市場，阿依卡產品出售的品牌有*Duna*、*John Jenkins*、*Ia Vida*、*Marc Aurel Echtkristal*、*Design Guild*、*Accornero* 1953 等。在美國，*Crustal Clear*（透明水晶）的品牌使用了好多年。經過四年的努力，曹爾頓博士最終將阿依卡的名字加入到這個品牌名稱之中，現在，美國的商標上顯示的是 *Crustal Clear*，匈牙利阿依卡製造。在這些品牌名稱之外，阿依卡還提供了一系列著名的玻璃和水晶玻璃製品的品牌名稱，比如Crate & Barrel、Williams-Sonoma Grande Cuisine、Tiffany、Dior、Royal Doulton、Waterford，以及 Lennox.等。實際上，Lennox 品牌的產品現在已經占了阿依卡總產量的4～5%。

過去幾年中，阿依卡一直以 100%的產能開工，產品生產出來都是有訂單的，也沒有存貨。

---

❺ 盒裝玻璃是一種有兩層的玻璃製品，在白色（透明）的一層之外圍著一層帶顏色的玻璃，再用手工刻製出刻面。

7. 生產過程與設施

要生產玻璃和水晶玻璃製品，原料要被送入巨大的電熔爐或燃氣熔爐中熔化。玻璃熔液從熔爐中取出來，再被一組熟練的工匠以手工吹製成基本形狀。至於盒裝玻璃，第二層有顏色的玻璃被環繞在透明玻璃上。熱的玻璃製品被移至冷卻架上，隨後就是結尾工作了。結尾過程可能只包括修平和磨光，尤其是那些比較便宜的物件。然而大部分水晶製品都必須刻上精緻的圖案。以上所有的這些過程都必須以手工來完成。

阿依卡的生產過程中勞動密集程度是很高的。阿依卡員工的一半以上是吹製和刻製玻璃器皿的工匠，剩下的一些則是檢驗、包裝和運輸產品的工人。1994 年，阿依卡生產成本的 48%用於人工支出上，其他的生產成本有 17%用於能源，35%用於原料和其他各種費用上。

8. 人力資源

阿依卡的員工是其最關鍵之資源。在過去五年裡，阿依卡花費了大量的投資，以確保能擁有足夠的適用於生產過程之熟練勞力。在原來的共產主義制度下，員工們幾乎沒有為公司業績打拚的動機。自曹爾頓博士接管了常務董事之後，就開始制定政策，以結合員工利益和公司利益，而激勵報酬制度是所有這些政策中的關鍵。

阿依卡的組織結構包括三個管理層級。三個管理層級（包括曹爾頓博士）的報酬補償機制都基於公司的銷售和利潤，全廠生產工人的工資則根據生產質與量而定。在爐床邊工作的員工五人為一小組，所有小組收入則根據合格產品來確定，即他們所生產的通過品質檢驗之產品數量。小組收入可由小組成員自由進行分配。結尾工作的員工收入則實行計件制，其中包括一個比例很小的破碎折扣（3%～4%）。

9. 財務業績

自從1990年以來，阿依卡的銷售量大幅上升，其中所經歷的過程也並非一帆風順。1990年銷售量為八百萬美元，1991年銷售額一躍超過了一千兩百萬美元，但1992年銷售成長回落。自1992年以後，銷售繼續維持上升，1994年銷售近一千四百萬美元，公司計畫在1995年達到一千六百萬美元，但公司的利潤表並不是很好看，企業利潤在這段期間大幅下降。

對富泰克斯來說，收購阿依卡之所以有吸引力主要有幾個原因，其中的關鍵點就是：阿依卡出口銷售的比例很高。阿依卡95%的產品全都出口到國外，這為富泰克斯獲得外匯提供了一個良好機會，但同時也使阿依卡承擔了世界經濟變化所帶來的衝擊。在計畫體制下，匈牙利大部分商品價格，包括工資，都大幅低於世界市場。實際上，在1989年，匈牙利製造業工資（以美元計）大約是鄰近西歐國家（如奧地利、德國）的八分之一。

匈牙利轉向開放的市場經濟體制導致了物價嚴重上漲，其中工資每年平均以20%以上的速度成長。但匈牙利的貨幣貶值幅度並沒有像價格上漲一樣快：福林對美元匯率年平均維持在6%～10%的速度遞減。匈牙利市場上之成本增加和相對之貨幣貶值間的差距，使得阿依卡的獲利能力大受影響。若維持世界市場上（美元）產品價格不變，阿依卡的收入就無法應付國內成本的上漲。可參見表1所列舉一些附加財務數據，其中包括阿依卡與美國玻璃製品業的一些公司部分財務數據比較。

10. 前景、預期與問題

曹爾頓博士為阿依卡指出了幾個相互關聯的潛在問題，其中第一個是競爭；第二個是成本；第三個是技術問題。阿依卡1995年在世界市場上非常有競爭力，它生產了一種品質超高的產品，而且該產品價格相當合理。阿依卡水晶製品的品質，由某些供不應求的品牌情況可以看出——Waterford、Lennox、Royal Doulton等等。

阿依卡高品質玻璃製品的定價大幅度低於西歐製造商，然而玻璃製品市場的全球化正面臨新的競爭。其他東歐國家的生產廠商，特別是波蘭與羅馬尼亞，也正在生產銷售玻璃製品，他們提供的產品品質雖然比阿依卡差，但產品價格卻低得多。

阿依卡長期以來一直都保持相對較低的價格，其主要原因在於匈牙利的工資一直都大幅地低於西歐和美國的工資。1994年，匈牙利一個工人的月平均工資（包括由雇主支付的保險費）為四百七十六美元，這雖然只相當於一個德國工人薪水的一小部分，但在匈牙利它卻比五年前多了一倍還不止，而且工資水準仍然持續上漲，頗有可能會一直保持這種上漲趨勢，直到達到世界市場水準。由於工資支出幾乎占了阿依卡生產成本的50%，而且工資還在持續增加，對阿依卡如何才能保持競爭優勢，曹爾頓博士憂心忡忡。

最後，曹爾頓博士對阿依卡的技術投入問題猶豫不決。在過去五年裡，阿依卡已經在技術方面做了一些投資，特別是在熔爐方面和移動玻璃製品的某些設備方面。然而，阿依卡仍然是個幾乎在生產過程中不怎麼使用技術的公司，它的所有產品都是人工吹製和手工完成的。但適用於玻璃物品製造的技術一直在穩步提高，而與之同步的是機製玻璃品品質也在不斷提高。曹爾頓博士對技術做了一些較為明智的投資，因為他相信在這方面會產生收益。但是，對阿依卡現行勞力密集度過高情況進行大幅調整，現在是時候嗎？這麼做是否會破壞阿依卡Crystal在世界市場上的吸引力？

案例七

果友紙業有限公司創業投資計畫

（亞洲冠軍創業計畫）

1. 投資計畫概要

1.1 本計畫目的

- 為有意投資於本項目者提供充分的資訊。
- 為本計畫未來的經營活動提供基本數據和指導原則。

1.2 對「果友」紙的市場需求

由於大陸經濟的快速發展，市場對包括水果在內的高品質健康食品的需求日益增加，但是目前水果產量和品質均不能滿足消費者的需要。另一方面，政府部門正在大力推廣水果種植和生產新技術，其中就包括了水果套袋紙。而大陸水果的巨大產量，加上套袋紙使用率極低，均為套袋紙產品市場提供了廣闊的前景。

1.3 產業分析

水果套袋紙在大陸仍處於起步階段，主要生產廠商都來自於東亞國家，大陸本地廠商雖已開發出自己的產品，但品質較差，所以市場十分需求品質已達國際水準、價格又有競爭力的產品。「果友」紙享有技術領先和低成本優勢，因而能以有競爭力的價格向市場銷售高品質產品。

1.4 生產經營

為了控制成本和降低對固定資產的資本投資風險，果友計畫在江蘇省租賃廠房和生產設備，這種策略將有助於降低生產成本和增強生產經營的靈活性，進而提高市場競爭力。

1.5 市場行銷

預定目標之細分市場是用於蘋果和梨子的水果套袋紙，因為用於這兩種水果的套袋紙占了市場銷售總額的 80%。「果友」紙就是專為這兩種水果研製的產品。同時，我們計畫逐步推出用於桃子、葡萄和橘子的套袋紙。按計畫，到 2001 年，「果友」紙的銷售將占水果套袋紙市場的 5%，到了 2004 年，將占 8%。而相對的銷售額分別為 1,230 萬元和 4,140 萬元人民幣。

1.6 企業管理階層和股權結構

1.6.1 管理階層

本公司將由本地經理人才管理，因為其對本地市場較為熟悉，而且聘用的人力成本較低。本計畫提名的管理者在造紙業之生產與銷售領域擁有豐富的工作經驗，並且都受過良好的管理教育。

1.6.2 股權結構

在第 7.2 節對股權結構做了詳細說明。

1.7 財務數據

1.7.1 要求投資金額

為了實現長期穩定的業務經營目標，本項目要求三百五十五萬人民幣的投資（約四十萬美元），包括開業費和營運資本（2004 年之前無固定資產的投資計畫）。

1.7.2 投資報酬預測

如果我們的銷售計畫得以實現，對本項目的資本投資將在二・○六年內回收，年平均股東報酬率約為 48.72%。這一數字來自於對 2004 年之前銷售總額之保守估計。

1.8 結論

總之，鑑於「果友」紙的技術優勢和生產及成本控制能力，鑑於水果套袋紙的廣大市場，如果取得足夠資金，這一投資將為投資者帶來豐厚的回報。

2. 水果套袋紙的市場需求

2.1 中國大陸水果生產和消費的經濟背景

2.1.1 當今中國大陸的總體經濟狀況

自二十世紀七〇年代末以來，中國大陸執行改革開放政策，使國民經濟有了長足進展，自1978至1996年間的國內生產總值年平均成長率達9%（見圖2.1）。

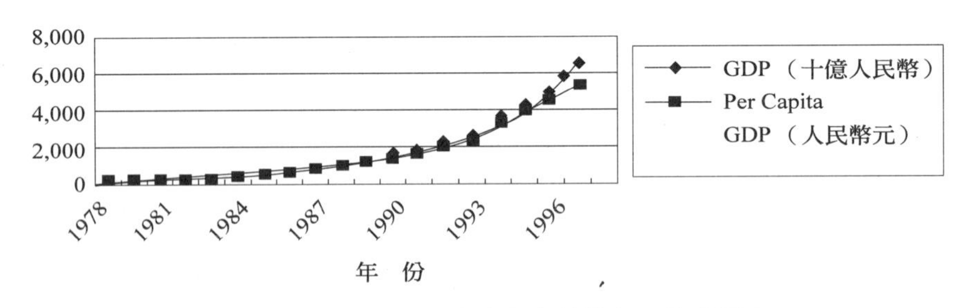

圖 2.1 1978-1996 年大陸生產總值年平均成長率

（資料來源：大陸國家統計局《1997 年中國統計年鑑》）

1997 年和 1998 年，大陸也受到周邊國家的亞洲金融危機影響，尤其是這些國家和地區貨幣及經濟的混亂對大陸經濟形成了巨大壓力，導致出口下降，資本流入減少，國內市場成長放緩。但另一方面，逐步完善的市場經濟機制以及政府加大對基礎建設的投入，都抵消了外部經濟環境的不利影響。1998 年 GDP 成長率為 7.8%，儘管這比計畫低了 0.2%，但在維持匯率不貶值的外匯政策下能有這樣的成長率已屬難能可貴。1999 年的 GDP 成長率預計仍將達到 7% 以上。

到 1998 年，大陸平均 GDP 已從八〇年代初的三百美元增至約七百六十美元。目前大陸已成為全世界第七大經濟體，消費品銷售總值已達到 2,240 億美元。

2.1.2 食品消費結構的顯著變化及水果消費量和生產量的快速增加

隨著城鄉居民收入的迅速提高，食品消費經歷了從重量到重質的變化，綠色健康食品也已成為新的發展趨勢。在超市和食品店裡，精製油代替了粗製油，禽蛋、蔬菜和肉製品均以小批量、小包裝的形式銷售進口食品的價格往往數倍於本地產品。儘管水果消費已成為城鄉居民的重要支出（據統計局《1997 年中國統計年鑑》占全部支出的 6.8%），但大陸每人水果消費量仍大幅低於世界平均。因此，水果的生產和消費將繼續保持較高的成長率。大陸和世界每人平均水果消費量的比較如圖 2.2。

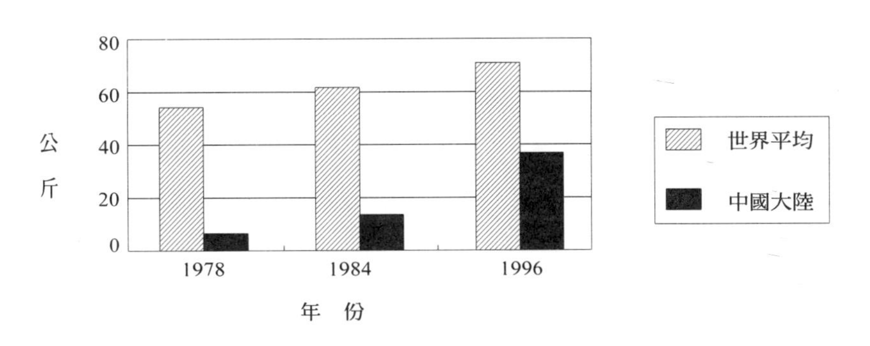

圖 2.2 中國大陸和世界每人平均水果消費量

（資料來源：中國大陸農業部）

2.1.3 中國大陸的水果種植和生產

㈠優越的自然條件。大陸的廣闊地域為水果種植提供了變化多端的氣候、地形和土壤條件，幾乎所有水果品種均能找到適宜的生長環境。此外，多山地和未開墾土地，都為擴大水果種植面積提供了足夠的發展空間。據農業部《1997 年 11 月 3 日水果簡報》統計，1997 年果園總面積為一三．三億畝（約合 8,867 萬公頃），1998 年水果總產量為 5,450 萬噸。圖 2.3 為 1980 年至 1996 年主要水果的產量，從中可看出水果產量成長迅速。

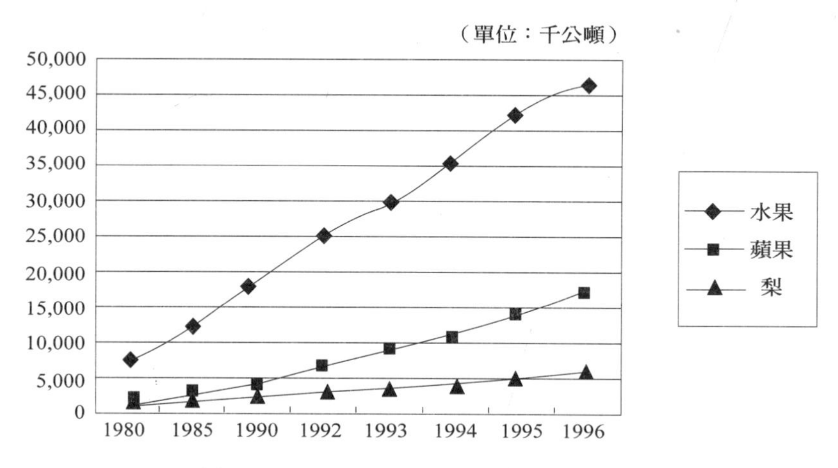

圖 2.3　1980-1996 年中國大陸主要水果產量
（資料來源：《1997 年中國統計年鑑》）

中國主要水果產地有山東、河南、河北、遼寧、山西、陝西、江蘇、浙江、安徽等省分，占全國水果產量的絕大部分。

㈡水果生產技術。由於農民的教育程度偏低，並且對水果種植技術的投入不足，大部分水果的生產均採用傳統技術，導致70%的產量屬於劣質水果（據農業部1998年的統計）。為了到2000年把優質水果的比例提高到40%，到2005年提高到60%，政府部門積極計畫推廣選種、灌溉、剪枝、配方肥料和水果套袋紙等新技術；還將資助建立五十個國家級示範果園向農民展示新技術，並將透過國家農業技術推廣服務中心給予水果生產省分技術培訓。此外，將制定水果生產和包裝標準以提高產品品質。

在市場銷售方面，消費者願意支付較高的價格購買採用新技術的優質水果。在超市和食品店裡，進口水果的價格常常十倍於國產水果。譬如，國產桃子每公斤售價約為八元，而在上海第一食品商店裡紐西蘭桃子的售價可高達一百二十元。所以，市場銷售和政府政策均鼓勵應用水果生產新技術。為了取得更好的經濟效益，果園將更依賴新技術。

最近在水果產業出現的新事物是在網際網路上建起了園藝資訊網站，水果生產者、加工者和銷售者都能經由網站，方便獲取水果市場資訊，不僅直接促進水果及其加工產品的銷售，還有助於推廣水果種植和生產技術。

2.2 水果套袋紙和「果友」紙的優點

水果套袋紙是用於保護水果生長的紙品。當果樹結果時，用水果套袋紙包裹水果，其主要優點是：

- 保護水果抵禦霜凍、冰雹等災害性天氣；
- 保證水果表皮不沾農藥；
- 減少陽光的直接照射以提高水果在色彩和外形的等級；
- 防止病蟲害。

水果套袋紙在已開發國家和地區的應用已有三十多年歷史。實際上，在日本和台灣，不用套袋紙的水果幾乎沒有市場。但在中國大陸，只有7.3%的水果使用此項技術，因而推廣潛力極大。計畫推出的「果友」紙是一種高性能符合國際標準的水果套袋紙，該產品在九〇年代初由當地化學和造紙專家開發成功，目前正在註冊「果友」商標。「果友」紙的性能已在數家果園試用中得到驗證，對產品性能給予相當肯定。

3. 產業分析

3.1 我們將進入何種產業——水果套袋紙業還是水果套袋業？

我們的目標市場是水果套袋紙，而不是其最終產品——水果套袋。做出這一決策的依據主要有以下三點：

3.1.1 避免與銷售商競爭

大多數水果套袋紙和水果套袋銷售商均擁有套袋生產技術和設備。鑑於銷售商和最終用戶之間存在著緊密聯繫，必須避免與銷售商競爭，以保護銷售商銷售「果友」紙的積極性。

3.1.2 部分農民傾向於自己製作套袋

市場調查報告表明，許多果園都自己製作套袋，這是因為農民的勞力成本較低，所以水果套袋紙的市場規模要大於套袋。雖然隨著果園的商品化水準之提高，最終用戶的偏好將會有所改變，但在可預見的一段時期內，我們的商業利益將主要存在於水果套袋紙業裡。

3.1.3 避免與套袋生產商競爭

水果套袋生產商的數量很多，因為生產套袋的技術性較低。目前主要採用進口紙製作套袋，然後直接向最終用戶或透過農科站銷售套袋。進入套袋生產業將形成與現在廠商競爭，不利於獲得良好的經濟效益。相反地，如果只在套袋紙業發展，他們就會從競爭對手變為客戶，因為他們正積極地在國內尋求優質廉價的套袋紙來替代進口產品。

3.2 中國大陸水果套袋紙市場

3.2.1 中國大陸引進並使用套袋紙的歷史

水果套袋紙在大陸的應用才剛剛開始。八○年代末，大陸開始從東亞國家和地區，如日本和台灣等地引進這種產品，其後幾年在果園中的推廣工作進展緩慢。但到1996年時，水果生產省分已了解套袋紙的經濟價值，所以利用省級農科院和縣級農科所向果園推廣這種產品。水果套袋紙的應用為果園帶來了豐厚的報酬。下表為使用和不使用水果套袋紙的水果，在市價上的比較。

表3.1 使用和不使用套袋紙的水果價格比較

（單位：每千克／人民幣元）

	蘋果（遼寧紅富士）	梨子（安徽脆梨）
使用水果套袋紙	3.2	2.4～3.0
不使用水果套袋紙	2.0	1.6～2.0

（資料來源：農業部1997年11月3日《水果簡報》）

3.2.2 水果套袋紙的市場現狀

1978年中國大陸水果總產量為5,450萬噸，其中蘋果和梨子產量（最適合使用水果套袋）分別為1,956萬噸和720萬噸（農業部種植管理司1998年的統計數字）。按每公斤蘋果和梨子相當於五個水果計算，蘋果和梨子總數約為

1075.4億個。而目前水果套袋紙的用量僅達兩萬噸，或三十億個套袋，這就意味著只有3%的水果使用套袋紙。影響水果套袋紙推廣的主要原因是：

- 地方政府、農科所和套袋紙廠商的促銷推廣工作還不夠；
- 廠商的產品培訓和售後服務工作不能令人滿意；
- 缺乏市場資訊，使得部分果園不願承擔購買套袋紙的成本。

3.2.3 水果套袋紙市場的未來

大陸政府對推廣應用水果套袋紙非常積極，希望把優質水果率從1998年的35%提高到2005年的60%。從水果市場的角度來看，採用套袋紙的水果價格明顯高於其他水果，這將激勵果園擴大應用套袋。從產品生命周期看，水果套袋紙正從市場導入期步入快速成長期。

鑑於大陸套袋紙使用率遠低於已開發國家和地區，產品的市場潛力非常大。據估算，今後五年大陸對水果套袋的需求將從三十億個增加到一百億個，這就為「果友」紙創造了極佳的市場機遇。

3.3 顧客分析

因為目標市場是水果套袋紙，而非套袋，所以主要顧客是套袋紙分銷商和套袋生產商。

套袋紙分銷商包括農科所、園藝站以及套袋紙批發商。由於他們與最終的使用者關係密切，將是主要的顧客。通常他們在其所在地區有著很大的影響力，而且分布在各水果生產省分，數量眾多；又因為其影響力一般局限於所在地域，如在某個縣，這樣的經濟規模使分銷商很難自己生產水果套袋紙。因此，其商業利益更多來自於製作和銷售套袋上。

套袋生產商對套袋紙的需求非常大，到目前為止，他們主要進口日本、韓國和台灣地區的套袋紙。但由於最終用戶對價格十分敏感，套袋生產商正積極尋找能提供優質廉價套袋紙的本地供應商，而目前套袋紙生產商只有少數幾家。套袋生產商可能會經由向上整合自己生產套袋紙，但套袋紙的專利和技術訣竅將成為他們的主要進入障礙。

最終用戶，即果農和果園，一般不會成為「果友」紙的直接顧客，因為它們數量眾多，分布區域廣大，購買批量較小，如果將其作為直接顧客，行銷成本之高將難於承受。

鑑於分銷商的數量較多，它們在套袋紙業務中不會擁有很強的議價能力。

3.4 競爭分析

在水果套袋紙市場上有兩類主要參與者：海外廠商和本地廠商。

3.4.1 海外廠商

包括日本、韓國和台灣地區的生產商。他們目前並未在中國大陸投資，其產品都是透過貿易進口到中國大陸市場。進口產品品質都得到了廣泛認可，但由於關稅、運輸費用和生產商較高的勞工成本，其售價很高，約為每公噸人民幣一萬六千至一萬七千元。

3.4.2 本地廠商

目前只有少數幾家本地廠商能提供套袋紙。根據市場調查報告，本地產品的銷售價格為每噸人民幣一萬兩千至一萬三千元。不過最終用戶反映本地產品的品質要低於進口產品，所以其競爭力不強。

3.4.3 未規範的套袋紙

為了節約成本，有很多最終用戶用舊報紙和其他廢紙製作套袋。但是這樣的未規範套袋紙在性能上無法達到規範的套袋紙要求，如在惡劣氣候下容易破損、透氣性較差。隨著對水果生產技術要求的提高，這種未規範套袋紙將逐步被淘汰。

3.4.4 「果友」紙

大陸國家專利局和江蘇省技術監督局的技術鑑定，以及在本地果園的試用結果都證明了「果友」紙完全符合進口產品的品質標準。考慮到較低的本地生產成本和對本地市場的資訊優勢，「果友」紙的定價將比進口紙更富競爭力。因此，「果友」紙會吸引未來顧客。

套袋紙是用普通造紙機械生產出來的，因此其資產特殊性較低。總結市場競爭情況，可以得出下列結論：

- 「果友」紙面臨的競爭度一般；
- 競爭焦點是價格、商品和服務品質、與顧客的距離和關係；
- 目前在市場上還不存在具有壟斷地位的廠商，這將為「果友」紙取得市場領先地位創造良好的條件。

3.5 原料供應商

套袋紙的主要原料就是紙漿，「果友」紙對紙漿並無特殊技術要求。其核心技術是化學試劑，技術訣竅已被掌握。由於標準紙漿從國內和國際市場上都能買到，因此原料供應商並不具備很強的議價能力，在生產「果友」紙時能夠有效控制成本。

3.6 新進入者威脅

3.6.1 本地

本地廠商要進入水果套袋紙市場將會面臨下列技術障礙：

- 調配化學試劑的技術訣竅；
- 生產出高品質產品的品質管理能力。

目前還沒有一家本地廠商掌握著「果友」紙的類似技術。據估計，合成正確配方的研發周期至少要兩年，而加以商業化又需一年。所以，在一定時期內新入者很難成功地進入市場。

「果友」紙擁有技術領先、正在註冊商標和試用成功等諸多優勢，因此新入者推出類似產品的計畫不致構成對「果友」紙的威脅。

3.6.2 海外

根據市場調查結果，主要的海外廠商如日本，沒有投資中國大陸的計畫，他們仍然利用進口管道銷售產品。

總之，套袋紙市場新進入者威脅將不會影響投資的可行性。

3.7 替代品

在可預見的未來，不存在套袋紙的替代品，因為發展替代品有下列障礙：

3.7.1 技術要求高

- 必須具有高強度以承受惡劣氣候的影響；
- 必須具有良好透氣性使被包裹水果能吸收空氣。

3.7.2 最終用戶價格敏感度高

水果套袋紙價格低廉，所以能為果農接受，否則他們會使用其他水果保護材料。

3.8 結論

3.8.1 進入市場的時機

目前正是投資經濟實體以進入水果套袋紙市場的良好時機。上述分析顯示「果友」紙具有下列優勢可確保投資成功：

- 市場容量大；
- 從產品生命周期來看，正處於從市場導入轉為快速成長的階段；
- 「果友」紙擁有領先技術；
- 市場競爭度一般；
- 生產成本低；
- 採購原料容易；
- 管理系統完善。

3.8.2 成功因素

下列成功因素將對「果友」紙具決定性影響：

- 能否保持技術領先地位的產品創新能力？
- 製造工程能力能否確保設備運行和維護之高效率？

- 生產和品質管理能力如何？
- 價格是否具有競爭力？
- 行銷策略，尤其是經銷管道的選擇是否準確？
- 資本投入是否充分？

由於具備了一系列優勢，並且掌握能有效解決上述問題的方案，所以可確信該投資能給投資者帶來豐厚的報酬。

4. 公司的遠景和任務

4.1 公司遠景

公司的遠景是為中國大陸能享受到更多、更好的綠色水果做出貢獻。

將提供包括「果友」紙在內的高品質產品來促進水果生產、加工和消費。

4.2 公司使命

鑑於所擁有的創新能力和管理知識，公司的使命是要成為中國大陸水果套袋紙業的市場領先者。

5. 產品與風險

5.1 產品介紹

水果套袋是用於保護處於成長期的水果如蘋果、梨等。有了這種套袋，水果就能免於霜凍、蟲害和農藥的污染。以蘋果為例，水果套袋可以遮擋陽光，使之免受過分的日曬，同時改善蘋果的形狀與色澤。

5.1.1 水果套袋的研發歷史

1992——開發水果套袋紙以取代進口紙。

1994——經過兩年的研究測試，製造第一批三噸樣紙。緊接著的試用證明，這種水果套袋紙可以保護和提升蘋果及梨的口感與外形。

1994.11——江蘇省科學技術委員會頒發科技新產品驗收鑑定證書。

1995.6——該技術獲得專利權（專利號 1133922）。

1996——該技術發明者改良了化學配方和製造流程，成為技術訣竅。

5.1.2 技術規格

在表 5.1 中比較了果友水果套袋與主要競爭品牌的技術規格。

表 5.1 技術規格比較

比較項目		單位	果友	日本小林	台灣青田	大陸龍溪
基重		克／平方公尺	45±2	45±2	45±2	45±2
抗拉強	乾	公尺	4,000	4,000	4,000	4,000
	濕	公尺	1,300	1,300	1,300	1,100
耐破度	乾	千帕	160	160	155	145
	濕	千帕	80	80	80	60
濕度		%	7±2	7±2	7±2	7±2
透氣性			好	好	好	一般

5.1.3 實驗證明

進行產品測試的主要果園有：

㈠豐縣大沙河果園（江蘇省豐縣）：主要產品有紅富士蘋果和梨，共六個品種，果園面積達一百六十五畝。其反應是：

- 能防止水果外形受損，能防日曬雨淋。
- 使用套袋的水果明顯更鮮艷，外表更潤澤（一旦除去套袋，水果的顏色立即轉變），而且色澤亮麗，分布均勻。以梨為例，用水果套袋的效果要比使用其他各種來源的紙袋要好得多。
- 減少蟲害的影響，特別適用於多雨地區。

㈡山東雅梨研究所（山東陽信）：種梨的果農從 1992 年起開始使用水果套袋，其反應有：

- 增加了梨的重量，產量可增加大約 5%。
- 水果外形明顯改善。因此，套袋梨的價格會比那些普通梨貴。

5.2 產量目標

第一步目標：2000 年之前每年一千三百噸產量；最終目標：2005 年之前每年四千噸產量。

產量受規模經濟、公司使命和銷售預測等因素影響。

5.2.1 規模經濟

雖然現代的造紙機械可達到每天一百五十至兩百噸的產量，但在中國大陸，每天只能生產八至十二噸的傳統汽缸型造紙機仍然使用廣泛。像這種造紙機的總投資和維修費要比高產量造紙機的相關費用低得多。因此對那些年銷售量在四千噸上下的公司而言，使用這種傳統造紙機要經濟得多，而且這種傳統造紙機可以很方便地生產不同的紙張。為了創造更高的經濟效益，造紙廠通常需要運行五條以上生產線，換言之，造紙廠的產量應該不低於每月七百五十噸，或者說每年八千六百噸。

5.2.2 公司使命和銷售預測

考慮到現有的市場容量和未來發展趨勢，應該達到每年四千噸的銷售量，擁有 8%的市場占有率。然而，水果套袋的市場推廣是一項費時的工作，需要花費相當長時間來使用戶逐漸了解熟悉並接受水果套袋，因此銷售會保持穩健成長。

考慮到以上兩種因素，我們認為第一步產量目標是合理和必須的。

5.3 運作流程和功能設置

5.3.1 內部生產流程

圖 5.1 以價值鏈來表示內部生產流程。

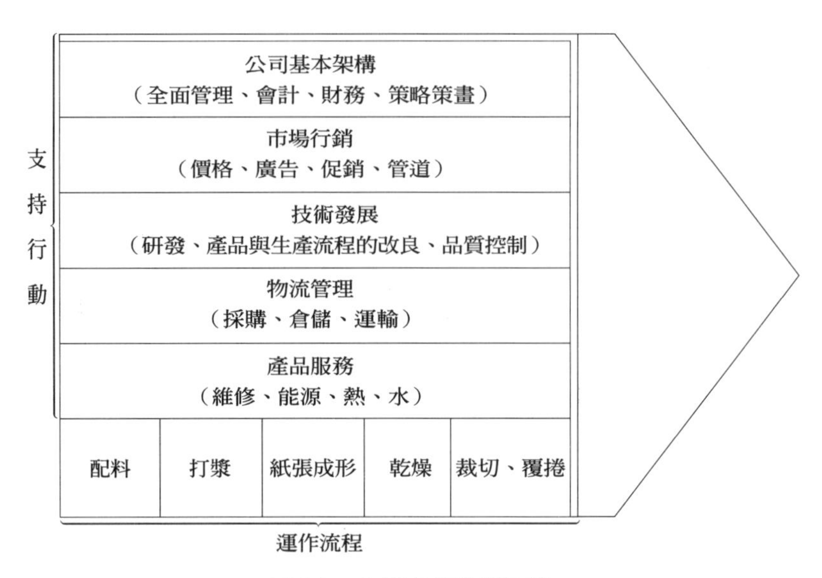

圖 5.1 水果套袋的價值鏈

5.3.2 功能設置和職責

為了達到生產目標，需要設置三個部門，即生產、研發和物流管理部門，每個部門的職員有具體說明。另外，熟練的工人是決定能否生產高品質水果套袋的重要因素，因此必須從一開始就對操作工人進行嚴格培訓。培訓將由人事部安排，研發部門提供協助。

5.4 運作方式

租用某一家造紙廠的生產線來代替投資建造新的造紙廠。

5.4.1 理由

為因應最初的生產需求，使用寬度為 1,575 毫米的汽缸式機器（四個汽缸）。我們選擇租用一條生產線是基於下列理由：

- 規模經濟：最初五年中生產量遠遠小於八千六百噸經濟產量，因此更偏向於向某家造紙廠租用一條生產線來分享其規模經濟。
- 節省投資：租用生產線的費用通常等於機器的折舊費。在本案例中，每年折舊費是十萬元，如果購買一條新的生產線是一百萬元，還要加上每年至少四十萬元的能源供應、防治污染和蒸汽費用，因此租用一條生產線可以節省93%的費用，還降低了沉沒成本的風險。

- 節省維修費用：既然只租用一條生產線，但是就得分享其他輔助設備如蒸汽鍋、能源輸送管道等，而不須分擔昂貴的維修費用。
- 有利於今後事業的擴展：長期目標是成為水果套袋紙業的市場領導者，每年產量將超過一萬噸。到那時，可以購買所需的固定設備，而無須擔憂原有設備的沉沒成本。

5.4.2 可行性

有造紙廠租用一條生產線是一件普通的事。由於大陸造紙業供過於求，許多造紙廠處境困難；同時，還面臨當地政府要求不得過分裁員的壓力，因此，有許多造紙廠也願意甚至鼓勵出借部分生產線，只要租借方承諾願意雇用一部分原廠工人。

在租用期間，會按實際使用量支付水、電力和蒸汽費用。

5.5 選址

滿足要求的造紙廠，最適合的地點是在長江流域之江蘇省。

5.5.1 選址的原則

- 交通便利；
- 負責人與當地政府有良好關係，可以得到必要的支持；
- 有良好的造紙工業背景，容易找到合適的造紙廠和熟練工人；
- 工人觀念開放，能很快適應現代商業模式；
- 勞工成本低。

5.5.2 選址比較

大多數的原料都是進口的，因此合適的地址應靠近主要港口，如上海、天津和青島。比較結果請見表5.2。

表 5.2 選址比較

原　　則	江蘇中、南部	山東東南部	河北中、南部
離供應商的距離	√ 靠近上海港口	靠近青島港口	靠近天津港口
離重要客戶的距離	適　當	√ 近	適　當
與當地政府的關係	√ 良　好	不　熟	不　熟
造紙工業基礎	√ 最　好	好	普　遍
觀念開放程度	√ 最開放	一　般	不開放
勞工成本	低	更　低	√ 最　低

從上述分析可以得出結論：江蘇省中、南部是最理想的地點。

5.6 勞動力需求

鑑於造紙機械一天二十四小時運轉，因此需要全天候的勞動力。通常造紙廠工人會分四個班，每班工人工作八小時。每天有早中晚三班工人工作，另一班工人休息，每隔一天換一次班。

年產量等於或低於四千噸時所需勞動力，請參見表 5.3。

表 5.3 勞動力需求

	項　　目	獨立紙廠	租用機器
需四個班組來運行	配料	1	1
	打漿	4	4
	成形	5	5
	一個班組	10	10
小　　計		40	40
需一個班組來進行	裁切	2	2
	維修	12	6
	能源	50	0
	水治理	10	0
小　　計		74	8
服務所需勞動力	倉儲和運輸	4	4
	品質檢驗	2	2
	採購	1	1
	研發	1	1
小　　計		8	8
總　　計		122	48

5.7 研發

保持領導地位。鑑於水果套袋是一種革新性產品，不斷提高產品品質和研發新產品十分重要。我們的研發策略包括兩方面：

5.7.1 職責

- 調整生產流程以適應造紙機。
- 根據最終用戶的意見提高產品品質。
- 發展新產品，延長產品線——除了蘋果和梨以外，其他一些水果也開始使用水果套袋，例如研發桃子、葡萄、芒果和鳳梨的套袋。
- 萬一水果套袋銷售發生困難，準備其他產品。

5.7.2 策略

- 建立研發實驗室，履行上述四個職責，特別著重於研製新的配方和發展新產品。
- 與其他一些研究機構合作，研製新的化學附加原料或建立產業標準。部分合作者如下所示：南京林業大學、河北農業大學、遼寧水果研究院、江蘇省產品測試中心。

5.7.3 其他關鍵因素

從長遠利益出發，擁有技術是關鍵。因此所有化學原料的採購和組合均由主要經理負責，並在實驗室內完成所有的配製工作。

市場行銷部應及時將市場需求反映給研發部門。研發工作應被列入高階領導會議的議事日程。在實驗室內完成小規模的測試後，副總經理應協調生產部門進行進一步的測試。公司應鼓勵革新以保持領導地位，並制定相對制度來維持。

5.8 物流管理

5.8.1 原物料的供應和採購

採購是為了保證所需的原物料以及機器維修備件都保持合理庫存。我們選用進口纖維（紙漿和廢紙），因為它比國產纖維更牢固。

- 紙漿供應：紙漿在中國大陸是需求量很大的商品，1997 年年進口量達到一百五十萬噸，我們需求的牛皮紙紙漿 1997 年進口量也達到了十二萬噸。市場上有成百上千個紙漿經銷商，因此很容易採購到所需紙漿。
- 廢紙供應：自 1995 年起廢紙的進口量超過了紙漿。1997 年時超過了一百六十萬噸，其中帶牛皮紙紙漿的廢紙達到五十七萬噸，其進口管道和紙漿類似。
- 紙漿和廢紙價格：由於全球紙漿供過於求，價格已連續四年保持穩定，甚至有下降。作為紙漿的替代品，廢紙的價格囿於紙漿的價格而保持穩定。作為最大的出口商和中國大陸最大的供應商，美國廢紙的價格已經好幾年保持穩定。
- 本地紙漿和廢紙：萬一進口紙漿和廢紙價格急劇上升，我們會使用當地紙漿和廢紙。本地紙漿和廢紙與進口產品的唯一差別就是纖維強度不如進口產品，但可透過使用更多的（大約 10%）化學添加劑來克服這個問題。

我們將從上海購買紙漿和廢紙，因為上海是這些原物料最大的經銷中心。標準庫存量為兩個月的生產量，運輸工具可以是貨車或貨船。

5.8.2 其他物流服務

其他物流服務包括電力、蒸汽和水的安全供應，我們會直接向造紙廠購買。消費量和費用見表 5.4。

表 5.4 能源和水的費用

項 目	每噸消費量	單位價格（人民幣）	每噸費用（人民幣）
電力	850 度	0.52	442
蒸汽	2 噸	85	170
水	100 噸	0.4	40
每噸總費用			650

5.8.3 庫存控制

- 保證兩個月所需原物料的庫存。
- 成品庫存在旺季時保證五十噸，在淡季時低於兩百五十噸。

5.8.4 運輸

- 基本運輸方式：按照常規產品價格是不包括廠外運輸的。但如果客戶需要，我們也可以安排運輸服務，只是價格要由客戶來承擔。
- 時間安排：成品庫存量一般可以滿足訂購量。對於緊急訂單，可以在一周內安排生產和運輸。
- 運輸工具：火車、貨車和貨船。根據客戶所在地和所需運輸量來決定。

5.9 品質控制

成品的品質將決定這項投資能否成功，因此，品質控制是十分必要的。所有的品質控制工作由品質檢驗部來負責，同時，質檢部還要指導工人進行生產過程監督。品質控制工作應從原材料的檢查開始。主要的控制工作如表 5.5 所示。

表 5.5 質量控制關鍵點

控制點	控制對象	內 容	行 動
原料	紙漿	重量、濕度	打折或拒絕
原料	廢紙	重量、濕度 禁止使用的原料 透氣性	打折或拒絕
打漿結束期	紙漿池	濃度	調整濃度
覆捲前	紙張	所有產品目錄	標記或降級

5.10 產量計畫

第一年（2000年）的總產量為一千三百噸（請參見表9.1）。

6. 市場和銷售策略

6.1 市場目標

第一年的目標是：「果友」紙達到 5%的市場占有率，然後爭取高於市場的平均成長，在第五年成為市場領導者之一。

6.2 目標市場

目標市場的考慮因素：

6.2.1 大陸水果產量結構

㈠大陸水果歷史產量。1990年以來，大陸水果產量的年成長為15.2%，其中蘋果每年成長25%，梨每年15%。然而由於經歷了較長時間的快速成長，蘋果和梨的產量已達到了目前的市場需求飽和點。根據大陸農業部的預測，蘋果和梨在今後幾年的產量將保持在1997年的量。

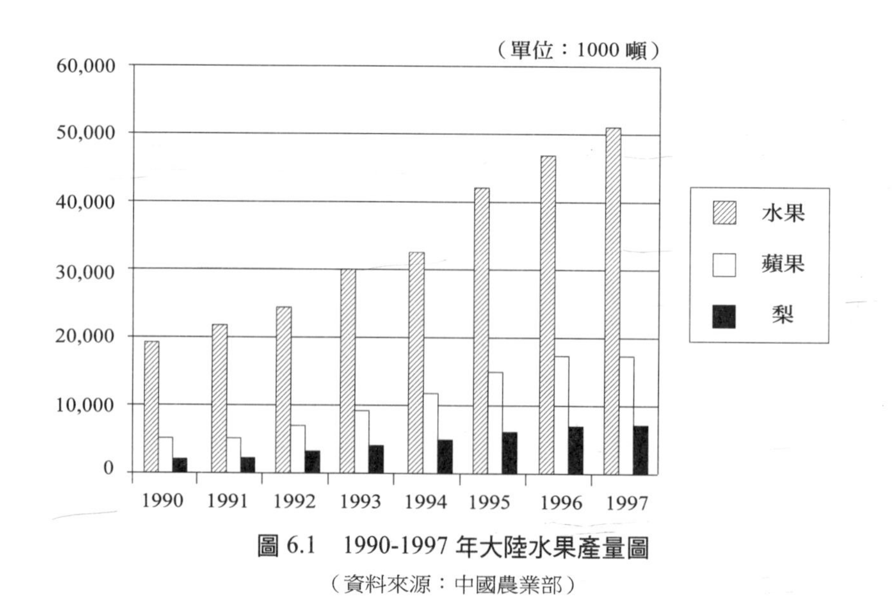

圖6.1 1990-1997年大陸水果產量圖

（資料來源：中國農業部）

㈡目前水果產量結構圖。蘋果、梨和橘子是目前大陸水果市場產量前三名的水果，這三種水果年總產量達到水果總產量的66%。

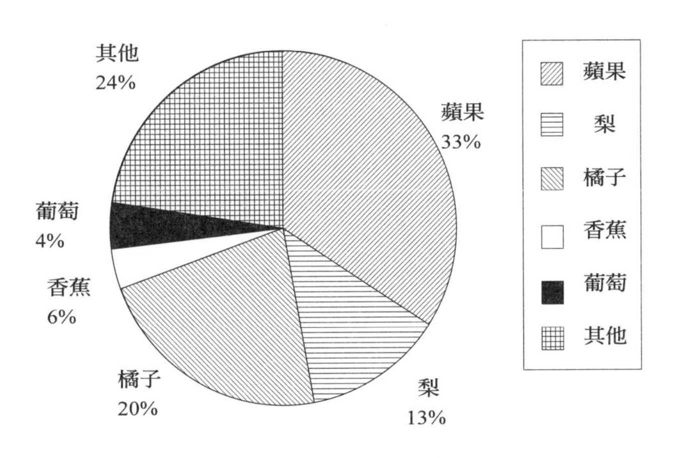

圖 6.2　1997 年水果產量圖
（資料來源：中國農業部）

㈢蘋果和梨的保護紙之市場預測。

表 6.1　水果保護紙的市場需求預測

	1998	1999	2000	2001	2002	2003	2004
蘋果和梨的產量（單位：1,000 公噸）	23,634	24,000	24,000	24,000	24,000	24,000	24,000
優質水果比率	35%	38%	40%	43%	46%	49%	52%
保護紙袋的使用率	7.3%	8.0%	8.8%	9.5%	10.3%	11.1%	12.1%
每噸水果有幾個	5,000	5,000	5,000	5,000	5,000	5,000	5,000
每噸紙可做之紙袋數量	150,000	150,000	150,000	150,000	150,000	150,000	150,000
保護紙（噸）	20,128	24,320	28,160	32,694	37,773	43,455	50,336
每年成長		20.8%	15.8%	16.1%	15.5%	15%	15.8%

*資料來源：中國農業部。

㈣技術能力。目前的保護紙是特地為蘋果和梨研發的。目前的價格比市場有競爭力。參見圖 6.3 預計策略團隊圖。

㈤小結。根據上述分析，我們的目標市場定位為蘋果和梨的保護紙產品。

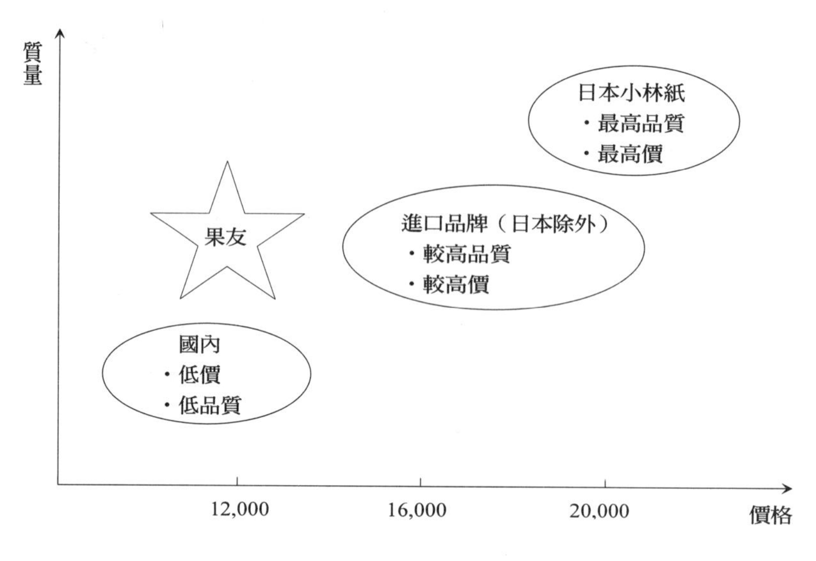

圖 6.3 預計策略團隊圖

6.2.2 中國大陸市場競爭分析

㈠市場占有。目前沒有壟斷者，前六名的產品只占有43%的市場，剩餘的57%由一些沒有品質保證的保護紙所占有。

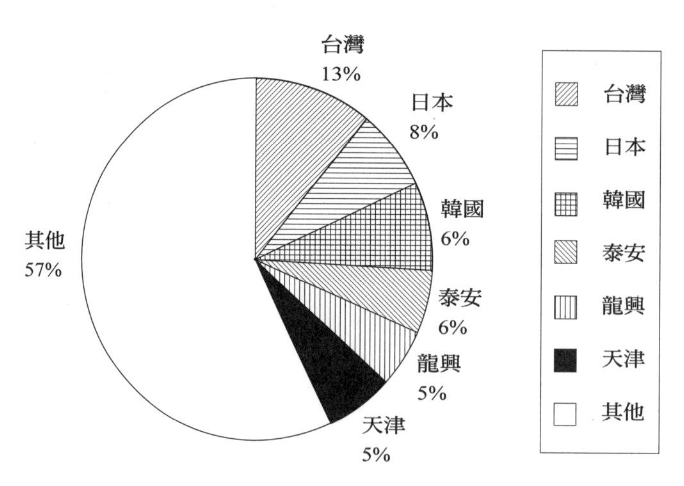

圖 6.4 1998 年中國大陸保護紙市場份額圖

（資料來源：中國農業部）

㈡競爭分析圖。

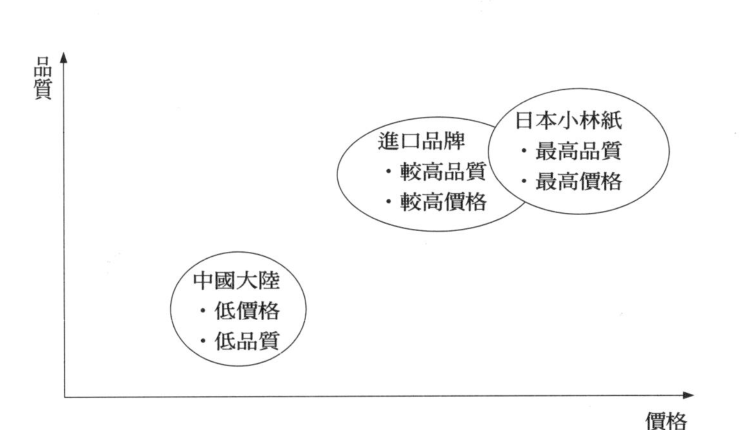

圖 6.5 保護紙的策略團隊圖

㈢小結。透過上述分析並結合自身產品品質，發現：提供市場的產品若能具備本地價格和較高品質，是很容易迎合市場需求的。

㈣主要蘋果生產基地。山東、陝西、河南、河北是中國大陸蘋果四大產地，總產量將占全國的 72.8%。保護紙使用比率與全國比率相近。

表 6.2 主要蘋果產地的需求情況（1996）

	中國總量	山東	陝西	河南	河北
產量（單位：1,000 噸）	17,050	6,056	2,959	1,821	1,567
比率	100%	35.5%	17.4%	10.7%	9.2%
優質水果比率	35%	30%	45%	35%	35%
保護紙袋使用率	2.55%	2.21%	3%	2.43%	2.22%
目前市場需量（單位：噸）	14,492.5	4,459	2,967	1,478	1,160

*資料來源：中國農業部。

㈤主要梨的生產基地。河北、山東、湖北、江蘇是中國大陸梨四大基地，年總產量占中國的 57.8%。保護紙使用比率和全國的 2.55%比率相近。

	中國	河北	山東	湖北	江蘇
產量（單位：1,000 噸）	5,807	1,977	754	342	283
占全國比率	100%	34%	13%	5.9%	4.9%
高質水果比率	35%	30%	45%	35%	35%
紙袋使用率	2.55%	2.22%	2.21%	3.13%	2.89%
目前紙的需量（單位：噸）	4,936	1,461	556.1	357.5	274.1

*資料來源：中國農業部。

㈥小結。透過對上述蘋果和梨產地的數據分析，我們選擇山東、陝西、河南、河北為重點區域。

6.2.3 保護紙的消費者分析

㈠潛在「果友」紙的目標顧客。有四種類型的消費者，即：紙袋生產廠家、紙袋經銷商、農技站和最終用戶（果農）。

表 6.4　保護紙的消費者

消費者分類	它們的目標消費對象	數量	平均每次訂量（單位：噸）	決策人或影響者
紙袋生產廠家	農技站	10	10	廠家採購部人員和廠領導
紙袋經銷商	農技站	83	5	經銷商
農技站	最終用戶（果農）	452	3	銷售部人員
最終用戶（果農）	/	>10,000	<0.1	農技站

*來源：市場調查。

㈡小結。為了控制市場銷售費用，暫不考慮直接銷售套袋給果農，而主要是透過紙袋生產廠家、紙袋經銷商、農技站等中間商來銷售。

6.2.4 小結

根據上述分析，得出目標市場是下列各元素的綜合：

- 產品：蘋果及梨的保護紙；
- 目標區域：山東、陝西、河南、河北；
- 目標用戶：紙袋生產廠家、紙袋經銷商、農技站和最終用戶（果農）；
- 定位：優質、低價。

6.3 市場滲透計畫

6.3.1 2000-2004 年的銷售預估

五年計畫如表 6.5。

表 6.5　第一個五年銷售預估

	2000 年	2001 年	2002 年	2003 年	2004 年
銷售量（噸）	1,200	2,000	2,800	3,360	4,032

6.3.2　產品

㈠產品描述。產品主要是用於蘋果和梨的生長階段，使用產品可使水果免受農藥、蟲害、霜凍的侵害，可減少水果的直接光照，提高水果的色和形。

㈡品牌和標誌。

我們的品牌：

- 英文名稱：BeautiFruit；
- 中文：果友。

果友的意思是幫助果農生產出美果。

㈢技術特點。

- 寬：300mm；
- 包裝：每卷 60 千公克，沒有外包裝；
- 標準重量：45±2 公克／平方公尺。

㈣果友和其他競爭者的技術性能比較：請參見表 5.1。

㈤產品線。

- 蘋果的保護紙：大約占第一年總銷售的 90%，到第五年占 80%；
- 梨的保護紙：大約占第一年總銷售的 10%，到第五年占 20%；
- 蘋果和梨的比例是考慮市場需求和公司生產能力的情況（詳細內容請見表 6.2、表 6.3）。

6.3.3　價格

㈠定價原則。

- 定價應基於我們的定位，即高品質、低價格；
- 我們制定價格策略時，要鼓勵顧客多訂貨，要平衡淡、旺季的銷售，鼓勵顧客能盡快付款；

• 我們應致力於技術領先而不是打價格戰，目前的定價是考慮合理毛利率及競爭對手情況。

㈡基價——12,000 元／噸。

㈢折扣（見表 6.6）。

表 6.6 折扣執行表

項　目	折　扣　率
季節性（8 月—1 月）	5%
快速付款折扣	2%
每次定量折扣（>=10噸）	2%
年底返率（>=60噸）	2%

㈣實際價格。去掉各種折扣因素，果友紙的實際價格為 11,542.8 元／噸。

6.3.4 管道

㈠管道結構。考慮到地理位置、顧客特點，所訂出的管道結構如圖 6.6。

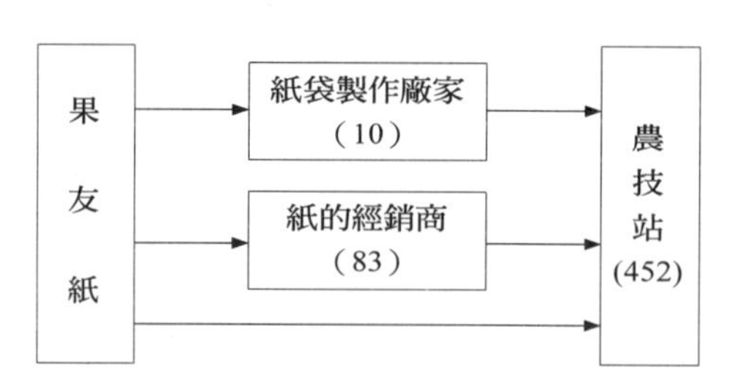

圖 6.6 管道架構

㈡管道管理和激勵。為了提升消費者的積極性，我們訂出下列策略：

• 價格優惠：一方面有統一的價格，另一方面根據顧客的每次訂量、年度訂量、付款特點和銷售季節而訂出折扣策略；
• 促銷活動：提供海報、展覽會、技術培訓等。

6.3.5 整合行銷溝通計畫

㈠原則：

• 建立「果友」紙的品牌知名度和品牌形象；

• 採用「推」和「拉」的策略：

「拉」：如農村廣播、試用、流動電影放映、技術培訓指導、海報及水果大獎比賽等方式。

「推」：銷售折扣等。

在銷售淡季也要做一些促銷活動來維持品牌知名度。

㈡ 2000 年整合行銷溝通計畫。

6.3.6 銷售策略

㈠業務人員分配、規模及人事工作。

• 業務人員分配工作：

主要集中在既定之目標市場；

行銷意義上的區域根據中國大陸行政省分來確定；

公平原則。

• 人員規模及結構：

規模：四人；

業務人員架構（見圖 6.7）。

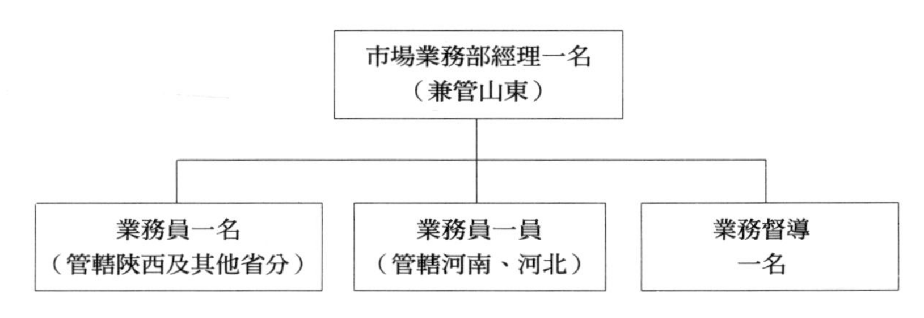

圖 6.7 業務人員架構圖

㈡招聘及培訓。

• 招聘原則：

主觀機動性強；

超過一年的相關行業經驗；

和當地農技站的關係良好。

• 招聘方法：

報紙和網路廣告；

同行朋友介紹；

人才市場。

- 培訓原則：

了解產品知識；

了解企業文化；

提升業務技能。

㈢業務人員客戶拜訪目標及優先區域（見表 6.7、6.8）。

表 6.7　業務人員客戶拜訪目標數

人員	1999				2000							
	9 月	10 月	11 月	12 月	1 月	2 月	3 月	4 月	5 月	6 月	7 月	8 月
業務經理	15	15	15	15	15	15	15	15	15	10	10	5
業務員 A	15	15	15	15	15	15	15	15	15	10	10	10
業務員 B	15	15	15	15	15	15	15	15	15	10	10	10

表 6.8　優先區域

省	山東	河南	陝西	河北
縣	棲霞、蓬萊 陽信、煙台	黃河走道沿縣	寶雞、白水、 麗泉	黃河走道沿縣

7. 公司管理與所有權

7.1 管理

7.1.1　公司類型——有限責任制公司

7.1.2　組織框架

請參見圖 6.8 組織架構圖。

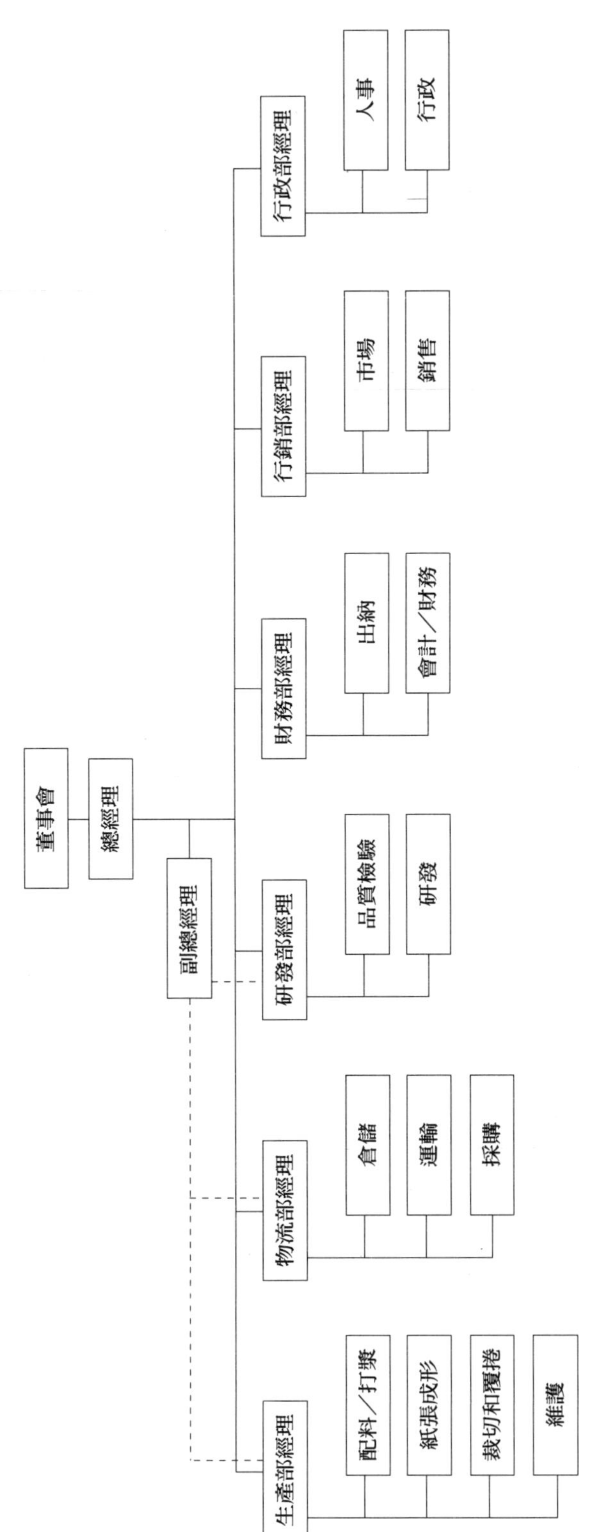
董事會
總經理
副總經理
生產部經理
配料／打漿
紙張成形
裁切和覆捲
維護
物流部經理
倉儲
運輸
採購
研發部經理
品質檢驗
研發
財務部經理
出納
會計／財務
行銷部經理
市場
銷售
行政部經理
人事
行政

圖 6.8 組織架構圖

7.1.3 核心管理階層經理工作職責與簡歷

按組織架構圖，公司核心管理階層由下列人員組成：

㈠工作職責。

總經理：姚立興

- 完成公司董事會設定的經營目標。
- 制定業務發展計畫。
- 管理和協調各部門運作。
- 承擔部分公關職責，並協助行銷部門樹立「果友」的品牌知名度。

副總經理：梁建平

- 協助總經理處理日常事務。
- 主要負責生產、研發和物流管理。
- 承擔部分銷售責任。

行政經理：林礪

- 負責人事工作，如員工招聘、績效評估、培訓、員工薪酬和福利等。
- 負責日常行政工作。
- 協助總經理進行公關工作。

財務經理：待聘

- 負責財務管理，為總經理提供精確的財務數據和準確的財務分析。
- 管理日常會計工作、現金流量和成本控制等。

生產經理：陸軍

- 負責果友水果套袋的生產，達到產量和品質的要求。
- 管理和協調員工以保持高工作效率。

研發經理：梁建平

- 負責果友水果套袋紙的研發工作，以確保產品的高品質和技術領先。
- 為銷售人員提供技術支持和培訓。

物流經理：何詠

- 負責產品的倉儲和運輸管理。
- 負責原料採購和庫存控制。

行銷經理：蔡炯

- 建立果友水果套袋紙的品牌知名度，獲得合理的市場占有率、銷售額和銷售利潤。
- 制訂和執行市場策略，進行必要的市場調研。
- 領導銷售隊伍在一定的預算控制下提高銷售業績。

㈡核心管理階層經理的簡歷。

7.1.4 員工

最初階段，公司共需六十八名員工，人員組成見表7.1。

表7.1 人員安排

部　門	具體安排	數量
行政部	總經理、副總經理、行政經理、2名員工	5
財務部	1名經理，1名員工	2
生產部	1名經理，48名工人	49
研發部	1名經理（副總經理），2名員工	2
物流部	1名經理，5名員工	6
行銷部	1名經理，3名員工	4
總　計		68

公司每半年對員工進行一次績效評估，員工每年至少有四十小時的培訓。行政經理根據各部門需求，制定每年的員工招聘計畫並招聘。

7.2 所有權

7.2.1 總投資

總投資為四百萬元人民幣。資本結構為：

36.25%——五位高階經理將投資一百萬人民幣，另外果友水果套袋紙技術做價四十五萬人民幣，共一百四十五萬人民幣。

63.75%——剩餘兩百五十五萬人民幣將尋求創業投資基金的投入。

7.2.2 所有權形式：有限責任制

7.2.3 董事會

根據資本結構，董事會將由高階經理、技術訣竅所有者和創業投資者組成。

7.2.4 公司成立日程計畫

- 1999 年 6 月至 9 月，尋求創業投資基金。
- 1999 年 10 月至 11 月：進行公司成立的各項準備工作。
- 1999 年 12 月：公司試運行，機器測試，同時試產十噸水果套袋紙。

8. 資金需求

8.1 目前資金需求量

8.1.1 金額

四百萬人民幣。

8.1.2 時間

1999 年 6 月至 9 月。

8.1.3 資金類型

- 權益：100%。
- 債務：0%。

8.1.4 資金來源

145 萬人民幣——由五位高階經理投資。

255 萬人民幣——創業投資基金。

8.2 其他資金需求

在接下去的幾年中，不會再向外界籌資或向銀行貸款，原因是由於該投資的高獲利性，公司每年的保留盈餘已完全可滿足拓展需求。

8.3 資本的使用

果友紙業公司在創業初始需要三百五十五萬人民幣用於初期投資。具體安排如下：

㈠公司創辦費：10 萬元。

辦公室裝潢：5 萬元；

各種證明、證書和執照：5,000 元；

機器和產品測試：2 萬元；

初期促銷費用：2.5 萬元。

㈡庫存占用資金：270 萬元。在第一年的一月庫存量將會達到頂峰，價值 270 萬元。從那時起，庫存量因為銷售量的上升而逐漸回落。因此，我們設定初期庫存方面的資金準備為 270 萬元。

㈢廠房和設備租賃：11 萬元

用於生產的廠房和設備租賃：10 萬元；

辦公室租賃：1 萬元。

㈣辦公設備購買：8 萬元。

購買電腦、電話、傳真機、列印機和其他辦公設備的費用：8 萬元。

㈤實驗室的建立和研發費用：16 萬元。

實驗室的建立費用：10 萬元；

一季度的研發費用：6 萬元。

㈥管理費用：13 萬元。

一季度的總管理費用：13 萬元。

㈦行銷費用：27 萬元。

一季度的行銷費用，如廣告費、銷售折讓等：27 萬元。

9. 財務分析

9.1 第一年至第五年的財務數據

作為一個新公司，果友紙業有限公司沒有歷史數據可作參考，因此，我們根據產業歷史數據進行下列假設：

9.1.1 產量預測

產量預測請參見表 9.1。根據產量和銷量假設，第一年至第五年的生產量將從一千三百噸成長到四千噸。

9.1.2 員工需求量和勞動力成本預測

請參見表 9.2。第一年至第五年的產量在一千三百噸至四千噸之間，在這個產量範圍內所需工人總數將不變，為四十八名。一旦產量超過四千噸，工人數將會顯著增加。

9.1.3 損益表

• 第一年（按月編製），請參見表 9.3。此投資從第一年起就開始獲利。

• 第一年至第五年，請參見表 9.4。在五年中年淨利潤從 239.7 萬人民幣長到 836.2 萬人民幣。

9.1.4 現金流量表

- 第一年（按月編製），請參見表 9.5。在最初兩個月內現金流量表為負，但到年底，現金流量表已完全呈正值。
- 第一年至第五年，請參見表 9.6。隨著生產量和銷售量的迅速上升，現金流量也呈正值且快速上升。第一年底現金流量已達 449.2 萬人民幣，到第五年底更是累計高達 1,766 萬人民幣。

表 9.1 產量和銷量預測

	銷量（噸）	成長率	蘋果套袋紙	梨套袋紙
第 1 年	1,300	0%	1,130	170
第 2 年	2,200	41%	1,850	350
第 3 年	3,080	29%	2,500	580
第 4 年	3,528	13%	2,700	828
第 5 年	3,970	11%	2,980	990

	銷量（噸）	成長率	蘋果套袋紙	梨套袋紙	價格（人民幣元）	蘋果銷售收入	梨銷售收入	總銷售收入
第 1 年	1,200	0%	1,050	150	12,000	12,600,000	1,800,000	14,400,000
第 2 年	2,000	40%	1,700	300	11,800	20,060,000	3,540,000	23,600,000
第 3 年	2,800	29%	2,300	500	11,600	26,680,000	5,800,000	32,480,000
第 4 年	3,360	17%	2,600	760	11,400	29,640,000	8,664,000	38,304,000
第 5 年	4,032	17%	3,000	1,032	11,200	33,600,000	11,558,400	45,158,400

第 1 年	十二月	一月	二月	三月	四月	五月	六月	七月	八月	九月	十月	十一月	十二月	總計
蘋果產量	10*	190	180	170	170	200						70	150	1,130
梨產量		10	20	30	30							30	50	170
蘋果銷量		40	110	185	220	190	100	30				75	100	1 050
梨銷量			10	15	30	30						25	40	150
庫 存		160	240	240	190	170	70	40	40	40	40	40	100	

*這十噸紙用於生產測試及試驗性使用。

表 9.2　勞動力成本預測

（單位：元人民幣）

員工	人數					每月工資	每年工資	每年勞動力成本				
	第 1 年	第 2 年	第 3 年	第 4 年	第 5 年	（第 1 年）	（第 1 年）	第 1 年	第 2 年	第 3 年	第 4 年	第 5 年
配料工人	4	4	4	4	4	984	11,808	47,232	49,594	52,073	54,677	57,411
打漿工人	16	16	16	16	16	984	11,808	188,928	198,374	208,293	218,708	229,643
紙張成形工人	20	20	20	20	20	984	11,808	236,160	247,968	260,366	273,385	287,054
裁切和覆捲工人	2	2	2	2	2	984	11,808	23,616	24,797	26,037	27,338	28,705
維修工人	6	6	6	6	6	984	11,808	70,848	74,390	78,110	82,015	86,116
勞動力成本						4,920	59,040	566,784	595,123	624,879	656,123	688,929
品質／研發	2	2	2	2	3	1,107	13,284	26,568	27,896	29,291	46,134	48,440
財務部員工	1	1	1	2	2	1,107	13,284	13,284	13,948	14,646	30,756	32,294
行政辦公室員工	2	2	2	3	3	1,107	13,284	26,568	27,896	29,291	46,134	48,440
物流部員工	5	5	5	6	6	1,107	13,284	66,420	69,741	73,228	92,267	96,881
行銷部員工	3	3	4	4	4	1,584	19,008	57,024	59,875	83,825	88,017	92,417
總經理	1	1	1	1	1	4,305	51,660	51,660	54,243	56,955	59,803	62,793
副總經理	1	1	1	1	1	3,444	41,328	41,328	43,394	45,564	47,842	50,234
行政經理	1	1	1	1	1	2,706	32,472	32,472	34,096	35,800	37,590	39,470
財務經理	1	1	1	1	1	2,706	32,472	32,472	34,096	35,800	37,590	39,470
生產經理	1	1	1	1	1	3,075	36,900	36,900	38,745	40,682	42,716	44,852
行銷經理	1	1	1	1	1	3,075	36,900	36,900	38,745	40,682	42,716	44,852
物流經理	1	1	1	1	1	2,706	32,472	32,472	34,096	35,800	37,590	39,470
工資						28,029	336,348	454,068	476,771	521,566	609,156	639,614
總計						32,949	395,388	1,020,852	1,071,895	1,146,446	1,265,279	1,328,543

工資等於基本工資加上 23%的社會福利和稅收。

工資每年成長 5%。

表 9.3　果友紙業有限公司損益表（第 1 年）

（單位：元人民幣）

	一月	二月	三月	四月	五月	六月	七月	八月	九月	十月	十一月	十二月	第 1 年
銷售額													
蘋果套袋紙	410,256	1,128,205	1,897,436	2,256,410	1,948,718	1,025,641	307,692	0	0	0	769,231	1,025,641	10,769,231
梨套袋紙	0	102,564	153,846	307,692	307,692	0	0	0	0	0	256,410	410,256	1,538,462
總銷售額	410,256	1,230,769	2,051,282	2,564,103	2,256,410	1,025,641	307,692	0	0	0	1,025,641	1,435,897	12,307,692
貨物成本													
原料	182,906	548,718	914,530	1,143,162	1,005,983	457,265	137,179	0	0	0	457,265	640,171	5,487,179
勞動力	17,440	52,319	87,198	108,997	95,917	43,599	13,080	0	0	0	43,599	61,038	523,185
租金和其他費用	26,086	78,257	130,429	163,036	143,472	65,214	19,564	0	0	0	65,214	91,300	782,573
貨物總成本	226,431	679,294	1,132,156	1,415,195	1,245,372	566,078	169,823	0	0	0	566,078	792,509	6,792,938
毛利	183,825	551,475	919,126	1,148,907	1,011,038	459,563	137,869	0	0	0	459,563	643,388	5,514,754
營運費													
行銷費用	86,024	86,024	94,087	79,087	79,087	61,024	62,135	62,135	62,135	67,691	194,088	67,691	1,001,208
研發費用	20,513	20,513	20,513	20,513	20,513	20,513	20,513	20,513	20,513	20,513	20,513	20,513	246,154
設備折舊費	1,333	1,333	1,333	1,333	1,333	1,333	1,333	1,333	1,333	1,333	1,333	1,333	16,000
辦公室建築和設備租金	833	833	833	833	833	833	833	833	833	833	833	833	10,000
攤銷費用	10,833	10,833	10,833	10,833	10,833	10,833	10,833	10,833	10,833	10,833	10,833	10,833	130,000
管理費用	44,506	44,506	44,506	44,506	44,506	44,506	44,506	44,506	44,506	44,506	44,506	44,506	534,068
總營運費	164,042	164,042	172,105	157,105	157,105	139,042	140,153	140,153	140,153	145,709	272,106	145,709	1,937,430
稅前利潤	19,783	387,433	747,020	991,802	853,933	320,520	(2,285)	(140,153)	(140,153)	(145,709)	187,456	497,679	3,577,324
稅收	6,528	127,853	246,517	327,295	281,798	105,772	0	0	0	0	0	84,755	1,180,517
稅後淨利潤	13,254	259,580	500,504	664,507	572,135	214,749	(2,285)	(140,153)	(140,153)	(145,709)	187,456	412,923	2,396,807

*所有銷售額和原料成本均已扣除 17%增值稅。

表 9.4　果友紙業有限公司損益表（第 1 年至第 5 年）

（單位：元人民幣）

	第 1 年	占總銷量比例	第 2 年	占總銷量比例	第 3 年	占總銷量比例	第 4 年	占總銷量比例	第 5 年	占總銷量比例
銷售額										
蘋果套袋紙	10,769,231	87.50%	17,145,299	85.00%	22,803,419	82.14%	25,333,333	77.38%	28,717,949	74.40%
梨套袋紙	1,538,462	12.50%	3,025,641	15.00%	4,957,265	17.86%	7,405,128	22.62%	9,878,974	25.60%
總銷售額	12,307,692	100%	20,170,940	100.00%	27,760,684	100.00%	32,738,462	100.00%	38,596,923	100.00%
貨物成本										
原料	5,487,179	44.58%	9,145,299	45.34%	12,803,419	46.12%	15,364,103	46.93%	18,436,923	47.77%
勞動力	523,185	4.25%	557,569	2.76%	198,825	0.72%	634,685	1.94%	708,995	1.84%
租金和其他費用	782,573	6.36%	1,244,498	6.17%	1,705,425	6.14%	2,030,373	6.20%	2,423,214	6.28%
貨物總成本	6,792,938	55.19%	10,947,366	54.27%	14,707,669	52.98%	18,029,160	55.07%	21,569,132	55.88%
毛利	5,514,754	44.81%	9,223,574	45.73%	13,053,015	47.02%	14,709,301	44.93%	17,027,791	44.12%
營運費										
行銷費用	1,001,208	8.13%	1,613,675	8.00%	1,943,248	7.00%	2,291,692	7.00%	2,894,769	7.50%
研發費用	246,154	2.00%	403,419	2.00%	555,214	2.00%	654,769	2.00%	827,077	2.14%
設備折舊費	16,000	0.13%	16,000	0.08%	16,000	0.06%	16,000	0.05%	16,000	0.04%
辦公室建築和設備租金	10,000	0.08%	10,000	0.05%	10,000	0.04%	10,000	0.03%	10,000	0.03%
攤銷費用	130,000	1.06%	130,000	0.64%	130,000	0.47%	130,000	0.40%	130,000	0.34%
管理費用	534,068	4.34%	564,786	2.80%	596,855	2.15%	635,126	1.94%	669,050	1.73%
總營運費	1,937,430	15.74%	2,737,880	13.57%	3,251,317	11.71%	3,737,587	11.42%	4,546,896	11.78%
稅前利潤	3,577,324	29.07%	6,485,694	32.15%	9,801,698	35.31%	10,971,714	33.51%	12,480,895	32.34%
稅收	1,180,517	9.59%	2,140,279	10.61%	3,234,560	11.65%	3,620,666	11.06%	4,118,695	10.67%
稅後淨利潤	2,396,807	19.47%	4,345,415	21.54%	6,567,138	23.66%	7,351,049	22.45%	8,362,200	21.67%

*所有銷售額和原料成本均已扣除 17%增值稅。

表 9.5　果友紙業有限公司現金流量表（第 1 年）

（單位：元人民幣）

	一月	二月	三月	四月	五月	六月	七月	八月	九月	十月	十一月	十二月	第一年
現金來源													
營運													
稅後淨利潤	13,254	259,580	500,504	664,507	572,135	214,749	-2,285	-140,153	-140,153	-145,709	187,456	412,923	2,396,807
加上不減少現金的項目													
折舊	1,333	1,333	1,333	1,333	1,333	1,333	1,333	1,333	1,333	1,333	1,333	1,333	16,000
攤銷	10,833	10,833	10,833	10,833	10,833	10,833	10,833	10,833	10,833	10,833	10,833	10,833	130,000
增加的應付帳款	365,812	0	0	-182,906	-182,906	0	0	0	0	274,359	91,453	0	365,812
增加的應付工資	39,966	39,966	39,966	39,966	39,966	-47,232	-47,232	-47,232	-47,232	-47,232	-3,633	39,966	0
減去不增加現金的項目													
預付租金的增加	91,667	-8,333	-8,333	-8,333	-8,333	-8,333	-8,333	-8,333	-8,333	-8,333	-8,333	-8,333	0
應收帳款的增加	41,026	82,051	82,051	51,282	-30,769	-123,077	-71,795	-30,769	0	0	102,564	41,026	143,590
庫存的增加	2,731,640	451,290	0	-1,196,586	-1,027,352	-564,113	-169,234	0	0	1,371,795	457,265	338,468	2,393,172
來自營運的現金	-2,433,134	-213,296	478,918	1,687,371	1,507,816	875,206	212,012	-136,116	-166,885	-1,269,877	-264,053	93,896	371,857
融資和其他	0	0	0	0	0	0	0	0	0	0	0	0	0
來自營運和融資的現金	-2,433,134	-213,296	478,918	1,687,371	1,507,816	875,206	212,012	-136,116	-166,885	-1,269,877	-264,053	93,896	371,857
現金應用													
紅利分發	0	0	0	0	0	0	0	0	0	0	0	0	0
固定資產購買	0	0	0	0	0	0	0	0	0	0	0	0	0
增加（減少）現金	-2,433,134	-213,296	478,918	1,687,371	1,507,816	875,206	212,012	-136,116	-166,885	-1,269,877	-264,053	93,896	371,857
現金變化													
期初餘額	3,270,000	836,866	623,571	1,102,489	2,789,859	4,297,676	5,172,882	5,384,894	5,248,777	5,081,892	3,812,014	3,547,962	3,641,857
期末餘額	836,866	623,571	1,102,489	2,789,859	4,297,676	5,172,882	5,384,894	5,248,777	5,081,892	3,812,014	3,547,962	3,641,857	4,013,715

表 9.6　果友紙業有限公司現金流量表（第 1 年至第 5 年）

（單位：元人民幣）

	第 1 年	第 2 年	第 3 年	第 4 年	第 5 年
現金來源					
營運					
稅後淨利潤	2,396,807	4,345,415	6,567,138	7,351,049	8,362,200
加上不減少現金的項目					
折舊	56,000	56,000	56,000	56,000	56,000
攤銷	90,000	90,000	90,000	90,000	90,000
增加的應付帳款	365,812	0	91,453	0	0
減去不增加現金的項目					
應收帳款的增加	143,590	58,120	75,897	49,778	58,585
庫存的增加	2,393,172	1,075,038	1,940,382	888,651	(343,156)
來自營運的現金	371,857	3,358,257	4,788,311	6,558,620	8,792,771
融資和其他	0	0	0	0	0
來自營運和融資的現金	371,857	3,358,257	4,788,311	6,558,620	8,792,771
現金應用					
紅利分發	0	1,198,404	2,172,707	3,283,569	3,675,524
固定資產購買	0	0	0	0	0
增加（減少）現金	371,857	2,159,853	2,615,603	3,275,051	5,117,247
現金變化					
期初餘額	3,270,000	3,641,857	5,801,711	8,417,314	11,692,365
期末餘額	3,641,857	5,801,711	8,417,314	11,692,365	16,809,612

表 9.7　果友紙業有限公司資產負債表（第 1 年）

（單位：元人民幣）

	一月	二月	三月	四月	五月	六月	七月	八月	九月	十月	十一月	十二月
資產												
現有資產												
現金	836,866	623,571	1,102,489	2,789,859	4,297,676	5,172,882	5,384,894	5,248,777	5,081,892	3,812,014	3,547,962	3,641,857
應收帳款	41,062	123,077	205,128	256,410	225,641	102,564	30,769	0	0	0	102,564	143,590
庫存	2,731,640	3,182,930	3,182,930	1,986,344	958,991	394,879	225,645	225,645	225,645	1,597,440	2,054,705	2,393,172
總現有資產	3,609,532	3,929,577	4,490,547	5,032,613	5,482,308	5,670,324	5,641,308	5,474,422	5,307,537	5,409,454	5,705,230	6,178,619
非現有資產												
實驗室和辦公室設備	180,000	180,000	180,000	180,000	180,000	180,000	180,000	180,000	180,000	180,000	180,000	180,000
累計折舊	-3,000	-6,000	-9,000	-12,000	-15,000	-18,000	-21,000	-24,000	-27,000	-30,000	-33,000	-36,000
遞延資產	98,333	96,667	95,000	93,333	91,667	90,000	88,333	86,667	85,000	83,333	81,667	80,000
預付租金	91,667	83,333	75,000	66,667	58,333	50,000	41,667	33,333	25,000	16,667	8,333	0
無形資產	442,500	435,000	427,500	420,000	412,500	405,000	397,500	390,000	382,500	375,000	367,500	360,000
總非現有資產	809,500	789,000	768,500	748,000	727,500	707,000	686,500	666,000	645,500	625,000	604,500	584,000
總資產	4,419,032	4,718,577	5,259,047	5,780,613	6,209,808	6,377,324	6,327,808	6,140,422	5,953,037	6,034,454	6,309,730	6,762,619
負債與所有者權益												
現有負債												
應付帳款	365,812	365,812	365,812	182,906	0	0	0	0	0	274,359	365,812	365,812
應付工資	39,966	79,931	119,897	159,862	199,828	152,596	105,364	58,132	10,900	-36,332	-39,966	0
總現有負債	405,778	445,743	485,709	342,768	199,828	152,596	105,364	58,132	10,900	238,027	325,846	365,812
總負債	405,778	445,743	485,709	342,768	199,828	152,596	105,364	58,132	10,900	238,027	325,846	365,812
所有者權益												
實付資本	4,000,000	4,000,000	4,000,000	4,000,000	4,000,000	4,000,000	4,000,000	4,000,000	4,000,000	4,000,000	4,000,000	4,000,000
保留盈餘	13,254	272,834	773,338	1,437,845	2,009,980	2,224,729	2,222,444	2,082,291	1,942,137	1,796,428	1,983,884	1,198,404
應付紅利	0	0	0	0	0	0	0	0	0	0	0	1,198,404
總所有者權益	4,013,254	4,272,834	4,773,338	5,437,845	6,009,980	6,224,729	6,222,444	6,082,291	5,942,137	5,796,428	5,983,884	6,396,807
總負債和所有者權益	4,419,032	4,718,577	5,259,047	5,780,613	6,209,808	6,377,324	6,327,808	6,140,422	5,953,037	6,034,454	6,309,730	6,762,619

表 9.8　果友紙業有限公司資產負債表（第 1 年至第 5 年）

（單位：元人民幣）

	第 1 年	第 2 年	第 3 年	第 4 年	第 5 年
資產					
現有資產					
現金	3,641,857	5,801,711	8,417,314	11,692,365	16,809,612
應收帳款	143,590	201,709	277,607	327,385	385,969
庫存	2,393,172	3,468,211	5,408,593	6,297,244	5,954,088
總現有資產	6,178,619	9,471,631	14,103,514	18,316,994	23,149,669
非現有資產					
實驗室和辦公室設備	180,000	180,000	180,000	180,000	180,000
累計折舊	-36,000	-72,000	-108,000	-144,000	-180,000
遞延資產	80,000	60,000	40,000	20,000	0
無形資產	360,000	270,000	180,000	90,000	0
總非現有資產	584,000	438,000	292,000	146,000	0
總資產	6,762,619	9,909,631	14,395,514	18,462,994	23,149,669
負債與所有者權益					
現有負債					
應付帳款	365,812	265,812	457,265	457,265	457,265
總現有負債	365,812	365,812	457,265	457,265	457,265
總負債	365,812	365,812	457,265	457,265	457,265
所有者權益					
實付資本	4,000,000	4,000,000	4,000,000	4,000,000	4,000,000
保留盈餘	1,198,404	3,371,111	6,654,680	10,330,204	14,511,304
應付紅利	1,198,404	2,172,707	3,283,569	3,675,524	4,181,100
總所有者權益	6,396,807	9,543,819	13,938,249	18,005,729	22,692,404
總負債和所有者權益	6,762,619	9,909,631	14,395,514	18,462,994	23,149,669

表 9.9 財務比率分析

	淨利潤	銷售額	平均所有者權益	平均總資產	所有者權益報酬率	資產報酬率	總資產周轉率	銷貨利潤邊際
第 1 年	2,396,807	12,307,692	5,198,404	5,381.310	46.1%	44.5%	2.287	0.195
第 2 年	4,345,415	20,170,940	7,970,313	8,336,125	54.5%	52.1%	2.420	0.215
第 3 年	6,567,138	27,760,684	11,741,034	12,152,572	55.9%	54.0%	2.284	0.237
第 4 年	7,351,049	32,738,462	15,971,989	16,429,254	46.0%	44.7%	1.993	0.225
第 5 年	8,362,200	38,596,923	20,349,066	20,806,331	41.1%	40.2%	1.855	0.217

9.1.5 資產負債表

- 第一年（按月編製）請參見表 9.7。該項目的現金總投資為三百五十五萬人民幣，再加上做價四十五萬元的技術訣竅，總資本金為四百萬人民幣。到第一年底，總資產已達到七百六十萬人民幣，其中股東權益為七百二十萬人民幣。
- 第一年至第五年，請參見表 9.8。經過五年的運作，公司總資產達到兩千四百萬人民幣。因為創業初期是租用廠房和生產線而非直接購買，公司的固定資產很少，絕大部分是現金和庫存。

9.2 財務分析

9.2.1 比率分析

㈠比率。目前使用的獲利分析比率有:

ROA—Return on Assets（資產報酬率）；ROE—Return on Equity（股東權益報酬率）；TATR—Total Assets Turnover Ratio（總資產周轉率），PMR—Profit Margin Ratio（銷貨利潤邊際）等。請參見表 9.9。

㈡淨現值、投資回收期和內部收益率分析（見表 9.10）。

表 9.10 現金流量和 DCF

(單位：元人民幣)

	第 0 年	第 1 年	第 2 年	第 3 年	第 4 年	第 5 年
現金流量	-4,000,000	371,857	3,358,257	4,788,311	6,558,620	8,792,771
DCF	-4,000,000	338,052	2,775,419	3,597,529	4,479,626	5,459,619

備註：以 10%為貼現率進行折現現金流量分析。在分析中第六年的終值未被計入。

從現金流量和折現現金流量的計算，可以得出下列結果：

- 淨現值＝12,650,245 元；
- 內部收益率＝67%；
- 投資回收期＝2.06 年；
- 折現投資回收期＝2.25。
- 為保守起見，在上述計算時，儘管在第六年有業務拓展計畫，但沒有計入第六年的終值。即使如此，投資報酬仍令人十分滿意。

9.2.2 成本利潤分析和損益兩平點分析

表 9.11 成本利潤分析和損益兩平點分析

	第 1 年
固定成本（元）	1,603,006
價格（元）	12,000
單位可變動成本（元）	6,834
兩平點產量（噸）	310

損益兩平點分析位（噸）

價格	固定成本（元）			單位變動成本（元）		
（元）	1,603,006	1,763,307	1,932,607	6,834	7,517	8,269
12,000	310	341	375	310	358	430
11,000	385	423	466	385	460	587
10,000	506	557	613	506	646	926
9,000	740	814	895	740	1,081	2,193
8,000	1,375	1,512	1,663	1,375	3,322	

成本利潤分析（元）

產量（噸）	固定成本	單位變動成本	價格不入	毛利用職權	價格式	毛利 2
1,200	1,603,006	8,200,800	12,000	4,596,194	11,000	3,396,194
1,100	1,603,006	7,517,400	12,000	4,079,594	11,000	2,979,594
1,000	1,603,006	6,834,000	12,000	3,562,994	11,000	2,562,994
900	1,603,006	6,150,600	12,000	3,046,394	11,000	2,146,394
800	1,603,006	5,467,200	12,000	2,529,794	11,000	1,729,794
700	1,603,006	4,783,800	12,000	2,013,194	11,000	1,313,194
600	1,603,006	4,100,400	12,000	1,496,594	11,000	896,594
500	1,603,006	3,417,000	12,000	979,994	11,000	479,994
400	1,603,006	2,733,600	12,000	463,394	11,000	63,394
300	1,603,006	2,050,200	12,000	-53,206	11,000	-353,206

㈠固定成本和變動成本。表 9.12 列出了公司各項固定成本和變動成本。

表 9.12 固定成本和變動成本

成　本	第一年
固定成本	1,603,006
勞動力成本	566,784
研發費用	246,154
設備折舊費	16,000
廠房和設備租賃	110,000
分攤費用	130,000
管理費用	534,068
變動成本	8,201,208
產品的其他費用	780,000
原料	6,420,000
行銷費	1,001,208

㈡損益兩平點。損益兩平點產量＝固定成本／（單位價格－單位變動成本）

在第一年，損益兩平點分析顯示，只有當實際銷售量遠遠低於預測銷售量時，才有可能達到兩平點。請參見表 9.10。

銷售量、固定成本、單位變動成本和單位銷售價格都會影響損益兩平點。表 9.11 顯示，即使銷售價跌到每噸八千元人民幣，或固定成本上升 10%或 20%，或單位變動成本成長 10%或 20%，處於兩平點的銷售量仍遠遠低於預測銷售量。

㈢成本利潤分析

本投資只有當銷售量低於四百噸且價格為每噸一萬一千元時，才會達到兩平點。因此完全可以有把握地說，這是一個高獲利性的投資。

9.3 總結

透過財務分析，可以確信這些數據和結論都是可信和可達到的；而且，憑藉公司的所有權結構，管理體系以及產品品質、技術訣竅，本商業計畫設定的目標也完全是可行的。因此，我們相信，這是一個非常有吸引力的投資。

10. 創業計畫後記

「果友紙業有限公司創業計畫」是由復旦大學 MBA 同學們完成的。他們以此創業計畫，在 1999 年 3 月亞洲 MOOT CORP MBA 創業計畫競賽中，力拔頭籌。隨後，又在 1999 年 5 月參加了在美國德州奧斯汀舉行的 MOOT CORP MBA 創業計畫世界總決賽，獲得最佳表現獎和榮譽提名獎。

從來就沒有一種固定模式來描寫千變萬化的投資機遇，但從根本上講，無論這份經營計畫是為了向外界融資，或者僅僅是為自己的投資資金做合理安排，其根本都在於，該計畫能使人確信此投資在未來會給投資人帶來良好報酬。因此，創業經營計畫必須包含下列各項內容：

㈠如何使人們確信這是一個富有吸引力的市場機會。創業計畫必須對圍繞該投資的總體環境和產業環境，從顧客需求、技術發展、市場競爭等角度對投資機會的可行性加以明確闡述。

㈡要讓投資人了解此創業投資在現在和未來的發展目標和市場定位。創業投資是一項長期發展計畫，人們不僅關心現在，更關心未來前景和後續能力。因此，一個目標明確、定位清晰、符合前瞻性要求的發展策略是十分重要的。

㈢要在創業計畫中強調投資的可操作性，特別是優勢所在。創業計畫必須明確指出投資本身在技術、產品、行銷、實際生產和綜合管理等重要經營環節的基本構思，充分體現操作過程中的獨特性和可行性。

㈣創業計畫中需要說明創業計畫的執行機構和管理團隊。好的創業計畫是依靠有效的創業組織和高素質的管理者來加以落實的，因此，人力資源和企業組織是投資成功的最基本要求。

㈤創業計畫必須包含股權結構的分析和財務分析。所謂投資當然必須考慮報酬，以及投資所伴隨的各種風險。股權結構問題不僅攸關投資者權利，更涉及到對企業未來發展的控制和規畫。而財務分析更是從量化指標上，對該項創業投資是否具有價值做出科學的判斷。

㈥創業投資計畫必須包含與有關的各項法律文件、規定，用以證明其合法性和可行性。

除以上創業經營計畫內容外，創投計畫必須遵循下列三個基本原則：

㈠創業經營計畫所包含的各項內容必須是真實且合法的，只有在此原則之下，計畫、分析才具有意義。

㈡創業經營計畫是一項創業活動的開始，更多的時候也是為了吸引潛在投資人。因此計畫應盡可能清晰、簡潔、抓住重點，以吸引投資人的注意力。

㈢創業經營計畫必須強調其創新性。創新是當代創業的核心問題。我們需要構築新的事業概念；需要發展新的技術；需要應用新的管理模式和方法，只有創新型的創業才能在競爭中脫穎而出。

我們在此強調創業經營計畫對整個創業活動的重要性，然而另一方面我們也想指出，從來就沒有一個盡善盡美的計畫，因為管理問題從來就不可能只有一種解決方案。事業的成功關鍵還是在創業者能對未來有一個基本正確的判斷原則，同時又能在實際運作中不斷地學習和總結，對自己的管理過程加以完善和提高。而有效管理則是投資成功的關鍵和根本保障。

國家圖書館出版品預行編目資料

創業管理／郁義鴻，李志能，羅博特.D.
希斯瑞克(Robert D.Hisrich)編著.
--初版.--臺北市：五南，2002［民91］
面；　公分
ISBN 978-957-11-2893-1（平裝）
1.創業　　2.企業管理
494.1　　91008521

1FC1

創業管理

主　　編 — 郁義鴻　李志能　Robert D. Hisrich
校 訂 者 — 趙慕芬
發 行 人 — 楊榮川
總 編 輯 — 龐君豪
企劃主編 — 張毓芬
責任編輯 — 詹宜蓁　吳靜芳
出 版 者 — 五南圖書出版股份有限公司
地　　址：106台北市大安區和平東路二段339號4樓
電　　話：(02)2705-5066　傳　　真：(02)2706-6100
網　　址：http://www.wunan.com.tw
電子郵件：wunan@wunan.com.tw
劃撥帳號：01068953
戶　　名：五南圖書出版股份有限公司

台中市駐區辦公室/台中市中區中山路6號
電　　話：(04)2223-0891　傳　　真：(04)2223-3549
高雄市駐區辦公室/高雄市新興區中山一路290號
電　　話：(07)2358-702　傳　　真：(07)2350-236

法律顧問　元貞聯合法律事務所　張澤平律師

出版日期　2002年8月初版一刷
　　　　　2010年3月初版五刷

定　　價　新臺幣680元

凝煉知識品味閱讀

凝煉知識品味閱讀